Leadership – Best Practices und Trends

Heike Bruch · Stefan Krummaker · Bernd Vogel
Unter Mitarbeit von Maren Behse und Timm Eichenberg

Leadership – Best Practices und Trends

2., aktualisierte und erweiterte Auflage

Springer Gabler

Herausgeber
Prof. Dr. Heike Bruch
Universität St. Gallen,
Switzerland

Dr. Bernd Vogel
University of Reading,
Henley-on-Thames, United Kingdom

Dr. Stefan Krummaker
University of East Anglia,
London, United Kingdom

ISBN 978-3-8349-2745-3
ISBN 978-3-8349-7094-7 (eBook)
DOI 10.1007/978-3-8349-7094-7

Die Deutsche Nationalbibliothek verzeichnet diese Publikation in der Deutschen Nationalbibliografie; detaillierte bibliografische Daten sind im Internet über http://dnb.d-nb.de abrufbar.

Springer Gabler

Lektorat: Ulrike Lörcher
Einbandentwurf: KünkelLopka GmbH, Heidelberg

Gedruckt auf säurefreiem und chlorfrei gebleichtem Papier

Springer Gabler ist eine Marke von Springer DE. Springer DE ist Teil der Fachverlagsgruppe Springer Science+Business Media
www.springer-gabler.de

Vorwort

Leadership war und ist ein zentraler Erfolgsfaktor für Unternehmen und damit nicht nur eines der herausragenden Themen für Führungskräfte, sondern auch für die Wissenschaft. Wettbewerbsentscheidende Prozesse wie Wachstum, Innovation und Change können nicht mehr allein vom Top Management gesteuert werden. Vielmehr hängt ihr Erfolg verstärkt davon ab, ob und wie Führungskräfte auf allen Ebenen Veränderungen initiieren, steuern und mit ihren Teams umsetzen. Unternehmen können es sich nicht mehr leisten, dass Manager nur bessere Verwalter sind und lediglich bestehende Systeme am Laufen halten oder den Status quo optimieren. Unternehmen benötigen starke Führungspersonen auf allen Ebenen, die auch für strategisch bedeutende Aufgaben und vor allem für ihre Mitarbeiter Verantwortung übernehmen. Von ihnen und ihrem Verhalten hängt es maßgeblich ab, ob es gelingt, Mitarbeiter zu außergewöhnlicher Leistung zu inspirieren und damit das Unternehmen zu außergewöhnlichem Erfolg zu führen.

Es gibt zahlreiche Antworten dazu, wie Unternehmen dies gelingen kann, allerdings existieren sicherlich ähnlich viele Aspekte, die von der Führungsforschung und -praxis noch nicht abschließend erschlossen wurden. Mit diesem Buch möchten wir dazu beitragen, die vorhandenen Lücken weiter zu schließen. Vor diesem Hintergrund haben wir uns vorgenommen, herausragende Lösungen aus Unternehmen und zentrale Entwicklungen in der Führungsforschung zusammenzustellen. Die primäre Zielgruppe des Buches sind Praktiker: Führungskräfte auf allen Ebenen von Unternehmen, Change-Experten und HR-Verantwortliche. Das Buch richtet sich jedoch auch an praxisinteressierte Wissenschaftler und Studierende der Betriebs- und Wirtschaftswissenschaften.

Das Buch verfolgt drei zentrale Ziele: (1) Aufzeigen von Möglichkeiten, Wirkungsweisen und Erfolgen effektiver Führung, (2) Vorstellung fundierter wissenschaftlicher Führungserkenntnisse und (3) Darstellung bewährter Best Practices und konkreter Handlungsempfehlungen aus der und für die Praxis.

Um dies zu erreichen, gehen wir von einem Grundverständnis von Leadership als dem professionellen Umgang mit weichen Faktoren im Management aus. Die Beiträge des Buches beleuchten das Thema Leadership bewusst von mehreren Betrachtungsebenen; sie decken dementsprechend ein Spektrum ab, das von Selbstführung der Führungskräfte über die Führung einzelner Mitarbeiter und Teams bis hin zum visionären Denken und Handeln von Führungskräften für das gesamte Unternehmen reicht. Wir unterscheiden dabei drei Betrachtungsebenen: (1) Leader – Persönlichkeiten und Kompetenzen erfolgreicher Führungskräfte, (2) Leadership von Mitarbeitern und Teams sowie (3) Leadership in und von Unternehmen.

An dieser Stelle möchten wir insbesondere den Autoren danken, die mit herausragenden Beiträgen dieses Buch interessant, innovativ und relevant machen. Die Beiträge stellen nicht nur unterschiedliche Betrachtungsebenen von Leadership dar, sondern auch verschiedene Praxis- und Forschungsperspektiven. Sie zeigen Best Practices, also erfolgreiche und praxiserprobte Führungsaspekte sowie Trends und damit neuere Leadership-Phänomene und Zukunftsentwicklungen der Führung. Wir hoffen, dass die Kombination aus Praktiker- und Wissenschaftlerperspektive die Leser im Denken und Handeln inspiriert und ihnen hilft, Best Practices und Trends in die Führungspraxis ihrer Unternehmen zu übertragen.

Wir freuen uns über das rege Interesse an der ersten Auflage unseres Buches und die vielen Anregungen aus Praxis und Wissenschaft. Für die zweite Auflage haben die Autoren ihre Beiträge durchgesehen, aktualisiert und/oder vollständig überarbeitet. Zudem haben wir zwei neue Beiträge aufgenommen, die weitere spannende Aspekte von Leadership aus einer Praxisperspektive diskutieren.

An dieser Stelle danken wir nochmals Maren Behse und Dr. Timm Eichenberg für ihre Mitarbeit bei der Vorbereitung und Editierung der ersten Auflage. Wir bedanken uns auch bei Ulrike Lörcher vom Gabler Verlag für die angenehme und professionelle Betreuung unseres Buchvorhabens.

Heike Bruch, Stefan Krummaker und Bernd Vogel

St. Gallen, London und Henley-on-Thames im Herbst 2011

Inhaltsverzeichnis

Leadership von Mitarbeitern und Teams

Leadership in und von Unternehmen

Einführung

Heike Bruch, Bernd Vogel, Stefan Krummaker

Leadership – Best Practices und Trends

1 Leadership: Ausgangslage und Ziele des Buches sowie Begriffsverständnis und Ebenen

Kaum ein anderes Thema fand in den letzten Jahren in der Literatur und Unternehmenspraxis eine so große Beachtung wie Leadership. So war und ist zu lesen, dass viele Unternehmen „Overmanaged und Underled“ sind (vgl. z.B. Wunderer 2003). Es wird herausgestellt, dass starke Leaderpersönlichkeiten gebraucht werden, um in einem Unternehmen alte Denkmuster aufzubrechen und Veränderungen erfolgreich umzusetzen (vgl. Bass 1985). Allerdings zeigt die Unternehmenspraxis sowohl herausragend positive als auch negative Fälle von starken Führungskräften, die ganze Unternehmen bedroht oder zerstört haben. Bei der Auseinandersetzung mit Best Practices und Trends ist festzustellen, dass es eine Vielzahl interessanter und Erfolg versprechender Ansätze gibt. Eine abschließende Antwort auf die Frage, was gutes und erfolgreiches Leadership ausmacht, scheint es bisher jedoch (noch) nicht zu geben.

Dieses Buch möchte zu der andauernden Diskussion in der Forschung beitragen und zugleich herausragende Beispiele aus der Leadership-Praxis herausstellen, um so Impulse für ein wirksameres Führungshandeln in Wirtschaft und Gesellschaft zu setzen. Vor dem Hintergrund dieser übergeordneten Zielsetzung verfolgt das Buch drei zentrale Ziele:

- Aufzeigen von Möglichkeiten, Wirkungsweisen und Erfolgen effektiver Führung,
- Vorstellung fundierter wissenschaftlicher Führungserkenntnisse,
- Darstellung bewährter Best Practices und konkreter Handlungsempfehlungen aus der und für die Praxis.

Heike Bruch, Bernd Vogel, Stefan Krummaker

2 Leadership: Begriffsverständnis und Ebenen

Eine Durchsicht der Literatur zeigt, dass eine Vielzahl unterschiedlicher Auffassungen darüber besteht, was unter dem Begriff Leadership genau zu verstehen ist und wie sich ein entsprechendes Führungshandeln äußert. Schon früh hat Steinle (1978) Führung als zielorientierten und zukunftsbezogenen Verhaltensbeeinflussungsprozess definiert, der das Leistungsverhalten und die Zufriedenheit von Geführten erhöhen soll. In der deutschsprachigen Literatur erweist sich eine klare Begriffsdefinition schwierig, da hier viele Handlungen, die Leadern zugesprochen werden, auch unter den Oberbegriffen Führung oder Management zur Diskussion gelangen. Leadership wird in diesem Buch als Teilbereich der Unternehmensführung verstanden (vgl. auch Hinterhuber/Krauthammer 2005).

In diesem Buch wird Leadership als der professionelle Umgang mit den weichen Faktoren im Management begriffen – in Ergänzung z.B. zum Management von Unternehmen durch Controlling- oder Marketingmaßnahmen. Yukl definiert Leadership entsprechend als „the process of influencing others to understand and agree about what needs to be done and how to do it, and the process of facilitating individual and collective efforts to accomplish shared objectives" (Yukl 2010, S. 26). Nach dieser Begriffsauffassung, richtet sich Leadership nicht nur auf den einzelnen Mitarbeiter, sondern spricht das ganze Unternehmen oder seine Teilbereiche an.

Leadership reicht daher von Führung einzelner Mitarbeiter und Teams bis hin zum visionären Denken und Handeln von Führungskräften für das gesamte Unternehmen. Leader motivieren und inspirieren *Mitarbeiter* und führen diese über das Erkennen ihrer individuellen Wünsche und Bedürfnisse sowie einer speziellen Bereitstellung von Anreizpaketen zu Spitzenleistungen. Erfolgreiche Führung identifiziert Probleme in *Teams,* versucht diese konstruktiv zu lösen, schafft Zusammenhalt und fördert einen gemeinsamen Leistungswillen. Leadership weckt Begeisterung, fördert Identität und entwickelt Stolz und ermutigt Mitarbeiter, selbst Führungsverantwortung im *Unternehmen* zu übernehmen, um hohe Leistungen für gemeinsame Aufgaben und übergeordnete Ziele zu erreichen.

Dieses Spektrum möglichen Leadership-Verhaltens verdeutlicht auch, dass Leadership nicht nur, wie vielfach angenommen, durch Top Manager wahrgenommen wird. Vielmehr können und müssen *Führungskräfte auf allen Hierarchieebenen* Leadership-Aufgaben übernehmen (vgl. Bruch 2003). Dies bedeutet aber nicht, dass Leadership nur von Führungskräften ausgeht. Moderne Prozessvorstellungen von Führung, wie die von Yukl, deuten an, dass Leadership in der Interaktion zwischen Geführten und Führungskräften entsteht (Krummaker/Vogel 2011) und Geführte somit einen wesentlichen Beitrag zum Führungsprozess und Führungserfolg leisten (Shamir 2007). Bei Leadership rücken auch die am *Führungsprozess beteiligten Personen selbst* ins Zentrum, da sie als Impulsgeber und Rollenmodell im Mittelpunkt des Unternehmens stehen. So merkt Drucker (1998) an, dass Führungskräfte auch an sich selbst arbeiten müssen, wenn sie erfolgreich Einfluss im Unternehmen ausüben wollen. Insofern besteht Leadership auch aus Selbstführung.

Leadership findet auf unterschiedlichen Ebenen des Unternehmens statt und richtet sich an verschiedene Zielgruppen. Zur Strukturierung der verschiedenen Leadership-Aspekte wird in diesem Buch daher auf eine *Mehrebenenbetrachtung* zurückgegriffen, die von Steinle (1985) maßgeblich entwickelt wurde. Diese ebenenorientierte Vorgehensweise wird auch in neueren Veröffentlichungen zur Analyse von Leadership vorgeschlagen (vgl. Yukl 2010).

Dieses Buch unterscheidet die drei nachstehenden Betrachtungsebenen und die damit verbundenen Inhalte:

- Leader – Persönlichkeiten und Kompetenzen erfolgreicher Führungskräfte,
- Leadership von Mitarbeitern und Teams,
- Leadership in und von Unternehmen.

Die drei Ebenen dienen daher auch im Folgenden dazu, die Beiträge der Autoren mit ihrer inhaltlichen Schwerpunktsetzung kurz vorzustellen.

3 Ebenenbezogene Einordnung der Autorenbeiträge

Leader - Persönlichkeiten und Kompetenzen erfolgreicher Führungskräfte

Die *individuelle Ebene* wird von *Heike Bruch* mit einem Beitrag zum *Handeln von Leadern* eröffnet. Sie zeigt, dass ein zielgerichtetes Handeln der Führungskräfte von Energie, Fokus und Willenskraft geprägt ist. Obwohl zielgerichtetes Handeln von Führungskräften eine zentrale Voraussetzung für die erfolgreiche Führung anderer ist, zeigen empirische Ergebnisse, dass durchschnittlich nur 10% der Manager im Unternehmen zielgerichtet Handeln. Durchschnittlich 90% nutzen ihre Zeit nicht effektiv, ihnen fehlt die Energie oder der Fokus beim Handeln. Viele sind hochgradig aktiv und beschäftigt; sie sind „busy" Manager. Es fehlt ihnen jedoch die Disziplin und die Konzentration auf das Wesentliche, um wirklich etwas im Unternehmen zu bewegen. Im Anschluss schildert *Oliver Kahn* seine persönlichen Erfahrungen als *Leader im Spitzensport* und verdeutlicht anhand von Selbstführung und Teamführung, dass ein energetisch-fokussiertes Handeln verbunden mit einem starken Leistungswillen Grundlage für Spitzenleistungen im Profisport ist. Aus den Ausführungen lassen sich einige Schlussfolgerungen für Führungskräfte als zentrale Akteure von Unternehmen ziehen. *Matthias Mölleney* berichtet über seine persönlichen *Erfahrungen aus dem Unternehmenszusammenbruch der Swissair* und beschreibt, welche Handlungsmuster ein Leader in Krisensituationen zeigen sollte. Erfolgreiches Leadership konzentriert sich auf die weichen Faktoren und erfordert Verhaltensmerkmale wie Integrität und Authentizität, um Mitarbeiter in Krisensituation zu führen. Gleichzeitig sollte eine Beschäftigungsfähigkeit der Mitarbeiter schon vor einer Krise gefördert werden, um in Krisenzeiten attraktive Mitarbeiter mit Alternativen zu haben.

Hans H. Hinterhuber und *Margit Raich* weisen in ihren Ausführungen zu *Leadership als zentrale Kompetenz in Unternehmen* darauf hin, dass Leadership bedeutet, Möglichkeiten zu erschließen sowie Mitarbeiter zu inspirieren und in die Lage zu versetzen, sich für ein gemeinsames Ziel zu engagieren. Die beiden Autoren zeigen, dass Leader einen zentralen Einfluss auf den Erfolg eines Unternehmens haben, und postulieren, dass das Unternehmen der Zukunft eine „Leadership-Company" sein wird. *Josef Ackermann* unterstreicht in seinem Beitrag mit sieben Thesen zur *Führung in globalen Unternehmen* die Kernfähigkeiten eines erfolgreichen Leaders. Zum einen werden Beharrlichkeit, Überzeugungskraft und Rückgrat des Leaders betont. Insbesondere stellt er heraus, dass die Menschen im Mittelpunkt von Leadership stehen, dass Führungskräfte nur mit ihnen gemeinsam, z.B. durch die Setzung herausfordernder Ziele, die Schaffung eines „Winning Teamgeists", eine nachhaltige Steigerung des Unternehmenswertes erzielen können. *Stefan Krummaker* beschließt die erste Betrachtungsebene mit den Ergebnissen einer Studie zur *Changekompetenz von Führungskräften.* Es wird erkennbar, dass ein bestimmtes Fähigkeitsbündel nicht ausreicht, um Veränderungsvorhaben erfolgreich zu beginnen und umzusetzen. Vielmehr bedarf es auch einer speziellen Antriebskraft in Form einer Changebereitschaft, die Energie und Durchhaltevermögen für den Veränderungsprozess liefert.

Leadership von Mitarbeitern und Teams

Die zweite Betrachtungsebene *„Leadership von Mitarbeitern und Teams"* beginnt mit den Ausführungen von *Reinhard K. Sprenger,* der aufzeigt, dass *Vertrauen wichtiger als Strategie* ist und eine zentrale Grundlage der Führung von Mitarbeitern und Teams darstellt. Der Autor hebt die Sensibilität von Vertrauen hervor und liefert Hinweise, wie Vertrauen aufgebaut und mit Vertrauensbrüchen umgegangen werden kann. *Torsten Schmid* und *Günter Müller-Stewens* entwerfen in ihrem Beitrag *Ergebnisse statt Visionen* mit dem pragmatisch handelnden Leader ein aktuelles, aber etwas anderes Leitbild der strategischen Führung. Sie stellen kritisch zur Diskussion, ob die visionäre Führungskraft für alle Situationen im Unternehmen Erfolg versprechend ist oder es nicht vielmehr einer Ablösung oder zumindest einer Ergänzung durch einen Pragmatiker bedarf.

Wilfried Krüger stellt *Führungsstile für erfolgreichen Wandel* vor und verdeutlicht an einem typischen Verlauf eines Veränderungsprozesses, welche Führungsanforderungen in den unterschiedlichen Phasen des Prozessverlaufs bestehen und welcher Führungsstil sich jeweils anbietet. Es wird erkennbar, dass Veränderungssituationen wechselnde Anforderungen an das Führungshandeln stellen und sich keine allgemeingültigen Leadership-Empfehlungen entwickeln lassen. *Christian Rach, Stefan Krummaker und Bernd Vogel* zeigen anhand von Beispielen aus Restaurants, wie ein Führungsvakuum entsteht und wie sich dieses Vakuum füllen lässt, um Führungskräfte wieder „zurück in Führung" zu bringen. Zudem verdeutlichen die Autoren, dass eine erfolgreiche Führung in Restaurantküchen nicht auf autoritären Mustern, sondern Kooperation „auf Augenhöhe" basiert, die Motivation, Energie und Kreativität bei den Mitarbeitern entstehen lässt und langfristig erhält. *Peter Gerber* und *Stefan Klingelhöfer* stellen anhand des Projekts „D-Check" der Deutschen Lufthansa wichtige Stellgrößen für die *Führung veränderungsorientierter, strategischer Großprojekte* vor. Sie entwickeln Vorschläge zur Führung von Großprojekten und geben Hinweise zum Controlling des Projekterfolgs und somit auch zur Messung des Erfolgs von Leadership in Projekten. *Lutz von Rosenstiel* greift die Frage von *Leadership und Change* auf und betont, dass aufgrund des Unsicherheitscharakters von Changeprozessen die zentrale Aufgabe von Change-Leadership in der Vermittlung von Orientierung und Sicherheit besteht. Die Führungskraft steht hier vor der Herausforderung, etwas zu vermitteln, was ihr selber oftmals fehlt.

Hans-Gerd Ridder und *Christina Hoon* betrachten in ihrem Beitrag die *Führung in Teams* und verdeutlichen, dass eine „geteilte Führung" einen wichtigen Erfolgsbeitrag zum Führungsprozess liefert. Sie verstehen Führung als Prozess des Organisierens und arbeiten die Potenziale eines Team-Empowerments heraus, das alle Teammitglieder in die Teamführung einbezieht. *Bernd Vogel* stellt im abschließenden Beitrag der zweiten Betrachtungsebene *emotionsorientierte Führung von Teams* vor und argumentiert, dass Teams und ihre Leistung durch Emotionen und Stimmungen des Teams insgesamt geprägt sind. Er führt aus, wie Führungskräfte unterschiedliche emotionale Zustände produktiv beeinflussen können und wie die Fähigkeit von Teams entwickelt werden kann, sich selbst emotionsorientiert zu führen.

Leadership in und von Unternehmen

Die dritte Betrachtungsebene *„Leadership in Unternehmen"* wird von *Heike Bruch* und *Bernd Vogel* eröffnet. Sie definieren in ihrem Beitrag zur *Organisationalen Energie als Führungsaufgabe* organisationale Energie als die Kraft mit der Unternehmen zielgerichtet Dinge bewegen. Sie leiten unterschiedliche Energiezustände in Unternehmen ab und entwickeln Leadership-Strategien und Führungsempfehlungen zum Umgang mit unterschiedlichen Energieausprägungen. *Gary Steel, Paul Lewis* und *Erika Brügger* zeigen im Anschluss am Beispiel der ABB, wie eine *firmenspezifische Führungsphilosophie* entwickelt und umgesetzt wird. Die Autoren beschreiben die zentralen Erwartungen an Führungskräfte bei ABB, stellen das hierzu entwickelte „Leadership Challenge Programm" vor und verdeutlichen, wie dieses den kulturellen Entwicklungsprozess hin zu einer neuen Führungsphilosophie unterstützt. *Liz Mohn* argumentiert in ihren Ausführungen zu *Unternehmenskultur und Führung* für ein partnerschaftliches Leitbild der Führung, welches durch die Übernahme unternehmerischer Verantwortung durch alle Mitarbeiter und die Identifikation mit einer gemeinsam geteilten kulturellen Basis geprägt ist. *Walter Gränicher* vertieft den Aspekt *Leadership und Identifikation* am Beispiel von ALSTOM Power Service und hebt hervor, dass diese beiden Aspekte untrennbar mit einem nachhaltigen Unternehmenserfolg verbunden sind. Er verdeutlicht Hürden und Stellgrößen bei der Entwicklung und Umsetzung einer Unternehmensidentität und zeigt Einsatzpotenziale von speziellen Leadern als „Identity Champions" in diesem Prozess. *Timm Eichenberg, Priya Abraham & Ian Hayward* zeigen, dass die *Unterstützung von Veränderungsprojekten durch Qualifizierung* ein wichtiger Grundstein erfolgreicher Führung von Veränderungsprozessen ist. Sie stellen ein internationales Qualifizierungsprogramm („International Leadership Program") für Führungskräfte vor, das bei der E.ON IT entwickelt und umgesetzt wurde. *Utz Claassen* stellt in seinem Beitrag zur *Wissensmanagementbasierten Führung* am Beispiel der EnBW AG einen weiteren zentralen Aspekt von Leadership vor. Der Autor erläutert, wie Leadership den Aufbau einer lernenden Organisation unterstützen kann und hebt hervor, dass erst durch eine wissensmanagementbasierte Verknüpfung von Wissen eine unternehmerische Kompetenz entstehen kann.

Martin Hilb zeigt, dass die erfolgreiche *Integrierte strategische Führung und Erfolgskontrolle* in Unternehmen auf einer „guten" Corporate Governance basiert und identifiziert Board-Zusammensetzung, Board-Kultur, Board-Struktur und Board-Erfolgsmaßstäbe als wesentliche, zentrale Einflussgrößen des Unternehmenserfolgs. Darüber hinaus stellt er die Notwendigkeit und Möglichkeiten einer gezielten Selbst- und Fremdevaluation von Boards vor. *Norbert Thom* und *Renato C. Müller* arbeiten die Bedeutung einer Innovationsorientierung im Leadership heraus und präsentieren in ihren Ausführungen zum *Innovationsmanagement in KMU* Erkenntnisse aus einer explorativen Studie. Deutlich wird hierbei, dass ein innovationsgerichtetes Denken zwar stark ausgeprägt ist, in vielen KMU allerdings strukturierte Vorgehensweisen zur Nutzung dieser Potenziale fehlen. *Rolf Wunderer* stellt anhand von sieben Kernthesen die Bedeutung und Förderung von *Internem Unternehmertum* heraus. Es wird erkennbar, dass Leader, z.B. durch delegatives Verhalten, eine spezifische Gestaltung von Rahmenbedingungen und eine gezielte Kompetenzvermittlung, Mitarbeiter zu mitunternehmerischem Verhalten anreizen können. *Christian Scholz* hebt *Darwiportunismus als Megatrend und Führungsherausforderung in Unternehmen* hervor und postuliert, dass Führungskräfte die Mitarbeiter auf diesen Trend vorbereiten sollten. Der Autor identifiziert in seinem Beitrag vier zentrale Ausprägungsintensitäten von Darwinismus und Opportunismus und empfiehlt unterschiedliche Führungsstile zum erfolgreichen Umgang mit den verschiedenen Führungsherausforderungen. *Fredmund Malik* beschließt die dritte Betrachtungsebene mit seinen Überlegungen zu *Leadership in Unter-*

nehmen – Trends und Perspektiven. Er reflektiert kritisch weitläufige Ansichten zu Leadership und deckt u.a. falsche Logiken, Persönlichkeiten und Führungstheorien auf bevor er abschließend aufzeigt, was „wahre Leader“ wirklich ausmacht.

Die Herausgeber greifen zum Ausklang dieses Buches das Thema zentrale Leadership-Trends noch einmal auf und stellen resümierend und zukunftsbezogen zentrale Entwicklungen und wichtige Kernaspekte von Leadership für Forschung und Praxis thesenartig zusammen.

Literatur

Bruch, H. (2003): Leaders' Action: Model Development and Testing, München/Mering

Drucker, P. F. (1998): Managing for the Future, Oxford et al.

Hinterhuber, H. H/Krauthammer, E. (2005): Leadership – Mehr als Management: Was Führungskräfte nicht delegieren dürfen, 4. Aufl., Wiesbaden

Krummaker, S./Vogel, B. (2011): Fokus Followership: Führungsbeziehungen als quasi gleichberechtigter Interaktionsprozess zwischen Führungskräften und Geführten; in: Eggers, B./Ahlers, F./Eichenberg, T. (Hrsg.), Integrierte Unternehmungsführung, Wiesbaden, S. 151-160

Shamir, B. (2007): Introduction: From Passive Recipients to Active Co-Producers: Followers' Roles in the Leadership Process; in: Shamir, B./Pillai, R./Bligh, M. C./Uhl-Bien, M. (Hrsg.), Follower-Centered Perspectives on Leadership: A Tribute to the Memory of James R. Meindl, Charlotte, NC, S. 1-18

Steinle, C. (1978): Führung: Grundlagen, Prozesse und Modelle der Führung in der Unternehmung, Stuttgart

Steinle, C. (1985): Organisation und Wandel: Konzepte – Mehr-Ebenen-Analyse (MEA) – Anwendungen, Berlin/New York

Wunderer, R. (2003): Führung und Zusammenarbeit, 8., aktualisierte und erw. Aufl., Köln

Yukl, G. (2010): Leadership in Organizations, 7. Aufl., Upper Saddle River

Literatur

Leader – Persönlichkeiten und Kompetenzen erfolgreicher Führungskräfte

Heike Bruch

Handeln von Leadern - Energie, Fokus und Willenskraft erfolgreicher Führungskräfte

1 Zielgerichtetes Handeln versus „Busyness“ von Managern

1.1 Busyness - die größte Gefahr für Leadership

Selbst in erfolgreichen Unternehmen arbeitet nur eine Minderheit der Führungskräfte wirklich zielgerichtet (vgl. Bruch/Ghoshal 2004a). Die Mehrheit legt verschiedene, weniger effiziente Verhaltensweisen an den Tag. Einige Manager sind eher passiv, innerlich gekündigt und begeben sich in die innere Emigration. Andere sind äußerst aktiv oder "busy", schaffen es allerdings nicht sich auf die wesentlichen Dinge zu konzentrieren; sie verbrauchen ihre Energie für eine Vielzahl oft unwichtiger Aktivitäten (vgl. Bruch/Ghoshal 2002).

Die Ressource, deren Mangel Führungskräfte am meisten beklagen, ist Zeit. Vermeintlich nutzen sie jede Minute, um sich mit strategischen Fragen auseinander zu setzen, Change umzusetzen und ihre Mitarbeiter zu inspirieren. Studien der so genannten Work-Activity-School (vgl. Kotter 1982; Mintzberg 1973; Stewart 1976 und 1982; Whitley 1989), die untersuchen, was Manager wirklich tun, zeigen jedoch, dass Führungskräfte nur selten wirklich konzentriert an strategisch wichtigen Fragen arbeiten.

Die Verhaltensmuster von Führungskräften sind teilweise durch die typischen *Charakteristika von Manageraufgaben* begründet, die sich wie folgt skizzieren lassen (vgl. Tabelle 1):

Tabelle 1: Charakteristika typischer Manageraufgaben (vgl. Bruch 2003)

	Charakteristika von Manageraufgaben
Aufgabenstruktur	■ Fehlen von konkreten Meilensteinen – ergebnisoffene, wenig strukturierte Aufgaben ■ Fragmentierung von Aufgaben ■ Hohe Aufgabenvielfalt ■ Vielzahl ungeplanter Anforderungen ■ Wiederholte Unterbrechungen
Zeitliche Aspekte	■ Wenig Zeit für Reflektion, Planung, bewusste Entscheidung und Führung ■ Dauerhaft hohe Arbeitsbelastung
Interaktive Aspekte	■ Hohe Interaktivität und Abhängigkeit der Aufgaben ■ Interaktion mit verschiedenen Stakeholdern ■ Hoher Kommunikationsanteil
Handlungsspielräume	■ Wenig formale Vorgaben ■ Freiräume bezogen auf die Entscheidung, *was* getan wird ■ Freiräume bezogen auf die Entscheidung, *wie* es getan wird

Typische Manageraufgaben sind hoch *fragmentiert* (vgl. Kotter 1982; Mintzberg 1973; Snyder/Glueck 1980), hektisch und stark interaktiv. Üblicherweise gibt es bei Manageraufgaben keine greifbaren Meilensteine (vgl. Mintzberg 1973); vielmehr sind sie in der Regel mehr oder weniger *ergebnisoffen* und abstrakt (vgl. Whitley 1989). Ferner beinhaltet die Arbeit von Managern viele Unterbrechungen und wenig Raum für Reflektion, strategisch orientiertes Handeln sowie bewusstes Entscheiden und Führen (vgl. Mintzberg 1973). Manager sind normalerweise mit einer *Vielzahl unterschiedlicher und kurzer Aufgaben* beschäftigt. Ferner sind sie fast ununterbrochen mit *unerwarteten Anforderungen* und *Unterbrechungen* konfrontiert, die schnelles Umdenken und Umdisponieren erfordern (vgl. Kotter 1982). Einen Großteil ihrer Zeit verbringen die meisten Manager mit *Kommunikation* – Meetings, Telefonate oder E-Mails. Und ein großer Anteil ihrer Tätigkeit umfasst Feuerlöschen, d.h. das Reagieren auf kurzfristige Probleme. Die Wichtigkeit entscheidet selten darüber, ob ein Problem wahrgenommen und bearbeitet wird; tendenziell werden eher *einfache und konkrete Probleme* angegangen, während eher *komplexe, nicht klar definierte* oder *vage Probleme* unterdrückt bzw. ignoriert werden (vgl. Yukl 2006).

Andererseits weisen empirische Untersuchungen auf Möglichkeiten der Eigeninitiative hin (vgl. Kotter 1982; Stewart 1982). Allerdings erkennen oder nutzen nur wenige Führungskräfte ihre Handlungsspielräume voll (vgl. Bruch/Ghoshal 2004b; Mintzberg 1973 und 1991; Stewart 1976 und 1982). Zusammenfassend lässt sich ein enormer Anteil an Geschäftigkeit beobachten. Diese „Busyness" lässt vielen Managern kaum Zeit zum Reflektieren, Konzipieren und Führen. *„Busyness" oder Oberflächlichkeit des Managerverhaltens kann als die größte Gefahr für Leadership bzw. für eine starke, anspruchsvolle Führung in Unternehmen erachtet werden* (vgl. Bruch 2003; Mintzberg 1973 und 1991).

Zweifellos stehen Führungskräfte unter gewaltigem Leistungs- und Zeitdruck. Oft ist selbst ein Zwölf-Stunden-Tag für die Fülle der Manageraufgaben zu kurz. Forschungsergebnisse weisen allerdings darauf hin, dass es zum Großteil an den Führungskräften selbst liegt. Denn sogar in vergleichbaren Arbeitsumfeldern unterscheiden sich Führungskräfte maßgeblich in dem Ausmaß, zu dem sie Initiative ergreifen und zielgerichtet handeln (vgl. Kotter 1982; Stewart 1982). Diese Erkenntnis spricht dafür, neben den Rahmenbedingungen des Handelns von Managern vor allem den Führungskräften selbst erhöhte Aufmerksamkeit zu widmen. Denn es zeigt sich, dass alle Führungskräfte in Aufgabenumfeldern arbeiten, die konzentriertes, strategisches Handeln genauso wie reflektiertes und engagiertes Führen schwierig machen, und es dennoch einigen von ihnen gelingt, ihre Zeit effektiv zu nutzen und die Disziplin aufzubringen, sich den wesentlichen Fragen zu widmen (vgl. Bruch/Ghoshal 2004a und 2004b).

1.2 Energie und Fokus des Führungskräftehandelns

Mehrjährige Untersuchungen weisen darauf hin, dass Manager, die herausragende Ergebnisse erbringen und wesentliche Dinge bewirken, stärker als andere zielgerichtet handeln. Ihr Handeln beruht auf einer Kombination von zwei grundlegenden Merkmalen (vgl. Bruch/Ghoshal 2004a): Hohe *Energie* und hohen *Fokus* (vgl. Abbildung 1).

Energie von Führungskräften

Hohe Energie beschreibt ein intensives persönliches Engagement, außergewöhnlichen Einsatz und eine besondere Begeisterung für die Arbeit. Energie ist das, was Führungskräfte antreibt, sich über das normale Maß anzustrengen, auch wenn die Arbeitsbelastung schon hoch ist und die Termine knapp gesetzt sind. Die energetische Dimension des zielgerichteten Handelns kann mit Hilfe von drei Merkmalen genauer beschrieben werden (vgl. Bruch 2003; Bruch/Ghoshal 2005):

- *Subjektive Bedeutung:* Zielgerichtetes Handeln unterscheidet sich von anderen Formen des Managerverhaltens durch die persönliche Bedeutung; der Führungskraft liegt das Handeln bzw. das Ergebnis persönlich am Herzen (vgl. Frese et al. 1996; Weber 1922).
- *Anstrengung und Einsatz:* Führungskräfte mit hoher Energie setzen sich besonders ein und strengen sich außergewöhnlich an (vgl. Gollwitzer 1996). Sie sind bereit, besondere Belastungen auf sich zu nehmen und treiben ihre Vorhaben mit starkem Nachdruck und hohem Einsatz voran.
- *Selbstinitiative, -motivation und -steuerung:* Typischerweise ist das hohe Engagement von energetischen Führungskräften nicht das Ergebnis von externem Druck oder Zwang. Vielmehr ist ihr Handeln sowohl selbst initiiert als auch aus ihnen heraus motiviert und selbst gesteuert (vgl. Frese et al. 1996; Frese/Zapf 1994; Sonnentag 1998; Heckhausen 1991). Dementsprechend handelt es sich bei zielgerichtetem Handeln um eine Form des proaktiven Verhaltens von Führungskräften, mit dem sie ihre Rollenerwartungen aus sich heraus übersteigen.

Fokus von Führungskräften

Der ausgeprägte Fokus, mit dem effektive Manager arbeiten, beinhaltet die Fähigkeit, sich voll auf eine Sache zu konzentrieren, seine Aufmerksamkeit auf die wesentlichen Dinge zu richten und ein Ziel bis zur Verwirklichung zu verfolgen. Die fokussierende Dimension des zielgerichteten Handelns beschreibt damit die außergewöhnliche Konzentration und Selbstdisziplin einer Führungskraft, welche ebenfalls mit Hilfe von drei Merkmalen genauer beschrieben werden können (vgl. Bruch 2003; Bruch/Ghoshal 2005):

- *Langfristorientierung:* Der langfristige Fokus zählt zu einem Kernmerkmal von zielgerichtetem Handeln (vgl. Hacker 1992; Frese et al. 1996). Im Gegensatz zu impulsivem Verhalten entsteht zielgerichtetes Handeln nicht aus dem Moment heraus. Vielmehr ist es langfristig orientiert und basiert auf Reflektion, Analyse und Planung (vgl. Hacker 1978). Die langfristige Planung und Vorausschau ermöglicht es Führungskräften, ihre Umgebung aktiv zu beeinflussen, anstatt von der Umgebung dominiert bzw. zu reaktivem Verhalten gezwungen zu werden (vgl. Frese et al. 1996).
- *Intentionalität und bewusste Zielverfolgung:* Zielgerichtetes Handeln unterscheidet sich von anderen Formen des Managerverhaltens im Hinblick auf seine Zweckorientierung, Instrumentalität und Intentionalität (vgl. Volpert 1989). Fokussierte Manager richten ihr Verhalten bewusst und konsequent auf die Erreichung eines bestimmten Ziels aus (vgl. Frese/Zapf 1994; Hacker 1978). Ungewollte, unbewusste oder unfreiwillige Aktivitäten repräsentieren demnach kein Handeln (vgl. Dörner 1985).

- *Disziplin und Durchhaltevermögen:* Fokussierte Manager verfolgen ihre Ziele mit Durchhaltevermögen und Disziplin. Diese Form von fokussiertem Handeln ist besonders wichtig, wenn die Wahrscheinlichkeit groß ist, das Ziel aus den Augen zu verlieren oder aufzugeben; etwa wenn viele Ablenkungen, Widerstände oder Verunsicherungen die Zielerreichung erschweren (vgl. Frese et al. 1996). Wenn eine Führungskraft geringe Fokussierung zeigt und bei Schwierigkeiten oder Rückschlägen leicht aufgibt, mangelnde Selbstdisziplin und wenig Standvermögen an den Tag legt, wird daher nicht von zielgerichtetem Handeln gesprochen.

Zusammengefasst lässt sich zielgerichtetes Handeln als besondere Form des Managerverhaltens charakterisieren, welches sich durch zwei Merkmale auszeichnet – hohe Energie und hohen Fokus. Wenngleich sowohl Energie als auch Fokus positive Eigenschaften sind, reicht keine der beiden Merkmale allein aus. Energie ohne Fokus heißt ziellose Geschäftigkeit. Fokus ohne Energie bedeutet kraftlose Umsetzung oder Aufgeben bei Widerständen und führt nicht selten zu innerer Kündigung oder Burnout.

Abbildung 1: *Die Energie- und Fokus-Matrix des Managerverhaltens (vgl. Bruch/Ghoshal 2004a)*

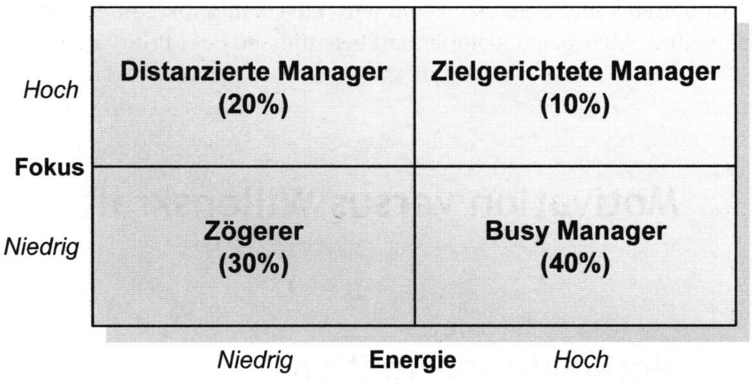

Die Ergebnisse unserer Untersuchung zum Managerverhalten zeigen, wie wenig verbreitet ein zielgerichtetes Handeln ist (vgl. Bruch/Ghoshal 2004a):

- *Zögerer:* Durchschnittlich etwa 30 Prozent der Führungskräfte zeigten ein niedriges Maß an Energie und Fokus. Diese Führungskräfte – so genannte *„Zögerer"* – erledigen ihre Routinearbeiten durchaus sorgfältig, ergreifen selbst jedoch kaum Initiative und gehen keine anspruchsvolleren Vorhaben an; sie reagieren meist nur.
- *Distanzierte*: Etwa 20 Prozent der Führungskräfte handeln zwar fokussiert, haben aber nur ein geringes Ausmaß an Energie. Diese Manager – die *„Distanzierten"* –

identifizieren sich nicht voll mit dem, was sie tun, setzen sich nur halbherzig ein und neigen dazu, strategisch wichtige Fragen nur so weit zu treiben, wie es keine nennenswerten Schwierigkeiten gibt. Bei Rückschlägen oder ernsthaften Widerständen geben sie leicht auf.

- *Busy Manager:* Die weitaus größte Gruppe der Manager – durchschnittlich 40 Prozent – weist hohe Energie auf, ist stark motiviert, setzt sich ein und ist durchaus engagiert. Diesen so genannten *„busy Managern"* fehlt jedoch der Fokus, so dass sie sich in Geschäftigkeit oder Aktionismus verlieren, anstatt konzentriert, kraftvoll und durchsetzungsstark ihre Vorhaben zu verwirklichen.
- *Zielgerichtete Manager:* Der kleinste Anteil der Manager – durchschnittlich rund 10 Prozent – gehört zu den *zielgerichteten Managern,* welche sowohl mit viel Energie als auch fokussiert handeln. Diese Führungskräfte strengen sich nicht nur deutlich stärker an als andere, sondern sie sind auch wesentlich entschlossener, bestimmte Vorhaben zu verwirklichen. Indem sie ihre Energie auf die wesentlichen Dinge konzentrieren, gelingt es ihnen, auch schwierige und langfristige Ziele zu erreichen.

Zielgerichtetes Handeln ist eine *Voraussetzung für gute Führung*. So ist schwer vorstellbar, dass eine Führungskraft mit wenig Energie ihre Mitarbeiter motivieren, begeistern oder inspirieren kann. Genauso wenig wird eine wenig fokussierte Führungskraft das Verhalten ihrer Mitarbeiter zielorientiert beeinflussen oder Prioritäten setzen können.

2 Motivation versus Willenskraft

2.1 Merkmale von Volition

In jüngerer Zeit widmen sich Forscher zunehmend der Frage, was dafür notwendig ist, damit Manager ehrgeizige Ziele unerschütterlich verfolgen (vgl. Gollwitzer/Malzacher 1996; Heckhausen 1991; Kuhl 1996). Fragt man sich, was die eher zielgerichteten effektiveren Manager von anderen unterscheidet, kann man zunächst annehmen, dass es eine besondere Form der Motivation ist. Die Forschungsergebnisse zeigen jedoch, dass dies nicht richtig ist. Die meisten Manager sind motiviert. Der Unterschied resultiert aus einer wesentlich stärkeren Kraft – dem *Willen* (vgl. Bruch/Ghoshal 2003).

Die Willenskraft ist ein viel stärkerer Antrieb als bloße *Motivation* (vgl. Heckhausen/Kuhl 1985; Heckhausen 1991). Motivation ist die Neigung, ein bestimmtes Verhalten zu zeigen (vgl. Steinle 1978 und 2005). Der Wille ist hingegen die Entschlossenheit, ein bestimmtes *Ergebnis* zu erreichen. Wenn Manager ihren Willen einsetzen, sind sie fähig, selbst langfristige und schwierige Ziele konsequent zu verfolgen, auch bei Rückschlägen nicht aufzugeben und ihre Vorhaben mit Nachdruck umzusetzen (vgl. Heckhausen 1987; Kuhl 1996).

Motivation ist in der Regel anfällig für Änderungen und geht z.B. leicht verloren, wenn sich attraktivere Chancen bieten, Hindernisse auftreten oder erwartete Belohnungen plötzlich geringer ausfallen (vgl. Bruch/Ghoshal 2004a). Die Willenskraft geht hingegen mit einer *tiefen persönlichen Bindung* an ein bestimmtes Vorhaben einher. Da willensstarke Manager mit Entschlossenheit ein bestimmtes Ergebnis erreichen wollen, sind sie zu diszipliniertem Handeln fähig, selbst wenn die Arbeit phasenweise keine Freude macht oder hart ist und sich andere Gelegenheiten bieten (vgl. Heckhausen 1991).

Der Unterschied zwischen Motivation und Willenskraft lässt sich an drei charakteristischen Merkmalen festmachen (vgl. Ghoshal/Bruch 2003):

- *Unverzögerte Umsetzung:* Manager, die den Willen entwickelt haben, ein bestimmtes Vorhaben umzusetzen, warten nicht auf weitere Informationen oder äußere Reize, um aktiv zu werden. Wenn Motivation in Entschlossenheit und Willenskraft übergegangen ist, haben Manager ihre Zweifel überwunden und zögern nicht mehr, sondern nutzen alle verfügbare Zeit dafür, ihr Vorhaben umzusetzen.
- *Geschärfte Wahrnehmung:* Willensstarke Manager haben eine geschärfte oder verzerrte Wahrnehmung (vgl. Heckhausen 1991). Sie konzentrieren ihre ganze Aufmerksamkeit und Energie auf Informationen, die ihren Zielen dienen und nehmen widersprüchliche Informationen nicht zur Kenntnis.
- *Gesteigerte Energie bei Rückschlägen und Schwierigkeiten:* Motivation geht in der Regel verloren, wenn Rückschläge oder Schwierigkeiten auftreten. Willenskraft dagegen wird durch Hindernisse noch gesteigert. Aufgeben kommt nicht in Frage (vgl. Ach 1910 und 1935).

2.2 Entstehung und Nutzung von Willenskraft

Wie entsteht die Willenskraft von Managern? Stark vereinfacht läuft der Prozess der Entstehung und Nutzung von Willenskraft in drei Phasen ab (vgl. Abb. 2) (vgl. Bruch 2003; Ghoshal/Bruch 2003; Gollwitzer 1996; Heckhausen/Kuhl 1985; Kuhl 1984):

- *Intentionsbildung – Entwicklung des Vorhabens*: Der Prozess der Willensbildung beginnt meist damit, dass Manager eine *Chance* wahrnehmen. Entscheidend ist zunächst, dass diese Chance persönlich wichtig ist und eine Art emotionaler Bezug besteht. Im Weiteren ist entscheidend, dass aus der bloßen Idee ein konkretes Vorhaben (*Intention*) wird (vgl. Gollwitzer 1996). Hierfür müssen Manager ihre zunächst eher vage Idee so weit wie möglich konkretisieren und im Idealfall sogar eine *bildliche Vorstellung* davon entwickeln, was sie erreichen wollen. Erst dann können sie ein wirkliches Commitment aufbauen.

Abbildung 2: *Phasen der Entstehung von Willenskraft*

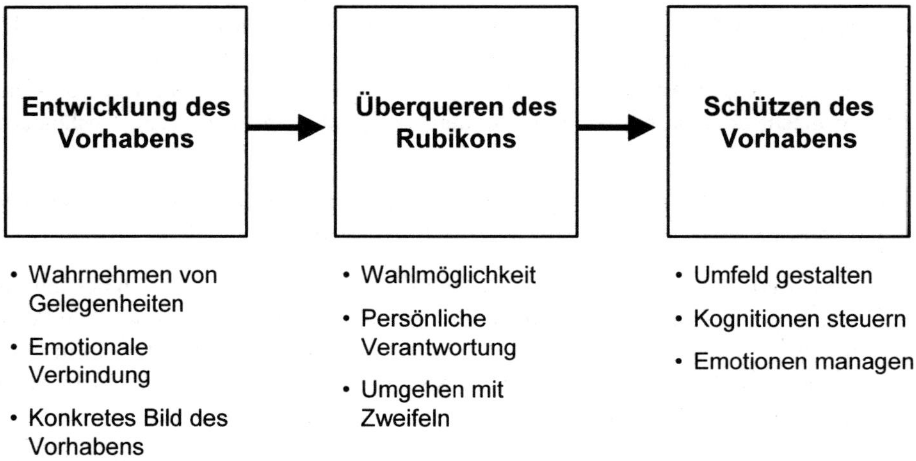

- *Der Entschluss – das Überschreiten des Rubikons*: Für die Umwandlung von Motivation in Willen ist entscheidend, dass Manager eine bewusste Entscheidung treffen. Diese Entscheidung beinhaltet den Entschluss, ein Vorhaben wirklich und ernsthaft verfolgen zu wollen (vgl. Heckhausen/Gollwitzer 1987). An diesem Punkt überschreiten Manager ihren persönlichen Rubikon – sie treffen die Entscheidung, sich voll und uneingeschränkt für eine Sache einzusetzen. Bei dem *Entschluss*, über den Rubikon zu gehen, durchlaufen Manager einen Prozess, bei dem Bedenken, Zweifel oder Ängste und widerstreitende Gefühle aufgelöst werden (vgl. Heckhausen 1991). Vorbehalte, mögliche Nachteile und Risiken werden an dieser Stelle bewusst den möglichen Vorteilen und Chancen gegenüber gestellt. Nur wenige Manager stellen sich ihren widerstreitenden Gefühlen und Zweifeln im Zusammenhang mit ihrer Arbeit. Indem sie sich frühzeitig mit ihren Bedenken auseinander setzen, vermeiden willensstarke Manager, später durch ihre Zweifel oder mögliche negative Gefühle geschwächt zu werden (vgl. Gollwitzer 1996).

- *Durchhalten und Umsetzung – das Schützen des Vorhabens:* Nach einem Entschluss etwas zu tun, laufen Manager fortlaufend Gefahr, Energie und Fokus im Prozess der Umsetzung zu verlieren, abgelenkt zu werden oder schlicht nicht die Zeit für ihre Vorhaben zu finden (vgl. Heckhausen 1991). Die für Manageraufgaben typische hohe Anzahl von Ablenkungen, Unterbrechungen und unvorhergesehenen Anforderungen kann die Aufmerksamkeit von zielgerichtetem Handeln abziehen. Willensstarke Führungskräfte *managen ihr Umfeld* so, dass sie ihr Vorhaben gegen die hauseigenen Einflüsse abschirmen (vgl. Kuhl 1987). So erzeugen sie zum Teil ganz bewusst einen sozialen Druck, um den Preis für das Aufgeben ihres Ziels zu erhöhen, beispielsweise indem sie andere Personen einbeziehen, die ihre Umsetzung überwachen oder sich öffentlich zur Umsetzung ihrer Vorhaben verpflichten. Mit ihrer Willenskraft beeinflussen zielgerichtete Manager nicht nur gezielt ihr Umfeld, sondern sie managen auch gezielt ihre eigenen *Gedanken und Gefühle*, um Fokus und Energie zu erhalten (vgl. Kuhl 1987). Immer wenn sich Zweifel melden, fokussieren sie ihre Gedanken neu. Neben der gedanklichen Selbstdisziplinierung stellen sie auch gezielt sicher, dass sie ihre Begeisterung für ihr Vorhaben erhalten. Beispielsweise schirmen sie sich bewusst gegen negative Emotionen ab und finden Wege, wie sie Ärger oder Ängste in verstärkte Kraft und Inspiration verwandeln (vgl. Kuhl 1987), um ihren Erfolgsglauben nicht zu verlieren. Nur durch ein gezieltes und bewusstes *Selbstmanagement* gelingt es Managern, auch über längere Zeit Begeisterung, Zuversicht und Aufmerksamkeit zu erhalten und ihre Vorhaben selbst in widrigen Umfeldern umzusetzen.

3 Abschließende Bemerkungen

Der Wille ist eine besondere, sehr mächtige und wirkungsvolle Kraft. Manager brauchen diese allerdings nur für bestimmte Situationen. Bei einfachen, kurzfristigen und wenig komplexen Zielen, in Umfeldern mit wenig Ablenkungen und bei Routineaufgaben ist kein Wille erforderlich; hier reicht Motivation vollends aus (vgl. Ach 1935; Bruch 2003). Bei langfristigen, innovativen und besonders schwierigen Aufgaben, wenn mit Ablenkungen, Widerständen und Rückschlägen zu rechnen ist, brauchen Manager hingegen ihre Willenskraft. Wenn Führungskräfte ihren Willen nutzen, können sie Innovatives, Besonderes und Großes erreichen, selbst wenn und gerade wenn dies herausfordernd ist und Mut erfordert. In den meisten Fällen wird dies bei wirklich starker Führung – bei Leadership – der Fall sein.

Die größte und gefährlichste Bedrohung der Wirksamkeit und Führungsstärke von Managern ist „Busyness". Nur wenn Führungskräfte selbst engagiert, fokussiert und willensstark handeln, werden sie fähig sein, andere zu Höchstleistung zu führen. Eine erste und vorrangige Aufgabe von Führungskräften ist es daher, sich um ihre eigene Energie, Konzentration aufs Wesentliche und Willenskraft zu kümmern und dann zu helfen, die Energie anderer sinnvoll zu nutzen (vgl. Drucker 1998).

Literatur

Ach, N. (1910): Über den Willensakt und das Temperament: Eine experimentelle Untersuchung, Leipzig

Ach, N. (1935): Analyse des Willens, Berlin

Bruch, H. (2003): Leaders' Action. Model Development and Testing, München und Mering

Bruch, H./Ghoshal, S. (2002): Beware the Busy Manager; in: Harvard Business Review, 80. Jg., H. 2, S. 62-69

Bruch, H./Ghoshal, S. (2004a): A Bias for Action: How Effective Managers Harness their Willpower, Achieve results, and Stop Wasting Time, Boston

Bruch, H./Ghoshal, S. (2004b): Reclaim your Job; in: Harvard Business Review, 82. Jg., H. 3, S. 41-45

Bruch, H./Ghoshal, S. (2005): Managerial Action: Construct Definition, Model Development and Testing; in: Zeitschrift für Betriebswirtschaft, 75. Jg., H. 2, S. 105-133

Dörner, D. (1985): Thinking and the Organization of Action; in: Kuhl, J./Beckmann, J. (Hrsg.), Action Control: From Cognition to Behavior, Berlin

Drucker, P. F. (1998): Managing for the future, Oxford et al.

Frese, M. et al (1996): Personal Initiative at Work: Differences Between East and West Germany; in: Academy of Management Journal, 39. Jg., H. 1, S. 37-63

Frese, M./Zapf, D. (1994): Action as the Core of Work Psychology: A German Approach; in: Triandis, H. C./Dunnette, M. D./Hough, L. M. (Hrsg.): Handbook of Industrial and Organizational Psychology, 4. Jg., 2. Aufl., Palo Alto, S. 271-340

Gollwitzer, P. M. (1996): The Volitional Benefits of Planning; in: Gollwitzer, P. M./Bargh, J. A. (Hrsg.): The Psychology of Action, New York, S. 287-312

Gollwitzer, P. M./Malzacher, J. T. (1996): Absichten und Vorsätze; in: Kuhl, J./Heckhausen, H. (Hrsg.): Motivation, Volition und Handlung, Göttingen et al., S. 427-460

Hacker, W. (1978): Allgemeine Arbeits- und Ingenieurspsychologie, 2., durchgesehene und ergänzte Auflage, Berlin et al.

Hacker, W. (1992): Expertenkönnen, Göttingen

Heckhausen, H. (1991): Motivation and Action, 2. Aufl., Berlin

Heckhausen, H./Gollwitzer, P. M. (1987): Thought Content and Cognitive Functioning in Motivational Versus Volitional States of Mind; in: Motivation and Emotion, 11. Jg., H. 2, S. 101-120

Heckhausen, H./Kuhl, J. (1985): From Wishes to Action: The Dead Ends and Short Cuts on the Long Way to Action; in: Frese, M./Sabini, J. (Hrsg.), Goal Directed Behavior: The Concept of Action in Psychology, Hillsdale, S. 134-159

Heckhausen, H. (1987): Wünschen – Wählen – Wollen; in: Heckhausen, H./Gollwitzer, P. M./Weinert, F. E. (Hrsg.): Jenseits des Rubikon: Der Wille in der Humanwissenschaft, Berlin/Heidelberg, S. 3-9

Kotter, J. P. (1982): The General Managers, New York

Kuhl, J. (1984): Volitional Aspects of Achievement Motivation and Learned Helplessness: Toward a Comprehensive Theory of Action Control; in: Maher, B. A. (Hrsg.): Progress in Experimental Personality Research, 13. Jg., New York, S. 99-171

Kuhl, J. (1987): Action Control: The Maintenance of Motivational States; in: Halish, F./Kuhl, J. (Hrsg.): Motivation, Intention, and Volition; Berlin/Heidelberg, S. 279-291

Kuhl, J. (1996): Wille und Freiheitserleben: Formen der Selbststeuerung; in: Kuhl, J./Heckhausen, H. (Hrsg.): Motivation, Volition und Handlung, Göttingen et al., S. 665-765

Mintzberg, H. (1973): The Nature of Managerial Work, New York et al.

Mintzberg, H. (1991): Managerial Work: Forty Years Later; in: Carlson, S. (Hrsg.): Executive Behavior, reprinted with contributions by Mintzberg, H. and Stewart, R., Uppsala, S. 97-120

Snyder, N. H./Glueck, W. F. (1980): How Managers Plan: The Analysis of Managers' Activities; in: Long Range Planning, 13. Jg., H. 1, S. 70-76

Sonnentag, S. (1998): Expertise in Professional Software Design: A Process Study; in: Journal of Applied Psychology, 83. Jg., H. 5, S. 703-715

Steinle, C. (1978): Führung: Grundlagen, Prozesse und Modelle der Führung in der Unternehmung, Stuttgart

Steinle, C. (2005): Ganzheitliches Management: Eine mehrdimensionale Sichtweise integrierter Unternehmungsführung, Wiesbaden

Stewart, R. (1976): Contrasts in Management, Maidenhead/Berkshire

Stewart, R. (1982): Choices for the Manager: A Guide to Managerial Work and Behavior, London et al.

Volpert, W. (1989): Work and Personality Development from the Viewpoint of Action Regulation Theory; in: Lehmann, H./Kornbluh, H. (Hrsg.): Socialization and Learning at Work: A New Approach to the Learning Process in the Workplace and Society, Aldershot, S. 215-232

Weber, M. (1922): Wirtschaft und Gesellschaft, Tübingen

Whitley, R. (1989): On the Nature of Managerial Tasks and Skills: Their Distinguishing Characteristics and Organization; in: Journal of Management Studies, 26. Jg., H. 3, S. 209-224

Yukl, G. (2006): Leadership in Organizations, 6. Aufl., Upper Saddle River

Oliver Kahn

Leader im Spitzensport – Persönliche Erfahrungen, Lehren und Herausforderungen

1 Warum Profifußball und Wirtschaft voneinander lernen können

Lassen Sie mich die folgende Feststellung an den Anfang des Versuches stellen, meine zentralen Erkenntnisse aus 25 Jahren Profifußball zusammenzufassen: Fußball ist zunächst einmal die einfachste Sache der Welt. Nichts bringt das klarer zum Ausdruck als der bekannte Spruch: „Das Runde muss in das Eckige". Dieser Spruch ist hilfreich: Er ist eine extrem einfache Regel, die allen Mitgliedern des „Teams Fußballmannschaft" – und das sind nicht nur die Spieler – einprägsam und unmissverständlich vor Augen führt, worum es eigentlich geht: Wer keine Tore schießt, verliert. Alle müssen diese einfache Regel verinnerlichen und auf dieses klare Ziel hinarbeiten. Alles andere, was zu dieser Regel hinzukommt, alles wodurch diese Regel ergänzt und erweitert wird – und mag es noch so ausgeklügelt, hilfreich und wichtig sein – alles andere als eine so einfache Verdichtung des „Geschäftsmodells Fußball" birgt die Gefahr, vom Wesentlichen abzulenken. Und Ablenkungen gibt es im Profisport ohnehin genug.

Um das besser zu verstehen, ist es hilfreich sich einmal anzusehen, was eigentlich die Rahmenbedingungen sind, in denen Profifußball stattfindet und unter deren Einfluss dieser Sport steht. Profifußball gehört zu den öffentlichsten Formen des Spitzensports und „genießt" vielleicht die größte öffentliche Aufmerksamkeit überhaupt. Natürlich finden andere Sportarten und Sportveranstaltungen ebenfalls riesiges öffentliches Interesse wie die Tour de France, Wimbledon, die Formel Eins, die Vier-Schanzen-Tournee und der Skisport generell oder Großveranstaltungen wie Leichtathletik-Weltmeisterschaften und natürlich die Olympischen Spiele. Aber das hohe Niveau der öffentlichen Beachtung und ihre Konstanz über das ganze Jahr hinweg – und jedes Jahr wieder aufs Neue – darin ist der Profifußball wohl einzigartig.

Alles, was den Beruf „Profifußballer" definiert, birgt gleichzeitig positives und negatives Potenzial. Je erfolgreicher ein Spieler ist wegen seiner persönlichen Leistungen und der Bekanntheit seines Vereins, umso öffentlicher wird er. Je bekannter er aber ist, desto mehr steht er unter Beobachtung, desto höhere und konstantere Leistungen werden von ihm gefordert, desto mehr wird er vom Wesentlichen abgelenkt durch die Anforderungen und Pflichten, die an einen „Public Professional" gerichtet werden und die mit dem Geschäft des Fußballspielens nichts mehr zu tun haben. Ein ähnliches Dilemma besteht beim Geld. Es ist ja kein Geheimnis, dass im Profisport viel verdient wird. Das ist angenehm, aber es birgt auch ein hohes Ablenkungspotenzial. Profisportler sind jung; an ihrem Einkommen gemessen sind Profifußballer leitende Angestellte, manche sogar „sehr leitend". Das schafft ein sehr eigentümliches Unternehmensklima und eine sehr spezifische Realität von Teams. Vor allem schafft es ganz eigene Anforderungen sowohl an die Selbstführung als auch an die Teamführung.

Das alles formt den Arbeitsplatz des Profifußballers: Es wäre fatal zu glauben, die Arbeitsplatzbeschreibung „Profifußballer" bestünde nur aus zwei Punkten: erstens aus einem gewissen Maß an „Aus- und Weiterbildung" (also Training) und zweitens aus den Worten „Tore schießen" (oder in meinem Fall „Tore verhindern"), wie es der oben genannte Spruch nahe legt. Im Fußball-„Geschäft" geht es vielmehr darum, das einfache „Geschäftsmodell" vollkommen zu verinnerlichen und gerade in den verwirrendsten Situationen abrufen zu können. Schließlich bleibt der Profifußball trotz aller ausgefeilter Trainingsinstrumente und taktischer Theorien eine Instinktsportart. Darüber hinaus ist es wichtig, sich der Vorteile und Nachteile aller Rahmenanforderungen bewusst zu sein, um sie für sich zu nutzen und mit ihrer Hilfe seine persönlichen Leistungen noch zu steigern, den Erfolg der Mannschaft zu sichern und natürlich auch seinen eigenen Marktwert zu erhöhen.

In meinem Beitrag möchte ich weniger die Unterschiede zwischen Profisport und Wirtschaftsleben betonen. Lieber möchte ich verdeutlichen, wo die Wesenszüge von Profisport und Wirtschaft so nahe zusammenliegen, dass es interessant wird darüber nachzudenken, was beide Seiten voneinander lernen können, wo ihre jeweiligen Sichtweisen und wo ihre jeweiligen hoch entwickelten und perfektionierten Erkenntnisse die jeweils andere Seite weiterbringen können.

Ich möchte dies ganz praktisch anhand zweier Aspekte angehen, die mein Berufsleben als Profifußballer prägen und leiten: Selbstführung und Teamführung. Ich finde das deshalb interessant, weil dieselben Aspekte auch im Wirtschaftsleben eine, vielleicht sogar *die* zentrale Rolle spielen. Stellen Sie sich Folgendes vor: Denken Sie sich den Ball weg und ersetzen Sie ihn durch ein Produkt. Denken Sie die gegnerische Mannschaft weg und ersetzen Sie sie durch den Wettbewerber. Nehmen Sie das Tor weg und denken Sie sich stattdessen – den Kunden. Vielleicht werden so meine Erkenntnisse für jeden relevant und in der einen oder anderen Weise auch für jeden anwendbar.

2 Selbstführung

2.1 Selbstführung – erster Teil: Das bewegliche Ziel im Blickfeld

Das „bewegliche Ziel" ist ein Bild der Selbstführung, das ich bereits seit meinen frühesten Anfängen als Fußballer vor Augen habe. Es besagt: „Setzte deine Ziele so nah, dass du sie erreichen kannst und setze dein nächstes Ziel so, dass du dir darin treu bleibst." Anders ausgedrückt heißt das: Die Ziele liegen im Blickfeld. Sie liegen nicht so weit weg, dass ich sie nicht mehr sehen kann. Meine Ziele waren aber auch immer so attraktiv, dass ich mich ihnen weder entziehen konnte noch wollte. So hat sich eine stringente Zielkette entwickelt, die mir Orientierung und Ansporn war und mich immer weiter nach vorn gebracht hat. Mir war zunächst auch nicht bewusst, dass das eine Strategie zum Erfolg ist. Am Anfang zählen nicht die Begriffe, sondern nur die Tätigkeit: Ich wollte nicht „Fußballer" werden, sondern „Fußballspielen". Das ist ein wichtiger Unterschied; nicht der Status, sondern die Tätigkeit stand im Mittelpunkt.

Mein Erfolgswille ist tief verankert, im Grunde schon seit der Kindheit. Bereits mit fünf Jahren hatte ich großen Spaß am Fußball. Mein „Berufsweg" begann beim Karlsruher Sport Club, dem KSC, der in Baden größter Verein ist. Und es wäre ein Irrtum zu glauben, dass es in den Kinder- und Jugendmannschaften um etwas anderes ginge als um das Siegen. Mit 14 oder 15 ist in mir der Wille entstanden, Fußballprofi zu werden. Und bereits damals kam zum reinen „Spielen wollen" eine weitere, für den Profi wichtige Komponente hinzu: die mit dem Profisport verbundenen Möglichkeiten sozial aufzusteigen, Ruhm und Ehre zu erlangen und sehr viel Geld zu verdienen. Der Idealismus muss bleiben: „Spielen wollen". Aber der Realismus sollte ebenfalls früh ausgebildet sein: „Ich will im Leben etwas erreichen."

2.2 Selbstführung – zweiter Teil: Was kann ich überdurchschnittlich gut?

Sich diese Frage zu stellen, heißt sich auf etwas zu konzentrieren und anderes wegzulassen. Sich auf eine Sache zu konzentrieren ist sicher nicht immer einfach, vielleicht weil es schwer fällt etwas anderes wegzulassen. Für mich war es, muss ich zugeben, einfach. Ich habe ganz klar und deutlich gemerkt: Im Sport kann ich überdurchschnittlich gut sein. Für alle, die sich mit der Konzentration auf eine Sache schwerer tun, ist es sicher hilfreich, zuerst daran zu arbeiten einen Wunsch, einen Willen zu entwickeln:

den Wunsch nämlich – der in mir einfach da war – etwas ganz besonders gut zu können und nicht zuletzt auch den Wunsch Anerkennung zu bekommen. Aber ich wusste auch immer: Talent ohne harte Arbeit ist nichts wert.
Das Wichtigste ist also erstens, ein Grundthema für sich zu finden und zweitens immer ein klares Ziel vor Augen, also in Reichweite, zu haben. Bei mir war das der Fall: Immer bei Erreichen einer Etappe habe ich wieder ein neues Ziel fokussiert. Aber das Grundthema hat sich nicht verändert. Meine bisherige Entwicklung lässt sich etwa in folgende Etappen gliedern und ich glaube, man kann daran gut ablesen, dass die einzelnen Schritte zwar ambitioniert, nicht aber außer Reichweite waren:

1. Ich will Fußball spielen.
2. Ich will Profifußballer werden.
3. Ich will Stammtorhüter des KSC werden.
4. Ich will mehr als nur mit dem KSC im durchschnittlichen Mittelfeld spielen.
5. Ich will bei internationalen Spielen dabei sein – Wechsel zum FC Bayern.
6. Ich will die Nummer 1 beim FC Bayern werden.
7. Ich will die Meisterschaft und internationale Titel gewinnen.
8. Ich will mit den Bayern alle Titel gewinnen: Meisterschaft, DFB Pokal, Champions League und Weltpokal.
9. Ich will in die Nationalmannschaft.
10. Ich will mit der Nationalmannschaft Weltmeister werden.

2.3 Selbstführung – dritter Teil: Können Ziele ausgehen?

Das können sie natürlich nicht. Ich habe zunächst einfach immer weiter an meiner Zielsetzungskette gesponnen. Doch irgendwann kam der Punkt, an dem eine rein auf äußere Ziele gerichtete Strategie nicht mehr ausreichte. Die Zielsetzungskette allein begann als Triebfeder der Motivation an Spannkraft zu verlieren. Jetzt beginnt die wahre Kunst. Jetzt geht es darum den Erfolgswillen – ich will nicht sagen auf innere Ziele zu verlagern – aber um innere Ziele zu bereichern. Es geht nicht mehr nur um den sportlichen Erfolg, Ehre, Anerkennung, Ruhm und Geld. Bei mir kamen Dinge, wie Zufriedenheit, innere Ruhe und Zentrierung, hinzu, um Spaß und Freude zu erhalten. Das war einerseits reizvoll, weil es die Komplexität im Spiel „Profifußballer" erhöhte. Vor allem aber war es entscheidend, weil es für mich die äußere Leistungsfähigkeit durch die Einbeziehung der inneren Werte stärkte.

Ich möchte diese Phase des Profisportlers einmal direkt mit einem Beispiel aus der Wirtschaft vergleichen. Der Vorstandsvorsitzende eines großen Sportartikelunternehmens hat einmal gesagt, in den 80er und 90er Jahren habe im Mittelpunkt des Interesses seines Unternehmens die Herstellung des Produktes gestanden: Alles drehte sich um die technische Perfektionierung des Produktes, der Herstellung, der (gleich bleibend hohen) Qualität. Heute gehe es um die „inneren Werte" des Produktes: Die gleich bleibend hohe Qualität des Produktes ist nur Grundvoraussetzung, um überhaupt im Geschäft zu sein. Aber ein wirkliches Spitzenprodukt entsteht nur durch das innere Ziel, das beste Produkt auf dem Markt zu sein und dafür alles zu tun.

Das gilt so auch für den Spitzensport. Die äußeren Ziele der Zielsetzungskette sind die Technik, der „State of the Art". Die Ergänzung um innere Werte ist der Weg an die Spitze, um den Erfolgswillen – und so seinen Erfolg – weiter auf- und auszubauen.

2.4 Selbstführung – vierter Teil: Disziplin und Entspannung – Gegensätze ziehen sich an!

Es ist nicht bloß eine Anekdote, dass bereits der Jugendtrainer von seinen Schützlingen erwartet, sie sollen ihr Spielgerät sauber halten; nicht die Mutter, nicht der Vater, sondern sie selbst. In ihrer strengsten Auslegung heißt die Spielregel – und nicht selten wird sie auch so konsequent angewandt: Wer seine Fußballschuhe nicht geputzt hat, spielt nicht. Und es ist erst recht kein Klischee, dass diese Erwartung auch vor dem Profi nicht halt macht. Was den jugendlichen Spieler oft nur nervt und mancher Profi damit beantwortet, dass er sich zu jedem Spiel zehn Paar neue Schuhe hinstellt, meint im Grunde jedoch etwas ganz anderes. Die blitzblanke Sauberkeit der Schuhe steht für eine blitzblanke Klarheit im Kopf. Aufgeräumt und hoch konzentriert geht es ins Spiel, jedes Detail liegt bereit, ist in perfektem Zustand und auf den Punkt für den Einsatz vorbereitet. Es ist eine einfache, praktische und echte „Tätigkeit", mit der ein Sportler den abstrakten Begriff der Vorbereitung in sich verankern kann. Das ist der Sinn der Übung, den bereits die jungen Spieler lernen sollen.

Oft habe ich mich gefragt, wie es mir in all den Jahren gelungen ist die Disziplin auszubauen, um mein Programm durchzuziehen: Diese Disziplin ist mir aufgrund meines starken Ehrgeizes und meiner hohen Motivation zur zweiten Natur geworden. Das klingt positiv, aber nicht immer führt ein Mehr an Disziplin auch zu mehr Erfolg. Das ist eine wichtige Erfahrung und Lehre meines bisherigen Profidaseins.

Früher war meine Philosophie, offen gestanden, simpler und einseitiger: „Viel trainieren, immer besser werden, rauf aufs Feld, gewinnen, Titel mitnehmen, fertig." Eigentlich ist das auch alles so geblieben; ich trainiere weiterhin viel, will weiterhin immer besser werden und gewinnen will ich sowieso. Aber zusätzlich habe ich gelernt, dass erst ein Ganzes daraus wird, wenn man auf geeignete Weise auch das jeweils Gegensätzliche mit in seine Arbeit einbezieht. Was heißt das?

Um Selbstdisziplin in dem Maße aufbauen und aufrechterhalten zu können, wie es der Profisport erfordert, ist es notwendig, sich auch die nötigen Entspannungszeiten zu „verordnen". In diesem Begriff steckt es schon drin: Es geht um planvolles „Anspannen" und ebenso planvolles „Ausspannen". Für mich gehören heute der Begriff der Konzentration und die Begriffe der Ruhe und Entspannung untrennbar zusammen. Auch wenn es paradox klingt, aber auch „wirklich Entspannen zu können" ist Arbeit.

Mein Ziel ist es – das klingt jetzt nicht bescheiden, muss es aber auch nicht – der Beste meines Faches zu sein. Das ist es letztlich, was mich motiviert und den Rahmen meines Arbeitspensums absteckt. Meine innere Stimme hilft mir. Sie sagt mir, „wenn Du das und das nicht tust, dann wirst du dein gestecktes Ziel nicht erreichen". Daraus erwächst die Disziplin für den Trainingsablauf und für eine Lebensführung, die darauf abgestimmt ist, diese Disziplin aufrechtzuerhalten. Das alles zusammengenommen nenne ich „Ernsthaftigkeit". Ich musste jedoch selbst lernen, dass übersteigerte Disziplin die Gefahr birgt, die Lebensfreude zu hemmen. Wer die Freude verliert, für den wird die Arbeit immer anstrengender, der entwickelt Stresssymptome und ist auf dem Weg in das Burnout. Es ist wichtig zu wissen, ab welchem Punkt Disziplin einen zwanghaften, sogar zerstörerischen Aspekt bekommt. Es geht darum, die Balance zu finden zwischen Disziplin und Loslassen. Im Hinblick auf diszipliniertes Verhalten gilt es, klug und diszipliniert zu sein und es nicht zu übertreiben. Auch meine innere Stimme hat das verstanden. Sie sagt mir neuerdings auch, wenn es mal gut ist.

Einen Sonderfall möchte ich erwähnen, denn er kommt bei mir „sonderbar" oft vor. Es ist der Fall, es einfach nicht lassen zu können. Das kann gut und schlecht sein. Zum Schlechten zuerst: Wer nicht aufhören kann, riskiert den Bogen zu überspannen. Die positiven Seiten heißen bei mir Spaß, Freude, Begeisterung und manchmal, aber seltener Ausgelassenheit. Lassen Sie mich das erklären. Der Beruf des Torwartes ist so angelegt, dass er Spaß und Freude nicht „automatisch" mit sich bringt. Ein Tor zu kassieren ist die Höchststrafe, das ändert sich auch dann nicht grundsätzlich, wenn mein Team trotz eines Gegentreffers gewinnt. Und schon gar nichts ändert sich, wenn dir alle bestätigen: Du hattest keine Chance, da war nichts zu halten. Ein Torwart, aber eigentlich jeder Mensch, muss also seinen individuellen Weg zum Spaß finden. Das heißt vor allem, den Spaß nicht von äußeren Dingen abhängig zu machen, sondern in sich selbst zu finden. Mein Torwarttrainer beim FC Bayern, Sepp Maier, ist von der Natur begünstigt. Er hat einen so direkten Zugang zum Spaß gefunden, dass er ihm kaum zu rauben ist. Mein Weg war steiniger und das Ergebnis sieht anders aus. Es ist eine ernsthaftere Form von Spaß, aber er ist so stark, dass ich das, was ich tue, mit absoluter Begeisterung tue. Das ist, bekommt man es hin, das Optimum.

Wer begeistert und leidenschaftlich ist, bei dem geht alles wie von selbst. Man spürt den Aufwand gar nicht, der hinter allem steckt. Und Begeisterung steckt an. Das ist natürlich für das Team wichtig, aber auch darüber hinaus. Als „Public Professionals" haben wir auch die Aufgabe, die Öffentlichkeit mitzureißen.

2.5 Selbstführung – fünfter Teil: Wenn nichts da ist, was mich ablenkt, kann mich auch nichts stören

Wenn ich alles, was ich selbst beeinflussen kann, so regele, dass es mich nicht ablenkt, entwickele ich aktiv und bewusst das Gefühl, mich optimal vorbereitet zu haben. Wenn ich alles getan habe, gibt es nichts mehr, was die Befürchtung in mir auslösen würde, dass etwas schließlich doch nicht funktionieren könnte. So beginnt meine Konzentrationsphase auf ein bestimmtes Ereignis bereits Tage vor dem eigentlichen Termin. Sie beginnt – mittlerweile – unterbewusst (das heißt, ich bräuchte heute nicht mehr unbedingt meine Fußballschuhe zu putzen, um meine Konzentrationsphase einzuleiten) und steigert sich, immer mehr ins Bewusstsein tretend, bis zum eigentlichen Event.

Beim Event selbst geht es um die volle Konzentration. Nebensächliches ist für mich jetzt nicht einmal mehr Nebensache. Es hat für neunzig Minuten aufgehört zu existieren. Für mich geht es bei der Konzentration auch immer um das Gleichgewicht zwischen Fokus und Weite. Konzentration muss sich auf ein bestimmtes Thema, ein Feld oder eine Aufgabe richten. Sie darf nicht „einnicken" oder ins Allgemeine „abdriften". Ich habe daher die Erfahrung gemacht, dass es kontraproduktiv ist, sich zu sehr auf einen bestimmten Gegner zu konzentrieren. Ich konzentriere mich am besten auf mich selbst, das Zauberwort heißt hier „Präsenz". Es ist die volle, gerichtete, aktive Präsenz. Das ist die mentale Stärke, die einen Spitzensportler auszeichnet: Im entscheidenden Moment 100% Konzentration aufbringen und in 100% Leistung umsetzen.

2.6 Selbstführung – sechster Teil: Zurück auf Null? Zurück auf Start!

Es ist eine Kunst, aus Niederlagen die richtigen Schlüsse zu ziehen. Und wer das kann, hat schon wieder gewonnen. Allerdings ist die Interpretation von Niederlagen eine knifflige Kunst. Was sind Schwächen und wo liegen die Stärken? In vielerlei Hinsicht ist es gut, bei Rückschlägen die Anstrengungen zu erhöhen. Zurück auf Start und los. Aber es hilft nichts, blindwütig nach dem Motto „viel hilft viel" vorgehen. Ich versuche, einen kühlen Kopf zu bewahren, nüchtern zu analysieren und ein wenig nachzujustieren; und vor allem weiter an die eigenen Fähigkeiten – die weiter konsequent und vielleicht sogar nochmals ein bisschen mehr trainiert werden – zu glauben. Das hat bei mir, das hat beim FC Bayern bestens funktioniert. 1999 wurde uns im Spiel gegen den Englischen Meister Manchester United in buchstäblich letzter Sekunde der Titel der Champions League aus den Händen gerissen. Zwei Jahre später waren wir wieder da – besser und klüger als je zuvor – und haben uns den größten Titel, den man mit Vereinsmannschaften gewinnen kann, nicht noch einmal nehmen lassen. Großen Erfolgen gehen also oftmals große Niederlagen voraus.

Aus dieser Abfolge aus Rückschlag, harter Arbeit und Erfolg habe ich mein Lebensmotto des niemaligen Aufgebens abgeleitet. Und daraus ist die Unbeirrbarkeit entstanden, die Weigerung zu versagen, zu resignieren und der Entschluss, immer weiterzumachen. Rückschläge und Niederlagen gehören zum Spiel, aber am Aufstieg können sie einen nicht hindern – es sei denn, man lässt sich daran hindern.

2.7 Selbstführung – siebter Teil: Ganz oben angelangt – und nun?

Beim größten Erfolg, den man als Fußballspieler im Vereinsfußball erreichen kann, angelangt, lohnt ein Blick auf das „Und jetzt?". Ich möchte diesen Aspekt jedoch nicht unter dem Blickwinkel betrachten, was es etwa jetzt noch zu erreichen gäbe. Schließlich ist es eine Grundregel unseres Spieles, dass die Uhren jedes Jahr auf „null" gestellt werden. Interessant finde ich diese Frage unter einer anderen Perspektive: Bin ich nach all dem Erfolg noch erreichbar? Ich meine damit: Bin ich noch offen für Feedback, für Kritik und für Verbesserungen im Sinne echter „Meilensteine"?

Auch in der Wirtschaft scheint der Zaubertrank, der aus den Zutaten Erfolg, Anerkennung und Geld gemixt wird, ganz besonders verführerisch zu sein. Im Profifußball wird der Trunk heiß getrunken; die Zutat hitzköpfiger Jugend kommt noch hinzu, während die Wirtschaft ihn eher kalt genießt. Die kühle Berechnung reiferer Jahre scheint dem Trunk jedoch an Wirkungskraft nichts zu nehmen. Es ist natürlich ebenso unsinnig, wie es für den eigenen Erfolg und den der Mannschaft gefährlich ist, sich den Erfolg zu Kopf steigen zu lassen. Entscheidungen werden weniger objektiv gefällt, die Konzentration, der Einsatz, die persönliche Leistungsbereitschaft und schließlich die Leistung selbst lassen nach. Das persönliche Wachstum kommt zum Stillstand, das ganze Umfeld eines Spielers, einschließlich des privaten Umfeldes, wird in Mitleidenschaft gezogen. Das kann sich schlimm entwickeln: Spieler isolieren sich zum Beispiel menschlich und psychisch und bleiben so auf der Strecke. Oder die Umgebung wird vergiftet, Unmut und Missstimmung werden gesät, eine Abwärtsspirale setzt ein, die ein ganzes Team herunterziehen kann. Der Fußball ist voll von solchen Geschichten.

Diese Gefahr konnte ich am Schicksal von vielen großartigen Menschen sehen, die auf diese Weise gefallen sind. Umso wichtiger ist es, das egozentrische Element, dem wir als Stars verfallen, ernst zu nehmen sich gleichzeitig aber nicht zu sehr darauf zu konzentrieren. Stars glauben oft, nur weil sie etwas besonders gut können, sind sie rundum perfekt und brauchen sich mit Kritik nicht mehr zu beschäftigen. Damit berauben sie sich jeder weiteren Möglichkeit des persönlichen Wachstums. Das Problem steckt – für den Fußball gesprochen – im System des „Public Professionals". Und seine Lösung liegt im Zauberwort „Führung". Es zu lösen ist eine echte Führungsaufgabe.

Die Mechanismen sind vielfältig: Betroffene Spieler verlieren zum Beispiel die Fähigkeit zu erkennen, dass das Leben aus vielen Facetten besteht und nicht nur aus der einen Facette Fußball, die sie in solchen Situationen erkennen können oder die jedenfalls für sie in dieser Situation von Bedeutung sind. Es besteht die Gefahr, dass die eigentliche Persönlichkeit mit der Berufspersönlichkeit verschmilzt. Ich konnte öfter beobachten, dass Spieler dem äußeren, medial inszenierten und dadurch noch verstärktem Bild Glauben schenken und schließlich auch noch versuchen, diesem Bild gerecht zu werden, zunehmend Frustration zeigen und sogar die eigene Persönlichkeit verlieren.

2.8 Selbstführung – wichtigster Teil: Man muss erst mal auf die Idee kommen

Lassen Sie mich meine Betrachtungen zur Selbstführung mit einer Erkenntnis abschließen, die eigentlich ganz an den Anfang gehört. Sie lautet: *Man muss erst einmal auf die Idee kommen, dass es da etwas zu verbessern gibt.* Das mag trivial klingen, aber es ist der erste und entscheidende Schritt. Nur wenn ich fähig bin, Defizite in meiner Persönlichkeitsstruktur zu erkennen, bin ich überhaupt in der Lage, mich zu verbessern. Jetzt gilt es, sich mit beispielhaften Persönlichkeiten auseinander zusetzen, mit gruppendynamischen Prozessen und natürlich mit sich selbst, um zu sehen, wo destruktive Muster liegen. Dazu muss man sich ständiges Feedback von außen holen, von neutralen Personen, die das Geschehen aus einem anderen Blickwinkel betrachten. Es muss mir klar sein, dass mein Leben als Sportler ein Ende hat, wenn ich mich nicht auch persönlich weiterentwickele und dass sich nur dann neue Perspektiven ergeben, wenn ich meine eigenen Defizite abschaffe.

3 Teamführung

3.1 Teamführung – erster Teil: Führen durch Persönlichkeit

Das Faszinierende am Mannschaftssport ist, wie unmittelbar die „Idee Team" sichtbar wird. Natürlich, jedes Unternehmen ist im Grunde ein Team oder setzt sich aus vielen Einzelteams zusammen. Im Rahmen meiner „nicht-operativen" Aufgaben, die ich als Profifußballer zu erfüllen habe – Zusammenarbeit mit Medien, Werbepartnern, Sponsoren und vieles mehr – lerne ich viele solcher „Unternehmens-Teams" kennen. Es ist interessant zu beobachten, wie Teams zusammen oder gegeneinander arbeiten, wie sie funktionieren oder versagen; und natürlich, wer sie führt und wer geführt wird. Teams in der Wirtschaft sind, gemessen an der Gesamtaufgabe, oft nur für kurze Augenblicke zusammen; ich meine damit „physisch", also wirklich sichtbar zusammen. Das Team sieht sich zu Meetings, aber das möglichst optimale Funktionieren des Teams zur Erfüllung seiner Aufgabe ist nicht sichtbar.

Obwohl auch beim Fußball hinter dem Erfolg sehr viel mehr steht als die „Elf auf dem Platz", geht es im Endeffekt um das Spiel und das ist sichtbar. Man sieht, wie ein Team sich schützend zusammenzieht, den Ball erobert, sich offensiv ausdehnt, jetzt scheinbar scheitert, droht auseinander zu fallen, sich aber fängt, besinnt, neu ordnet, erneut plant, aufbaut und schließlich siegt, vielleicht weil ein Teammitglied einer spontanen Idee folgt und erst dadurch dem eigentlich planvollen System den entscheidenden, weil unorthodoxen Impuls schenkt. Wer Mitglied im Team einer Mannschaftssportart ist oder war und sich dabei für mehr als seine unmittelbare Aufgabe im Spiel interessiert bzw. interessiert hat, lernt eine Menge über Teams und über Führung.

Aus meiner Erfahrung als Kapitän meiner Mannschaft beim FC Bayern und als langjähriger Kapitän der Deutschen Nationalelf ziehe ich meine ganz persönliche Auffassung und habe meine eigenen Modelle von Führung. Der Ausgangspunkt des Führens ist in meinen Augen die Persönlichkeit. Ich habe in meiner Laufbahn viele Trainer kennen gelernt und sicher wird es niemanden überraschen, wenn ich nun sage, dass die Besten diejenigen mit der stärksten Persönlichkeit waren. Um Missverständnissen vorzubeugen: Ich meine mit „stark" nicht unbedingt „hart", „stur" oder gar „ignorant". Sicher, ich bleibe dabei, Fußball ist eine Instinktsportart, man muss sich durchsetzen können, aber durchsetzen kann sich nur, wer sich Respekt verschafft. Respekt erwächst daraus, dass man fachlich unantastbar ist. Alles andere ist eine Frage des Stils. Ich persönlich schätze zum Beispiel keinen zu „rustikalen" Führungsstil. Mir ist eine gewisse Intellektualität wichtig und natürlich Menschlichkeit in der Führung.

Was bedeutet es Persönlichkeit in der Führung zu zeigen und was sind objektive Kriterien für Führung jenseits von Fragen des persönlichen Stils? Sicher gehören dazu: Aufrichtigkeit, Ehrlichkeit, Vertrauen, die Möglichkeit auch über Fehler zu sprechen und Unterstützung; all das ist für jeden Sportler von großer Wichtigkeit. Der Vorstandsvorsitzende eines großen Internetunternehmens, übrigens ein für diese Position relativ junger Mann, weshalb mich die Weisheit seiner Einsicht überrascht hat, hat gesagt, er übersetze die für seinen Posten gebräuchliche Abkürzung CEO nicht wie üblich mit „Chief Executive Officer", sondern mit „Chief Education Officer". Da stimme ich vollends zu, denn für mich heißt das nicht nur vorgeben, was zu tun ist, sondern unterstützen und dazu befähigen, dass es geleistet werden kann.

3.2 Teamführung – zweiter Teil: Der Trainer als Steuermann

Ich möchte zwei zentrale Führungsebenen des Vereinsfußballs mit ihrer Führungsaufgabe herausgreifen: die des Trainers und meine eigene, die des Mannschaftskapitäns. Der Trainer ist der entscheidende Faktor im Fußball. Er ist hauptverantwortlich für die Aufstellung und Zusammensetzung der Mannschaft, die Taktik, die Motivation, das Trainingsprogramm sowie die körperliche und psychische Verfassung der Spieler. In einem Spitzenverein muss er, vor allem hinsichtlich gruppendynamischer Prozesse, die psychologische Klaviatur spielen können. Er muss Profi sein im Umgang mit den Medien. Beim FC Bayern muss er sich zudem mit dem Aufsichtsrat und dem Vorstand auseinandersetzen, da diese hier mit höchstkarätigen Leuten besetzt sind. Das ist das Umfeld, in dem er es verstehen muss, das Team zu führen und zu positionieren.

Ich hatte im Laufe meiner Karriere niemals Probleme mit Trainern. Ich war immer von einer ungeheuren Selbstmotivation angetrieben. Mir musste niemand sagen, worum es geht. Ich sage das hier deshalb, weil sich daraus eine Facette im Aufgabenprofil des Trainers ergibt. Mir war und ist wichtig, dass der Trainer versteht, dass ich alles für den Erfolg versuche. Dieses Vertrauen in mich wollte und will ich spüren. Dadurch stellt sich bei mir das Gefühl ein, dass wir beide, der Trainer und ich, für das gleiche Ziel arbeiten. Das muss der Trainer dem Spieler zu geben wissen.

3.3 Teamführung – dritter Teil: Der Mannschaftskapitän als Stimmungsmanager

Der Mannschaftskapitän ist das Bindeglied zwischen der Mannschaft und dem Trainer, zwischen der Mannschaft und dem Management sowie zwischen der Mannschaft und dem Präsidium. Daraus erwachsen ihm naturgemäß vielfältige Aufgaben im sportlichen Bereich. Ich möchte hier aber die Aufgabe „Stimmungsmanagement" betonen. Dabei geht es darum, seine Mannschaft wirklich zu kennen. Ich sage bewusst nicht in- und auswendig zu kennen, denn das würde bedeuten, ich kenne die Mannschaft ohne hinzugucken. Ich meine das exakte Gegenteil: Es geht darum, die Mannschaft mit allen zur Verfügung stehenden Sinnen ganz genau zu beobachten.

Beim FC Bayern ist das besonders wichtig. Hier besteht die Mannschaft fast ausschließlich aus Ausnahmefußballern. Viele kommen aus dem Ausland, manche sprechen wenig, einige gar kein Deutsch. Das erzeugt eine eigentümliche Atmosphäre und eine unglaubliche Energie und Dynamik, die Sie so nirgendwo anders finden. Mir erzählte einmal ein Bergsteiger, wie er beim Aufstieg in einer Steilwand vom Gewitter überrascht wurde. Die elektrische Aufladung der Luft wurde so groß, dass alle Metallteile, Pickel, Haken zu surren anfingen. Den Ausgang erspare ich Ihnen, aber das Bild finde ich klasse. So ist es beim FC Bayern: Top-Leute, Top-Vorbereitung, Top-Spiele – Top-Explosion, wenn Sie nicht aufpassen. Die Leute sind Diven, Rennpferde, sie haben ihren eigenen Schädel und trotzdem müssen sie sich in die Mannschaft einfügen. Das geschieht über das „Stimmungsmanagement" bezogen auf einzelne Spieler wie auf die Mannschaft als Team. Ich muss als Kapitän einfach wissen, wer Unterstützung und wer eher einen Tritt in den Hintern braucht und wem es gerade an Motivation fehlt, weil er schon das dritte Spiel auf der Bank sitzen musste. Hier ist es mir wichtig, die Anfänge des Aufgeben Wollens im Keim zu ersticken und den Willen zu vermitteln sich auch unter widrigen Bedingungen auf das gemeinsame Ziel zu orientieren.

„Stimmungsmanagement" heißt auch zu erkennen, wann ein Reizklima – im Sinne „gesunder" Aggression – in der Mannschaft gefordert ist. Der Kapitän darf ruhig ein wenig provozieren, ein bisschen zündeln und, wenn nötig, „nachdrücklich offensiv" bis „kontrolliert aggressiv" werden. Das muss gekonnt sein, denn auch hier gilt wie bei der Qualifikation des Trainers: Poltern, Schreien, Toben bringt nichts, es zerstört.

Bei Erfolgen und Siegen, wenn das Saisonziel noch nicht erreicht ist, wirke ich eher dämpfend. Gerade die Momente des Erfolges schaffen ein Klima, in dem die Spieler Kritik besser annehmen als im Klima des Misserfolges. Ich halte gerade bei Erfolgen mein Trainingsprogramm und meine Disziplin klar ersichtlich aufrecht, um damit zu demonstrieren, dass es keinen Grund zum Nachlassen gibt.

Bei Niederlagen, gerade in noch nicht gut funktionierenden, oft neu zusammengesetzten Mannschaften, wie ich sie als Kapitän der Nationalmannschaft häufiger vorgefunden habe, ist zu beachten, dass es schnell zu Gruppenbildungen kommt. Eine Gruppe, etwa der Sturm, macht die andere Gruppe, sagen wir die Abwehr, für die Niederlage verantwortlich. Ich versuche das zu erkennen und schnellstens zu unterbinden.

Da es zu meinen Aufgaben gehört meine Mannschaft in der Öffentlichkeit zu repräsentieren, nutze ich manchmal auch die Medien, um die Stimmung zu beeinflussen. So kommt es schon vor, dass ich einen Gegner dann besonders „stark rede", wenn ich das

Gefühl habe, dass die Mannschaft ihn nicht ausreichend ernst nimmt. Umgekehrt „benutzen" die Medien auch uns Spieler und manches, was dort veröffentlicht wird – manchmal nur gerüchteweise – wirkt in die Mannschaft zurück. Ich versuche dies frühzeitig anzusprechen, damit es nicht zu Konflikten kommt, die von außen hereingetragen werden, aber mit der realen Situation in der Mannschaft nichts zu tun haben. Jeder Spieler muss dazu angeleitet werden, das manchmal fatale Zusammenspiel und die Rückkopplungen zwischen Mannschaft, Medien und Öffentlichkeit zu verstehen und seine Rolle als „Public Professional" klug auszufüllen.

Das Schönste kommt zum Schluss: Teams brauchen Begeisterung. Mir ist es immer leicht gefallen über meine Trainingsbesessenheit, meine Disziplin und meine hohe Motivation ein Feuer in der Mannschaft zu entfachen und die anderen mitzureißen. Und natürlich vermittelt die Tatsache, für den FC Bayern zu spielen, Freude und Spaß, denn hier herrscht ein besonderer Spirit. Deshalb versuche ich, die Identität des FC Bayern zu verinnerlichen, zu verkörpern und an die Mannschaft weiterzugeben. Und wenn die Stimmung trotzdem mal am Boden ist, dann hilft das Wissen, dass dieser einzigartige Verein in seiner langen Tradition großer Siege auch immer das Glück auf seiner Seite hatte – ein Aspekt, den man weder im Sport noch im Leben unterschätzen sollte.

4 Statt eines Fazits: Ein Ausblick

Nach dem Blick auf Selbstmanagement und Stimmungsmanagement im Fußball möchte ich mit einigen Überlegungen zur Zukunft des Fußballs schließen. Mit welchen Aufgaben werden wir uns beschäftigen müssen, welche Fragen uns stellen und wie werden wir uns verändern müssen?

Fußballvereine sind, personell betrachtet, eigentlich kleinere bis mittlere mittelständische Betriebe. Manche – oder besser wenige – sind sportlich und wirtschaftlich erfolgreich. Zu ihnen gehört definitiv der FC Bayern. Andere sind sportlich erfolgreich, fahren aber wirtschaftlich ein hohes Risiko. Und eine dritte Gruppe geht hohe wirtschaftliche Risiken ein, obwohl oder auch weil ihnen der sportliche Erfolg fehlt. Eine Sondergruppe kann ich kaum einordnen. Es ist die Gruppe der Mannschaften, die im Besitz superreicher Investoren sind. Ich sehe sie deshalb als Sonderfall, weil sie den Gesetzen des Marktes und der Wirtschaft enthoben „scheint". Sie braucht den Erfolg eigentlich nicht; kein Schatzmeister fängt zu fluchen an, wenn ein weiteres Jahr hoher Ausgaben und irrer Transferkosten ohne nennenswerten sportlichen Erfolg abgeschlossen wurde. Es wird darauf ankommen, ob die Investoren genügend über Selbst- und Teammotivation wissen, um nicht den Spaß an ihren Spielzeugen zu verlieren, falls die Erfolge ausbleiben. Ich gehe davon aus, dass diese Gruppe zahlenmäßig wachsen wird; ob sie auch bezüglich der Erfolge zulegen wird, bleibt abzuwarten.

Fußball wird definitiv globaler werden (müssen). Der Prozess ist im Gange, wenn auch noch nicht in vollem Ausmaß. Asien ist der Wachstumsmarkt der nächsten zehn Jahre. Dabei geht es zunächst nicht nur um Geld. Die Vereine müssen sich positionieren, eine Vereins-Persönlichkeit entwickeln und als diese Persönlichkeit wahrgenommen werden. In Deutschland ist dies dem FC Bayern längst gelungen, in Europa ist er auf dem Weg dahin und für den asiatischen Markt hat er erste wichtige Schritte getan. Der Bedeutendste war; er hat verstanden, dass es nicht reicht mit einem dicken Merchandisingpaket, aber dünnem Mannschaftsaufgebot anzureisen, müde zu kicken und die Kontonummer für die Gage zu hinterlassen. Ich darf an mein Statement erinnern: das Runde ins Eckige und zwar mit Spaß und „Wumms". Die Spanier, auch die Engländer, die zeitgleich mit dem FC Bayern im Sommer 2005 Asien einen Besuch abstatteten, haben das nicht verstanden – der FC Bayern schon.

Mannschaften, die sich in diesem Feld positionieren, werden profitieren. Aber sie müssen sich auch dem möglichen Dilemma bewusst sein. Der Verein ist die Mannschaft, der Top-Verein ist die Top-Mannschaft. Wer Eintrittskarten für den Top-Verein kauft, möchte die Top-Mannschaft sehen. Die Top-Mannschaften haben aber Jahr für Jahr eine Tour-de-Force zu absolvieren: Meisterschaft, Pokal, Champions League, Nationalmannschaft. Dazu kommen Vorbereitungs- und Freundschaftsspiele, Training, Werbetermine und immer Spitzenleistung bitte. Für diese Anforderungen müssen die Vereine wiederum Spieler- und Führungspersönlichkeiten mit hoher Kompetenz an Selbstmanagement und Stimmungsmanagement gewinnen und aufbauen.

Abschließend möchte ich für die Entwicklung einer „Vereins-Persönlichkeit" plädieren. Deutschland ist ein Fußballland, die Deutschen lieben Fußball. Aber die Italiener, Spanier und Engländer sind verrückt nach Fußball. Sie tun alles dafür, die besten Spieler zu allerbesten Konditionen in ihre Clubs zu locken. Ein vernünftig geführter Verein kann da nicht mithalten – sollte er gar nicht wollen. Das heißt nicht, dass die Schlacht verloren wäre. Erlauben Sie ein letztes Motto: „Hit them where they aren't", was heißt sie dort zu schlagen, wo sie nicht sind, wo sie ihre Schwächen haben. Ein seriöses Management, auf dessen Zusagen und Vereinbarungen Verlass ist, eine professionelle Organisation und Planung, realistische, ambitionierte und nachvollziehbare Zielsetzungen, ein stimmiges Umfeld, ein sympathisches Image, kurz – eine starke Vereinspersönlichkeit. All das kann das Mittel gegen sehr viel Geld sein, um die stärksten Spieler, die ein erfolgreicher Verein auch in Zukunft brauchen wird, zu binden.

Matthias Mölleney

Persönliche Erfahrungen aus dem Unternehmenszusammenbruch der Swissair

1 Das Grounding – das Unfassbare als Ausgangspunkt

Für mich persönlich war 2001 ein „annus horribilis", ein schreckliches Jahr, in dem vieles passiert ist, das ich mir vorher nicht einmal in Albträumen hätte vorstellen können. Es begann mit einem abrupten Kurswechsel der SAirGroup, der Muttergesellschaft der Swissair, begleitet von einem Wechsel des Konzernchefs. Ein Turnaround-Plan wurde in einem internen Team ausgearbeitet, der den Verkauf aller Nicht-Airline Betriebe vorsah. Mit dem Erlös sollten die fälligen Zahlungen an die in- und ausländischen Gläubiger vorgenommen und der Swissair und der Crossair zu einer mehr als soliden Eigenkapitalbasis verholfen werden. Leider wurde der Plan abgelehnt und stattdessen nach knapp zwei Monaten mit Dr. Mario Corti bereits wieder ein neuer Konzernchef eingesetzt. Die Aufgabe, die Mario Corti gestellt wurde, war aber von Anfang an kaum lösbar: Er sollte den dringend nötigen Turnaround möglichst sofort bewerkstelligen, ohne aber dabei die alte Dualstrategie aufzugeben, die auf einer Kombination aus Airline-Geschäft und Nicht-Airline-Geschäft aufgebaut worden war. Er musste sich in das für ihn bisher unbekannte Airline-Geschäft und gleichzeitig in die für ihn neue Funktion eines Konzerchefs einarbeiten. Kurz nachdem die neue Strategie Ende August 2001 vorgestellt worden war, wurden wir mit den Folgen der Terroranschläge vom 11. September konfrontiert, die den gesamten Plan innerhalb weniger Minuten zur Makulatur werden ließen. Alle Versuche, in den folgenden Wochen das finanzielle Ende für den SAirGroup Konzern zu verhindern, scheiterten und mündeten letztlich im Grounding der Swissair Flotte am 2. Oktober 2001.

Eine wichtige Erfahrung ist, dass man die meisten Krisen nicht vorhersehen kann, zumindest nicht in ihrem Verlauf, was aber nicht heißt, dass man sich nicht darauf vorbereiten kann. Nach dem Ausbruch der Krise ist es aber meist schon zu spät, mit den Vorbereitungen zu beginnen. Man kann allerdings sicher sein, dass nach einer Krise immer genügend Leute auftauchen, die das, was passiert ist, genau so vorhergesehen haben. Mir hat vor vielen Jahren einmal ein Mitarbeitervertreter vorgeworfen, wir hätten als Geschäftsleitung ein Konzept, vor dem er vorher gewarnt habe, umgesetzt und seien damit gescheitert. Er zog daraus den Schluss, dass wir nur besser auf ihn hätten hören müssen, um erfolgreich zu sein. Bezogen auf dieses eine Konzept hatte er Recht, aber ich habe ihm geantwortet, dass er uns vor jeder Art von Aktion eigentlich immer vor den möglichen negativen Konsequenzen warnen würde. Das sei eine geschickte Strategie, denn jedes Scheitern würde ihn bestätigen, und jeden Erfolg könne man leicht der Kategorie „Zufall" zuordnen. Wenn wir aber alles das nicht getan hätten, vor dem er uns in den letzten Jahren gewarnt hatte, wäre unser Unternehmen schon lange in Konkurs gegangen.

Dies ist nicht der Ort, um die Schuldfrage im Zusammenhang mit dem Untergang der Swissair zu diskutieren, sondern es geht um persönliche Erfahrungen und vor allem darum, was ich aus der außergewöhnlichen Führungssituation des Swissair Groundings gelernt habe. In diesem Beitrag möchte ich mich besonders auf die menschlichen Aspekte konzentrieren und versuchen, die Themen Führung, Beschäftigungsfähigkeit, Vertrauen und Motivation etwas näher zu beleuchten.

2 Unternehmen sind keine Maschinen

Wie kann man sich auf eine mögliche Krise vorbereiten? Die wichtigste Voraussetzung ist Veränderungsfähigkeit angefangen vom Top-Management bis zu den untersten Hierarchiestufen. Wer veränderungsfähig sein will, muss sich zunächst seiner eigenen Situation, seinem inneren Zustand und seiner Stärken und Schwächen bewusst sein. Finanzielle Kennzahlen sind dabei ein wichtiges Hilfsmittel, sagen aber allein viel zu wenig über die wirkliche Situation aus. Viele Mittel- und Großbetriebe haben ihre Diagnosefähigkeit verloren und damit auch die Chance, frühzeitig auf Fehlentwicklungen zu reagieren, bevor man sie aus den meist in die Vergangenheit gerichteten Instrumenten des Controllings ablesen kann. Die Gründe für Fehlentwicklungen sind vielfältig, die Methoden, um damit umzugehen, oftmals aber einfältig. Eine erste Diagnose kommt in vielen Fällen zu dem Schluss, der CEO sei an allem Schuld und man müsse ihn nur ersetzen, damit sich wieder eine positive Entwicklung einstellt. Spätestens wenn auch das nichts nützt, werden mehr oder weniger große Heerscharen von Beratern engagiert, die retten sollen, was noch zu retten ist.

In meinen bisher sieben Jahren hier in der Schweiz war ich nach der Swissair noch für zwei weitere internationale Schweizer Konzerne als Personalchef tätig und habe insgesamt unter neun verschiedenen CEOs gearbeitet. Das ist eine außergewöhnlich hohe Zahl, aber sie zeigt deutlich, dass das Auswechseln des Chefs als offenbar gängige Maßnahme zur Krisenbewältigung herangezogen wird. In einigen Fällen bringt so ein

Wechsel Erfolg, in vielen aber sogar das Gegenteil. Verantwortlich dafür ist ein allzu mechanistisches Weltbild, das leider auf die Führung von Unternehmen übertragen wird. Man betrachtet ein Unternehmen wie eine Maschine, bei der man nur eine Komponente austauschen muss, um eine Funktionsstörung zu beseitigen. Zum Glück bestehen Unternehmen aber aus Menschen, und Menschen können nicht mit Maschinen verglichen werden. Wo mehrere Menschen zusammenarbeiten, ergibt das keine Maschine, sondern immer noch eine Gruppe von Menschen. Ein Unternehmen hat deswegen mehr Ähnlichkeiten mit einem biologisch-chemischen Organismus als mit einer mechanischen Konstruktion.

Wir Menschen unterscheiden uns von mechanischen Gebilden vor allem dadurch, dass wir im Prinzip lernfähig sind und uns veränderten Gegebenheiten anpassen können. Wir wissen, was wir tun müssten, um fit zu werden, sind uns aber weniger bewusst, dass sich die gleichen Prinzipien auch auf Unternehmen anwenden lassen. Bei Menschen käme niemand auf die Idee, zum Beispiel bei Übergewicht als erste Maßnahme ein paar innere Organe auszutauschen, die mit dem Stoffwechsel zu tun haben. Im Alltag unserer Betriebe scheint man aber immer noch zu glauben, mit dem Austauschen von Führungskräften alle Probleme lösen zu können. Wir wissen als Menschen, dass schlank und gesund zu werden immer mit einer Veränderung der mentalen Einstellung beginnt. Alle anderen Maßnahmen können erst dann ihre volle Wirkung entfalten, wenn wir psychisch dazu bereit und entschlossen sind. Warum glauben immer noch viele Führungskräfte, dass Unternehmen anders sind? Wie gesagt, jede Firma besteht aus Menschen und sie hat in ihren Reaktionen auf Impulse von außen oder innen sehr viele menschliche Züge. Wenn ein Unternehmen nicht gut genug oder nicht schnell genug in der Lage ist, sich an veränderte Bedingungen anzupassen, muss – wie bei menschlichen Wesen – den mentalen Aspekten eine besondere Aufmerksamkeit geschenkt werden. Wenn man bei den ersten ernsten Anzeichen für eine Krise zuerst die Aus- und Weiterbildung der Mitarbeiter streicht, ist das genauso, als wenn der Übergewichtige als erstes sein Abonnement im Fitness Club kündigt.

3 Auch Unternehmen brauchen Fitnessprogramme

Eines der Hauptprobleme der Swissair, aber auch in vielen anderen Unternehmen, lag darin, dass es sich in den guten Jahren hervorragend leben ließ, ohne konsequent auf die betriebliche Fitness zu achten. In einer Zeit, wo sportliche Herausforderungen und Wettkämpfe anstehen, die zu einer Überlebensfrage werden können, tut uns jedes Fitnesstraining weh, das wir in den Jahren zuvor nicht gemacht haben. Sofern es noch nicht zu spät ist, brauchen wir möglichst schnell wirksame Programme zur Steigerung der mentalen und physischen Kondition. Dabei kann es nützlich sein, an bestimmten Schlüsselstellen andere Personen mit neuen Impulsen einzusetzen. Allzu oft aber werden die Anforderungen an neue Führungskräfte falsch definiert, weil man davon ausgeht, dass sich der Erfolg auf der bisherigen Stelle auf wundersame Weise konservieren und samt dem Stelleninhaber in die neue Aufgabe im neuen Unternehmen transferieren lässt. Das ist leider auch der Ansatz vieler Beratungsunternehmen, die ein erfolgreiches Konzept quasi für allgemeingültig erklären, es anderen Unternehmen als Problemlösung verkaufen und ein mögliches Scheitern der mangelhaften Qualität der Umsetzung anlasten. Genauso wenig wie der Erfolg eines Restrukturierungskonzeptes lässt sich der Erfolg einer Person in einer anderen Umgebung einfach reproduzieren.

Eine Führungskraft ist keine mechanische Komponente, die von einer Maschine in eine andere verpflanzt werden kann, sondern der Führungserfolg ist immer das Ergebnis äußerst komplexer Wechselwirkungen zwischen allen handelnden Personen. Der gleiche Impuls, der im Unternehmen A zu großen Erfolgen geführt hat, kann im Unternehmen B wirkungslos bleiben. Ich will damit nicht sagen, dass Führung unwichtig sei und der Führungserfolg ein Zufallsprodukt, ganz im Gegenteil: Gute Führung ist heute wichtiger denn je. Aber die Art der Führung muss sich weiterentwickeln und dem komplexer gewordenen Umfeld Rechnung tragen. Die Kybernetiker haben Recht, wenn sie zum Schluss kommen, dass die unzweifelhaft steigende Komplexität in unserer Umwelt nur mit einer gezielten und effizienten Steigerung der Komplexität der Unternehmen und ihrer Führung gemeistert werden kann.

Zentralistische Führungsstrukturen und der Glaube, dass ein CEO als einzelner Mensch alle Entscheidungen allein treffen kann, gehören endgültig in die "Mottenkiste" der Führungslehre. Was wir brauchen, sind Führungstalente, die authentisch, mit natürlicher Autorität sowie mit fachlicher und persönlicher Reife dazu in der Lage sind, die Menschen in den Unternehmen zu inspirieren, in ihnen Begeisterung und damit Motivation zu wecken. Die dringend nötige Fitness kommt nicht auf Befehl des CEO oder des Verwaltungsrates. Sie entwickelt sich Schritt für Schritt durch das sinnvolle Zusammenwirken aller Mitarbeitenden. Das ist genauso wie beim menschlichen Organismus, der sich auch nur durch koordiniertes Training aller Muskelgruppen zur vollen Leistungsfähigkeit entwickeln kann. Vergessen wir nicht: Bei keiner Sportart kommt der Kopf schneller ins Ziel als ihn die Beine tragen können.

Wettbewerbsfähigkeit bedeutet für einen Sportler dasselbe wie für ein Unternehmen: Sie ist eine unverzichtbare Erfolgsvoraussetzung und kann nur durch professionelles und gründliches Training erreicht werden. Es braucht eine veränderte Einstellung in allen Köpfen und vor allem Investitionen in Form von Zeit, Energie und Geld – wie bei jedem guten Fitnesstraining. Leider haben wir bisher nur für die sportliche Fitness Messsysteme entwickelt. In unseren Unternehmen konzentrieren wir uns alle nach wie vor auf betriebswirtschaftliche Kennzahlen, die nur zum Teil und nur unzureichend Rückschlüsse auf das betriebliche Fitnessniveau zulassen. Auch hier ist ein Umdenken dringend nötig, selbst wenn Führung dadurch nicht einfacher wird.

4 Integrität und Authentizität der Führung sind gefragt

Wettbewerbsfähigkeit und Veränderungsfähigkeit sind entscheidende Voraussetzungen für die erfolgreiche Bewältigung einer Krise. Gleichzeitig kommt es aber auch auf die Integrität und Authentizität der beteiligten Führungskräfte an, und auch die kann man nicht ad-hoc herstellen, wenn die Krise da ist. Ein großes Schweizer Unternehmen, das sich zum ersten Mal mit der Notwendigkeit von Massenentlassungen konfrontiert sah, war zum Beispiel zu der Überzeugung gelangt, dass seine Führungskräfte nicht gut genug in der Lage seien, die menschlich anspruchsvollen Entlassungsgespräche zu führen. Deswegen hatte man die Idee, den Mitarbeitern zu kommunizieren, es würde im Laufe der damaligen Woche allen von einer Entlassung Betroffenen ein entsprechender Brief nach Hause zugestellt. Wer bis zum Wochenende keinen Brief zu Hause im Briefkasten habe, könne davon ausgehen, dass ihm nicht gekündigt würde. Zum Glück ist, soweit ich weiß, die Aktion am Ende doch nicht auf diese unwürdige Weise umgesetzt worden.

Der Umgang mit dem Personal gehört zu den zentralen Bestandteilen einer Führungsaufgabe, und das beschränkt sich nicht auf die Einstellung von Mitarbeitenden und die Verteilung der Leistungsboni. Dass die Belegschaft in den meisten Unternehmen auch einen der größten Kostenblöcke darstellt, ist zwar eine betriebswirtschaftliche Tatsache, aber Mitarbeitende auf die Dimension Kosten zu reduzieren, wird ihnen in keiner Weise gerecht. Sie als Investitions-„güter" zu betrachten, kommt der Realität schon bedeutend näher. Übertragen auf die Situation von Entlassungen bedeutet dies, dass zwar einerseits Personalkosten abgebaut und so Verbindlichkeiten reduziert werden, gleichzeitig aber auch Anlagevermögen in Form von Know-how, Erfahrung und Kreativität verloren geht. Über die betriebswirtschaftliche Betrachtung hinaus sind Mitarbeiterinnen und Mitarbeiter zunächst einmal Menschen genauso wie ihre Vorgesetzten und haben den gleichen Anspruch auf Würde und Respekt. Das bedeutet, dass Vorgesetzte diesem Anspruch auch unter schwierigen Bedingungen gerecht werden müssen. Dazu brauchen sie selber ein hohes Maß an Integrität und Authentizität.

Es war für mich auffällig und sehr lehrreich zu beobachten, wie sich einerseits das Verhalten, andererseits aber auch das Ansehen verschiedener Führungskräfte während der Swissair-Krise verändert hat. Viele vermeintliche Erfolgsrezepte aus guten Zeiten erwiesen sich als untauglich, gleichzeitig profilierten sich aber auch Führungskräfte nachdrücklich, die bis dahin eher im Schatten anderer gestanden hatten. Als falsch hat sich zum Beispiel der Ansatz herausgestellt, dass man als Führungskraft versucht, den Anschein zu erwecken, man stünde über den Dingen und sei als Person von der Krise nicht betroffen. Ein solches Verhalten ist zwar meistens gut gemeint, weil man den Helden spielen und Souveränität ausstrahlen möchte, es kommt aber bei den Adressaten schlecht an. Sie erwarten den Balanceakt zwischen Empathie und der Fähigkeit Perspektiven aufzuzeigen. Diese Balance ist so schwierig, dass jede Art von einstudierter Schauspielerei aufgesetzt wirkt und damit zum Scheitern verurteilt ist. Gleichzeitig erwarten die Mitarbeiter aber auch, dass Vorgesetzte ihre eigene Betroffenheit eingestehen und zeigen, wie sie selber damit umgehen.

Eine Entlassung ist der schlimmstmögliche und tiefgreifendste Eingriff eines Unternehmens in die Persönlichkeit eines Mitarbeiters. Deshalb hat der Betroffene zu Recht einen Anspruch darauf, dass eine sehr fähige Führungskraft ihn damit konfrontiert und nicht ein mehr oder weniger fähiger Schauspieler. Eine solche Führungskraft muss integer und authentisch sein. Da diese Eigenschaften praktisch nicht trainierbar sind, schon gar nicht in kurzer Zeit, gilt es, bereits bei der Einstellung und späteren Entwicklung von Führungskräften darauf zu achten. Es ist zu kurz gedacht, wenn man glaubt, Führungsfähigkeiten ausschließlich aus betriebswirtschaftlichen Erfolgen ableiten zu können. Wer wirklich führen kann, zeigt sich leider meist erst in einer Krise. Der Balanceakt zwischen eigener Betroffenheit, Mitgefühl und der Fähigkeit, nach vorne zu schauen und Perspektiven aufzuzeigen, ist äußerst anspruchsvoll.

5 Nur Beschäftigungsfähigkeit kann zu neuen Perspektiven verhelfen

Neben dem Thema Führung, das im Zusammenhang mit dem Untergang der Swissair eine zentrale Rolle gespielt hat, ist mir vor allem die Bedeutung der Beschäftigungsfähigkeit aller Mitarbeiter bewusst geworden. Unter diesem Begriff verstehe ich die Attraktivität auf dem internen oder externen Arbeitsmarkt. Jemand, der sich im Laufe seines Berufslebens immer mehr spezialisiert, ist bei einem drohenden Arbeitsplatzverlust tendenziell wesentlich stärker betroffen als jemand, der eine breit angelegte Berufserfahrung besitzt, möglichst noch unterstützt durch kontinuierliche Weiterbildung. Die Wahrscheinlichkeit, dass ein sehr spezialisierter Mitarbeiter eine Stelle in einem anderen Unternehmen findet, ist eher klein. Andererseits sind Unternehmen auf Spezialisten und ihr Know-how angewiesen, weil diese, solange keine Veränderungen anstehen, die besten Ergebnisse ermöglichen. Es gilt also, eine Brücke zu finden zwischen dem Anspruch der Betriebe auf möglichst hohe Spezialisierung der einzelnen Mitarbeiter und der Forderung nach kontinuierlichem Auf- und Ausbau der Beschäftigungsfähigkeit, um besser auf Veränderungen reagieren zu können. Dazu müssen wir uns von der Vorstellung lösen, dass die betriebliche Weiterbildung nur dazu da sei, konkret arbeitsplatzbezogenes Wissen zu vermitteln und alles Weitere unnötiger Luxus sei, dem sich der Mitarbeiter höchstens in seiner Freizeit widmen solle.

Der hohe Stellenwert der Beschäftigungsfähigkeit gilt in grundlegenden Veränderungsprozessen für die Mitarbeiterinnen und Mitarbeiter der Personalabteilungen in besonderer Weise. Sie sind gefordert, der übrigen Belegschaft eine Orientierung zu geben und jedem Einzelnen dabei zu helfen, in der Veränderung eine neue Perspektive zu finden. Wenn die Mitarbeiter des Personalbereiches aber für sich selber auch noch keine Perspektive sehen und sich durch einen möglichen Arbeitsplatzabbau betroffen fühlen, kann die notwendige Beratungs- und Unterstützungsleistung für andere kaum in hoher Qualität erwartet werden. Mir ist während meiner Zeit bei Swissair klar geworden, dass es bei jeder Art von übergreifender Restrukturierung, die auch die Personalfunktion selbst betrifft, äußerst sinnvoll ist, Veränderungen im Bereich der Personalabteilungen zeitlich vom Rest der Restrukturierung zu entkoppeln. Nur so kann erreicht werden, dass die Personalabteilung mit voller Kapazität und ohne durch eigene Sorgen abgelenkt zu sein die professionelle Begleitung des Veränderungsprozesses leistet.

In der Extremsituation des Swissair Groundings mit den nachfolgenden Massenentlassungen war eine solche Entkoppelung nicht möglich. Selbstverständlich hatten auch wir im Personalbereich der Swissair Angst vor den Folgen der absehbaren Entlassung und waren keineswegs sicher, anschließend wieder eine attraktive Stelle zu finden. Auf der anderen Seite waren wir uns aber bewusst, dass unsere Arbeit auch außerhalb des Konzerns einen guten Ruf genoss und Erfahrungen im Personalbereich der Swissair eine positive Referenz für Bewerbungen bei anderen Unternehmen darstellten. Hier zahlte sich aus, dass wir während der „guten Zeiten“ in die kontinuierliche Weiterbildung der Personalmitarbeiter und -mitarbeiterinnen investiert und so gut wie möglich versucht hatten, eine hohe Beschäftigungsfähigkeit für alle möglich zu machen.

Ich möchte an dieser Stelle auf meine Forderung zurückkommen, die Mitarbeitenden als eine Investition zu betrachten, anstatt sie als reinen Kostenfaktor zu sehen. Bei jedem Investitionsgut steht außer Frage, dass regelmäßiger Aufwand für die Werterhaltung betrieben werden muss. Keine Maschine wartet sich selbst und nicht einmal eine Software erfüllt auf Jahre hinaus ihren Zweck ohne Updates. Das Gleiche gilt für das Know-how der Mitarbeiter, und deswegen gehören Weiterbildungen zu den elementaren Anforderungen an jeden, der Menschen beschäftigt. Es ist schlichtweg unbegreiflich, wenn Unternehmen voller Stolz davon sprechen, ihre Mitarbeitenden seien ihre wichtigsten Wettbewerbsvorteile, sie dann aber ab dem Zeitpunkt ihrer Einstellung nur noch als einen Kostenfaktor behandeln, den es permanent zu bekämpfen gilt. Es gibt einen wichtigen Unterschied zwischen der Wartung von Maschinen und der Weiterbildung von Mitarbeitern: Maschinen tragen von sich aus nichts zum Erfolg der Wartung bei, während Mitarbeiter meist auch aus eigener Motivation an Weiterbildung interessiert sind und das Gelernte anschließend Nutzen bringend einsetzen.

Der Umgang mit den Folgen des Groundings hat sehr vielen Betroffenen schonungslos verdeutlicht, wie wichtig das permanente Weiterentwickeln der eigenen Beschäftigungsfähigkeit ist. Wer erst dann über seine eigene Qualifikation nachdenkt, wenn er unmittelbar von Arbeitslosigkeit bedroht ist oder sogar seinen Job schon verloren hat, hat einen entscheidenden Nachteil bei der Stellensuche. Sich weiterzubilden und sich regelmäßig zu vergewissern, dass man auch für andere Bereiche oder andere Unternehmen ein interessanter Kandidat ist, hat nichts mit mangelhafter Loyalität zu tun. Im Gegenteil, für mich ist eine Loyalität gegenüber einem Arbeitgeber, die sich auf dem Bewusstsein von attraktiven Alternativen gründet, wertvoller als eine, die sich auf der völligen Abhängigkeit vom Arbeitgeber gründet und auf der Hoffnung, dass er einen weiterhin beschäftigen wird. Als Vorgesetzter ist es mir eindeutig lieber, mit Menschen zusammenzuarbeiten, die sich jeden Morgen bewusst entscheiden, für mich zu arbeiten, weil es ihnen Freude macht und sie persönlich weiterbringt, als mit Menschen, die mir täglich in der Furcht begegnen, sie könnten ihre Beschäftigung verlieren und hätten dann keine Alternativen mehr.

6 Vertrauen funktioniert nur gegenseitig

Ähnliches gilt auch beim Thema Vertrauen. Kein Unternehmen und kein Vorgesetzter kann erwarten, dass ihm die Mitarbeitenden Vertrauen entgegenbringen, wenn sie nicht umgekehrt ebenfalls bereit sind, ihrerseits den Mitarbeitern Vertrauen zu schenken. Bei vielen Untersuchungen zur Mitarbeiterzufriedenheit zeigt sich, dass die Belegschaft mehr und mehr das Vertrauen in ihr Management verloren hat. Nur allzu leicht rechtfertigt man sich dann mit harten Zeiten, in denen harte Entscheidungen notwendig sind, die das Vertrauen zwangsläufig sinken lassen. Sobald sich die wirtschaftliche Situation des Unternehmens bessere, käme das Vertrauen automatisch zurück. Wenn man genauer hinsieht, ist diese Erklärung zumindest unvollständig, wenn nicht falsch. Es ist leider häufig so, dass Manager meinen, je schwieriger die Lage sei, desto mehr müssten sie eine direkte Kontrolle ausüben. Sie engagieren sich begeistert in „Mikro-Management“, um sich stets das Gefühl zu bewahren alles zu beherrschen. Es entstehen aber zwei schwerwiegende Probleme: zum einen die Gefahr, dass der notwendige Überblick mit entsprechend fatalen Folgen verloren geht, und zum anderen, dass die Mitarbeiter die übermäßigen Kontrolleingriffe ihres Chefs als Mangel an Vertrauen in ihre eigene Kompetenz empfinden und deswegen, quasi im Gegenzug, auch ihr Vertrauen in die Führung reduzieren. Dieses gegenseitige Vertrauensdefizit ist sehr häufig die Ursache dafür, dass eine Krisenbewältigung viel länger dauert, als es notwendig wäre, oder sogar ganz scheitert. Es wäre interessant, einmal zu erforschen, welcher volkswirtschaftliche Schaden Jahr für Jahr in der Wirtschaft durch mangelndes Vertrauen zwischen Führung und Belegschaften entsteht.

Mangelndes Vertrauen in die eigenen Mitarbeiter kann begründet oder unbegründet sein. Ist es begründet, weil tatsächlich Kompetenzen fehlen, muss sich das Management die Frage gefallen lassen, warum es nicht rechtzeitig in guten Zeiten in den Auf-

und Ausbau der Kompetenz der Mitarbeiter investiert hat. Ist es unbegründet, sind die zu stellenden Fragen noch unangenehmer. Vertraut der Vorgesetzte seinen Mitarbeitern vielleicht deswegen nicht, weil er Zweifel an seiner eigenen Kompetenz hat? Vielleicht überträgt er diesen Zweifel implizit auf sein Team nach dem Motto: Wenn ich selber in einer schwierigen Situation überfordert bin, werden es meine Mitarbeiter sicherlich auch sein. Gleichzeitig signalisiert sein Mikro-Management, dass er zwar alles in der eigenen Macht stehende tut, um die anstehenden Probleme zu lösen, aber eigentlich in der Hoffnung, dass weitergehende Fragen damit vermieden werden.

7 Das Motivationsfundament der Swissair

Kommen wir zurück zur Swissair. Neben der Frage, warum die wirtschaftliche Krise letztlich zum Ende einer der allerbesten Airlines der Welt geführt hat, ist aus Sicht des Personalmanagements auch die Phase zwischen dem Grounding und dem Start der neuen Airline Swiss interessant. Wie ist es gelungen, mit einer Belegschaft, die zu einem ganz erheblichen Teil davon ausgehen musste, keine Weiterbeschäftigung bei der Swiss zu finden und arbeitslos zu werden, einen qualitativ hoch stehenden Flugbetrieb über eine ganze Flugplanperiode (Winter 2001/02) aufrechtzuerhalten und am Ende sogar nur knapp 75% der dafür bereitgestellten Mittel zu verbrauchen? Die vorgenannten Aspekte einer kontinuierlichen Investition in die Kompetenz der Mitarbeiter und das gegenseitige Vertrauen haben dabei eine wesentliche Rolle gespielt und die notwendigen Voraussetzungen geschaffen. Ich glaube, die Motivation basierte darüber hinaus auf einem stabilen Fundament, das aus drei Teilen besteht.

Zunächst geht es uns Menschen darum, dass sich jeder von uns, allem äußeren Streben nach Individualität zum Trotz, irgendwo zugehörig fühlen möchte und zwar bevorzugt zu einer Gruppe und Organisation, mit der er sich identifizieren kann und auf die er stolz ist. Wenn man an all die Hinweise dieser Identifikation im Fall der Swissair denkt, die sich zum Beispiel auch darin geäußert haben, dass Mitarbeiter sich mit der Bezeichnung „Swissair Angestellter" als Namenszusatz in den öffentlichen Telefonbüchern haben registrieren lassen, kann man ungefähr ermessen, wie stark dieses Element der Identifikation mit dem eigenen Arbeitgeber ausgeprägt war.

Der zweite Teil betrifft die Möglichkeit für den einzelnen Mitarbeiter, einen aktiven Beitrag zum Unternehmen zu leisten. Auch diese Komponente traf für die Swissair in hohem Maß zu, besonders in dieser besonderen Flugplanperiode im Winter 2001/02, als Emotionen unterschiedlicher Art bei Passagieren und Belegschaft hoch gingen und das persönliche Engagement für eine gute Dienstleistung noch wichtiger wurde als sonst.

Der dritte Teil des Motivationsfundaments schließlich ist das positive Feedback der Kunden für die erbrachte Leistung. Auch diese Komponente war damals deutlich sicht- und spürbar. Das Gefühl, für eine Fluggesellschaft mit Weltklasse zu arbeiten, selbst aktiv einen Beitrag leisten zu können und dann auch noch dafür gelobt zu werden, hat die Sorge über die eigene berufliche Zukunft zwar nicht vergessen lassen, aber es hat sie erträglicher gemacht. Der bekannte Swissair Trainer William Niggli hatte dieses dreiteilige Fundament in seinen Seminaren schon seit Jahren beschrieben. Vielleicht hatte er schon geahnt, dass das alles einmal eine ganz entscheidende Bedeutung gewinnen könnte.

Hans H. Hinterhuber, Margit Raich

Leadership als zentrale Kompetenz von und in Unternehmen

1 Einleitung: Leadership als Kunst

Die Kunst der Führung besteht darin, eine Richtung vorzugeben, die Sinn braucht, Möglichkeiten zu erschließen, die andere nicht gesehen haben, und andere Menschen zu inspirieren und in die Lage zu versetzen, sich begeistert für gemeinsame Ziele zu engagieren. Die Grundsätze der Führung sind einfach; sie unter den erschwerenden Bedingungen des Wettbewerbs anzuwenden, stellt die höchsten Anforderungen an Wissen, Können und Charakter der Unternehmer und Führungskräfte. So kommt es, dass Führung in ihrer Ausübung sich weniger als eine Wissenschaft und mehr als eine Kunst darstellt.

Dieser Beitrag versucht, drei Fragen zu beantworten:

1. Welchen Einfluss haben große Führungspersönlichkeiten auf die Entwicklung der von ihnen geleiteten Unternehmen?
2. Was macht den Unterschied zwischen erfolgreichen und erfolglosen Unternehmen aus?
3. Welches Führungssystem kennzeichnet das Unternehmen der Zukunft?

Die Ausführungen beruhen auf empirischen Untersuchungen und auf vielfach abgesicherten Erfahrungen der Autoren.

2 Der Einfluss großer Führungspersönlichkeiten auf die Entwicklung der Unternehmen

Die Frage, ob große Führungspersönlichkeiten tatsächlich den Lauf der Geschichte oder die Entwicklung der Unternehmen nachhaltig beeinflussen oder ob sie nicht gerade zur rechten Zeit am rechten Ort sind, ist so alt wie die Menschheit selbst (vgl. Diamond 2005). Stellvertretend für eine mögliche Antwort sei der Historiker Thomas Carlyle genannt: „Die Weltgeschichte, sprich die Geschichte des vom Menschen auf der Erde Erreichten, ist im Kern nichts anderes als die Geschichte großer Männer, die hier wirkten." Die Gegenposition nimmt Otto von Bismarck ein, der das politische Geschehen im Gegensatz zu Carlyle lange Zeit von innen erlebte und mitgestaltete: „Politik ist, dass man Gottes Schritt durch die Weltgeschichte hört, dann zuspringt und versucht, einen Zipfel seines Mantels zu fassen... Der Mann ist nur so groß wie die Woge, die unter ihm brandet."„Selbst der leidenschaftlichste Vertreter der These, die Geschichte sei das Werk großer Männer", so J. Diamond, „dürfte kaum in der Lage sein, das allgemeine Verlaufsmuster der Geschichte auf das Wirken einer Handvoll solcher herausragender Gestalten zurückzuführen." (Diamond 2005, S. 572)

Die Frage, inwieweit herausragende Führungspersönlichkeiten die Wertsteigerung eines Unternehmens nachhaltig beeinflussen, ist Gegenstand zahlreicher empirischer Untersuchungen (vgl. z.B. Bass 1985; Finkelstein/Hambrick 1996; Khurana 2002). Flynn und Staw (2004) weisen nach, dass exzellent geführte Unternehmen vergleichbare Unternehmen eher in Jahren mit schwierigen wirtschaftlichen und/oder branchenspezifischen Rahmenbedingungen übertreffen als in guten Jahren (vgl. Abb. 1). Je schwieriger die allgemeinen und/oder branchenspezifischen Bedingungen sind, desto wichtiger ist die Führungsleistung an der Spitze für den Erfolg des Unternehmens. Zu einem ähnlichen Ergebnis kommen Waldman et al. (2001, S. 134 ff.): „Der Erfolg eines Unternehmens hängt umso stärker vom Leadership-Verhalten der obersten Führungskräfte ab, je turbulenter der Markt ist."

Der unternehmerische Erfolg ist darüber hinaus umso größer, je größer die Handlungsgeschwindigkeit der Führenden und je größer der Handlungsspielraum ist, über den der Letztentscheidungsträger und sein Team verfügen und der von diesen auch im Interesse des Unternehmens genutzt wird (vgl. Abb. 1). Herausragende Führungspersönlichkeiten schaffen und erweitern selbst ihren Handlungsspielraum; sie erhöhen auch die Handlungsgeschwindigkeit, mit der das Unternehmen neue Möglichkeiten erschließt, Probleme kreativ löst, auf Strategic Issues reagiert oder schlecht kalkulierte Risiken abwendet (vgl. Bruch/Vogel 2005).

Abbildung 1: *Die Determinanten des unternehmerischen Erfolges*

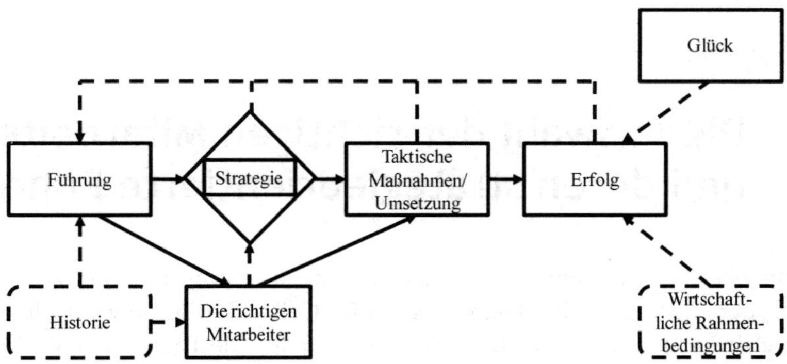

Die Attraktivität eines Marktes, d.h. die Gewinn- und Wachstumsperspektiven, die er bietet, ist wichtig, sie erklärt aber nur zu etwa 20% den Erfolg eines Unternehmens (vgl. Baden-Fuller/Stopford 1994). Die Attraktivität des Marktes ist vergleichbar mit dem Wind, der in die Segel eines Bootes bläst: je stärker der Wind, desto schneller und einfacher erreicht das Segelboot sein Ziel. Unter günstigen Verhältnissen kann jeder segeln (vgl. Hinterhuber 2007). Unter widrigen Verhältnissen ist jedoch der erfahrene Kapitän, d.h. Leadership und Strategie für das Erreichen des Zieles entscheidend. Leadership, Strategie, die richtigen Mitarbeiter, taktische Maßnahmen mit rasch spürbaren Wirkungen – und Glück – erklären zu etwa 80% den Erfolg eines Unternehmens (vgl. Hinterhuber 2011). Zu ähnlichen Ergebnissen kamen die empirischen Untersuchungen von Baden-Fuller/Stopford (1994) und Lev (2009). Leadership bedeutet herauszufinden, wohin der Wind bläst, mit Windstillen zu rechnen und durch proaktives Verhalten in einer Flaute noch stärker zu werden. Chancen gibt es immer irgendwo: Der Unternehmer freut sich selbstverständlich über günstige Marktbedingungen so wie sich der Segler über den guten Wind freut. Jedoch bestimmt nicht der Wind, sondern der Kapitän und seine Fähigkeit, die Segel situativ richtig einzustellen, d.h. Leadership und Strategie, den Kurs.

Im Ergebnis heißt das: Unternehmen können auch in wenig attraktiven Märkten, also auch bei schwachem Wind, erfolgreich in die Zukunft geführt werden, wenn Leadership von der Unternehmensspitze vorgelebt wird, die Strategie stimmt die richtigen Mitarbeiter am Werk sind, taktische Maßnahmen mir rasch spürbaren Wirkungen umgesetzt werden und die Führungskräfte das Ziel entdecken und nutzen. Leadership macht letztlich den Unterschied zwischen den Unternehmen aus und ist dafür verantwortlich, welche Unternehmen erfolgreich sind und welche nicht. „Warum geht es manchen Unternehmen gut und anderen schlecht?" Auf diese Frage haben Unternehmer, die in schwierigen Zeiten erfolgreich sind, gleich die Antwort: „Gute Führung –

schlechte Führung" (vgl. Hinterhuber 2007). Die empirische Führungsforschung bestätigt diese Antwort.

3 Die Auswahl der richtigen Mitarbeiter und deren strategieorientierte Führung

Die wichtigste Entscheidung, die der Letztentscheidungsträger treffen kann, ist die Auswahl der richtigen Mitarbeiter (vgl. z.B. Collins/Porras 1997; Collins 2001; Welch/Welch 2005). Erfolgreiche Unternehmer vertreten die These, dass ein Team aus den fähigsten Führungskräften und Mitarbeitern jede Situation, so unvorhersehbar sie auch sei, im Interesse des Unternehmens bewältigen wird. Die einzige Möglichkeit für ein Unternehmen, sich auf eine unsichere Zukunft vorzubereiten ist die Auswahl und Entwicklung der Führungskräfte und Mitarbeiter. Entscheidend für den Erfolg und die kontinuierliche Erneuerung des Unternehmens in einer Welt der Unsicherheit ist, dass die oberste Führungskraft an das Führungsteam glaubt, mit dem sie das Unternehmen in die Zukunft führt. Der Glaube an die eigenen Führungskräfte, verbunden mit der Aufforderung, dasselbe zu tun mit denjenigen, mit denen sie selbst zusammenarbeiten, gibt dem Unternehmen die Anpassungsfähigkeit, Initiative und Verantwortungsfreude, die für das Überleben und die nachhaltige Wertsteigerung des Unternehmens in einer Welt der Unsicherheit notwendig sind.

Die oberste Führungskraft muss Vertrauen geben und als Gegenleistung Vertrauen erhalten (vgl. zur zentralen Rolle von Vertrauen im Leadership vertiefend den Beitrag von Reinhard K. Sprenger in diesem Buch). Vertrauen heißt Offenheit, Delegation, Autonomie, Unternehmertum und Schnelligkeit. Vertrauen bedeutet aber auch, den Mut aufzubringen, sich immer wieder selbst in Frage zu stellen. An das Führungsteam glauben und sich selbst immer wieder in Frage stellen sind die Voraussetzungen dafür, dass sich im Unternehmen nicht Bürokratie, Selbstgefälligkeit und Verantwortungslosigkeit ausbreiten (vgl. Bruch/Vogel 2005).

Authentizität, Offenheit und strategische Führungskompetenz werden insgesamt als Gradmesser für eine erfolgreiche Mitarbeiterführung gesehen. Dies kann dadurch ermöglicht werden, wenn Führungskräfte aktiv auf die Mitarbeiter zugehen, Interesse am Menschen zeigen und im Team Strategic Issues zur Diskussion stellen. Jeder Konflikt im obersten Führungsteam, auch wenn er unausgesprochen ist, wird im Unternehmen bemerkt und löst Unruhe aus (vgl. Hinterhuber/Krauthammer 2005). In diesem Zusammenhang ist ebenfalls die Bedeutung einer persönlichen Anwesenheit der Führenden hervorzuheben (vgl. Raich 2005).

Große Führungspersönlichkeiten wissen, dass sie ganz bestimmte Grenzen verkörpern. Sie wissen um ihr Nicht-Wissen und gestehen es offen ein. Jack Welch schreibt den über zwanzig Jahre andauernden Erfolg von General Electric seiner Fähigkeit zu, in dem von ihm geführten Unternehmen eine Meritokratie eingeführt zu haben; er habe die besten Mitarbeiter ausgewählt, sich jedes Jahr von Underperformern getrennt, immer aktiv zugehört, Fragen gestellt, nie vorgegeben klüger als seine Führungskräfte zu sein, deren Wissen und Gespür jedoch immer für die strategischen Entscheidungen genutzt, für die er verantwortlich war (vgl. Welch/Welch 2005). Der größte Feind eines Führenden, so Jim Collins, ist seine Persönlichkeit; seine (falsche) Persönlichkeit lässt einen Führenden glauben mehr zu wissen, als seine Mitarbeiter; sie kann ihn verleiten, den Mitarbeitern seine Sicht der Dinge aufzuzwingen, seine Erfahrungen und Einsichten als die allein richtigen vorzugeben und ihr Verhalten in seinem Sinn zu beeinflussen. Charismatische und überehrgeizige Unternehmer und Führungskräfte sind die größte Gefahr für das Überleben und die nachhaltige Wertsteigerung des Unternehmens (vgl. Collins/Useem 2005; Khurana 2002; Hinterhuber 2011). Große Führende sind deshalb Lernende, die über ihre gegenwärtigen Fähigkeiten hinauswachsen, weil sie aus vielen Perspektiven blicken, Zusammenhänge ausfindig machen und die Kunst des disziplinierten Fragens und Argumentierens beherrschen. Sie beweisen Leadership in den Situationen, in denen kein Konsens besteht. Wenn sich die Mitglieder des Führungsteams über die Strategie einig sind, fällt die Entscheidung nicht schwer. Leadership beginnt jedoch dort, wo der Konsens aufhört. Keine große Entscheidung ist jemals einstimmig getroffen worden. Der unternehmerische Erfolg ist das Ergebnis des disziplinierten Fragens und Argumentierens der besten Mitarbeiter, die die zweckmäßigsten Antworten auf die jeweiligen Herausforderungen suchen, in Konfliktsituationen ihre Interessen und Vorstellungen zurückstellen und die Entscheidung dann zum Wohl des Unternehmens gemeinsam nach außen tragen.

Für denjenigen, der die Letztentscheidung im Unternehmen hat, zählen am Ende nur die Ergebnisse. Diese finden ihren Niederschlag in der kurzfristigen Wertsteigerung und in mittel- bis langfristigen Wertsteigerungserwartungen. Die Voraussetzung dafür ist eine exzellent umgesetzte Strategie. Exzellenz in der Umsetzung ist das Resultat der kollektiven Anstrengungen einer Vielzahl von Menschen, die auf den unterschiedlichen Verantwortungsebenen des Unternehmens auf eine oft wenig spektakuläre Weise das mitgestalten, was notwendig ist und zum Erfolg des Ganzen beiträgt (vgl. Whittington 2001). Die gekonnte Umsetzung der Strategie ist das Ergebnis von Hunderten von Entscheidungen, die von vielen Personen auf verschiedenen Verantwortungsebenen und an verschiedenen Orten getroffen werden. Empirische Untersuchungen und unsere persönlichen Erfahrungen zeigen zusammenfassend, dass Führende umso erfolgreicher sind, je kritischer sie sich zur eigenen Perspektive verhalten und je mehr sie bereit sind, andere Perspektiven und die Perspektiven ihrer Mitarbeiter in die eigenen strategischen Entscheidungen mit einzubeziehen (vgl. Steinle/Bruch 2003).

4 Das Unternehmen der Zukunft – die „Leadership Company"

Leadership trägt am meisten zur nachhaltigen Wertsteigerung des Unternehmens bei. Wir wagen deshalb zu behaupten, dass das Unternehmen der Zukunft die „Leadership Company" ist: ein Unternehmen, dessen Kernkompetenz die Entwicklung der Leadership-Fähigkeiten der Führungskräfte und Mitarbeiter auf allen Verantwortungsebenen ist. Richtig exerziertes Leadership ist der wesentliche Erfolgsfaktor und schwer zu imitierende Wettbewerbsvorteil. Das unternehmerische Denken und Handeln der Führungskräfte und Mitarbeiter führt zum Erschließen von neuen Möglichkeiten, zum kreativen Lösen von Problemen und zur Abwendung schlecht kalkulierter Risiken. Dies ist für die nachhaltige Wertsteigerung des Unternehmens umso wichtiger, je unplanbarer die Zukunft ist, je schneller sich die Dinge ändern und je komplexer sie werden (vgl. detaillierter Hinterhuber 2007). Leadership Companies, wie z.B. General Electric, Shell, Siemens, Nestlé, haben starke Führungswerte, rigorose Auswahl- und Entwicklungsverfahren ihrer Führungskräfte und Mitarbeiter und einen Pool von Talenten, der für die kontinuierliche Erneuerung des Unternehmens sorgt (vgl. Stadler/Hinterhuber 2005). Die Leadership Company ist dadurch gekennzeichnet, dass sie die besten Führungskräfte und Mitarbeiter anzieht, sie entwickelt, auf diese Weise aus unterschiedlichen Perspektiven blicken lernt, offen für das Unvorhersehbare ist, einen Reichtum gemachter, im Zeitablauf vermittelter Erfahrungen in sich ansammelt, Alternativen konturiert und dadurch Möglichkeitsfelder aufspürt, die die Konkurrenten nicht sehen (vgl. Stadler 2004).

Die goldene Regel für die Entwicklung in Richtung einer Leadership Company lautet:

1. Stelle Mitarbeiter ein, die besser sind als du selbst, nutze ihre Talente und gib ihnen eine Chance, sich zu entwickeln.

2. Beurteile deine Führungskräfte danach, welche Mitarbeiter sie eingestellt und wie viele sie davon zu Führenden entwickelt haben.

3. Erwarte von deinen Führungskräften, dass sie sich von Underperformern, d.h. von Mitarbeitern trennen, die die Führungswerte des Unternehmens nicht leben und die vereinbarten Ziele nicht erreichen.

5 Zusammenfassung und Ausblick

Führungsaufgaben unterscheiden sich durch größere Komplexität sowie Beziehungs- und Konfliktintensität. Führung vollzieht sich unter bestimmten Umweltbedingungen, die einem ständigen Wandel unterliegen. Nicht nur äußere, sondern auch im Unternehmen existierende Kräfte beeinflussen das Handeln und die Entscheidungen von Führungskräften wesentlich. Die Anforderung an eine Führungskraft ist die Schaffung innovationsfördernder Rahmenbedingungen im Unternehmen, die die kontinuierliche Erneuerung des Unternehmens ermöglichen.

Der Beitrag arbeitet Trends und Bedingungen für die nachhaltige Wertsteigerung der Unternehmen heraus. Die drei eingangs gestellten Fragen werden, wie folgt, beantwortet:

1. Exzellent geführte Unternehmen übertreffen vergleichbare Unternehmen mehr in Jahren mit schwierigen wirtschaftlichen und branchenspezifischen Rahmenbedingungen als in guten Jahren. Führungsleistung ist persönliche Führungsleistung plus Leistung des Teams. Charismatische und überehrgeizige Unternehmer und Führungskräfte stellen die größte Gefahr für das Überleben und die nachhaltige Wertsteigerung des Unternehmens dar.
2. Eine exzellente Führung, eine gute Strategie, die richtigen Mitarbeiter und taktische Maßnahmen mit rasch spürbaren Wirkungen sind die zentralen Bedingungen für den unternehmerischen Erfolg. Je unvorhersehbarer die Zukunft ist, desto wichtiger für das Überleben des Unternehmens ist die Fähigkeit und Bereitschaft des Unternehmers und seines Führungsteams, die besten Führungskräfte und Mitarbeiter einzustellen und zu entwickeln.
3. Das Unternehmen der Zukunft ist die Leadership Company. Die Leadership Company ist das Unternehmen, dessen Kernkompetenz die Entwicklung der Leadership-Fähigkeiten der Führungskräfte und Mitarbeiter auf allen Verantwortungsebenen ist.

Literatur

Baden-Fuller, C./Stopford, J. M. (1994): Rejuvenating the Mature Business: the Competitive Challenge, Boston

Bass, B. (1985): Leadership and Performance Beyond Expectations, New York 1985

Bruch, H./Vogel, B. (2005): Organisationale Energie: Wie Sie das Potenzial Ihres Unternehmens ausschöpfen, Wiesbaden

Collins, J. (2001): Good to Great: Why Some Companies Make the Leap … and other don't, New York

Collins J./Useem, J. (2005): Jim Collins On Tough Calls; in: Fortune, 151. Jg., H. 13, S. 49-52

Collins, J./Porras, J. I. (1997): Built to Last: Successful Habits of Visionary Companies, New York

Diamond, J. (2005): Arm und Reich: Die Schicksale menschlicher Gesellschaften, 6. Aufl., Frankfurt am Main

Finkelstein, S./Hambrick, D. (1996): Strategic Leadership: Top Executives and their Effects on Organizations, St. Paul

Flynn, F. J./Staw, B. M. (2004): Lend Me Your Wallets: The Effect of Charismatic Leadership on External Support for an Organization; in: Strategic Management Journal, 25. Jg., H. 4, S. 309-330

Hinterhuber, H. H. (2011): Die 5 Gebote für exzellente Führung, 2. Aufl., Frankfurt am Main

Hinterhuber, H. H. (2007): Leadership: Strategisches Denken systematisch schulen von Sokrates bis heute, 4., überarbeitete Aufl., Frankfurt am Main

Hinterhuber, H. H./Krauthammer, E. (2005): Leadership – mehr als Management: was Führungskräfte nicht delegieren dürfen, 4. Aufl., Wiesbaden

Khurana, R. (2002): Searching for a Corporate Savior: The Irrational Quest for Charismatic CEO's, Princeton

Lev, B. (2009): Managerial-Ability – The Ultimate Intangible: the Measurement and Uses of Top Manager's Ability. Vortrag gehalten auf der 32. Jahrestagung der AIDA, Ancona (Italien), 24.9.2009

Raich, M. (2005): Führungsprozesse: Eine ganzheitliche Sicht von Führung, Wiesbaden

Stadler, C. (2004): Unternehmenskultur bei Royal Dutch/Shell, Siemens und DaimlerChrysler, Stuttgart

Stadler, C./Hinterhuber, H. H. (2005): Shell, Siemens und DaimlerChrysler: Leading Change in Companies with Strong Values; in: Long Range Planning, 38. Jg., H. 5, S. 467-484

Steinle, C./Bruch, H. (Hrsg.) (2003): Controlling: Kompendium für Ausbildung und Praxis, 3. Aufl., Stuttgart

Waldman, D. A./Ramirez, G. G./House, R./Puranam, P. (2001): Does Leadership Matter? CEO Leadership Attributes and Profitability under Conditions of Perceived Environmental Uncertainty; in: Academy of Management Journal, 44. Jg., H. 1, S. 134-143

Welch, J./Welch. S. (2005): Winning, New York

Whittington, R. (2001): What is Strategy – and does it matter? 2. Aufl., London

Josef Ackermann

Führung im globalen Unternehmen

1 Einleitung

Gute Unternehmensführung ist Handwerk und Kunst zugleich. Handwerk, da es gilt, das tägliche Geschäft mit den zur Verfügung stehenden Ressourcen und Prozessen zu steuern. Kunst, da es in einem schöpferischen Prozess gilt, Produkte und Dienstleistungen auf den Markt zu bringen, die das Unternehmen von den Wettbewerbern abheben – es einzigartig machen. Dabei wird die Unternehmensführung zu einer zunehmend komplexen Aufgabe. Im Zeitalter des globalen Wettbewerbs wird die Fülle an Herausforderungen deutlich, der sich Führungskräfte stellen müssen. Es geht darum, die vielschichtigen Interessen des Unternehmens, seiner Eigentümer, seiner Kunden, seiner Mitarbeiter und seines breiteren gesellschaftlichen Umfelds zu wahren.

Patentrezepte für gute Unternehmensführung gibt es freilich nicht. Zu unterschiedlich sind die Menschen, die in einem Unternehmen zusammenarbeiten, zu vielfältig sind die Produkte, Dienstleistungen, Märkte, Wettbewerbsstrukturen und Rahmenbedingungen, zu heterogen sind die Interessen der einzelnen Anspruchsgruppen, denen Führungskräfte im Tagesgeschäft gerecht werden müssen.

Wo theoretische Allheilmittel Mangelware sind, gewinnen individuelle Erfahrungen und Eindrücke aus der täglichen Arbeit an Bedeutung. Die folgenden sieben Thesen fassen Einblicke in die Praxis der Unternehmensführung im globalen Finanzdienstleistungsgeschäft und spezifische Erfahrungen bei der Deutschen Bank zusammen.

2 Menschen stehen im Mittelpunkt: Talentmanagement als zentrale Führungsaufgabe

Im Zentrum guter Unternehmensführung stehen die Mitarbeiterinnen und Mitarbeiter. Sie füllen das Unternehmen mit Ideen und setzen diese um. Gerade in Dienstleistungsunternehmen sind die Mitarbeiter mit ihrem intellektuellen Kapital die treibende Kraft, die im schnelllebigen Wettbewerbsumfeld dafür Sorge tragen, die Bedürfnisse der Kunden zu identifizieren und in passende Lösungen zu übersetzen. Es sind ihre Expertise und Erfahrungen, die den Erfolg eines Unternehmens bestimmen. Dass dies keine graue Theorie ist, sondern sich in konkreten Zahlen niederschlägt, ist empirisch belegt. Studien zeigen, dass Firmen mit einem aktiven Talentmanagement für ihre Aktionäre eine höhere Rendite erwirtschaften als der Durchschnitt der Unternehmen (vgl. z.B. McKinsey 2001).

Besonders deutlich wird dieser Effekt im Finanzsektor, wo die Geschwindigkeit der Entwicklung neuer Produkte vergleichsweise hoch ist und deren zunehmende Komplexität ein hohes Maß an Expertise bei Entwicklung, Konzeption und Vertrieb erfordert. Die Identifizierung von Talenten sowie deren gezielte Förderung werden damit zur zentralen Führungsaufgabe und entscheidend für den Geschäftserfolg. Ohne ein langfristig orientiertes Talentmanagement auf allen Führungsebenen und ein integriertes Konzept für Rekrutierung, Remuneration und Weiterbildung ist es heute nicht mehr vorstellbar, in einem wettbewerbsintensiven Marktumfeld erfolgreich zu bestehen.

3 Mit herausfordernden Zielen führen – Freiheit in der Umsetzung gewähren

„Wer keine Visionen hat, vermag weder große Hoffnungen zu erfüllen, noch große Vorhaben zu verwirklichen." Dieses Zitat des US-Präsidenten Woodrow Wilson gilt für die Politik wie auch für Unternehmen. Und es gilt in unserer heutigen, schnelllebigen Zeit fast noch mehr als zu jener Zeit, in der es geprägt wurde. Moderne Unternehmensführung setzt voraus, dass alle Mitarbeiter mit Begeisterung an einem Strang ziehen, um ein gemeinsames Ziel zu erreichen. Gerade für hoch qualifizierte Kräfte ist die Identifikation mit den Zielen und den Werten des Unternehmens von hohem Stellenwert, damit sie ihre außergewöhnlichen Fähigkeiten und Talente genau für dieses Unternehmen einsetzen – und das langfristig und nachhaltig. Führungskräfte sind somit ständig gefordert, klar das große, übergeordnete Ziel vorzugeben, für dessen Erreichung sich alle einsetzen. Visionen zu stiften wird damit zur zentralen Aufgabe der Unternehmensführung.

Allerdings gilt auch: Visionen brauchen konkrete Pläne für die Umsetzung. Visionäre Fernziele müssen durch klare Strategien und verständliche Zwischenziele greifbar gemacht werden. Gute Führung schafft kraftvolle Bilder der Zukunft und beschreibt mit klaren und einfachen Worten, wie das Unternehmen sich positionieren und im Markt durchsetzen will. Hehre Visionen verlieren schnell ihre mitreißende Wirkung, wenn nicht deutlich wird, wie sie erreicht werden können. In ähnlicher Weise sind Strategien und Zwischenziele zum Scheitern verurteilt, wenn sie nicht auf ein erkennbares Fernziel ausgerichtet sind. Kurzum: Vision, Strategie und Zwischenziele müssen im Einklang miteinander stehen und eine konzeptionelle Einheit darstellen.

Dabei geht eine klare Zielsetzung idealerweise mit einem breiten Entfaltungsspielraum in der Umsetzung einher. Wenn Talente und deren Kreativität das wertvollste Gut moderner Dienstleistungsunternehmen sind, muss der dahinter stehenden Kraft möglichst großer Freiraum gegeben werden. Wird diese schöpferische Kraft mit Zielen, Prozessen und Reglements überfrachtet, läuft die Unternehmensführung Gefahr, den für den Wettbewerb so notwendigen offensiven Geist aller Beteiligten im Keim zu ersticken. Um das Potenzial, das in der Organisation vorhanden ist, voll auszuschöpfen, sollten die Mitarbeiter in der Umsetzung und in der Zielerreichung über ein möglichst großes Maß an Selbstbestimmung verfügen. Nur so können sich intrinsische Motivation und unternehmerischer Geist breit machen. Beides ist unerlässlich für den Erfolg eines Unternehmens insgesamt, aber auch jedes einzelnen Mitarbeiters. Unternehmerisches und kreatives Denken ist die Wurzel von Innovationskraft, Kunden- und Ergebnisorientierung. Gelingt es, Entrepreneurship als Teil der Unternehmenskultur auf allen Ebenen der Organisation zu etablieren, so profitieren davon das Unternehmen und seine Kunden und Aktionäre gleichermaßen.

4 Nachhaltige Steigerung des Unternehmenswertes als Maßstab für unternehmerischen Erfolg

Die Interessen der Eigentümer eines Unternehmens müssen im Zentrum der Unternehmensstrategie stehen. Das Wirken des Unternehmens und seiner Mitarbeiter hat die nachhaltige Steigerung des Unternehmenswertes zum Ziel.

Auf den ersten Blick ist dies ein vermeintlich trivialer Punkt. In der Praxis kommen jedoch häufig Interessen zum Tragen, die von diesem übergeordneten Ziel ablenken. Naturgemäß sind die Anforderungen an ein Unternehmen breit gefächert. Neben den Rechten der Eigentümer tragen Kunden, Mitarbeiter, Analysten, Investoren, Medien, Politik und andere ihre Anliegen an die Unternehmensführung heran. Ebenso naturgemäß ist zu erwarten, dass viele dieser Interessen kurzfristig nicht im Einklang stehen mit dem, was aus langfristiger unternehmerischer Perspektive den Unternehmenswert mehrt.

Dieses Spannungsfeld fordert der Unternehmensführung zwei Eigenschaften ab, die sich in der Praxis als unerlässlich erweisen:

- *Beharrlichkeit*: Erstens muss die Unternehmensführung beharrlich sein bei der Umsetzung der Strategie im Interesse der Aktionäre. Es gilt, gegen den Druck kurzfristiger Anliegen Stand zu halten und die langfristige, nachhaltig ausgerichtete Wertschaffung konsequent zu verfolgen.
- *Überzeugungskraft*: Zweitens muss die Unternehmensführung zu überzeugen wissen, d.h. gewichtige Argumente finden und kommunizieren, welche die unterschiedlichen im Unternehmen und seinem Umfeld vertretenen Anspruchsgruppen für das Ziel der Unternehmenswertsteigerung gewinnen. Denn die Divergenz der verschiedenen Interessen bezüglich des Prinzips der Wertorientierung besteht allenfalls bei einer kurzfristigen Betrachtung. Langfristig kann die Wertsteigerung des Unternehmens nichts anderes zum Ziel haben, als im Interesse aller maßgeblich Beteiligten zu wirken. Gelingt es der Unternehmensführung möglichst viele Anspruchsgruppen hiervon zu überzeugen, kann das Reibungsverluste reduzieren und eine Fokussierung auf gemeinsame Ziele ermöglichen.

Beides zusammen – Beharrlichkeit und Überzeugungskraft – sind grundlegende Voraussetzungen für eine geradlinige und glaubwürdige Firmenpolitik.

5 Unternehmenskultur entwickeln – Globalität braucht Identität und Freiraum

Vielfalt an Interessen und Werten ist ein wichtiges Thema für alle Unternehmen, aber es ist von besonderer Relevanz für grenzüberschreitend tätige Konzerne, in denen unterschiedliche Sichtweisen durch nationale und regionale Unterschiede nochmals verstärkt werden.

Vielfalt ist ein hohes Gut. Diese Vielfalt sollten Unternehmen jedoch nicht einer zufälligen Entwicklung überlassen. Vielmehr ist es Aufgabe der Unternehmensführung, diese durch eine spezifische Unternehmenskultur gezielt zu kanalisieren. Vielfalt bedeutet Kreativität, Ideenreichtum und gegenseitige Bereicherung. Wichtig ist deshalb, eine Unternehmenskultur zu entwickeln, welche diese Unterschiede nicht nur respektiert, sondern gezielt fördert und zum Wohl des Gesamtunternehmens nutzbar macht. Eine solche Unternehmenskultur unterstützt die Differenzierung nach außen und schafft Bindekraft im Inneren. Sie wird damit zum Katalysator für gegenseitiges Verständnis und Vertrauen.

Bei der Deutschen Bank sprechen wir in diesem Zusammenhang von einer „One-Bank Culture". Im Gegensatz zu einer „One-Culture Bank", in der kulturelle Unterschiede eingeebnet würden, verfolgen wir ein anderes Verständnis: Wir verstehen uns global als eine gemeinsame Bank, die sich jedoch ihrer Vielfalt bewusst ist und diese gezielt zulässt. In der Deutschen Bank genießt eine die Vielfalt fördernde Unternehmenskultur globale Akzeptanz, stiftet gemeinsame Identität und lässt dabei breiten Freiraum für lokale, nationale, regionale, geschäftsspezifische oder anderweitig verwurzelte Usancen. So schaffen wir einen gemeinsamen globalen Bezugspunkt für alle Mitarbeiter und Anspruchsgruppen, ohne dabei die Stärken unserer Vielfalt preiszugeben bzw. zu verwischen.

6 Gute Führung schafft einen „Winning Team"-Geist

Die Lehre guter Führung basiert auf wesentlichen Erkenntnissen der Systemtheorie und Kybernetik. Wie Märkte insgesamt unterliegen auch Unternehmen einer Systemlogik, die häufig eine selbst verstärkende Dynamik entwickelt – sei es in positiver, aber auch in negativer Weise. Erfolg führt zu einer positiven Grundstimmung im Team und stärkt dessen Leistungsfähigkeit noch zusätzlich. Nennen wir dies einen „Winning Team"-Geist, der in der Praxis in seiner positiven Wirkung nicht unterschätzt werden sollte. Enthusiasmus, Motivation und eigene Überzeugung sind wichtige Voraussetzungen für die Mitarbeiter, erfolgreich zu sein und über sich selbst hinaus wachsen zu können.

Ziel einer guten Führung muss es daher sein, allen das Gefühl zu vermitteln, Teil eines „Winning Teams" zu sein. Dies setzt in erster Linie voraus, dass alle Unternehmensteile Erfolg im Markt haben – ex nihilo nihil fit. Zum anderen muss es jedoch auch gelingen, in guten wie in schlechten Zeiten allen Teammitgliedern ihre Stärken aufzuzeigen und Erfolge zu honorieren. Nur so kann ein sich selbst verstärkender Prozess der Motivation in Gang gesetzt werden. Das daraus gewonnene Selbstvertrauen überträgt sich nicht nur auf die gesamte Organisation, sondern auch auf Kunden und Aktionäre und kann auf diese Weise die Erfolgschancen aller nachhaltig steigern.

7 Kommunikation mit offenem Visier: klar, verlässlich und ehrlich

Gute Führung steht und fällt mit der Qualität der Kommunikation. Ziele und Strategien müssen von allen Mitarbeitern verstanden, reflektiert und verinnerlicht werden.

Transparenz über die gegenwärtige Ist-Situation des Unternehmens und die angestrebte Soll-Position ist hierfür unerlässlich. Dazu gehört es, Schwachstellen direkt anzusprechen und Entscheidungsvarianten offen zu diskutieren. Kontroverse Diskussionen sind hierbei nicht vermeidbar, ja sogar hilfreich. Eine „Jasager-Mentalität“ kann sich heute kein Unternehmen mehr leisten. Konstruktive Kritik ist fruchtbarer Nährboden für neue Ideen und zeigt letztlich, dass man mit dem bisher Erreichten noch nicht zufrieden ist. Diese Energie gilt es sinnvoll zu nutzen, besteht doch allzu leicht die Gefahr, dass sie ins Leere verläuft oder sogar kontraproduktive Kräfte freisetzt.

Um die Organisation mitzunehmen, muss die Unternehmensführung klare, nachvollziehbare Entscheidungen treffen. Nur wenn wir sagen, was wir tun und das tun, was wir sagen, werden die Mitarbeiter uns folgen. Ehrlichkeit, Offenheit und Verlässlichkeit sind hierbei unersetzbar. Gerade in Change-Prozessen müssen Führungskräfte auf der „Brücke“ stehen und einen klaren Kurs vorgeben. Missverständnisse und Unklarheiten können wir uns in unserer schnellen und vernetzten Welt nicht erlauben. Gute Kommunikation wird damit zu einem zentralen Erfolgsfaktor guter Unternehmensführung.

8 Gute Führung setzt Glaubwürdigkeit und Rückgrat voraus

Glaubwürdigkeit ist die Grundlage für Vertrauen bei allen Stakeholdern – den Aktionären, Kunden, Mitarbeitern und der Gesellschaft als Ganzes. Glaubwürdigkeit wird einem nicht geschenkt, sie muss erworben werden. Dies gelingt nur, wenn Worte und Taten übereinstimmen, wenn Erwartungen konsistent und nachhaltig erfüllt werden. Darunter fällt auch, Misserfolge zuzugeben und klar zu benennen. Wer Fehler zunächst immer bei anderen sucht, wird es schwer haben, eine Vertrauenskultur aufzubauen. Nur wer aufrichtig und verlässlich handelt, kann überzeugen.

Hierzu gehört auch, übertriebenen Erwartungen entgegenzutreten und der Versuchung zu widerstehen, es allen Recht zu machen. Gute Führungskräfte haben den Mut, Entscheidungen, die sie für richtig und zukunftsweisend erachten, auch dann umzusetzen, wenn sie damit auf Widerstand in der Öffentlichkeit und den Medien stoßen. Zu schnell kann ansonsten aus Beliebtheit Beliebigkeit werden. Gute Führung setzt nicht zuletzt Standfestigkeit und Rückgrat voraus.

Literatur

McKinsey (2001): The War for Talent – Organization and Leadership Practice, McKinsey & Company, S. 1-2.

Stefan Krummaker

Changekompetenz von Führungskräften

1 Changemanagement als Kernfunktion von Führungskräften

Die Initiierung und Umsetzung von „Änderung und Wandel" gehört neben den traditionellen Managementfunktionen, wie „Planung", „Kontrolle", „Organisation" und „Mitarbeiterführung", zum zentralen Aufgabenfeld von Führungskräften (vgl. insb. Steinle 2005). In der Literatur lässt sich eine Vielzahl von Empfehlungen dazu finden, wie dieses Aufgabenfeld ausgefüllt werden sollte. Unter Bezeichnungen wie „Leading Change" (vgl. Kotter 1996) oder „Ten Commandments for Executing Change" (vgl. Kanter/Stein/Jick 1992) haben sich „rezeptartige" Tätigkeitskataloge verbreitet, die bei entsprechender Anwendung ein erfolgreiches Management von Changeprozessen in Aussicht stellen. Offen bleibt hierbei allerdings, welche konkreten Fähigkeiten Führungskräfte besitzen müssen, um die empfohlenen Aufgaben durchzuführen. Diesen Tätigkeitskatalogen liegt implizit die Annahme zugrunde, dass bestimmte Aufgaben, wie z.B. die Visionsentwicklung für einen Changeprozess, auf eine entsprechend ähnliche Fähigkeit, in diesem Fall ein visionäres Denken, zurückzuführen ist. Ein derartig reduktionistisches Verständnis beinhaltet die Gefahr andere Fähigkeiten, welche auf den ersten Blick nicht im direkten Zusammenhang mit einer erfolgreichen Durchführung dieser Aufgaben stehen, zu übersehen. Zudem stellt sich die Frage, ob es weitere erfolgsförderliche Fähigkeiten in Changeprozessen gibt, die in den bisherigen Empfehlungen keine Berücksichtigung finden.

Im vorliegenden Beitrag wird versucht, „hinter" eine erfolgreiche Initiierung und Umsetzung von Changeprozessen zu blicken und Inhalte eines entsprechenden Leistungspotenzials von Führungskräften aufzuzeigen. Hierfür wird die fähigkeitsbezogene Betrachtung um eine motivationale Dimension, welche die Bereitschaft einer Führungskraft zum Engagement für und in Changeprozessen umfasst, ergänzt und zu dem Begriff *„Changekompetenz"* zusammengeführt. Die Aussagen zu Changekompetenz von Führungskräften basieren auf den Ergebnissen einer qualitativen Studie, die bei einem großen europäischen Dienstleistungskonzern, der in den letzten Jahren einen tief greifenden Changeprozess vollzogen hat, durchgeführt worden ist (vgl. hierzu ausführlich Krummaker 2007).

2 Changekompetenz als spezielles Handlungsrepertoire von Führungskräften

Der Kompetenzbegriff ist in der Literatur und Praxis weit verbreitet. Es werden eher allgemeine Kompetenzen, wie z.B. Fach- und Sozialkompetenz, aber auch spezifische Kompetenzen, wie z.B. emotionale oder interkulturelle Kompetenzen, unterschieden. Das Kompetenzverständnis ist dabei uneinheitlich. Während Kompetenzen stellenweise mit Fähigkeiten oder Schlüsselqualifikationen gleichgesetzt werden, verstehen andere Autoren sie als spezifisches Handlungsrepertoire (vgl. Bartram/Robertson/Callinan 2002). Die letztgenannte Sichtweise stellt einen konkreten Handlungsbezug her und charakterisiert Kompetenzen nicht als generelle Fähigkeit, die in jeglichen Situationen einen erfolgreichen Leistungsvollzug unterstützen. Vielmehr handelt es sich hierbei um ein Fähigkeitsbündel, das für eine spezielle Situation – in diesem Fall das Management von Changeprozessen – eine effektive und effiziente Aufgabenerledigung in Aussicht stellt.

Es lässt sich erst nach einem Handlungsvollzug und der Erbringung eines Leistungsergebnisses bestimmen, ob die durchgeführten Tätigkeiten einer Führungskraft als kompetent einzustufen sind. Als Grundlage eines erfolgreichen Handelns bedarf es aber nicht nur bestimmter Fähigkeiten, sondern auch spezifischer Antriebskräfte, welche die Führungskraft mit Handlungsenergie versorgen (vgl. Bruch 2003). Dies führt zu dem bereits 1982 von Boyatzis entwickelten Verständnis, dass eine Kompetenz sowohl fähigkeitsbezogene als auch energetische Elemente umfasst (vgl. Boyatzis 1982). Da Letztere einen auf das Handlungsobjekt – hier eine bestimme Aufgabe im Changeprozess – gerichteten Spannungszustand auslösen, lassen sich diese Elemente auch unter dem Oberbegriff „Bereitschaft" zusammenfassen. Eine Changekompetenz setzt sich somit aus den beiden unterschiedlichen Dimensionen *„Changefähigkeit"* und *„Changebereitschaft"* zusammen.

Hervorzuheben ist, dass Changekompetenz noch kein konkretes Handeln in Changeprozessen darstellt, sondern diesem im Sinne eines Handlungsrepertoires vorgelagert ist und es anleitet. Die Changekompetenz einer Führungskraft stellt zwar ein stabiles, situationsübergreifendes Leistungspotenzial dar, allerdings können bestimmte Rahmenfaktoren dazu führen, dass diese Kompetenz gar nicht oder nur abgeschwächt zur Anwendung gelangt. Verdeutlichen lässt sich dieses Kompetenzverständnis am Beispiel eines Konzertpianisten. Seine Kompetenz umfasst spezifische Fähigkeiten des Klavierspielens, wie z.B. ein schnelles Wechseln der Tempi oder Improvisieren. Zudem beinhaltet sie Begeisterung und Motivation dem Instrument und der Musik gegenüber. Hieraus bildet sich ein bestimmtes Handlungsrepertoire, welches je nach Ausprägung unterschiedlicher Rahmenfaktoren, wie z.B. dem Verhalten des Dirigenten, zur Ausprägung gelangt. Ob sich der Konzertpianist als kompetent erwiesen hat, lässt sich erst nach Beendigung des gespielten Stückes, z.B. am Applaus der Zuschauer, feststellen.

3 Inhalte einer Changekompetenz von Führungskräften: Ergebnisse einer qualitativen Studie

3.1 Aufbau und Methodik der Studie

Ausgehend von der Annahme, dass sich Kompetenzen erst nach dem Handlungsvollzug bestimmen lassen, erfolgte eine retrospektive Betrachtung von unterschiedlichen Change-Teilprozessen in einem großen deutschen, europaweit tätigen Unternehmen, welche dazu geführt haben, dass sich dieses Unternehmen innerhalb weniger Jahre erfolgreich von einem Industriekonzern zu einem führenden Dienstleistungskonzern „gewandelt" hat. Insgesamt wurden mehrere tausend Seiten an Dokumenten, wie z.B. Mitarbeiterzeitschriften, Geschäftsberichte und Presseberichte, ausgewertet und zusätzlich siebzehn Interviews mit in den Changeprozess involvierten Führungskräften der mittleren und oberen Führungsebene aus unterschiedlichen Konzernbereichen geführt, um Hinweise auf ein spezifisches erfolgsförderndes Handlungsrepertoire zu identifizieren. Die Gesprächsführung erfolgte offen und lehnte sich an die „episodisch-narrative Interviewtechnik" (vgl. Lamnek 2005) und das „Behavioral Event Interview" (vgl. Boyatzis 1982) an. Die Führungskräfte wurden gebeten, Kernereignisse des Changeprozesses zu identifizieren und zu erläutern, wie sich ein erfolgreiches und weniger erfolgreiches Führungskräftehandeln in der geschilderten Situation gezeigt hat. Hierbei sollten sie berichten, wie sie selber gehandelt haben und was ihnen beim Handeln anderer, vor allem besonders erfolgreicher Führungskräfte, aufgefallen ist. Zur qualitativen Auswertung der Dokumente und Interviews kam eine spezielle Software zur qualitativen Datenanalyse zur Anwendung, mit welcher die identifizierten Inhalte der Changekompetenz systematisch zusammengetragen und aufbereitet worden sind.

3.2 Changebereitschaft als Antriebskraft eines erfolgreichen Handelns von Führungskräften

Das Phänomen der Changebereitschaft („readiness for change") von Individuen wird seit den letzten zwei Jahren insbesondere verstärkt in der angloamerikanischen Literatur diskutiert (vgl. z.B. Jimmieson/White/Peach 2004; Holt/Armenakis/Harris/Feild 2007). Hier finden sich zwar wertvolle Hinweise zur Erklärung des Bereitschaftskonstrukts, aber kaum Spuren zu Merkmalen und Inhalten einer Changebereitschaft von

Führungskräften. Es wird weitestgehend davon ausgegangen, dass Changebereitschaft eine individuelle Einstellung gegenüber Veränderungsprozessen darstellt, aus der ein spezifischer handlungsanleitender Aktivierungszustand resultiert. Diese Vorstellung leitet die Suche nach Merkmalen und Inhalten einer Changebereitschaft von Führungskräften in den ausgewählten Dokumenten und geführten Interviews.

Die Studie zeigt deutlich, dass „changebereite" Führungskräfte einen innerlichen *Veränderungsdrang* verspüren. Dieser zeichnet sich durch den starken Wunsch aus, den Status Quo herauszufordern und das Bestehende hinter sich zu lassen. Immer wieder ließen sich Aussagen identifizieren, die darauf hinweisen, dass Führungskräfte auch in erfolgreichen Zeiten bereit sein müssen, das existierende Geschäftsmodell zu hinterfragen, über neue Strategien nachzudenken und ihre Mitarbeiter auf etwaige Veränderungen vorzubereiten. Hierdurch können Führungskräfte den gefährlichen Verlockungen einer „angenehmen Trägheit", die sich durch eine erfolgreiche Erledigung der täglichen Routineaufgaben einstellen, widerstehen oder entstandene „comfort zones" (vgl. Bruch/Vogel 2009) rechtzeitig verlassen. Changebereitschaft unterstützt somit ein proaktives Changemanagement und reduziert das vielfach bei Marktveränderungen festzustellende reaktive „Hinterherhecheln". Die befragten Führungskräfte empfanden diesen Veränderungsdrang weniger als Bürde, sondern betonten fast durchweg, dass ihnen Veränderungen Spaß bereiten und ihnen die neuen Herausforderungen einen Motivationsschub geben.

Es wurde klar erkennbar, dass Changebereitschaft mit starkem *Engagement* gegenüber dem Changeprozess verbunden ist. Hierbei ist es wichtig, dass die anfänglich im Changeprozess aufgebaute Bereitschaft nicht versandet, sondern über den gesamten Changeverlauf aufrechterhalten oder immer wieder von neuem aufgebaut wird. Eine befragte Führungskraft vergleicht Changebereitschaft mit der Antriebskraft für einen Marathonlauf. Die größte Herausforderung liegt hierbei nicht im Losrennen am Anfang des Laufes, bei dem viele Zuschauer klatschen und den Läufer anfeuern, sondern im Durchhalten über die gesamte Strecke, auch dort wo die Unterstützung am Wegesrand nachlässt und die Kräfte schwinden. Da in vielen Changeprozessen aufgrund anfänglicher Unsicherheiten keine klaren Wegstrecken erkennbar sind und nicht absehbar ist, dass das Ziel nach genau 42,195 km erreicht sein wird, sondern vielmehr unterschiedliche iterative Durchläufe stattfinden, die oftmals dazu führen, dass eingangs formulierte Ziele des Changeprozesses verworfen werden, stellt die Aufrechterhaltung von Changebereitschaft eine äußerst anspruchsvolle Herausforderung dar.

Viele Führungskräfte machten deutlich, dass sie bereit sind, für die Zielerreichung zu kämpfen. Changebereitschaft umfasst somit eine *Zielstrebigkeit* und *Entschlossenheit,* welche sich in einem gewissen Grad der Hartnäckigkeit und Ausdauer gegenüber den Zielen des Changeprozesses zeigt. Die aufgebrachte Energie richtet sich primär darauf, engagiert bestimmte Changeprojekte durchzuführen und hierbei auftretende Barrieren und Widerstände abzubauen. Es wird aber deutlich vor einem blinden, unreflektierten Engagement gewarnt, welches ein Erkennen veränderter Rahmenbedingungen und eine etwaige Notwendigkeit der Zielanpassung verhindert. Eine erfolgreiche Changebereitschaft zeigt sich folglich in einem bewusst gesteuerten Engagement gegenüber einem oder mehreren Changeprozessen.

3.3 Changefähigkeiten als Grundlage einer erfolgreichen Führung von Changeprozessen

Die vorherigen Ausführungen lassen erkennen, dass eine Changebereitschaft allein noch nicht ausreicht, um die entwickelte Antriebsenergie gegenüber dem Changeprozess in erfolgreiche Handlungen umzusetzen. Es wird zusätzlich eine entsprechende Fähigkeitsbasis benötigt, welche die Führungskraft in die Lage versetzt, den Changeprozess effektiv und effizient zu führen.

Die Studie verdeutlicht diesen Zusammenhang. Dies zeigt sich z.B. in der starken Betonung eines *Durchsetzungsvermögens* und einer *Entscheidungsfähigkeit* von Führungskräften. Zielstrebigkeit wird nur aufgebaut oder unterstützt lediglich dann die erfolgreiche Umsetzung von Changeprozessen, wenn Führungskräfte ihr Engagement auch in entsprechende Taten umsetzen können. Insbesondere in tief greifenden Veränderungssituationen, welche oftmals durch stark politisch motivierte lähmende Diskussions- und Suchprozesse geprägt sind, stellt sich die Herausforderung des Durchsetzens von Entscheidungen gegen Widerstände und des Treffens von unpopulären Entscheidungen. Verbunden hiermit sind eine entsprechende *Überzeugungsfähigkeit* sowie das Vermögen, adäquat im Sinne eines *Mikropolitikmanagements* mit politischen Prozessen in der Organisation umzugehen. Letzteres umfasst die Identifikation von (inoffiziellen) Machtverhältnissen, von Promotoren und Opponenten sowie den richtigen Umgang mit diesen Personen bzw. Machtstrukturen, wie z.B. dem Gewinnen von Organisationsmitgliedern als Unterstützer für den Changeprozess. Ein schwach ausgeprägtes Durchsetzungsvermögen und eine geringe Entscheidungsfähigkeit sowie ein unzureichendes Mikropolitikmanagement von Führungskräften behindern den Willensdurchsetzungsprozess erheblich und können somit ein Changevorhaben stark verzögern oder sogar gänzlich zum Scheitern bringen.

Im engen Zusammenhang mit der Durchsetzung getroffener Entscheidungen steht die Frage nach der adäquaten Verteilung hieraus resultierender Aufgaben. Vielfach besteht das Problem, dass Führungskräfte aufgrund des Novitätgehalts von Changeaufgaben die zeitliche Belastung der delegierten Arbeitspakete unterschätzen und dadurch die Mitarbeiter erheblich überlasten. Da die Mitarbeiter unterschiedliche Kapazitäten für die Aufgabendurchführung haben und zudem mit hohen Arbeitsbelastungen verschiedenartig umgegangen wird, stellt sich Führungskräften die Herausforderung, eine individuelle leistungskapazitätsorientierte und anreizoptimale *Aufgabenportionierung* vorzunehmen. Die Arbeitspakete sollten demnach so verteilt werden, dass sie die Mitarbeiter zu einer möglichst hohen Leistungserbringung anreizen und zudem eine individuelle Zufriedenheit mit der Arbeitssituation im Changeprozess sicherstellen (vgl. Steinle 1978).

Da sich heutzutage vermehrt eine so genante „Beschleunigungsfalle" in Unternehmen zeigt (vgl. Bruch/Menges 2010), die durch eine starke Zunahme von Changeaktivitäten bei steigender Geschwindigkeit und einer dauerhaft hohen veränderungsbezogenen Aktivitätsintensität gekennzeichnet ist, besteht die Gefahr, dass eine zu starke Changehäufigkeit die Mitarbeiter überlastetet. Hieraus resultiert oftmals ein starkes Stressempfinden, welches bei vielen Mitarbeitern zu einer „Changemüdigkeit" und im Extremfall sogar zu Burnout-Syndromen führen kann. Eine weitere wichtige Fähigkeit von Führungskräften, die in sehr engem Zusammenhang mit der Aufgabenportionierung steht, ist das individuelle *Timing* von Changeaufgaben im Sinne, wie häufig ein Mitarbeiter – in der Regel über Projektarbeit – in die Changeaktivitäten eines Unternehmens einbezogen wird. Die Interviews zeigen deutlich, dass es sich anbietet, besonders stark in Changeprozesse involvierte Mitarbeiter von Zeit zu Zeit „Changepausen" zur „Verdauung" der hohen Arbeitsbelastung einzuräumen. Derartige Ruhezeiten, in welcher die Mitarbeiter z.B. für eine gewisse Zeit Routineaufgaben im Unternehmen nachgehen oder in weniger turbulenten Change-Projekten arbeiten, leisten einen wichtigen Beitrag zur Erhaltung der Changebereitschaft und zur Sicherstellung einer langfristig hohen Leistungsorientierung.

Die Studie hat auch gezeigt, dass die schon fast als „klassisch" zu bezeichnenden Fähigkeiten der *Visionskraft* und *Kommunikation* wichtige Elemente einer Changefähigkeit von Führungskräften darstellen. Eine erfolgreiche Kommunikation im Changeprozess bezieht sich allerdings nicht nur, wie vielfach angeführt, auf die umfassende Vermittlung der „neuen" Vision. Vielmehr sollte diese zusätzlich ehrlich und offen über etwaige Probleme im Changeprozess informieren und sicherstellen, dass die kommunizierten Changeinhalte auch die adressierten Empfänger erreichen und nicht in politisch-motiviert errichteten „Kommunikations-Lehmschichten" aufgehalten werden.

Die Fähigkeit eine Vision zu entwickeln und diese derart stimulierend und inspirierend den geführten Mitarbeitern zu vermitteln, so dass sie den Changeprozess nachdrücklich unterstützen, weist auf eine gewisse Nähe von Changefähigkeit zu den in der transformationalen Führungstheorie diskutierten Handlungsmustern „Idealized Influence", „Individualized Consideration", „Inspirational Motivation" und „Intellectual Stimulation" hin (vgl. ausführlich Bass 1985 sowie vertiefend die Beiträge von Krüger, Rosenstiel und Wunderer in diesem Buch). Bei der Studie fiel insbesondere das in der transformtionalen Führung diskutierte Fähigkeitselement *„Führung durch Vorbildfunktion"* (Leading by Example) auf (vgl. Yukl 2009). Führungskräfte können nur dann glaubhaft Opfer und ein hohes Engagement von Mitarbeitern in Changeprozessen verlangen, wenn sie dieses Verhalten den Mitarbeitern auch vorleben und sich nicht hinter die schützenden Linien von „comfort zones" zurückziehen und versuchen, von dieser gesicherten Position aus ein Changemanagement durchzuführen.

3.4 Effekte von Changekompetenz sowie Zusammenfassung der Kompetenzinhalte

Es wurde bereits indirekt angedeutet, welche Erfolgsbeiträge eine Changekompetenz von Führungskräften zu generieren vermag. Die Studie weist dabei auf Erfolgseffekte hin, die auch in der transformationalen Führung diskutiert werden.

Abbildung 1: *Inhalte und Effekte einer Changekompetenz von Führungskräften (vgl. Krummaker 2007)*

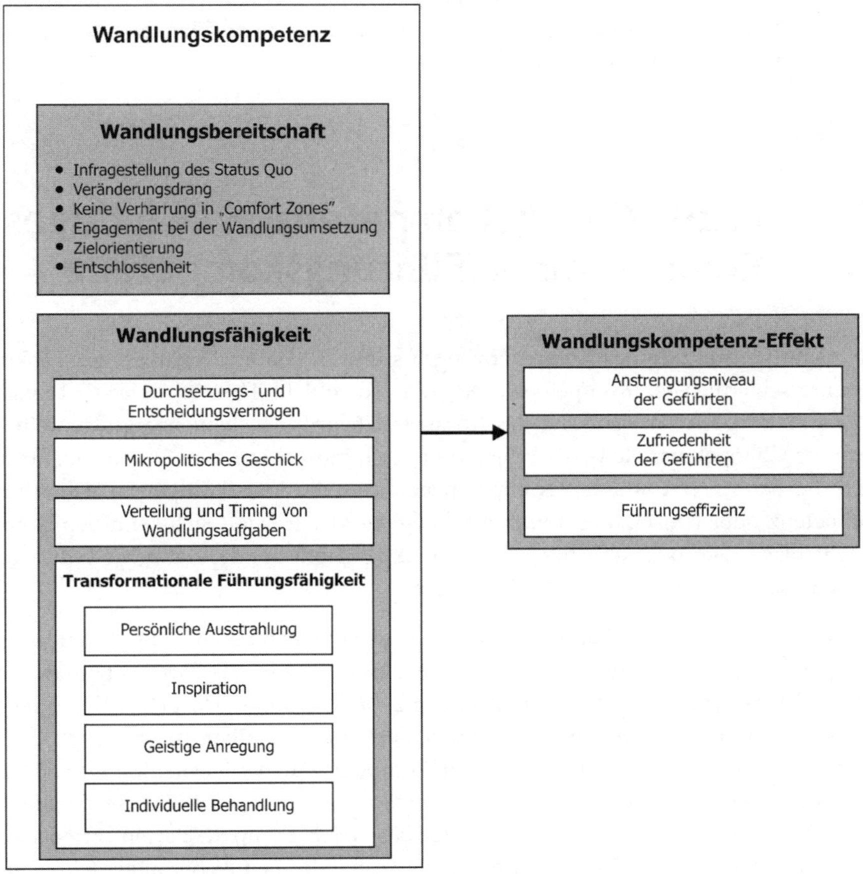

Es zeigt sich, dass Changekompetenz ein *außergewöhnliches Engagement* für den Changeprozess anleitet. Dieses lässt sich nicht nur bei den geführten Mitarbeitern feststellen, sondern die Interviews verdeutlichen, dass als besonders kompetent eingestuften Führungskräften durchweg sehr hohes Engagement zugeschrieben wird. Es lässt sich vermuten, dass zum einem die Changebereitschaft von den Führungskräften auf die Mitarbeiter überspringt und zudem die spezifischen Changefähigkeiten einen Beitrag leisten, dass diese Bereitschaft bei den Mitarbeitern erhalten, gefördert und ausgebaut wird. Des Weiteren erhöht die Changekompetenz von Führungskräften, dadurch dass z.B. die Changeaufgaben entsprechend der individuellen Mitarbeiterkapazitäten getimt und portioniert werden, die *Zufriedenheit* der Mitarbeiter. Die durchgeführte Studie lässt insgesamt erkennen, dass sich der in der allgemeinen Kompetenzliteratur als „superiore Aufgabenerledigung" diskutierte Erfolgsaspekt (vgl. z.B. Boyatzis 1982) in einer erhöhten *Führungseffizienz* im Changeprozess manifestiert. Die nachstehende Abbildung fasst die dargestellten Inhalte und Effekte einer Changekompetenz von Führungskräften zusammen.

4 Fazit: Changekompetenz als wichtiges Element einer Führungskompetenz

Die weite Verbreitung des Kompetenzbegriffs und die daraus resultierende Diskussion unterschiedlichster Kompetenzarten führt sowohl in Theorie als auch Praxis zu einer inflationären Verwendung des Kompetenzbegriffs. Selbstverständlich stellt sich auch bei Changekompetenz die Frage, ob es sich hierbei um eine Kompetenzart handelt, die bereits von anderen Kompetenzen, wie z.B. Sozialkompetenz, Handlungskompetenz oder Umsetzungskompetenz, abgedeckt wird und sich somit lediglich als Begriffsblase zeigt oder ob Changekompetenz neue bzw. andere Aspekte umfasst, die eine eigenständige Betrachtung rechtfertigen.

Ein Vergleich der identifizierten Inhalte von Changekompetenz mit denen anderer Kompetenzarten verdeutlicht, dass zwar Teilaspekte – z.B. das Durchsetzungsvermögen im Rahmen der Umsetzungskompetenz (vgl. Wunderer/Bruch 2000) oder die Kommunikationsfähigkeit im Zusammenhang mit Sozialkompetenz (vgl. Erpenbeck/Rosenstiel 2003) – auch in anderen Kompetenzen Berücksichtigung finden. Es zeigt sich aber, dass bisher keine Kompetenzart diskutiert wird, die alle Inhalte von Changekompetenz umfasst. Zudem erfolgt bei vielen Kompetenzarten oftmals keine direkte Bezugnahme auf Veränderungsprozesse, sondern eine eher allgemein gehaltene Betrachtung. Darüber hinaus liegt der Fokus in der Kompetenzliteratur oftmals lediglich auf der fähigkeitsbezogenen Dimension. Eine Thematisierung von Bereitschaft als zentrales Element einer Kompetenz, wie in dem hier vorgestellten Kompetenzverständnis, findet nur äußerst selten statt.

Changekompetenz lässt sich als ein Element von Führungskompetenz verstehen. Vor dem Hintergrund einer zunehmenden Bedeutung des adäquaten Umgangs mit Veränderungen und der Tatsache, dass keine Branche und auch kaum eine Führungskraft zukünftig von Changeaktivitäten ausgenommen sein wird, stellt sich umso mehr die Frage nach dem Aufbau und der Förderung einer derartigen Kompetenz. In diesem Beitrag konnten erste Hinweise zu den Inhalten einer Changekompetenz gegeben werden. Es bietet sich an, in einem nächsten Schritt zu untersuchen, wie sich Changekompetenz bei Führungskräften aufbauen, erhöhen und langfristig auf einem hohen Niveau aufrechterhalten lässt. Hier wird sicherlich nicht nur das HR eine wichtige Rolle einnehmen, sondern insbesondere auch die Vorgesetzten von Führungskräften.

Literatur

Bartram, D./Robertson, I. T./Callinan, M. (2002): A Framework for Examining Organizational Effectiveness; in: Robertson, I. T./Callinan, M./Bartram, D. (Hrsg.), Organizational Effectiveness: The Role of Psychology, Chichester, S. 1-10

Boyatzis, R. E. (1982): The Competent Manager: A Model for Effective Performance, New York et al.

Bruch, H. (2003): Leaders' Action: Model Development and Testing, München/Mering

Bruch, H./Menges, I. J. (2010): The Acceleration Trap. Harvard Business Review, 88 (4), S. 80-86.

Bruch, H./Vogel, B. (2009): Organisationale Energie – Wie Sie das Potential Ihres Unternehmens ausschöpfen, 2. Aufl., Wiesbaden

Erpenbeck, J./Rosenstiel, L. von (2003): Einführung; in: Erpenbeck, J./Rosenstiel, L. v. (Hrsg.), Handbuch Kompetenzmessung: Erkennen, verstehen und bewerten von Kompetenzen in der betrieblichen, pädagogischen und psychologischen Praxis, Stuttgart, S. IX-XL

Holt, D. T./Armenakis, A. A./Harris, S. G./Feild, H. S. (2007): Toward a comprehensive definition of readiness for change: a review of research and instrumentation, in: Pasmore, W. A./Woodman, R. W. (Hrsg.), Research in Organizational Change and Development, Vol. 16, S. 295-346

Jimmieson, N. L./White, K. M./Peach, M. (2004): Employee Readiness for Change: Utilizing the Theory of Planned Behavior to Inform Change Management, Paper presented at the 64th Annual Meeting of the Academy of Management

Kanter, R. M./Stein, B. A./Jick, T. D. (1992): The Challenges of Execution: Roles and Tasks in the Change Process; in: Kanter, R. M./Stein, B. A./Jick, T. D. (Hrsg.), The Challenge of Organizational Change: How Companies Experience It and Leaders Guide It, London et al., S. 369-394

Kotter, J. P. (1996): Leading Change, Boston

Krummaker, S. (2007): Wandlungskompetenz von Führungskräften: Konstrukterschließung, Modellentwicklung und empirische Überprüfung, Wiesbaden

Lamnek, S. (2005): Qualitative Sozialforschung, 4., vollständig überarbeitete Aufl., Weinheim et al.

Steinle, C. (1978): Führung: Grundlagen, Prozesse und Modelle der Führung in der Unternehmung, Stuttgart

Steinle, C. (2005): Ganzheitliches Management: Eine mehrdimensionale Sichtweise integrierter Unternehmungsführung, Wiesbaden

Wunderer, R./Bruch, H. (2000): Umsetzungskompetenz: Diagnose und Förderung in Theorie und Unternehmenspraxis, München

Yukl, G. (2009): Leadership in Organizations, 7. Aufl., Upper Saddle River

Leadership von Mitarbeitern und Teams

Reinhard K. Sprenger

Vertrauen: wichtiger als Strategie!

1 Führung und Vertrauen

„Führung ist eine kraftvolle Mischung aus Strategie und Vertrauen. Aber wenn Du ohne eines von beiden auskommen musst, verzichte auf die Strategie.", so der amerikanische General H. Norman Schwarzkopf. Er steht nicht im Verdacht, ein Sozialromantiker zu sein. Vielmehr weiß er: Wenn Führung heißt: die Leistung anderer zu organisieren und zu fördern, dann ist Vertrauen die alles entscheidende Voraussetzung.

In der Unternehmenspraxis lässt sich immer wieder beobachten, dass Führungskräfte, obwohl sie gegen Handbuchwissen verstoßen, dennoch gute Ergebnisse erzielen. Das sind Führungskräfte, denen ihre Mitarbeiter offenbar bereitwillig folgen und die daher erfolgreich sind. Was sich da findet, ist ein im Einzelnen unentwirrbares Gemisch aus Glaubwürdigkeit, Berechenbarkeit, Geradlinigkeit, kurz etwas, für das sich der Begriff Vertrauen summarisch anbietet. Es ist daher oft gesagt worden: Vertrauen ist die Basis von Führung. Sich führen lassen heißt: sich jemandem anzuvertrauen. Vor allem für das Führungsparadigma der Selbstverantwortung, das im Geführten den Mitunternehmer und intelligenten Träger (nicht Zu-Träger) der Unternehmensentwicklung sieht, ist Vertrauen die einzig mögliche kommunikative Basis. Wechselseitiges Angewiesensein unter Partnern erzwingt die sehr weitgehende Tilgung der kontrollierenden Elemente alter Führungsparadigmen.

Wenn zum Beispiel ein Vorstand sich vor seine Mitarbeiter stellt, bewegen den Mitarbeiter intuitiv vor allem zwei Fragen: 1. Kann ich ihm glauben? 2. Ist er an mir interessiert? Diese Vertrauensbotschaft geht aller inhaltlichen Botschaft voraus. Wie ein Filter entscheidet sie darüber, ob die inhaltliche Botschaft überhaupt gehört und geglaubt wird. Es ist schon manchmal bizarr, wie viele Stunden Vorstände reden, ohne dass die Zuhörer sich überhaupt nur eine Minute mit den Inhalten beschäftigen, weil das Vertrauen fehlt. Keine Führungskraft kann Menschen beeinflussen, führen, mit auf die gemeinsame Reise nehmen, wenn ihr nicht vertraut wird. Die Forschung zeigt, dass Menschen bereit sind, einem Menschen zu folgen, wenn sie ihm vertrauen, selbst wenn sie seine Ansichten nicht teilen. Sie folgen jedoch nicht, wenn sie zwar seine Ansichten teilen, ihm aber nicht vertrauen.

Das ist für raue Wegstrecken hilfreich: Wenn eine Führungskraft zum Beispiel eine Verabredung nicht einhalten kann oder etwas für ihre Mitarbeiter Unverständliches tut, dann unterstellt man ihr nicht sofort Illoyalität oder Verrat. Man geht schlicht davon aus, dass irgendetwas schief gelaufen ist. Wenn sie das Vertrauen ihrer Mitarbeiter hat, dann fällt es ihr leichter, auch mal ihre Meinung zu ändern. Sie muss nicht fürchten, dass ihre Meinungsänderung gleich als Inkonsistenz oder gar Unglaubwürdigkeit erlebt wird. Mehr noch: Die Mitarbeiter verzeihen ihr sogar einen gelegentlichen Fehltritt oder nehmen an, dass ihnen die Führungskraft nur deshalb einen Nachteil bereitet, weil sie größeren Schaden von ihnen abwenden wollte. Ihre Mitarbeiter mögen gelegentlich murren, unverständig reagieren oder auch mal lauthals schimpfen. Wenn aber Vertrauen da ist, wiegen diese Missstimmigkeiten nicht schwer. Sie werden als „Teil des Spiels" anerkannt. Vertrauen ist also eine belastbare, widerstandsfähige Position.

Besonders deutlich wird die Bedeutung von Vertrauen für das Grunddilemma der Führung: dem Spagat zwischen Störungsauftrag und Zustimmungserfordernis. Führungskräfte müssen stören. Sie müssen das Unternehmen mit Veränderungsbereitschaft aufladen, um es vor der Routine, der Bequemlichkeit, der Erfolgsfalle zu schützen. Das macht sie in den Augen vieler Mitarbeiter unbequem. Andererseits funktionieren Führungskräfte nur, wenn sie von den Geführten anerkannt werden. Führungskräfte brauchen die freiwillige Zustimmung ihrer Mitarbeiter, wenn Sie den Unternehmenswert nachhaltig steigern wollen. Diese Paradoxie – das Dilemma zwischen Zustimmungserfordernis und Störungsauftrag – kann nur mit einer einzigen Qualität überbrückt werden: Vertrauen. Fehlt es daran, bekommt die Beziehung gleichsam ein Minus vor die Klammer. Alles verkehrt sich ins Gegenteil: Auch die hochherzigste Geste steht dann im Verdacht, Schlimmes im Schilde zu führen. Alle Initiativen und Bemühungen, die Beziehungen zwischen Management und Mitarbeitern positiv zu gestalten, werden dann als besonders raffinierte Form der Manipulation aufgefasst. Nichts kann dann mehr wirken, keine Maßnahme mehr greifen. Eigentlich kann man die Beziehung dann nur noch beenden.

In einer Vertrauensbeziehung gibt es jedoch zwei Seiten: die eine, die vertraut (Vertrauensgeber), und die andere, der vertraut wird (Vertrauensnehmer). Im Idealfall ist Vertrauen wechselseitig: Jede Seite vertraut und jeder Seite wird vertraut. Die Mitarbeiter haben es leichter: Es ist leichter, einer Person (der Führungskraft) zu vertrauen. Umgekehrt hat eine Führungskraft in der Regel aber mehrere Mitarbeiter. Viele Manager halten sich daher selbst für vertrauenswürdig, sie genießen es geradezu, als vertrauenswürdig zu gelten. Aber mit der anderen Seite, mit dem Vertrauen gegenüber den Mitarbeitern, tun sie sich schwer. Das ist verständlich: Vertrauen gegenüber vielen ist mindestens herausfordernd.

Die Kontrolle zu behalten, wird jedoch zunehmend schwieriger. Die hierarchischen Kontroll- und Überwachungsinstrumente greifen immer weniger, die Handlungsspielräume der Mitarbeiter erweitern sich zusehends, die Aufgaben der Mitarbeiter werden immer komplexer, unschärfer, die räumliche Dezentralisierung verunmöglicht kostenangemessene Kontrollaktivitäten. Den technischen Voraussetzungen virtueller Zusammenarbeit wird oft viel Aufmerksamkeit gewidmet. Aber die wirksame Führung virtueller Teams erfordert etwas ganz anderes. Das Führen auf Distanz ohne regelmäßigen und direkten Kontakt, ohne die Möglichkeit, von Angesicht zu Angesicht zu sprechen, Mitglieder in eine gemeinsame Zielsetzung einzubinden, Interessen zu koordinieren, das alles über verschiedene Kulturen und Landesgrenzen hinweg – ohne Vertrauen ist das nicht zu schaffen (vgl. hierzu auch vertiefend den Beitrag von Timm Eichenberg in diesem Buch).

Das Problem verschärft sich, wenn hoch ausgebildete „Kopfarbeiter" zu führen sind. Das sind Menschen, die ihren Job weitgehend selbst organisieren müssen, ja sogar oft nur selbst organisieren können. Mehr noch: Ihre Produktivität hat man nicht „im Griff", sie entzieht sich der Quantifizierung. Was tut ein Kopfarbeiter, wenn er arbeitet? Er sitzt herum! Und als sei dies noch nicht genug: Chefs sind oft kaum noch in der Lage, die Aufgaben ihrer Mitarbeiter zu verstehen. Mag der Forschungsvorstand eines Chemieunternehmens selbst noch promovierter Chemiker sein, seine Mitarbeiter rekrutieren sich aus zwei Dutzend Spezialdisziplinen, vom Pharmakologen über Biologen und Molekulargenetiker bis zum Marketingexperten. Über deren Arbeitsgebiete hat er allenfalls eine grobe Übersicht, keineswegs aber das Expertenwissen, um im Detail ihre Arbeit beurteilen zu können. Wie anders als über Vertrauen lässt sich hier Leistung koordinieren? An Stelle formalisierter Koordinierungsinstrumente und Fluchtverhinderungssysteme wird Vertrauen Stabilität und Koordination sichern müssen, wollen die Mitarbeiter nicht an „Sauerstoffmangel" leiden.

2 Was ist Vertrauen?

Vertrauen ist der Erfahrung nach nicht leicht zugänglich. In Abänderung eines Kafka-Wortes: „Vertrauen ist so unproblematisch wie ein Fahrzeug. Problematisch sind nur die Lenker, die Fahrgäste und die Straße." Ist es ein Gefühl „aus dem Bauch" oder kann man sich auch zum Vertrauen „entschließen"? Muss es sich langsam entwickeln oder gibt es einen direkten, schnellen Weg? Und wo sind die Grenzen zu Misstrauen und Kontrolle? Klar ist, dass ein Vertrauen aus Vertrautheit nicht mehr funktioniert. Wir haben in der modernen Wirtschaftswelt einfach nicht mehr die Zeit, Vertrauen gleichsam als Belohnung für wiederholt gemachte Erfahrungen langsam zu entwickeln. Wir müssen Vertrauen auf „moderne" Füße stellen. Wir müssen uns um ein „Sofort-Vertrauen" bemühen, die „Ökonomie des Vertrauens" in Bewegung bringen, Vertrauen dynamisieren, ein „Mehr" an Vertrauen ermöglichen. Daher meine Definition: „Ich bin bereit die Kontrolle eines anderen zu reduzieren, weil ich erwarte, dass der andere kompetent, integer und wohlwollend ist."

Dieses Vertrauen weiß um die Gefahren der Welt und die Unzuverlässigkeit der Menschen. Es ist sich bewusst, dass Menschen sich nur all zu oft vereinbarungswidrig und verantwortungslos verhalten. Es ist bereit, sich diesem Risiko auszusetzen und dennoch von der Berechenbarkeit der Verhältnisse und der Vertrauenswürdigkeit der Menschen auszugehen. Und genau in dem Maße, in dem Vertrauen ein Risiko ist, wird es zur persönlichen Leistung. Es muss die Unmöglichkeit kompensieren, „alles im Griff" zu haben, die Umwelt kontrollieren zu können. Es ist eine Weise, mit der Freiheit des anderen umzugehen. Aber warum sollte eine Führungskraft diese Weise wählen? Weil unter den zu erwartenden wirtschaftlichen Bedingungen die beiden anderen Steuerungsmöglichkeiten – „Macht" und „Geld" – immer seltener funktionieren.

Aufgabe für Führung ist es deshalb, heute gleichsam in das Vertrauen zu „springen" – ohne auf gute Erfahrungen zurückgreifen zu können. Das schaffen nur Führungskräfte, die sich selbst vertrauen, die zurechnungsfähig sind, die selbstverantwortlich denken und handeln. Modernes Vertrauen basiert also auf Menschen, die bewusst gewählt haben miteinander zu arbeiten und einander zu vertrauen. Dieses Vertrauen ist reflektiert und kalkuliert. Dieses Vertrauen ist weder blind noch naiv. Es weiß, dass eine Wahl getroffen werden muss und keine Option kostenlos zu haben ist.

Für den operativen Nutzen des Vertrauens ist eine Denksackgasse besonders hinderlich – die weit verbreitete Entweder-Oder-Überzeugung: „Entweder man vertraut mir oder man vertraut mir nicht." Vertrauen ist aber immer spezifisch – man vertraut z.B. jemandem, dass er eine Aufgabe lösen will, aber vielleicht nicht, dass er es auch kann. Vertrauen ist auch immer an Bedingungen geknüpft, ist mit Misstrauen zu balancieren – es ist nicht grenzenlos. Vertrauen ist ein Relationsbegriff. Es gibt Vertrauen nicht im Entweder-Oder, sondern nur im Mehr-oder-Weniger. Deshalb sind Vertrauen und Kontrolle nicht widersprüchlich. Sie sind aufeinander bezogen, bilden ein Fließgleichgewicht. Wir müssen ein Maß finden, das sich zwischen zwei gleichsam pathologischen Polen positioniert. Für dieses Maß müssen wir uns entscheiden.

3 Vertrauen schaffen durch Kontrollverzicht

Was kann ein Manager tun, damit ein anderer Mensch ihm vertraut; was ist zu tun, damit Vertrauen wächst? Auf den ersten Blick erscheint Vertrauen als ein Zustand, den man kaum willentlich beeinflussen kann. In der Tat: Ob ein anderer Mensch vertraut, kann man nicht steuern; letztlich hat man es nicht „im Griff". Einige Forscher meinen, Vertrauen sei nichts, was sich herstellen ließe; es stelle sich allenfalls ein. Insofern haben die so genannten „vertrauensbildenden Maßnahmen" nur einen geringen Wirkungsgrad: Verlässlichkeit, Verhaltensstabilität, Berechenbarkeit, Erfüllung von Versprechen, Fairness, Loyalität, Ehrlichkeit, Diskretion, Glaubwürdigkeit – sicher wichtige Verhaltensweisen, die Vertrauen erhalten. Was aber lässt Vertrauen entstehen? Für diesen Zusammenhang wechsele ich in die direkte Anrede.

Stellen Sie sich vor, Sie übertragen dem Mitarbeiter eine Aufgabe, ohne vollständig zu wissen, ob dieser sich des Vertrauens als würdig erweist, den Handlungsspielraum nicht zu Ihrem Schaden nutzt. Für Sie als Chef ist die Platzierung von Vertrauen daher zunächst riskant. Wenn Sie sich für Vertrauen entscheiden, werden Sie durch eine Flammenwand aus Zweifeln gehen, ohne zu wissen, ob die Entdeckung auf der anderen Seite den Aufwand lohnt. Wollen Sie den direkten Weg wählen, den schnellen, den aktiven, dann gibt es nur eine Antwort: Verwundbarkeit startet Vertrauen. Indem Sie sich aktiv verwundbar machen, bringen Sie den Vertrauensmechanismus in Gang. Kontrollverzicht ist das Instrument, mit dem Sie die Vertrauensbeziehung beginnen. Es ist Ihr „Einsatz", um den Sie fürchten müssen, soll von Vertrauen die Rede sein. Und je größer der für Sie mögliche Schaden ist, desto größer Ihre Vertrauensleistung.

Wohlgemerkt: aktiv verwundbar machen. Den ersten Schritt gehen. Das tun Sie, indem Sie auf explizite Sicherungsmaßnahmen verzichten und Regularien abschaffen. Das Kontrollsystem abbauen. Reporting- und Monitoring-Systeme zurückfahren. Zugangsbeschränkungen lockern. Auf zusätzliche Informationen verzichten. Wenn Sie Leute einstellen, die besser sind als Sie. Wenn der Mitarbeiter Mühe hat zu kündigen, weil er spürt, dass Sie sich auf ihn verlassen, dass er wirklich gebraucht wird. Wenn Sie Ihrem Mitarbeiter eine wichtige Aufgabe übertragen haben und ihm nicht ständig über die Schulter schauen – sondern darauf vertrauen, dass er zu Ihnen kommt, wenn er sich abstimmen möchte oder eine Frage hat. Wenn Sie darauf vertrauen, dass die Menschen einen eigenen Qualitätsanspruch an sich und ihre Arbeit haben (vereinbaren Sie Ergebnisse und dann lassen Sie jede Person ihren eigenen Weg finden). Wenn Sie sich Ihren Mitarbeitern zur Wahl stellen. Wenn Sie ihnen die Möglichkeit einräumen, Sie abzuwählen. Das ist das Maximum an Verwundbarkeit, das im betrieblichen Rahmen möglich ist. Und das Maximum an Vertrauen.

Erst wenn Sie sich wirklich abhängig machen von der Zustimmung, der Wahl und der Leistung Ihrer Mitarbeiter, dann ist Vertrauen möglich. Das muss kein „Entweder-Oder" sein, es kann den Ermessensspielraum ein wenig vergrößern, Art und Menge der anvertrauten Aufgaben verändern, es muss nicht alle Kontrollsysteme abschaffen. Wichtig ist: Das eigene Risikoangebot wird von Ihrer Umwelt sehr genau beobachtet. Es sind Signale des Vertrauens.

Aber mit all dem ist noch nicht gesagt, warum Sie damit Verhalten steuern. Warum starten Sie durch Verwundbarkeit Vertrauen?

4 Das Gesetz der Reziprozität

Das ist die größte Leistung des Vertrauens, einer Leistung, der weder Macht noch Geld nahe kommen: Vertrauen verpflichtet und erzeugt Ansprüche. Es bindet und erzeugt einen tief gespürten Sog, dem man sich kaum entziehen kann. Je größer die riskante Vorleistung, desto größer die verpflichtende Wirkung. Menschen haben Unglaubliches geleistet, weil ihnen andere vertrauten. Welche psychologische Mechanik steckt dahinter? Wir Menschen suchen den Ausgleich. Geben und Nehmen müssen im Gleichgewicht sein, um uns entspannt zu fühlen. Das ist das Gesetz der Reziprozität. Es ruft uns zu: „Gleiche ein Geschenk aus!" Wenn wir etwas bekommen – und sei es noch so klein oder unbedeutend – verlieren wir für einen Augenblick unsere Unabhängigkeit. Der andere hat etwas in uns investiert. Dadurch ist unsere Beziehung aus dem Gleichgewicht geraten. Wenn wir für vertrauenswürdig gehalten werden, fühlen wir uns dem Geber verpflichtet, wir spüren einen Druck. Diesen können wir uns nur entlasten, wenn wir etwas zurückgeben. In unserem Fall: wenn wir dem Vertrauen entsprechen. Das zutrauende Element wirkt also wie eine Hypothek. „Wie durch Geschenke kann man auch durch Vertrauensbeweise fesseln." (Luhmann 2000, S. 56)

Jeder kennt das Gefühl fast erstaunten Geehrtseins, wenn einem unerwarteterweise großes Vertrauen geschenkt wird. Man fühlt sich geradezu „entwaffnet". Montaigne hat diesen Mechanismus 1580 so beschrieben: „Wem ich auf der Reise die Kassenführung anvertraue, dem überlasse ich sie ganz ohne Kontrolle. Er könnte mich beim Abrechnen ja sowieso leicht betrügen. Und wenn er nicht der Teufel ist, zwinge ich ihn zur Ehrlichkeit durch ein so hingegebenes Vertrauen." Wichtig ist: Das Schenken von Vertrauen ist eine Leistung, die, gerade weil sie nicht oder nur schwer einforderbar ist, Ansprüche erzeugt. Es ist wie eine Einzahlung auf ein imaginäres Beziehungskonto, das der andere mit einer Gegenleistung ausgleichen muss, will er nicht in einer spürbaren inneren Schieflage leben. Vertrauen rechtfertigt sich daher oft im Nachhinein selbst, auch wenn es aufgrund situativer Umstände zunächst ungerechtfertigt erscheint. Nicht selten lehnen Menschen auch Vertrauen deutlich ab, um sich der verpflichtenden Wirkung zu entziehen. Sie bevorzugen dann quantitative und schematische Tauschverhältnisse: 3 Sack Überstunden gegen 3 Sack Prämie. Weil sie ihrem Chef und ihren Kollegen nicht trauen, neigen sie dazu, sich die Anwesenheit und nicht die Aufgabenerledigung bezahlen zu lassen. So wird die so genannte „Vertrauensarbeitszeit" von Mitarbeitern oft abgelehnt, weil sie die Selbstverpflichtung, den Sog des Vertrauens, fürchten. Die Einführung von Vertrauensarbeitszeit scheitert weniger am misstrauischen Management noch an rechtfertigungsscheuen Mitarbeitern, sondern schlicht an der Kraft, die vom Vertrauen ausgeht.

Es ist deutlich geworden, dass zusammengehört, was sich scheinbar auszuschließen scheint: Vertrauen und Kontrolle. Vertrauen steuert das Verhalten eines anderen Menschen. Es ist einfach falsch, Vertrauen gegen Kontrolle auszuspielen. Das Gegenteil ist der Fall: Vertrauen ist Kontrolle.

5 Wie Sie Vertrauen zerstören

Da Misstrauen die unabweisbare Tendenz hat, sich im sozialen Miteinander zu bestätigen und zu verstärken, beginnt oft jene Misstrauensspirale, die wie wenig vergleichbare Paradigmen die innere Verfasstheit heutiger Unternehmen prägt. Der Prozess läuft wie folgt: Wenn Sie aus irgendeinem Grund misstrauisch werden, tun Sie das, was Sie unter Kollegen „enger führen" nennen. Sie intensivieren Beobachtung, Steuerung und Kontrolle. Internes Reporting, Monitoring und andere Sicherungsmaßnahmen werden verstärkt eingesetzt. Regeln werden eingeführt, die das Erlaubte vom Verbotenen trennen. Die Arbeitszeit wird erfasst und Zielvereinbarungen werden schärfer formuliert. Nicht nur Ergebnisse werden vereinbart, sondern auch die Wege dorthin. Das wird vom Mitarbeiter als Vertrauensentzug erlebt. Obwohl – oder gerade weil – dieser Bruch häufig mehr gespürt als analytisch durchdrungen wird, sind die Folgen überaus konkret und weitreichend. Der Mitarbeiter fühlt sich weniger an Sie gebunden, weniger verpflichtet. Er reduziert seine Bemühungen, das in ihn gesetzte Vertrauen zu rechtfertigen. Seine innere Motivation sinkt. Mehr noch: Kontrolliert und misstrauisch beobachtet, fühlt sich der Mitarbeiter zu unkooperativem Verhalten geradezu ermutigt, da die inneren psychologischen Kosten eines schlechten Gewissens entfallen.

Nach ersten – oft heimlichen – Unmutsäußerungen ändert er sein Verhalten. Er strengt sich weniger an, geht kein Risiko mehr ein, hält Informationen zurück. Seine Arbeitsmoral sinkt weiter, was wiederum Ihr Misstrauen zu rechtfertigen scheint. Sie fühlen sich bestätigt: Habe ich es doch gewusst! Sie reagieren auf die Verschlechterung des Arbeitsergebnisses und versuchen, durch zusätzliche Steuerungsmaßnahmen den Verlust an Eigenmotivation auszugleichen. Sie verdichten die Kontrolle. Das kostet Zeit und Geld mit mäßigem Wirkungsgrad, denn das verdichtete Überwachungssystem funktioniert nur so lange, bis Wege gefunden werden, dieses erneut zu umgehen. Bekanntlich fördert Kontrolle lediglich die Kreativität der Kontrollierten, die Kontrolle möglichst wirkungsvoll auszuhebeln. Jede Regel schafft neue Systemumgehungsintelligenz: Innovative Kontrollmechanismen erzeugen einen noch innovativeren Umgang mit ihnen, was sich am Beispiel von Computerhackern immer wieder beobachten lässt. Man stärkt, wogegen man kämpft. Eine solche Spirale führt nicht selten zum völligen Zusammenbruch der Vertrauensbeziehung: Misstrauen als sich selbst erfüllende Prophezeiung. Je enger Sie den Spielraum machen, desto wahrscheinlicher wird die Regelverletzung. Seneca schreibt: „Manche haben anderen das Betrügen beigebracht, weil sie fürchteten, betrogen zu werden."

6 Vertrauensbruch – Was nun?

Wie aber konkret und sinnvoll auf einen individuellen Vertrauensbruch reagieren unter der Bedingung, dass Sie sich nicht sofort von Ihrem Mitarbeiter trennen wollen oder können? Damit Vertrauen unter dem Strich mehr Gewinn als Verlust ergibt, lässt sich auf eine sehr erfolgreiche Strategie aus der Evolutionsforschung und Spieltheorie mit dem Namen „Tit for Tat" zurückgreifen. Tit for Tat bietet einem anderen Spieler – setzen wir hier Ihren Mitarbeiter ein – immer zuerst Kooperation und Vertrauen an. Bestätigt er dieses Vertrauen, beantworten Sie dieses Verhalten wiederum mit Vertrauen. Auf diese Weise ist gemeinsam ein höherer Nutzen zu erzielen, als wenn der eine Spieler Gewinne auf Kosten des anderen macht. Verhält sich der andere plötzlich unkooperativ, missbraucht er das in ihn gesetzte Vertrauen zu seinem alleinigen Vorteil, so reagieren Sie als der „enttäuschte" Spieler sofort ebenfalls mit dem Abbruch der Kooperation. Sie stellen die Kommunikation ein. Sie entziehen ihm das Vertrauen. Dies in aller Entschiedenheit und Klarheit. Aber nur zeitweilig! Nach einer angemessenen Zeit – nach einer weiteren Spielrunde – bieten Sie ihm wieder Vertrauen an. Sie geben ihm dadurch die Möglichkeit, Ihr Vertrauen wiederum zu honorieren und damit seinen ersten Vertrauensbruch gleichsam „gutzumachen". Er hat Erfahrung sammeln können und erhält von Ihnen die Chance, aus dieser Erfahrung zu lernen. Bieten Sie ihm dieses Vertrauen aber nur noch einmal, kein drittes Mal mehr an. Offene, klare Konfrontation schafft Vertrauen, macht berechenbar. Harmonieideal, Burgfrieden und fehlende Sanktionsmöglichkeiten erzeugen nur neues Misstrauen. Das ist die Ethik der zweiten Chance. Ihre Regeln lauten also:

1. Kooperiere! Biete immer zunächst Kooperation an!
2. Wenn sie erwidert wird, stelle die Kooperation auf Dauer!
3. Wenn nicht, bestrafe sofort und unnachsichtig! Sei provozierbar!
4. Sei versöhnlich! Biete nach einer gewissen Zeit wieder Kooperation an!
5. Wenn die Kooperation nicht erwidert wird, breche die Zusammenarbeit ab!

7 Selbstvertrauen: Die Voraussetzung der Voraussetzung

Wenn Sie als Führungskraft hingegen mit Misstrauen starten, produzieren Sie das Phänomen, das Sie nachher beklagen. Denn intensivierte Sicherungsmaßnahmen können den Vertrauensmechanismus nicht nur nicht ersetzen, sondern setzen ihn außer

Kraft. Wenn Sie kein Vertrauen in den selbst gesetzten Qualitätsanspruch der Mitarbeiter haben, werden Sie diese Qualität durch verstärkte Kontrolle nicht erzeugen können. Sie werden vielmehr den Leistungswillen Ihrer Mitarbeiter weiter schwächen. Zum Vertrauen gibt es also keine ernst zu nehmende Alternative.

Aber wer ist zu vertrauensbasierter Kooperation in der Lage? Wer bringt die Voraussetzung dafür mit? Nur Führungskräfte mit Selbstvertrauen. Wirklich verwundbar macht sich nur, wer sich innerlich sicher fühlt. Eine Führungskraft muss über ein hohes Maß an innerer Gelassenheit und Ich-Stärke verfügen, um die Spannung zwischen Vertrauenserwartung und der Verratsmöglichkeit aushalten zu können. Kann sie das nicht und fühlt sie sich ängstlich, dann versucht sie, die Umwelt zu kontrollieren, die Reaktion des anderen vorhersehbar zu machen und die Enttäuschungswahrscheinlichkeit zu minimieren. Sie wird ihre Umwelt mit einem Netz an Sicherungsaktivitäten überziehen. Wenn sie grundsätzlich davon überzeugt ist, dass sie einem Menschen nicht trauen kann, dann wird sie auch ein noch so dauerhaftes Vertrauensverhalten des anderen nicht vom Gegenteil überzeugen. Die Bereitschaft und Fähigkeit, Vertrauen zu geben und zu nehmen gründet also letztlich in individuellem Selbstvertrauen.

Selbstvertrauen – wenige Eigenschaften stehen auf der Liste der Wünschbarkeiten höher, wenige werden mehr bewundert. Wie auch beim Vertrauen, so wird es uns oft erst bewusst, wenn wir es vermissen: wenn wir zögern, verzagt sind, wenn wir uns zu schnell den Meinungen anderer unterwerfen, unter ihrer Kritik leiden, sozialem Druck nachgeben oder Initiative vermissen lassen, wo entschiedenes Handeln angebracht wäre. Wenn wir uns aber selbst vertrauen, dann verfügen wir über ein unabhängiges Urteil. Dann wissen wir selbst, was zu glauben und zu tun ist. Wenn wir auch die Sichtweisen und Meinungen anderer berücksichtigen, so löschen sie nicht unsere eigenen Einsichten aus. Wir haben Zuversicht in unsere eigene emotionale, intellektuelle und moralische Kompetenz. Wir glauben an unsere Absichten und Fähigkeiten. Wir glauben an unsere Zuverlässigkeit. Wir sehen uns als integre Person, sehen uns in einem positiven Licht. Es ist das innere, nicht-relative Gefühl eigener Wertschätzung.

Um ein Versprechen abgeben zu können, müssen Sie sich selbst vertrauen können. Sie müssen sich als denjenigen kennen, der nicht mit Überraschungen in sich selbst rechnen muss. Irgendwelche Instabilitäten aus einer vermeintlich psychischen Tiefe müssen Sie tendenziell ausschließen können, um zurechnungsfähig zu sein. Aber auch bei Überraschungen von außen: Selbstvertrauen beinhaltet die Fähigkeit, mit dem Unerwarteten umzugehen; das zu tun, was eine überraschende Situation – z.B. auch ein Vertrauensbruch – erfordert. Im Enttäuschungsfall behalten Sie die Fassung. Im Selbstvertrauen akkumuliert sich mithin die Gewissheit, zurechnungsfähig zu sein, vor allem und ganz praktisch auch als die Erfahrung Vereinbarungen gegen Widerstand einhalten zu können.

Aber auch das ist natürlich wieder eine Frage des Maßes. Die Eigenschaft, die hier gemeint ist, entspricht nicht einer demonstrativen „Hoppla, jetzt komm' ich!"-Inszenierung irgendeines Testosteron-Vulkans. Selbstvertrauen ist kein Überbietungs-

Wettbewerb, sondern jene ruhige, gelassene Einstellung, die innerlich überzeugt ist, dass sie auch einen Vertrauensbruch „überleben" wird. Enttäuscht zu werden, ist unvermeidlich. Es gibt letztlich keine Chance, diesem Gefechtsfeld zu entgehen. Immer wieder wird dort die Erwartung als Täuschung und das Verständnis als Irrtum verbluten. Es ist ein unvermeidlicher Teil eines jeden Lebensweges, der notwendig zwischen Erfolg und Niederlage hin und her pendelt. Und nur wenn wir bereit sind, die Niederlage zu ertragen, können wir den Erfolg genießen. Selbstvertrauen hat verschiedene Stärken und ist in verschiedenen Kontexten relativ. Niemand vertraut sich selbst absolut, in jeder Hinsicht, bei jeder Aufgabe – und niemand sollte es. Aber Sie wissen: Sie können sich auf sich selbst verlassen! Sie wissen, dass Sie handeln können und werden. Sie wissen, dass Sie Vorsätze realisieren, Pläne einhalten, vereinbarungsfähig sind. Sie wissen, was die Forschung bestätigt und Ihre Erfahrung lehrt: Vertrauensbrüche passieren immer wieder, egal wie eng Sie die Sicherungssysteme staffeln. Aber davon lassen Sie sich nicht niederzwingen. Der feste Boden unter einem selbstvertrauenden Leben lautet daher so: „Ich vertraue und manchmal werde ich enttäuscht; und das nehme ich in Kauf."

Das ist die innere Einstellung, die Vertrauen im Unternehmen möglich macht. Das ist die Qualität des Bewusstseins, mit der Sie dem Mitarbeiter begegnen, wenn Vertrauen überhaupt eine Chance haben soll. Das ist jene Selbstgewissheit und Orientierungsstärke, die um die Möglichkeit der Enttäuschung weiß und dennoch vertraut. Und das ist jene Fähigkeit zu schnellem Handeln, die uns unter den verschärften internationalen Wettbewerbsbedingungen überleben lässt. Die heutigen Märkte geben uns nicht die Zeit, die Hierarchie hoch und runter zu gehen, um eine Entscheidung zu bekommen. Die größte Management-Herausforderung der voraussehbaren Zukunft ist es daher, mit der erhöhten Umgebungsgeschwindigkeit Schritt zu halten. Und das geht nur durch ein Öl, ein Schmiermittel, das alle Kooperationsformen im Unternehmen durchdringt – das geht nur durch Vertrauen!

Literatur

Luhmann, N. (2000): Vertrauen: Ein Mechanismus der Reduktion sozialer Komplexität, 4. Aufl., Stuttgart

Sprenger, R. K. (2002): Vertrauen führt: Worauf es im Unternehmen wirklich ankommt, 2. Aufl., Frankfurt a. M.

Torsten Schmid, Günter Müller-Stewens

Ergebnisse statt Visionen: Der Pragmatiker als aktuelles Leitbild strategischer Führung?

„Call me Dieter", der unkomplizierte und umsetzungsorientierte Führungsstil von Dieter Zetsche soll wesentlich dazu beigetragen haben, dass ihm der Turnaround bei Chrysler gelang und er im Juli 2005 neu zum Vorstandsvorsitzenden des Automobilkonzerns Daimler-Chrysler berufen wurde. Auf den „Visionär" Edzard Reuter, dessen Idee eines integrierten Technologiekonzerns scheiterte, und den „Macher" Jürgen Schrempp, der den ersten globalen Automobilkonzern schmieden wollte, folgt jetzt der „Pragmatiker" Dieter Zetsche: „Der Ingenieur ist kein Mann großer Visionen, auch nicht der großen Worte und schon gar nicht des immer goldenen Händchens. Er ist Pragmatiker, einer der sich noch heute unter ein neu entworfenes Auto legen kann, um zu prüfen, ob alles stimmt. Seine Erfolge hat er sich hart erkämpft ... Visionen erwartet und will niemand mehr ... Die ‚Welt-AG' von Jürgen Schrempp dürfte Zetsche nicht interessieren." (FAS, 31. Juli 2005, Nr. 30, S. 38). Verweist die Abfolge der Vorstandsvorsitzenden bei Daimler-Chrysler auf einen generellen Trend im Strategic Leadership?

Strategische Führung wird heutzutage immer mehr zur unternehmerischen Funktion. In einem dynamischen Wettbewerbsumfeld können Unternehmen nur ein nachhaltiges, profitables Wachstum erzielen, wenn sie immer wieder neue Geschäftschancen identifizieren und entschlossen nutzen. Ist der Stratege hauptsächlich Unternehmer, dann verbindet sich damit traditionell das Führungsverständnis eines charismatischen Visionärs, der neue Geschäftsideen mit Verve vorantreibt und die Mitarbeiter begeistern kann (vgl. Westley/Mintzberg 1989).

Zugleich wird der Idealtyp des visionären Führers vielfach kritisiert. Auch derzeit gilt der charismatische Visionär als „entzaubert" (z.B. Mintzberg 2005). An seine Stelle tritt der „Pragmatiker", der ergebnisorientierte Unternehmer mit Bodenhaftung (vgl. Nohria/Berkley 1994). Strategische Führung soll vom Kopf auf die Füße gestellt, von den Wolken auf die Erde zurückgebracht werden. Dieser Beitrag untersucht daher den „Pragmatiker" als aktuellen Idealtyp einer strategischen Führungskraft. Er befasst sich mit der Frage, wie Führungskräfte aus dem oberen und mittleren Management in Großunternehmen Initiativen für neue Geschäfte erfolgreich lancieren und umsetzen können und wie ihnen eine pragmatische Grundlage dabei behilflich sein kann.

1 Ausgangslage: Pragmatismus als ambivalenter Führungsstil

Wird eine Politikerin oder ein Manager als „Pragmatiker" („Pragmatismus", griech. prãgma, lat. factum Handeln, Tat, Tatsache) bezeichnet, dann weiß man vorerst nicht, ob das positiv oder negativ gemeint ist. Positive Bedeutungen eines pragmatischen Führungsstils sind z.B. Konzentration auf das Machbare, Gespür für die Möglichkeiten und Grenzen strategischer Veränderungen, Realitätssinn, Ergebnis- und Umsetzungsorientierung, Flexibilität und Lernbereitschaft oder der kollegiale Umgang mit Mitarbeitern. Kritiker sehen in einem Pragmatiker dagegen einen opportunistischen Manager, der eben gerade kein „Stratege" ist, der Innovation und langfristiges Denken verhindert, weil er sich ohne übergreifende Strategie oder Vision nur an den kurzfristigen Erfolgsaussichten orientiert, seine Interventionen ständig anpasst und kein nachhaltiges Wachstum schafft. Über diese ambivalente Bedeutung hinaus ist noch weitgehend unklar, welche Verhaltensweisen einen „Pragmatiker" tatsächlich auszeichnen und in welcher Situation ein pragmatischer Führungsstil erfolgreich sein kann. Wir analysieren das Idealbild des Pragmatikers, indem wir sein Führungsverhalten untersuchen sowie zusammenfassend die Bedingungen, die einen pragmatischen Führungsstil begünstigen, beleuchten. Wir illustrieren dabei unsere Überlegungen anhand einer aktuellen Studie zu E-Business-Initiativen europäischer Versicherer (vgl. Schmid 2005).

Die Untersuchung: Gegenstand der Studie war die E-Transformation von europäischen Versicherungskonzernen von 1999 bis 2002. Auf der Basis von vierzig teilstrukturierten Interviews wurden Fallstudien zu acht Initiativen erarbeitet und Unterschiede im Management erfolgreicher und weniger erfolgreichen Initiativen identifiziert. Wir berichten hier aus den zwei erfolgreichen Initiativen „Retirement" (Firmenkundenportal einer Lebensversicherungsdivision) und „Brokers" (Maklerportal einer deutschen Sachversicherungstochter).

2 Strategie als „Kunst des Möglichen": Führungspraktiken des Pragmatikers

Unsere Studie verdeutlichte vor allem die Vorteile eines pragmatischen Führungsstils. Die Manager der erfolgreichen Initiativen waren tendenziell Pragmatiker. Sie beschränkten sich geschickt auf die in der jeweiligen Situation möglichen Interventionen. Ihre strategische Führung war eine „Kunst des Möglichen" (Müller-Stewens/Lechner 2003, S. 547). Die Manager trieben die Initiative umsetzungsorientiert voran (vgl.

Bruch/Goshal 2004). Gleichzeitig reflektierten sie ihr Führungsverhalten und passten es an die neuen Herausforderungen an (vgl. Schön 1983). Auch die Führungskräfte weniger erfolgreicher Projekte waren qualifizierte und einsatzbereite Manager. Sie reagierten aber auf den hohen Zeit- und Ergebnisdruck mit einem übertriebenen Tätigkeitsdrang, mit dem Aktionismus des Machers. Drei Führungspraktiken zeichneten die Pragmatiker gegenüber den Machern und Visionären aus: (1) konkrete, firmenspezifische Problemlösungen statt „revolutionärer" Geschäftsmodelle, (2) flexible Strukturen und Beziehungen statt einer starren Sonderstellung der Initiative sowie (3) kleine, zeitgerechte Veränderungen statt großer, risikoreicher Entwicklungsschritte.

2.1 Konkrete Problemlösungen

These 1: Pragmatiker sind erfolgreich, weil sie nicht unreflektiert den Empfehlungen prominenter Strategieberater und Analysten folgen und zu neuen Geschäftschancen eine „spannende Story" oder ein „revolutionäres Geschäftsmodell" entwickeln, sondern konkrete, firmenspezifische Problemlösungen erarbeiten.

Fallbeispiel Retirement: Bei einer Lebensversicherung sollte ein Firmenkundenportal entwickelt werden. Bereits seit Jahren bestand bei großen Industriekunden ein akuter Bedarf, ihre Beratungs- und Verwaltungskosten für Vorsorgeprodukte durch Internetlösungen zu senken. Eine vorhandene, rudimentäre Onlinelösung sollte nun ausgebaut werden. Da das Portal in das Intranet der Firmenkunden integriert werden sollte, empfahlen Berater, das Portal für „worksite marketing" zu nutzen, d.h. den Mitarbeitern der Firmenkunden „am Arbeitsplatz" umfassende Finanzdienstleistungen zu offerieren. Die Manager der Lebensversicherung waren jedoch skeptisch und beschränkten die Initiative bewusst auf die ursprüngliche Idee. Sie entwickelten das Portal zwar so, dass weitere Finanzprodukte darüber angeboten werden konnten, den Schwerpunkt legten sie aber auf Informationen und Services zur Altersvorsorge. Das Portal wurde als funktionales Arbeitswerkzeug gestaltet und auf „Spielereien" (Gewinnspiele usw.) verzichtet. Das Portal sahen die Firmenkunden als einen klaren Mehrwert. Für die Lebensversicherung war das innovative Portal ein wichtiger Wachstumsmotor durch den exklusiven Zugang zu bestehenden und neuen Kunden. Auf der Basis der wenigen, ausgereiften Komponenten konnten dann vielfältige Varianten des Portals für verschiedene Zielgruppen implementiert werden.

Die erfolgreichen Führungskräfte erarbeiteten zu neuen Geschäftschancen konkrete, firmenspezifische „Problemlösungen". Sie stützten ihre Geschäftsideen auf Markt- und Branchenanalysen und aktuelle strategische Konzepte. Im Vordergrund stand für sie aber, die komplexen strategischen Veränderungen auf konkrete, für das eigene Unternehmen relevante und machbare Geschäftsideen zu verdichten. Dabei ging es nicht darum, möglichst simple und anspruchslose Konzepte zu entwickeln, die durch Wettbewerber leicht imitiert werden konnten. Vielmehr nutzten die Manager ihre Erfahrung im operativen Geschäft und in der Projektarbeit, um Geschäftsideen zu entwickeln, die in ihrem Unternehmen tatsächlich realisiert werden konnten und einen konkreten, klar abgegrenzten Mehrwert lieferten.

Erfolgreiche Manager konzentrierten sich auf ein konkretes und aktuelles Kundenproblem. Sie entwickelten ihre Lösungen nicht nur für die Zukunft, sondern auch für die Gegenwart. Häufig bestand das Problem schon seit einiger Zeit und es gab erste Aktivitäten von Mitarbeitern oder Kundenanfragen. Die Manager entwarfen funktionale Lösungen (Produkte oder Prozesse) mit einem sparsamen Design, d.h. mit möglichst wenigen Komponenten. Weniger erfolgreiche Manager versuchten dagegen, die Initiative gegenüber ihren Wettbewerbern zu differenzieren, indem sie Geschäftsmodelle entwickelten, die sich auf eine „Revolution der Branche" richteten, gleichzeitig mehrere zukünftige Trends antizipierten und komplexer waren als konkurrierende Konzepte. Sie leiteten ihre Geschäftsideen vor allem aus Best Practice-Cases erfolgreicher E-Business-Projekte (häufig in fremden Branchen und Ländern) ab. Ihre Geschäftsmodelle blieben jedoch abstrakte Gedankenspiele, die von Managern und Beratern intelligent begründet wurden, aber nicht zu den spezifischen Fähigkeiten des Unternehmens passten und zu einer „strategischen Verzettelung" führten. Erfolgreiche Führungskräfte betrachteten die Branchen- und Unternehmenslandschaft folglich mit einem Zoom-Objektiv. Weniger erfolgreiche Führungskräfte setzten dagegen ein Weitwinkelobjektiv ein, so dass ihnen die kritischen Details der neuen Geschäftschancen entgingen.

Warum waren die lokalen Problemlösungen der Pragmatiker erfolgreicher als die globalen Konzepte der Macher? Erstens ermöglichten sie eine „Bündelung der Kräfte" auf wenige, klar abgegrenzte Veränderungen, was für strategischen Wandel häufig erfolgskritisch ist, d.h. auch, dass die verschiedenen Stakeholder der Initiative einen stabilen und konkreten Bezugspunkt benötigen, um effizient zusammenarbeiten und kommunizieren zu können. Zweitens konnten die Unternehmen die firmenspezifischen Geschäftsideen als „natürliche Eigner" (natural owner) im Vergleich zu Wettbewerbern effizienter implementieren und erfolgreicher einsetzen. Drittens konnten sich die einfachen Problemlösungen schneller und umfassender im Markt durchsetzen, da sie auf den bisherigen Erfahrungen und Gewohnheiten der Kunden aufbauten und leichter zusätzliche Anwendungsfelder identifiziert und genutzt werden konnten.

2.2 Flexible Strukturen und Beziehungen

These 2: Pragmatiker sind erfolgreich, weil sie eine starre Sonderstellung der Initiative als „Spezialeinheit" vermeiden und bestehende Geschäfte flexibel mit neuen kombinieren.

Fallbeispiel Brokers: Die deutsche Tochter eines Schweizer Lebensversicherers wickelte ihr Geschäft vor allem über unabhängige Makler ab. Der Aufbau eines Maklerportals war ein zentrales Element der Vertriebsstrategie. Tatsächlich gelang es, ein innovatives Portal erfolgreich im Markt zu platzieren und durch das Portal auch im E-Business eine Führungsrolle einzunehmen. Wesentlicher Erfolgsfaktor war die Projektorganisation, die in die bestehende Organisation integriert war, zugleich aber eine gewisse Eigenständigkeit der Initiative sicherstellte. Das Projekt hatte eine einfache Führungsstruktur: Mit dem Vertriebs- und Marketing-Vorstand verfügte die Initiative über einen einflussreichen und motivierten Mentor. Die Initiative wurde direkt unter dem Vorstand im Vertriebs-/Marketing-Ressort verankert. Das Projekt wurde zunächst durch einen durchsetzungsstarken und erfahrenen externen Projektleiter angeschoben und dann an einen internen Projektleiter übergeben. Dieser erhielt weitreichende Kompetenzen, denn er war zugleich Leiter der neu gegründeten E-Business-Abteilung. Auch das Projektteam hatte man bewusst klein gehalten: Die E-Business-Abteilung bestand aus einem kleinen, interdisziplinären Team, das als „Drehscheibe" die Entwicklungsarbeit koordinierte und eine schnelle, informelle Abstimmung ermöglichte.

Die Manager erfolgreicher Initiativen organisierten das Projektteam so, dass sie dieses in Bezug auf ihre Stammorganisation weder ausschließlich isolierten noch vollständig integrierten. Sie bewegten sich geschickt auf einem schmalen Grat zwischen Isolation und Integration. So lösten sie ein zentrales Dilemma bei der Organisation von Initiativen: Die Initiative vom Tagesgeschäft zu trennen, um eine optimale und schnelle Anpassung an das neue Geschäft zu ermöglichen, gleichzeitig aber vorhandene Ressourcen und Kompetenzen durch eine enge Anbindung an die Stammorganisation für die Initiative zu nutzen. Die Mehrheit der Initiativen wurde in die bestehende Organisation integriert (z.B. in einer Projektmatrix), da sie sich auf verwandte Geschäfte richteten und die Ressourcen und Kompetenzen der Stammorganisation umfassend nutzen konnten. Die Initiativen wurden nur ausgegliedert (z.B. in autonome Task forces oder separate Gesellschaften), wenn ein vollständig neues Geschäft aufgebaut werden sollte, das nicht zu den bestehenden Geschäften passte. Die Wahl der Organisationsform war jedoch nur der erste Schritt. Für den Projekterfolg entscheidend war ein geschicktes „Fine-Tunning" der Projektorganisation, durch das die Initiative gleichzeitig integriert und isoliert.

Den weniger erfolgreichen Managern fehlte dieses Fingerspitzengefühl bei der Organisation der Initiative. Sie konzentrierten sich entweder auf die Integration oder die Isolation des Projekts. Wurde die Initiative zu umfassend in die Stammorganisation integriert, dann wurde das Projektteam zu einer „Arena" für die Austragung von Interessenskonflikten. Wurde die Initiative zu stark isoliert, dann verloren die Manager die Gesamtorganisation aus den Augen. Die Initiative wurde zum „Fremdkörper", der „abgekapselt" wurde, um Nachteile für das Gesamtunternehmen zu vermeiden.

Die erfolgreichen Manager organisierten die Schnittstelle zwischen Initiative und Stammorganisation also wie die Membran einer organischen Zelle. Eine Zelle ist eine eigene, lebensfähige Einheit, die aber nur dann langfristig überleben kann, wenn sie einen aktiven und flexiblen Austausch mit dem Gesamtorganismus unterhält. Bei den weniger erfolgreichen Initiativen war die Schnittstelle wie ein mechanischer Filter, mit einem passiven und einseitigen Austausch zwischen Initiative und Unternehmen.

Die flexiblen Strukturen und Beziehungen der Pragmatiker waren den starren Projektorganisationen der Macher in drei Punkten überlegen: Erstens ermöglichten sie eine optimale Kombination bestehender und neuer Geschäfte („best of both worlds"). Vollständig neue Geschäfte und Kompetenzen können nur durch autonome Entwicklerteams oder Tochtergesellschaften aufgebaut werden. Zugleich sind „greenfield ventures" reinen Start-ups vor allem dann überlegen, wenn sie selektiv von den Ressourcen und Kompetenzen des Mutterkonzerns profitieren. Zweitens erreichten erfolgreiche Manager so eine effiziente und vernünftige Zusammenarbeit mit der Gesamtorganisation. Strategische Initiativen müssen eine hohe Eigendynamik entwickeln. Wird die Initiative aber zusätzlich durch eine ideologisch geprägte „Propaganda" begleitet, die das „obsolete" Kerngeschäft pauschal entwertet (Man denke nur an die Unterscheidung von „old" und „new economy"), dann entsteht ein scharfer Konkurrenzkampf mit bestehenden Geschäften. Drittens wurden auf diese Weise die notwendigen Ressourcen auch langfristig gesichert. Durch die Eigenständigkeit der Initiative konnten Konflikte mit etablierten Geschäften zu Beginn und in Krisenzeiten eher vermieden werden. Zugleich half eine bewusste und aktive Kommunikation mit Top-Managern und Fachspezialisten der Stammorganisation, die langfristige Rolle der Initiative innerhalb der Unternehmensstrategie frühzeitig zu definieren.

2.3 Kleine, zeitgerechte Entwicklungsschritte

These 3: Pragmatiker sind erfolgreich, weil sie anspruchsvolle, aber realistische Ziele und Meilensteine setzen und neue Geschäfte über kleine, zeitgerechte Veränderungen schrittweise aufbauen.

Fallbeispiel Retirement: Das Firmenkundenportal wurde über viele kleine Releases umgesetzt. Erste Versionen enthielten nur wenige Funktionen, die einfach zu implementieren waren und einen frühen finanziellen Erfolg ermöglichten. So startete man mit den meistverkauften Versicherungsprodukten und standardisierten Marketing-Funktionen. Mit einer „unvollständigen" Lösung in den Markt zu gehen, erforderte „Mut zur Lücke": Der umfangreiche Funktionskatalog des ersten Businessplans wurde in zähen Verhandlungsrunden zwischen Fach und IT konsequent auf eine finanziell und zeitlich machbare Lösung reduziert. Aber auch noch während der Implementierung reagierten die Manager schnell: Ein „abgespecktes" Pre-Release wurde kurzfristig eingeschoben, weil durch eine Rentenreform („Riester-Rente") neue Produkte auf den Markt kamen und man früher als Wettbewerber eine vollautomatisierte Lösung einführen wollte. Die inhaltliche Beschränkung wurde durch eine „zeitliche Taktung" unterstützt. Neue Versionen wurden in regelmäßigen Abständen lanciert. Zuerst beschleunigte man die Entwicklung durch sehr kurz getaktete Releases. Für spätere Releases „bremste" man dann wieder auf die längeren Entwicklungszyklen von klassischen IT-Projekten ab, so dass sich die Teams an bekannten Vorgehensweisen orientieren konnten. Durch diese zeitliche „Choreographie" gelang es, die verschiedenen Releases zu koordinieren und ein Gleichgewicht zwischen „Vorsprung im Markt" und solider Entwicklungsarbeit zu finden.

Die Führungskräfte der erfolgreichen Initiativen setzten das Projekt über viele kleine, zeitlich getaktete Schritte um. Vor allem in der Anfangsphase beschränkten sie sich auf überschau- und bewältigbare Aufgabenpakete, um die schwierigen „ersten Schritte" unter Kontrolle zu halten und Momentum aufzubauen. Dies erforderte eine Mischung aus Planung und schneller Reaktionsfähigkeit. Die Manager beschränkten Umfang und Schwierigkeitsgrad der Entwicklungsschritte und starteten mit einfachen und erfolgsversprechenden Funktionen. Sie reagierten schnell auf unerwartete Ereignisse, beschränkten sich aber auch hier auf die wichtigsten Änderungen. Sie begrenzten zudem die Dauer der Entwicklungsschritte, indem sie vorhandene Aktivitäten oder Prozesse als „Schrittmacher" für die Initiative nutzten.

Im Gegensatz dazu versuchten die weniger erfolgreichen Manager, die Initiative in wenigen, umfassenden Schritten umzusetzen. Ziel war es, Wettbewerber zu überholen und Erstanbietervorteile zu schaffen. Daher sollte bereits im ersten Schritt eine sehr umfangreiche und innovative Anwendung lanciert werden. Auf eine sorgfältige Planung wurde aus Zeitgründen verzichtet. Vorhersehbare Risiken wurden ausgeblendet, für das erste Release unrealistische Ziele gesetzt. Die Folge war ein chaotischer Verlauf der Initiative mit ständigen Rückschlägen und Verzögerungen, die letztlich zur Einstellung der Initiative führten. Die erfolgreichen Manager betrieben die Initiative also wie ein Etappenrennen, bei dem auf einer unbekannten Strecke einzelne Etappen geplant und erfolgreich absolviert werden müssen, um das Rennen fortsetzen und gewinnen zu können. Die weniger erfolgreichen Führungskräfte sahen die Initiative dagegen als Marathon, bei dem nicht die Zwischenergebnisse entscheidend sind, sondern nur das Endergebnis.

Wenn die Manager ihre Initiative in kleine, zeitlich getaktete Entwicklungsschritte zerlegten, dann waren sie deshalb erfolgreicher, weil sie durch frühe und regelmäßige Ergebnisse die Initiative rechtzeitig und wiederholt validieren konnten – nach der Formel: „win small, win early, win often" (vgl. Hamel 2000). Dieser „early proof of concept" war aus drei Gründen wichtig: Erstens konnte so die Unterstützung des Top-Managements sichergestellt werden. Letztlich entschieden sichtbare Ergebnisse, also funktionsfähige Lösungen und vor allem Markterfolge über die weitere Finanzierung.

Startete die Initiative mit kleinen Schritten, dann waren Anfangserfolge wahrscheinlicher. Die Investitionen wurden besser über den Lebenszyklus der Initiative verteilt und früher refinanziert. Zweitens konnten die neuen Problemlösungen schnell im Markt lanciert und erprobt werden. Das kritische Zeitfenster für den Markteintritt wurde definiert und so eher getroffen. Der aktive Dialog mit den Kunden auf Basis konkreter Lösungen ermöglichte rechtzeitige Anpassungen und verhinderte Investitionen in suboptimale Lösungen. Drittens wurde eine effiziente Zusammenarbeit zwischen den Projektteams möglich. Die teamübergreifende Kommunikation konzentrierte sich auf konkrete Sachverhalte und Objekte. Klare und regelmäßige Launchtermine verhinderten die Gefahr eines Endlosprojektes mit einer schleichenden Ausweitung der Anforderungen. Wichtige Spezialisten konnten langfristig eingebunden und weitere Einheiten gewonnen werden.

3 Voraussetzungen eines pragmatischen Führungsstils

These 4: Strategische Führung ist nicht Aufgabe einzelner Manager, sondern eine organisatorische Funktion. Entscheidend ist das Zusammenspiel zwischen mehreren, teilweise gegensätzlichen Führungsstilen und -rollen (pluralistische Führungsstruktur). Insbesondere gilt es, die richtige Balance zwischen pragmatischer und visionärer Führung ausfindig zu machen.

Für strategische Führung ist also Pragmatismus eine wichtige Voraussetzung. Paradoxerweise können Manager gerade dadurch, dass sie sich der Grenzen ihrer Interventionen bewusst sind und sich auf konkrete Problemlösungen, flexible Strukturen und machbare Schritte beschränken, die Grundlage für eine aktive strategische Führung schaffen, die neue Geschäftschancen nicht nur ankündigt, sondern auch in finanzielle Ergebnisse umzusetzen weiß. Pragmatisches Verhalten wird aber oft auch als Gegensatz zu strategischem Denken und Handeln gesehen. Der Pragmatiker, so die Kritik, bleibt der „Ökonomie des Möglichen" (Derrida) verhaftet. Der Aufbau neuer Geschäfte bedeutet, bestehende Grenzen zu überschreiten und zu beweisen, dass das, was nach dem bisherigen Geschäftsmodell als „unmöglich" galt, tatsächlich möglich ist. Daher benötigt der Aufbau neuer Geschäfte ebenso visionäre Führungskräfte, die eine erfolgsversprechende strategische Leitidee entwickeln und die Mitarbeiter für diese begeistern können (vgl. Hamel/Prahalad 1989; Westley/Mintzberg 1989; für einen wissenschaftlichen Überblick vgl. Neuberger 2002). Dabei geht es weniger um die charismatische Führernatur mit herausragenden Persönlichkeitsmerkmalen. Erfolgreiche Visionäre sind vielmehr strategische „Architekten" eines organisationsweiten

Lernprozesses, den sie durch eine strategische Vision fördern und koordinieren (vgl. Nonaka 1994; Quinn 1980; Zahn 2003).

Es soll hier folglich nicht die Botschaft sein, dass Unternehmen sich insgesamt einem pragmatischen Führungsstil zuwenden sollten. Zu bedeutsam sind gerade in veränderlichen Zeiten auch visionäre Führungsansätze. Denn die Unternehmen leiden kaum darunter, dass sie zu viele Visionäre hätten. Sie sehen sich eher mit dem Vorwurf konfrontiert, dass es zu viele Manager (im Sinne von „Verwaltern" und „Treibern") gibt und gleichzeitig ein Mangel an strategischer Führung besteht (z.B. Bass 1998). Viele Unternehmen entdecken dieser Tage, dass zu einer möglichst weitreichenden Ausschöpfung von Wachstumschancen die gegenwärtigen Führungsansätze oft wenig fördernd, wenn nicht gar hinderlich sind. Getrieben in der Logik einer strategischen Planung und der damit verbundenen Budgetierung kann es schnell dazu kommen, dass Geschäfte mehr verwaltet als strategisch geführt werden. Man extrapoliert sie aus der Vergangenheit heraus mit wenig Aspiration bezüglich der Wahrnehmung sich bietender Gelegenheiten.

Damit ergänzt der Pragmatiker im strategischen Wandel eher den Visionär, als dass er in ersetzt. Reiner Pragmatismus dürfte auf Dauer einer strategischen Erneuerung eher abträglich sein. Es ist die visionäre Führungskraft, die mit strategischem Weitblick neue Initiativen anstößt und die verschiedenen Projekte in einem neuen Geschäftsfeld später in eine übergreifende Gesamtlogik integriert (vgl. Lovas/Ghoshal 2000; Quinn 1980). Durch ihre kulturbewusste und emotionale Führung mobilisiert sie die sozialen Netzwerke, d.h. die notwendige Unterstützung und Kooperation für die Initiative und schafft Begeisterung für das neue Geschäft (vgl. Barnard 1938). Ihre ehrgeizige und langfristige Perspektive verhindert strategische Kurzsichtigkeit (vgl. Levinthal/March 1993), denn sie richtet die Aufmerksamkeit vom Kerngeschäft auf neue Kompetenzen und Märkte, von einer kurzfristigen Ergebnisorientierung auf nachhaltiges Wachstum.

Der reine Pragmatiker wird wohl nicht auf Dauer an der Spitze eines Unternehmens anzutreffen sein. Speziell dann nicht, wenn es darum geht, das Unternehmen durch einen strategischen Wandel zu führen. In einer Turnaround-Situation kann diese Rolle jedoch auch an der Unternehmensspitze speziell nach einem glücklos agierenden „Visionär" oder „Macher" für einen begrenzten Zeitraum sehr gefragt sein. Der reine Pragmatiker ist eher beim mittleren Management zu finden, wo man sich im Wandel nicht mit den unteren Ebenen, sondern mit der Unternehmensführung und deren Zukunftsvorstellungen solidarisiert hat. Dies sind z.B. die Projektleiter, die konkrete Ideen in sich tragen und Potentiale erkennen, die das Unternehmen relativ zügig „nach vorne" bringen können. Vermutlich ist der Pragmatiker auch eher auf der Ebene der Geschäftseinheiten als auf der Gesamtunternehmensebene anzutreffen. Bezogen auf die klassischen Phasen strategischer Prozesse wird der Pragmatiker zudem eher bei der Implementierung von Strategien als bei deren Formulierung benötigt.

Der Pragmatiker soll im hier vertretenen Sinne also zu einem ausdifferenzierteren Rollen-Setting einer strategischen Führung beitragen (vgl. Quinn 1988). Im Zusammenspiel mit dem Visionär ist der Pragmatiker das Zugpferd von Aktionen, mit denen man nüchtern sich bietende Chancen austestet und ihre Potenziale gegebenenfalls entschlossen ausschöpft. Dabei ist er in der Lage, sich auch von bestehenden Strukturen und eingefahrenen Prozessen zu lösen, um seine Aktion unternehmerisch umzusetzen. Beide fordern sich wechselseitig heraus: Der eine vertritt immer die Position des innerhalb absehbarer Zeit Machbaren. Er fordert dabei auch kritisch die Vision heraus. Der andere fordert dabei immer die gemeinsame Leitidee und den Sinn des Ganzen ein. Die Kunstfertigkeit besteht nun darin, die zur Situation passende Balance zwischen beiden Positionen immer wieder neu ausfindig zu machen.

These 5: Je nach Art des Wandels ergibt sich ein anderes optimales Mischungsverhältnis aus einem pragmatischen und einem visionären Führungsstil.

Man könnte nun auch so weit gehen, dass man sagt, dass Pragmatismus und Vision sich in der strategischen Führung wechselseitig bedingen. Sie sind wie die beiden „Hörner eines Dilemmas“: Das eine geht nicht ohne das andere. Auch gibt es keine generelle Auflösung eines solchen Dilemmas, sondern man kann nur fallspezifisch, d.h. bezogen auf einen spezifischen Kontext, zum richtigen „Mischungsverhältnis“ eines pragmatischen und visionären Führungsstils finden (vgl. Müller-Stewens/Fontin 1997). Greift man z.B. die Unterscheidung in das Weiterentwickeln und Ausschöpfen bestehender Geschäfte („exploitation“) und das Erschließen gänzlich neuer Geschäfte („exploration“) auf (vgl. March 1991), so sollte im Fall der „exploration“ das Pendel eher zur Seite eines visionären Führungsstils ausschlagen, während im Fall der „exploitation“ wohl der Pragmatiker einen höheren Anteil haben sollte.

Ähnlich kann argumentiert werden, dass Unternehmen in Phasen eines inkrementalen oder evolutionären Wandels einen höheren Anteil an Pragmatismus benötigen als in Phasen eines fundamentalen oder revolutionären Wandels. In Zeiten starker und diskontinuierlicher Umbrüche ist aufgrund der bestehenden Unsicherheit bei den Beteiligten der Bedarf an einer sachlich und emotional anschlussfähigen Vision besonders groß. Dabei ist zu bedenken, dass in solchen Phasen auch die Möglichkeiten zur Prognose der Unternehmens- und Umweltentwicklung besonders begrenzt sind. Doch gerade in einer solchen Phase wird deutlich, wie wichtig neben dem Visionär auch das Vorhandensein der Pragmatiker ist: Sie sind es, die mögliche neue Erfolgsmuster experimentell austesten, um sich so in die entstehende neue Zukunft „hineinzutasten“. Geht man wie hier davon aus, dass das Pendel des strategischen Führungsstils sich an der richtigen Stelle einzuschwingen hat, wo bezogen auf die Situation (interner und externer Kontext) sich beide Extrema in einer geeigneten Balance befinden, dann erwächst daraus natürlich die weiterführende Frage: Wie findet diese dynamische Anpassung statt? Welche Eigenschaften und Fähigkeiten sind dazu nötig?

Kommen wir am Ende auf den Pragmatiker Dieter Zetsche zurück, so passt sein derzeitiger Führungsstil wohl sehr gut zur aktuellen Situation des Unternehmens: Die Vision der „Welt AG" hat keine nennenswerte Anhängerschaft mehr; man muss im Wettbewerb mit den anderen Premiummarken verlorenen Boden wieder gut machen; "Gefolgschaften" müssen durch eigenständige, strategische Führer ersetzt werden; es fehlt an tragfähigen, gemeinsam geteilten Werten, die dem Unternehmen eine klare Identität geben etc. Wenn diese Hauptprobleme einmal überwunden sind und das Schiff wieder voll auf Kurs ist, dürfte angesichts der Dynamik der Branche wohl auch das visionäre Element in der Position und Person des CEO wieder zunehmen.

Literatur

Barnard, C. I. (1938): The Functions of the Executive, Cambridge

Bass, B. M. (1998): Transformational Leadership: Industrial, Military and Educational impact, Mahwak

Bruch, H./Ghoshal, S. (2004): A Bias for Action: How Effective Managers Harness Their Willpower, Achieve Results, and Stop Wasting Time, Boston

Hamel, G. (2000): Waking up IBM: How a Gang of Unlikely Rebels Transformed Big Blue; in: Harvard Business Review, 78. Jg., H. 4, S. 137-148

Hamel, G./ Prahalad, C. K. (1989): Strategic Intent; in: Harvard Business Review, 67. Jg., H. 3, S. 63-976

Levinthal, D. A./March, J. G. (1993): The Myopia of Learning; in: Strategic Management Journal, 14. Jg., Sonderheft, S. 95-112

Lovas, B./Ghoshal, S. (2000): Strategy as Guided Evolution; in: Strategic Management Journal, 21. Jg., H. 9, S. 875-896

March, J. G. (1991): Exploration and Exploitation in Organizational Learning; in: Organizational Science, 2. Jg., H. 1, S. 71-87

Mintzberg, H. (2005): Nur so viel wie nötig; in: Harvard Business Manager, 27. Jg., H. 4, S. 122-123

Müller-Stewens, G./Fontin, M. (1997): Management unternehmerischer Dilemmata: ein Ansatz zur Erschließung neuer Handlungspotentiale, Stuttgart

Müller-Stewens, G./Lechner, C. (2003): Strategisches Management: wie strategische Initiativen zum Wandel führen, 2., überarbeitete und erweiterte Aufl., Stuttgart

Neuberger, O. (2002): Führen und Führen lassen: Ansätze, Ergebnisse und Kritik einer Führungsforschung, 6., völlig neu bearbeitete und erweiterte Aufl., Stuttgart

Nohria, N./Berkley, J. D. (1994): Whatever Happened to the Take-Charge Manager?; in: Harvard Business Review, 72. Jg., H. 1, S. 128-139

Nonaka, I. (1994): A dynamic theory of Organizational Knowledge Creation; in: Organization Science, 5. Jg., H. 1, S. 14-37

Quinn, J. B. (1980): Strategies for Change: Logical Incrementalism, Homewood

Quinn, J. B. (1988): Beyond Rational Management: Mastering the Paradoxes and Competing Demands of High Performance, Jossey-Bass

Schmid, T. (2005): Strategie als Kunst des Möglichen, Wiesbaden

Schön, D. A. (1983): The Reflective Practitioner: How Professionals Think in Action, New York

Westley, F./Mintzberg, H. (1989): Visionary Leadership and Strategic Management; in: Strategic Management Journal, 10. Jg., S. 17-32

Zahn, E. (2003): Leadership und Unternehmensentwicklung – Beitrag des Top-Managements zur Unternehmensperformance; in: Wagner, D./Speck, P. (Hrsg.): Personalmanagement im Wandel: vom Dienstleister zum Businesspartner, Wiesbaden, S. 37-58

Wilfried Krüger

Führungsstile für erfolgreichen Wandel

1 Wandel und die Fragen der Führung

Von Führungskräften wird heute nicht mehr nur erwartet, dass sie das Tagesgeschäft ihrer Einheit effizient planen, steuern, kontrollieren und dabei ihre Mitarbeiter in Bewegung bringen sowie motiviert in Bewegung halten. Sie sollen zugleich für eine Weiterentwicklung, Veränderung und Innovierung der Geschäfte wie der Wertschöpfungsarchitekturen sorgen. Die Bewältigung radikaler Veränderungen wird ebenso zur Führungsaufgabe wie die Organisation permanenten Wandels. Die Frage ist u.a., welches Führungsverhalten derartige Wandlungsprozesse zum Erfolg führen kann.

Die Diskussion der 70er Jahre hat bereits gezeigt, dass es „den" optimalen Führungsstil nicht gibt. Claus Steinle war einer der ersten Betriebswirte, die sich mit dieser Thematik auseinandergesetzt haben (vgl. Steinle 1978a, 1978b). Im vorliegenden Beitrag geht es darum, vorhandene Ansätze der Führungsstildiskussion und Konzepte des Wandlungsmanagements zu integrieren. Drei Fragen stehen dabei im Vordergrund:

1. Wie lässt sich erfolgreicher Wandel konzeptionell erfassen und welche der dabei zu unterscheidenden Komponenten können durch das Verhalten von Führungskräften (ihrem Führungsstil) beeinflusst werden?
2. Welche Anforderungen an Führungskräfte ergeben sich daraus und welcher Führungsstil entspricht diesen Anforderungen?
3. Welche Querbeziehungen bestehen zwischen Führungsstilen und der Implementierung von Wandlungsvorhaben?

2 Führungsstile und ihr Bezug zur Wandlungsbereitschaft

2.1 Wandlungsbereitschaft als Kernproblem erfolgreichen Wandels

Unternehmungswandel lässt sich aus der Sicht des sog. 3W-Modells als Spannungsfeld von drei Koordinaten begreifen (vgl. Krüger 2009a): Wandlungsbedarf, Wandlungsfähigkeit und Wandlungsbereitschaft.

Unter *Wandlungsbedarf* sind die sachlich notwendigen Veränderungen der Unternehmung, ihrer Teilbereiche und Mitglieder sowie ihrer externen Kopplungen mit marktlichen und außermarktlichen Anspruchsgruppen zu verstehen.

Die *Wandlungsfähigkeit* bezeichnet die auf geeignetem Wissen und Können beruhende Möglichkeit eines Einzelnen bzw. einer Organisationseinheit oder der Unternehmung, insgesamt Wandlungsprozesse erfolgreich durchzuführen.

Eine objektiv notwendige Veränderung und die subjektive Bereitschaft zur Veränderung gehen keineswegs immer Hand in Hand. Dieser Tatbestand führt zur Kategorie der *Wandlungsbereitschaft*. Darunter sind die Einstellungen und das Verhalten der am Wandlungsprozess beteiligten bzw. von ihm betroffenen Personen und Organisationseinheiten gegenüber den Zielen und Maßnahmen des Wandels zu verstehen.

Bei erfolgreichem Wandel gelingt es im Verlauf des Wandlungsprozesses, die drei Koordinaten des Wandels zur Deckung zu bringen. Ein besonderer Engpass liegt bei der Wandlungsbereitschaft. Hier haben die Personalführung und damit die verschiedenen Führungsstile ihren Hauptansatzpunkt. Während die Bestimmung des Wandlungsbedarfs vorwiegend eine Sachaufgabe darstellt und die Wandlungsfähigkeit neben Qualifikations- und Trainingsfragen sehr stark durch organisatorische Komponenten geprägt wird, ist die Veränderung der Wandlungsbereitschaft im Kern eine Frage des „richtigen" Führungsstils. Das Verhalten der Führungskräfte (hier synonym: Führungsstil) ist entscheidend für den Wandlungserfolg, da es die notwendige Wandlungsbereitschaft durch eine Verdeutlichung des Wandlungsbedarfs erzeugen muss. Während sich fehlende Wandlungsfähigkeiten der eigenen Mitarbeiter durch den Einsatz externer Berater ausgleichen lassen, gibt es für fehlende Wandlungsbereitschaft keinen Ersatz. Dies unterstreicht die herausgehobene Bedeutung des Themas.

Um die Zusammenhänge aufzuhellen, ist zunächst eine nähere Analyse der Wandlungsbereitschaft erforderlich. Sie lässt sich als ein spezielles Akzeptanzproblem begreifen. *Akzeptanz* ist die positive Wertschätzung eines Sachverhalts, verbunden mit der Bereitschaft zu aktivem Handeln (Gegensatz: Reaktanz). Bezogen auf den Unternehmungswandel bedeutet Akzeptanz eine positive Haltung hinsichtlich der angestrebten Veränderungen. Die Akzeptanz (bzw. Reaktanz) entscheidet, wer sich als Befürworter (Promotor) oder Gegner (Opponent) des Wandels verhält bzw. wer unentschlossen (Indifferenter) ist (vgl. Bach 2002; Wiendieck 1992). Mangelnde Akzeptanz von notwendigen Änderungen ist mit Sicherheit eine der häufigsten und schmerzlichsten Alltagserfahrungen, die Promotoren des Wandels immer wieder machen. Als Konsequenz führen Akzeptanzbarrieren einerseits dazu, dass sich Wandlungsbedarfe zunehmend aufbauen („Nachholbedarf/Reformstau") und sie bewirken andererseits, dass für eine Kurskorrektur ein erheblicher Problemdruck („Leidensdruck") nötig ist. Zugespitzt formuliert, ergibt sich daraus eine Sentenz, der erfahrene Praktiker nicht ohne resignierenden Unterton zustimmen: ohne Krise keinen Wandel. Erfolgreiche Wandlungsmanager schaffen es aber, diese Formel zu durchbrechen und einen grundlegenden Wandel auch ohne Krise zu gestalten (vgl. Krüger 2009a).

2.2 Transaktionale und transformationale Führung

2.2.1 Führung zur Bewältigung der „Hidden Agenda"

Wandlungsbereitschaft erfordert neben dem Abarbeiten der offiziellen Tagesordnung des Wandels, dem *Management von Sachfragen*, die Behandlung der *„Hidden Agenda"*. Sie lässt sich mit dem Bild des Wandlungseisbergs verdeutlichen (vgl. Abb. 1 nach Krüger 1997). Während sich Sachfragen und Ziele des Wandels, insbesondere „Kosten, Qualität und Zeit", sozusagen oberhalb der Wasseroberfläche befinden, gibt es unterhalb ein weitaus größeres Problemfeld. Dort sind die inneren Einstellungen (*Einstellungsakzeptanz*) sowie das äußere Verhalten (*Verhaltensakzeptanz*) der Beteiligten zugunsten des Wandels zu verändern. Diese beiden Komponenten prägen die Wandlungsbereitschaft. Ihre Beeinflussung ist nicht allein und nicht einmal in erster Linie ein Sachproblem, sondern vor allem ein Problem personaler Führung. Die „Hidden Agenda" wird maßgeblich durch den *Führungsstil* des Vorgesetzten geprägt.

Für *Verhaltensakzeptanz* ist das Ausüben von Einfluss durch Anreize (positive Sanktionen) oder durch Druck (negative Sanktionen) erforderlich. Dieses Führungsverhalten lässt sich auch als *Einflussmanagement* bezeichnen. Insbesondere über Anreize, also Leistungen seitens der Unternehmung, wird versucht, eine Gegenleistung von den Mitarbeitern in Form geänderten Verhaltens zu erreichen. Die *transaktionale Führung* (vgl. Burns 1978) ist der entsprechende Führungsstil, der die Vorgesetzten-Mitarbeiter-Beziehung als Austauschbeziehung ansieht. Der Weg-Ziel-Ansatz (vgl. Evans 1987) verdeutlicht die wesentlichen Führungskräfteaufgaben. Der Vorgesetzte diagnostiziert die Motivationslage seiner Mitarbeiter. Für die Leistung, die sie zu erbringen haben, stellt er ihnen solche Anreize (Belohnungen) in Aussicht, die motivatorische Kraft entfalten, also zur Zufriedenheit führen. Er gewinnt so zugleich die Anerkennung der Mitarbeiter wie eigenen Handlungsspielraum. Dieses Denken in Leistung und Gegenleistung ist sicherlich in der Unternehmungspraxis weit verbreitet.

Abbildung 1: *Eisbergmodell des Wandels*

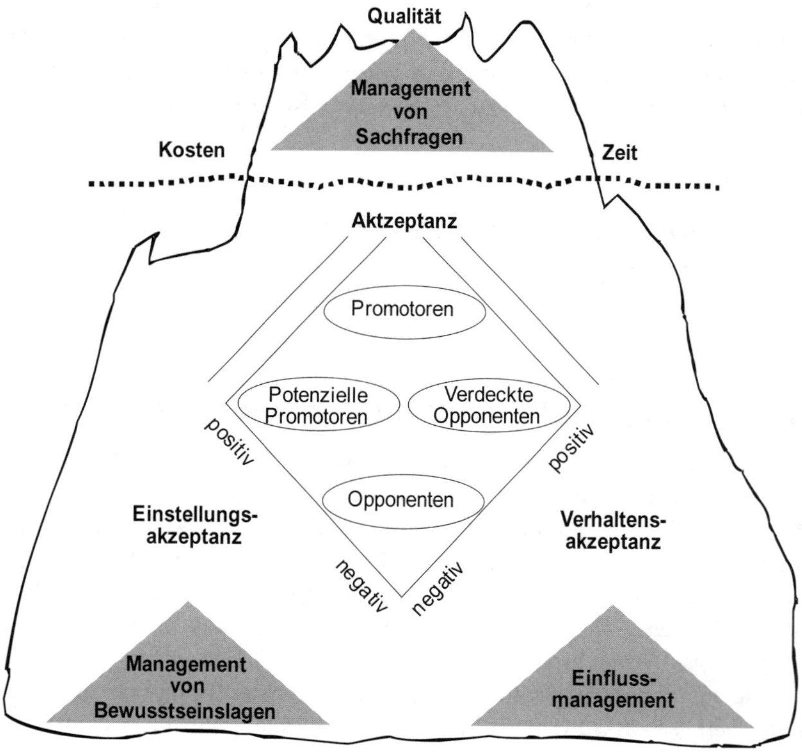

Einflussmanagement lenkt das Verhalten in die gewünschten Bahnen, erzeugt also Verhaltensakzeptanz. Damit ist jedoch nicht sofort auch eine Veränderung der inneren Haltung und Überzeugungen verbunden, die insgesamt die Unternehmungskultur prägen. Je tief greifender und weit reichender die angestrebten Veränderungen sind, desto mehr muss auch an Kulturvariablen gearbeitet werden. Die Führungsaufgaben sind um die *„kognitive Führung"*, einem *Management von Bewusstseinslagen*, zu ergänzen. Dauerhafter Wandlungserfolg entsteht nur durch *Einstellungsakzeptanz*, erzielt über kognitive Führung. Fehlende Einstellungsakzeptanz zeigt sich insbesondere in innerer Opposition (potenzielle Opponenten). Ein „Verwässern" bzw. „Versanden" von Wandlungsvorhaben lässt sich hierauf zurückführen. Sobald der Druck des Einflussmanagements nachlässt oder andere Kräftekonstellationen entstehen, entpuppt sich die Verhaltensakzeptanz als bloße Äußerlichkeit. Potenzielle Opponenten gehen zu offenem Widerstand über und viele Indifferente schwenken um. Dann zeigen sich die bekannten Verhaltensmuster von Opportunisten bzw. „Wendehälsen".

Diese Hinweise belegen die Bedeutung des Managements von Bewusstseinslagen, das auch als *transformationale Führung* bezeichnet werden kann (vgl. zu einer Übersicht Bass 1998; siehe auch den Beitrag von Wunderer in diesem Buch). Bezogen auf tief greifenden Wandel wird von den Führungskräften erwartet, dass sie die Werte und Ziele der Mitarbeiter transformieren und sie damit zu einer Transformation der Unternehmungssituation bewegen. Transformationale Führungskräfte dieses Typs besitzen eine *Vision*. Sie setzen auf einen Prozess der *Sinnstiftung*, um motivatorische Kraft zu erzeugen. Die Vision wird durch *symbolisches Management* vermittelt und kommuniziert. Die Führungskraft hebt z.B. die „Exzellenz" der Leistung als Maßstab für den persönlichen und unternehmerischen Erfolg hervor, nutzt Mythen und Rituale, um den Zusammenhalt und die Leistungsbereitschaft zu stärken. Sie lebt das betreffende Wertesystem selbst vor und erfüllt so eine *Vorbildfunktion*. Damit löst sie Identifikationsprozesse aus, zeigt die Erreichbarkeit des Zieles und stärkt auf die Weise das Selbstvertrauen der Geführten.

Die Beschreibung der Führungsstile transaktionale Führung und transformationale Führung zeigt deutliche Gegensätze. Trotzdem verlangen Wandelprozesse von Führungskräften die Rolle des „Managers" und zugleich auch die des „Leaders" bzw. des *„effizienten Managers"* und des *„visionären Führers"*.

2.2.2 Führungsanforderungen und Führungsstile im Verlauf des Wandlungsprozesses

Wandlungsverantwortliche (Top-)Manager müssen sowohl visionär führen (transformationale Führung) als auch effizient managen (transaktionale Führung). Visionäre Führung entfaltet sich bei der Veränderung der Einstellungsakzeptanz (Management von Bewusstseinslagen), während effizientes Management im Bereich der Verhaltensakzeptanz (Einflussmanagement) dominiert. Die generellen Führungsaufgaben im Wandel lassen sich anhand eines Prozessmodells, das aus den fünf Phasen Initialisierung, Konzipierung, Mobilisierung, Umsetzung, Verstetigung besteht (vgl. auch im Folgenden Kotter 1996; Krüger 2009b), weiter differenzieren.

In der ersten Phase, der *Initialisierung*, wird zunächst der *Wandlungsbedarf* festgestellt. Hierfür sind bei Führungskräften und Mitarbeitern Offenheit und Gespür für externe Impulse und Entwicklungen sowie eine möglichst (selbst)kritische Diagnosefähigkeit hinsichtlich der Situation erforderlich. Beide Anforderungen verweisen primär auf das *Management von Sachfragen*. Um etwas völlig Neues zu beginnen, ist jedoch der visionäre Führer gefordert, der die *Bewusstseinslage* des Führungskreises verändern kann. Hier kommt *transformationale Führung* zum Einsatz.

Sodann sind *Wandlungsträger* für eine Wandlungskoalition zu aktivieren. Das erfordert *Einflussmanagement* – also *transaktionale Führung*. Es gilt, möglichst viele Mitglieder des Topmanagements, aber auch Vertreter von Aufsichts- und Mitbestimmungsorganen als Promotoren zu gewinnen. Bei diesen sind Einstellungsbarrieren zu überwinden, um die Notwendigkeit des Wandels und den so genannten *„sense of urgency"* bewusst zu machen. Hierzu wird jedoch *transformationale Führung* benötigt.

In der *Konzipierungsphase* werden die Ziele und die Programme des Wandels entwickelt und festgelegt. Bei komplexen Vorhaben sind die verschiedenen Teilprojekte festzulegen und es sind Projektverantwortung, Aufgabenverteilung und Reihenfolge des Vorgehens zu regeln. Verlangt wird eher der *effiziente Manager*.

Die *Mobilisierungsphase* ist vor allem von Kommunikationsaufgaben geprägt. Das Leitbild und die Vorgehensweise der Veränderung sind nun von der Wandlungskoalition auf alle Beteiligten und Betroffenen zu übertragen. Persönliches Engagement und glaubwürdiges Auftreten sind wesentliche Gesichtspunkte. An Brennpunkten des Geschehens muss das Topmanagement sichtbar und aktiv mitwirken, sei es in Einzelgesprächen mit Schlüsselpersonen oder bei größeren Kommunikationsveranstaltungen. Je nach gewählter Implementierungsstrategie müssen auch Anregungen und Impulse „von unten" gesucht, ermutigt und verarbeitet werden. In jedem Fall werden *effizientes Management* und *visionäre Führung* gleichermaßen benötigt.

In der *Umsetzungsphase* stehen die nachgelagerten Ebenen im Mittelpunkt. Das Topmanagement übernimmt, z.B. im Lenkungsausschuss, vorrangig steuernde und überwachende Eingriffe, um das Wandlungsvorhaben und die Folgeprojekte zu begleiten und abzusichern. Konsequente und beharrliche Zielverfolgung im Rahmen des Programm- und Projektmanagements sind für den Wandlungserfolg unverzichtbar. Da zunehmend Sachfragen dominieren, wird der *effiziente Manager* immer wichtiger.

Das Gleiche gilt für die *Verstetigung*. Wandlungsbereitschaft und -fähigkeit sind in das Tagesgeschäft zu integrieren. Wandel in kleineren Schritten ist als permanente Aufgabe in den jährlichen Managementzyklus einzupassen, methodisch unterstützt und standardisiert. Hier dominiert *transaktionale Führung*. Das Arbeiten am Detail, die hartnäckige und nachhaltige Suche nach Verbesserungsmöglichkeiten müssen im Idealfall zu einer – guten – Gewohnheit werden.

Insgesamt wird deutlich, dass erfolgreicher Unternehmungswandel wechselnde Anforderungen an die verantwortlichen Führungskräfte stellt. Während am Beginn des Prozesses *visionäre Führung* eine bedeutsame Rolle spielt, kommt im weiteren Verlauf zunehmend der *effiziente Manager* zum Tragen (vgl. Abb. 2).

Abbildung 2: *Führungsprofile im Wandlungsprozess*

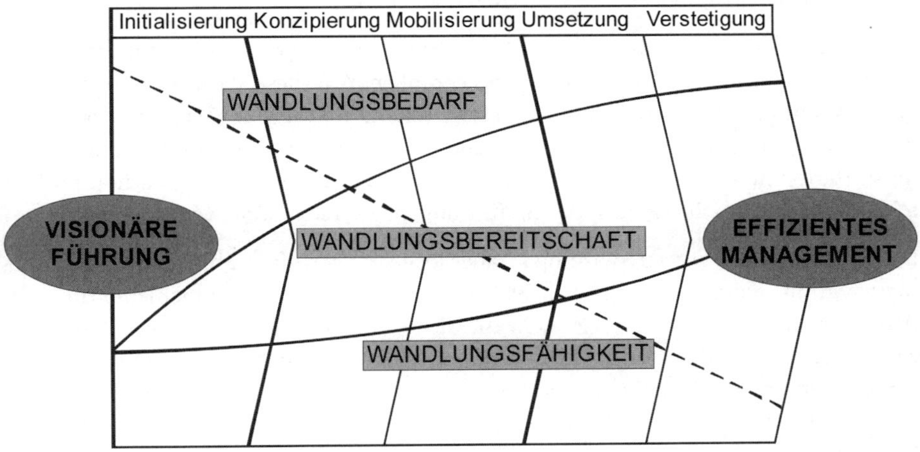

Die Abbildung illustriert, dass nicht entweder visionäre Führung oder effizientes Management notwendig sind, sondern beide Führungsstile. Jedoch verschiebt sich ihre jeweilige Bedeutung im Verlauf eines Veränderungsvorhabens. Die skizzierten idealtypischen Verläufe von Wandlungsbedarf, -bereitschaft und -fähigkeit symbolisieren erfolgreichen Wandel. Der am Beginn des Prozesses hohe Wandlungsbedarf wird durch verschiedene (Teil-)Projekte abgearbeitet. Voraussetzung hierfür ist der Aufbau von Wandlungsbereitschaft, die für die kontinuierliche Weiterentwicklung der Unternehmung auch aufrechtzuerhalten ist.

2.3 Direktive und non-direktive Führung im Wandlungsprozess

2.3.1 Führung zur Bewältigung des Implementierungsproblems

Mangelnde Wandlungsbereitschaft zeigt sich spätestens bei der Umsetzung. Nicht selten werden scheinbar perfekte Pläne nur unvollständig realisiert oder scheitern gänzlich. Einer der Gründe ist eine systematische Unterschätzung des Implementierungsproblems (vgl. Krüger 1997). Üblicherweise wird die Implementierung als eine abgrenzbare Sequenz eines Veränderungsprozesses gesehen und gestaltet, die auf die Planung und Entscheidung folgt. Mit Umsetzung sind alle sachbezogenen, mit Durchsetzung alle personenbezogenen Aktivitäten gemeint.

Bei weit reichenden und tief greifenden Änderungen reicht es jedoch nicht, Implementierung auf eine abgegrenzte Phase zu beschränken. Auf diese Weise wird nicht genügend Wandlungsbereitschaft aufgebaut. Oft scheitern Wandlungsversuche bereits in der Konzeptphase oder sie versickern und versanden nach der Einführung. Daher müssen die Implementierungsaktivitäten bei Projektbeginn oder sogar schon im Vorfeld einsetzen und dürfen nach der Einführungsphase nicht ohne weiteres enden.

Der Begriff *Implementierung* wird hier daher losgelöst von einer Phaseneinteilung definiert (vgl. im Folgenden Krüger 2009b). Damit umschließt die Implementierung alle Aufgaben, Methoden und Techniken, die sicherstellen sollen, dass die angestrebten Ziele durch Anwendung und Nutzung der jeweiligen Maßnahmen erreicht oder übertroffen werden, gleichgültig zu welchem Zeitpunkt oder in welcher Phase des Prozesses entsprechende Aktivitäten erfolgen. Aufgrund dieser Sichtweise gerät der gesamte Wandlungsprozess ins Blickfeld. Der „Implementierungsstil" repräsentiert die Veränderung im Ganzen und den dort vorherrschenden Führungsstil.

Der „Implementierungsstil" mündet letztlich in die Frage, ob ein Vorgehen „von oben mit Druck", eine stärkere Einbindung mittlerer und unterer Ebenen oder gar eine „Impulsgebung von unten" zu bevorzugen ist. Eine Parallele zur Führungsstildiskussion wird dabei sichtbar, denn das Ausmaß der Partizipation der Mitarbeiter an den Führungsentscheidungen des Vorgesetzten ist ein Merkmal, das traditionell zur Unterscheidung von „autoritärer" vs. „kooperativer/demokratischer" Führung benutzt wird. Um die mit diesen Begriffen zwangsläufig verbundenen Wertungen zu vermeiden, hat Wild (1971) schon früh das neutrale Begriffspaar *direktiv* und *non-direktiv* vorgeschlagen. Diese Führungsstile drücken sich in zwei unterschiedlichen Verlaufsrichtungen der Implementierung aus: direktiv/abwärts (Top down) oder non-direktiv/aufwärts (Bottom up) (vgl. zum Folgenden Krüger 2009b; Bach 2000). Daher wird nachfolgend von *Top down-* und *Bottom up-Implementierung* als generischen Implementierungsstrategien gesprochen.

2.3.2 Direktive Implementierung (Top down-Verlauf)

Eine *strikte Top down-Implementierung* zielt auf schnelle Ergebnisse und versucht daher mangelnde Wandlungsbereitschaft bei den Mitarbeitern durch Geheimhaltung des Wandlungskonzepts und Überraschungseffekte abzufangen. Daher wird dieser *direktive Wandel* auch als „Bombenwurf"bezeichnet (vgl. Kirsch et al. 1979).

Beim strikt direktiven Vorgehen tritt an die Stelle der sonst in der Mobilisierungsphase üblichen Aktivitäten der Kommunikation des Wandlungskonzepts und der Verbesserung der Wandlungsbedingungen die gezielte Beeinflussung wandlungsfördernder Einstellungen und Verhaltensweisen der Mitarbeiter. Dazu sind so genannte Schlüsselreize einzusetzen, wie z.B. in der Vergangenheit gezeigtes Krisenverhalten oder Feindbilder (siehe Abb. 3). So wird ein Management von Bewusstseinslagen betrieben. Ergänzend sind als Einflussmanagement Anreize zu bieten, die für die Betroffenen zu einem positiven Anreiz-Beitrags-Saldo für die angestrebten Verhaltensweisen führen.

Abbildung 3: *Vorgehen bei strikt direktivem Wandel*

	Initialisierung	Konzipierung	Mobilisierung	Umsetzung	Verstetigung
Aufgabe	- Wandlungsbedarf feststellen - Wandlungsträger aktivieren	- Wandlungsziele festlegen - Maßnahmenprogramme entwickeln	- Geheimhaltung zur Erzielung von Überraschungseffekten - Aktivierungssituation gestalten	- abgestimmte, schnelle Umsetzung in allen Bereichen - Rückgriff auf vorhandene Problembewältigungsmuster	- Wandlungskonzept kommunizieren - Wandlungsbereitschaft und -fähigkeit sichern - Wandlungsergebnisse verankern
Aufgabenträger	Topmanagement	Topmanagement	Topmanagement	alle Betroffenen	Topmanagement

Der Projektablauf erfolgt für den erwünschten Überraschungseffekt ohne erste Schritte und Pilotprojekte. Vielmehr wird eine abgestimmte, schnelle Umsetzung in allen Bereichen angestrebt. In der Verstetigungsphase übernimmt *Absicherungsarbeit* die bisher unterlassene Kommunikation des Wandlungsbedarfs ebenso wie die nachträgliche Erläuterung des direktiven Vorgehens als einzig möglicher Weg der Krisenbewältigung. Zum *Aufbau von Einstellungsakzeptanz* durchlaufen die Mitarbeiter einen Prozess der Problemerkennung. So können sie die gewählte Implementierungsstrategie verstehen und das erwartete Verhalten verinnerlichen. Mit der nachvollziehenden Problemerkennung soll die Identifikation mit der erneuerten Unternehmung aufgebaut und eine Verklärung der guten alten Zeit vermieden werden.

Die *gemäßigt direktive Variante* der Top down-Implementierung wird aufgrund der Beteiligung von Schlüsselpersonen in der Konzipierungsphase auch als *partizipationsergänzter Generalplan* bezeichnet. Die Partizipation soll die Qualität des Wandlungskonzepts erhöhen und das Risiko von Misserfolgen reduzieren. Im Rahmen der anschließenden Mobilisierung können die beteiligten Mitarbeiter auch gezielt als Multiplikatoren zur *Kommunikation des Wandlungskonzepts* eingesetzt werden. Ziel ist es, eine positive Einstellung zum Wandel zu erzeugen und so Wandlungsbedingungen für die angestrebte schnelle Konzeptumsetzung zu schaffen. Dem dient auch die zweite Aufgabe in der Mobilisierungsphase (vgl. Abb. 4), das *Schaffen von Wandlungsfähigkeit und Wandlungsbereitschaft* der Mitarbeiter. Zunächst ist in einem ersten Schritt die innere Einstellung, also *Einstellungsakzeptanz*, aufzubauen. Es werden neue Einsichten vermittelt, die das zur strategischen Erneuerung notwendige Verhalten abbilden. Hierfür kommen sowohl Veranstaltungen in Betracht, die das Wandlungsprogramm als Ganzes erläutern, wie z.B. Konferenzen, als auch auf die abteilungs- und stellenspezifischen Projektprozesse abgestimmte Einzelmaßnahmen.

Abbildung 4: *Vorgehen im partizipationsergänzten Generalplan*

	Initialisierung	Konzipierung	Mobilisierung	Umsetzung	Verstetigung
Aufgabe	- Wandlungsbedarf feststellen - Wandlungsträger aktivieren	- Wandlungsziele festlegen - Maßnahmenprogramme entwickeln	- Wandlungskonzept kommunizieren - Wandlungsbereitschaft und Wandlungsfähigkeit schaffen	- Prioritäre Vorhaben durchführen - Folgeprojekte durchführen	- Wandlungsergebnisse verankern - Wandlungsbereitschaft und -fähigkeit sichern
Aufgabenträger	Topmanagement	Wandlungskoalition unter Einbezug von Schlüsselpersonen	Wandlungskoalition unter Einbezug von Schlüsselpersonen	alle Betroffenen	Wandlungskoalition unter Einbezug von Schlüsselpersonen

→ **sehr kurze Umsetzungsphase** ←

Parallel dazu ist die Umsetzung zu planen und vorzubereiten, damit die Projektprozesse mit allen sachlichen und organisatorischen Voraussetzungen für den Wandel starten können. Anschließend muss das neue Problembewältigungsverhalten eingeübt und so *Verhaltensakzeptanz* geschaffen werden. Aufgrund dieser Aktivitäten dauert die Mobilisierungsphase zwar länger als üblich, wird jedoch durch eine kürzere Umsetzungsphase mehr als wettgemacht. Erste *Pilotprojekte* in der Umsetzungsphase dienen der Akzeptanzsicherung. Die *Absicherung des Wandels* in der Verstetigungsphase kann durch die vielfältigen Kommunikationsaktivitäten im Vorfeld weniger aufwendig ausfallen als bei strikt direktivem Vorgehen. Erzielte Ergebnisse dienen der Bestätigung der Richtigkeit der neuen Verhaltensweisen und der Bestärkung der Identifikation mit der erneuerten Unternehmung.

2.3.3 Non-direktive Implementierung (Bottom up-Verlauf)

Bottom up-Implementierung als Gegenstück zum Top down-Verlauf bedeutet nicht, dass die Mitarbeiter an der Unternehmungsbasis ohne Unterstützung des Topmanagements eigenständig Transformationsprozesse auslösen und durchführen. *Transformativer Wandel* ist ohne Autorisierung des Vorhabens und Bewilligung der notwendigen Sach- und Personalmittel schlichtweg unmöglich. Allerdings kann transformativer Wandel seinen Ursprung auch in Initiativen der betroffenen Mitarbeiter haben, wenn diesen im Gegensatz zum Top down-Vorgehen eine eigenständige Problemerkennung zugestanden wird (vgl. auch im Folgenden Krüger 2009b). Die verschiedenen Aktivitäten und Einflussnahmeversuche sind bei Bottom up-Implementierung wesentlich vielschichtiger als bei einer zentralen Steuerung des Transformationsprozesses in Top down-Richtung. Darüber hinaus tritt in diesen Veränderungsaktivitäten von der ersten Initiative bis zur unternehmungsweiten Umsetzung oft *iteratives Vorgehen* auf (vgl. Abb. 5).

Abbildung 5: *Iteratives Vorgehen bei Bottom up-Implementierung*

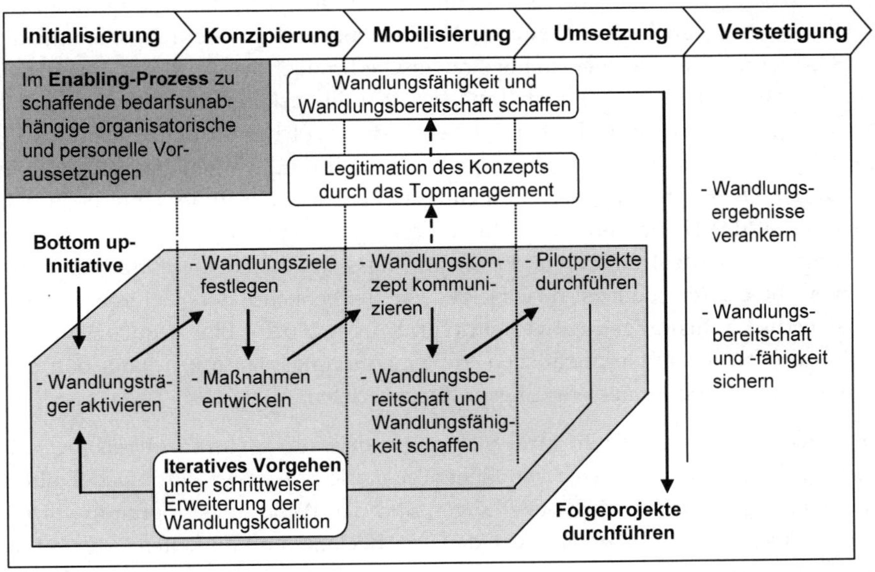

Für Bottom up-Implementierung ist jedoch eine Reihe von Voraussetzungen im Bereich Organisation und Führung zu schaffen, die den Mitarbeitern ein unternehmerisches Handeln erst ermöglichen. Zunächst ist vor der ersten Bottom up-Initiative ein eigener Transformationsprozess notwendig, hier als *Enabling-Prozess* bezeichnet. In seinem Verlauf muss eine positive Einstellung gegenüber Initiativen der Mitarbeiter sowohl in deren eigenen Köpfen als auch in den Köpfen der Führungskräfte gebildet werden. Des Weiteren sind im Enabling-Prozess Freiräume zeitlicher und finanzieller Art zu schaffen sowie kreativitätsfördernde interdisziplinäre Kommunikation zwischen den Mitarbeitern zu unterstützen. Führungskräfte sollten eigenständige Projekte und die Übernahme von Risiko belohnen. Nur unter diesen Voraussetzungen wird ein Mitarbeiter, der eine unternehmerische Chance erkennt, diese zu seiner eigenen Sache machen und Initiative zeigen (siehe auch den Beitrag von Wunderer in diesem Buch). Im Prinzip jedoch steht es jedem Mitarbeiter frei, eine sich bietende Chance zu erkennen, den Wandlungsbedarf zu bestimmen und Wandlungsträger zu aktivieren.

2.3.4 Kombination der Implementierungsstrategien

Top down- und Bottom up-Vorgehensweisen der Implementierung weisen je *spezifische Vor- und Nachteile* auf. Nur durch Top down-Implementierung werden schnelle Ergebnisse zur Krisenbewältigung erzielt und die Abstimmung des Transformationsprozesses auf die geplante Unternehmungsentwicklung gewährleistet. Bei mangelnder Wandlungsbereitschaft der Mitarbeiter kann eine einseitige Fremdbestimmung durch das Management jedoch zur Ablehnung des Konzepts und zu wandlungshemmendem Verhalten führen, das die angestrebte strategische Erneuerung gefährdet. Eine Beteiligung der Mitarbeiter bei der Erstellung des Wandlungskonzepts führt dagegen zu Einstellungsakzeptanz und hilft bei der Vermeidung solcher Barrieren. Das erfordert jedoch Zeit und kann zu einem anderen als dem ursprünglich geplanten Wandlungskurs führen. Die Förderung von unternehmerischer Initiative an der Unternehmungsbasis eröffnet der Unternehmung nicht wahrgenommene Wege der strategischen Erneuerung. Hier besteht allerdings die Gefahr, dass sich konkurrierende Wandlungsvorhaben blockieren oder sich verschiedene Teilbereiche der Unternehmung in unterschiedliche Richtungen entwickeln (vgl. Krüger 2002b). Eine sequenzielle Kombination der beiden unterschiedlichen Implementierungsrichtungen kann dafür sorgen, ein möglichst optimales Wirkungsprofil zu erzielen.

Eine Möglichkeit dazu besteht in der Organisation eines *speziellen Gegenstromverfahrens*, wie es z.B. sehr erfolgreich von General Electric praktiziert wird. Dabei gibt die Unternehmungsspitze die Zielvorstellungen und das Wandlungsprogramm vor (Top down Sequenz) und überlässt es den nachgelagerten Einheiten, die hierfür geeigneten Projekte zu entwickeln und durchzuführen. Die Ergebnisse werden aufwärts gerichtet kommuniziert (Bottom up-Sequenz) und ausgewertet. Daraus entstehen interne Bestlösungen, die anschließend ihrerseits in den Unternehmungsbereichen eingeführt werden (Top down Sequenz).

2.3.5 Situationsspezifik der Implementierungsstrategien

Die Frage, wann welche Implementierungsstrategie verfolgt wird, ist im Einzelfall anhand der Ausprägungen der drei Koordinaten des Wandels (3W-Modell) zu beantworten. Entscheidend für die grundsätzliche Wahl einer der beiden generischen Implementierungsstrategien ist der *Wandlungsbedarf* in zeitlicher und sachlicher Hinsicht. Wenn rasches Handeln erforderlich ist, wie vor allem in Krisensituationen, so muss Top down vorgegangen werden, um schnell zählbare Ergebnisse zu erzielen (vgl. Krüger 2009b). Es besteht jedoch die Gefahr der *Abstoßreaktionen*. Für den notwendigen Akzeptanzaufbau empfiehlt sich daher anschließend eine Beteiligung der Betroffenen in Bottom up-Richtung. Für den radikalen Wandel können parallel oder zeitlich versetzt mehrere Wandlungsprogramme mit unterschiedlichen Wandlungsinhalten und unterschiedlicher Implementierungsstrategie aufgelegt werden. Dabei sind die Ausprägungen der Wandlungsbereitschaft und der Wandlungsfähigkeit differenzierend zu berücksichtigen. Dadurch können die Nachteile einer einseitigen Vorgehensweise abgefedert und auch konkurrierende Ziele erreicht werden.

Hohe Wandlungsbereitschaft und Wandlungsfähigkeit an der Basis begünstigen Bottom up-Verläufe. So könnte das Topmanagement z.B. ein Bottom up vorgestelltes Wandlungskonzept anschließend auch direktiv, ohne weitere Beteiligung betroffener Mitarbeiter, implementieren. Bei einer stark dezentralisierten Unternehmung ist sogar der Fall denkbar, dass ein auf Initiative des einen Teilbereiches zurückzuführendes Konzept in einem anderen organisatorischen Subsystem strikt direktiv eingeführt werden muss. Die Wahl einer *bereichsbezogenen Implementierungsstrategie* hängt dann in erster Linie von den Koordinaten des Wandels vor Ort und nicht von der Unternehmungssituation insgesamt ab.

Auch für alle diese situativen Modifikationen eines konkreten Wandlungsvorhabens gilt, dass erfolgreicher Wandel die Phase der Verstetigung berücksichtigt. Wandlungsbereitschaft und Wandlungsfähigkeit sollten idealerweise auf einem Niveau sein, das für die Zukunft einen kontinuierlichen Entwicklungsprozess erlaubt. Dieser muss sehr stark von Impulsen und Aktivitäten der Basis getragen werden und kann dafür vom jährlichen Zielvereinbarungsprozess angeleitet werden. Auf die Weise kann vermieden werden, dass sich Wandlungsbedarfe über einen längeren Zeitraum aufstauen und sich dann in krisenartigen Schüben entladen.

3 Schlussfolgerungen für die Unternehmungspraxis

1. *Gestiegene Anforderungen an die Führungsstilflexibilität:* Einzelne Führungskräfte bzw. das Management im Ganzen stehen erheblich erweiterten Anforderungen gegenüber. Im Idealfall ist ein Manager zu einem kompletten Stil- und Rollenwechsel in der Lage. Er verbindet also in seiner Person das Potenzial des „visionären Führers" mit dem des „effizienten Managers". So sehr man sich um mehr Stilflexibilität bemühen kann, so sehr dürfte allerdings die Figur eines solchen „Master-Managers" häufig ein Ideal bleiben.

2. *Austausch der Spitzenführungskräfte:* Ein typischer Lösungsansatz der Praxis besteht darin, bei einem grundlegenden Kurswechsel auch den „Kapitän auf der Brücke" auszuwechseln. Dies geschieht oft in Krisensituationen. Die für die Krise – tatsächlich oder vermeintlich – verantwortlichen Mitglieder des Topmanagements werden abgelöst. Ein anschließend eingesetzter, erfolgreicher Sanierer oder Krisenmanager kann allerdings das gleiche Schicksal erleiden, wenn nach dem erfolgreichen Abbau und Umbau als effizienter Manager anders geartete Fähigkeiten eines visionären Führers für einen langfristigen Aufbau benötigt werden. So sehr ein Wechsel an der Spitze als Ausdruck der Führungsverantwortung wie als Symbol des Neuanfangs ratsam sein kann, so sehr ist auf seine negativen Begleiterscheinungen zu achten. Mit dem Austausch der Spitze sind zwangsläufig viele, auch personelle, Wechsel in anderen Bereichen verbunden. Unruhe, Orientierungsverlust und Fraktionsbildungen sind eine typische Folge. Im schlimmsten Fall ist der Führungskreis zu sehr mit seinen internen Konflikten beschäftigt, statt dem Markt- und Wettbewerbsgeschehen genügend Aufmerksamkeit zu widmen.

3. *Topmanagement-Team mit Spitze:* Unternehmungen könnten sich für die Führungsspitze auch auf das Teamprinzip besinnen, um situativ wechselnden Herausforderungen ohne Personalwechsel Rechnung tragen zu können. Komplexe Aufgaben mit heterogenen Anforderungen werden durch ein Team sich ergänzender Führungsspezialisten erfüllt. Nicht der einzelne Manager, sondern das gesamte Topmanagement-Team deckt die Breite der Führungsstile ab und bildet ein Team mit Spitze (Vorsitzender oder Sprecher des Leitungsorgans) an der Unternehmungsspitze.

4. *Diversität im Führungskreis:* Nicht nur aus den hier behandelten, sondern auch aus anderen Gründen wird eine zunehmende Diversität der Mitarbeiter hinsichtlich ihrer Herkunft und ihres Persönlichkeitsprofils empfohlen. Vor allem der Umgang mit unterschiedlichen Märkten, Kundenbedürfnissen und Kulturen im Rahmen des globalen Wettbewerbs wird als Begründung hierfür genannt. Ein dementsprechend zusammengesetzter Führungskreis sollte i.S.

der Personalentwicklung und der Beförderung aus den eigenen Reihen langfristig dazu beitragen, Kontinuität und Wandel miteinander zu verbinden.

5. *Gestaltung einer lern- und entwicklungsfähigen Organisation:* Nicht zuletzt ist darauf zu verweisen, dass Wandlungsfähigkeit – und teilweise auch Wandlungsbereitschaft – organisationale Phänomene sind. Der Umbau eines historisch gewachsenen, groß und unbeweglich gewordenen Konzerns zu einem vielgliedrigen, beweglichen Netzwerk teilautonomer Einheiten führt zu einer „eingebauten Evolution". Die Einrichtung spezieller Lern- und Entwicklungsplattformen und -prozeduren bewirkt professionalisierte und organisatorische Einbindung. Im Führungsprozess zwischen Vorgesetztem und Mitarbeiter sollten neben die Standardziele im Führungsprozess Entwicklungsziele treten. Sie ermöglichen es in Kombination mit geeigneten Anreizsystemen, das Tagesgeschäft mit einem kontinuierlichen Strom von evolutorischen Impulsen zu verbinden. Die Unternehmung nutzt dabei die ergebnisorientierte Einbindung. Werden diese jährlichen Prozeduren auch um übergreifende, längerfristige, Sinn stiftende Programme ergänzt, kommt die wertorientierte Einbindung verstärkend hinzu. Alle diese institutionellen Gestaltungsansätze schaffen die Voraussetzungen dafür, dass sich eine Unternehmung in Zukunft nicht nur durch „starke Führung", sondern verstärkt durch „Eigenantrieb" bewegt und verändert.

Literatur

Bach, N. (2000): Mentale Modelle als Basis von Implementierungsstrategien: Konzepte für ein erfolgreiches Change Management, Wiesbaden

Bach, N. (2002): Mitarbeiter als Betroffene im Unternehmungswandel; in: Krüger, W. (Hrsg.), Excellence in Change: Wege zur strategischen Erneuerung, 2., vollständig überarbeitete Aufl., Wiesbaden, S. 165-192

Bass, B. M. (1998): Transformational Leadership: Industrial, Military, and Educational Impact, Mahwah

Burns, J. M. (1978): Leadership, New York

Evans, M. (1987): Führungstheorien – Weg-Ziel-Theorie; in: Kieser, A./Reber, G./Wunderer, R. (Hrsg.), Handwörterbuch der Führung, 2., neugestaltete und ergänzte Aufl., Stuttgart, Sp. 948-965

Kirsch, W./Esser, W.-M./Gabele, E. (1979): Management des geplanten Wandels von Organisationen, Stuttgart

Kotter, J. (1996): Leading Change, Boston

Krüger, W. (1997): Implementierung als Kernaufgabe des Wandlungsmanagements; in: Hahn, D./Taylor, B. (Hrsg.), Strategische Unternehmungsplanung – Strategische Unternehmungsführung: Stand und Entwicklungstendenzen, 7., völlig neu bearbeitete und erweiterte Aufl., Heidelberg, S. 821-849

Krüger, W (2009a): Das 3W-Modell: Bezugsrahmen für das Wandlungsmanagement; in: Krüger, W. (Hrsg.), Excellence in Change: Wege zur strategischen Erneuerung, 4., überarbeitete und erweiterte Aufl., Wiesbaden, S. 19-44

Krüger, W. (2009b): Strategische Erneuerung: Programme, Prozesse und Probleme; in: Krüger, W. (Hrsg.), Excellence in Change: Wege zur strategischen Erneuerung, 4., überarbeitete und erweiterte Aufl., Wiesbaden, S. 45-114

Steinle, C. (1978a): Führungsstilforschung in der Sackgasse: Konzepte und ein alternativer Lösungsweg für hohe Mitarbeiter-Leistung und -Zufriedenheit; in: Zeitschrift für Arbeitswissenschaft, 32. Jg., H. 4, S. 209-217

Steinle, C. (1978b): Führung: Grundlagen, Prozesse und Modelle der Führung in der Unternehmung, Stuttgart

Wiendieck, G. (1992): Akzeptanz; in: Frese, E. (Hrsg.), Handwörterbuch der Organisation, 3., völlig neu gestaltete Aufl., Stuttgart, Sp. 89-98

Wild, J. (1971): Management-Konzeption und Unternehmungsverfassung; in: Schmidt, R.-B. (Hrsg.), Probleme der Unternehmungsverfassung: Gedanken zum 70. Geburtstag von Martin Lohmann, Tübingen, S. 57-95

Christian Rach, Stefan Krummaker, Bernd Vogel

Vom Führungsvakuum zum Führungserfolg

Erkenntnisse und Führungsprinzipien eines Spitzenkochs, Restaurantbesitzers und Restauranttesters

1 Einleitung: Führen und Führungskräfte im Unternehmen „Restaurant"

Eine immer wiederkehrende These und praktische Erfahrung ist, dass es Führungskräfte sind, die mit einer Mischung aus ihren Eigenschaften, Fähigkeiten, Führungsstilen und Aktivitäten gemeinsam mit den Mitarbeitern für den Erfolg von Unternehmen verantwortlich sind. In Krisen gibt es im Unternehmen oft den Reflex, an die Spitze zu schauen und auf „die" Lösung zu warten. Häufig bringen Top-Manager und Top-Management-Teams Unternehmen auch wieder zum Erfolg. Genauso häufig sehen wir aber auch, dass es Personen an der Spitze des Unternehmen sind, die das Unternehmen entweder in eine Krise hineinführen oder nicht fähig oder willens sind, das Unternehmen wieder herauszuführen. Jim Collins (Fortune Magazine, May 2008, p. 38) spricht davon, dass Unternehmen nicht daran scheitern, was ihnen von außen angetan wird, sondern an dem, was sie sich selbst antun – oft durch ihre Führungskräfte. Gerade in Krisen ist ein Baustein der Lösung aber auch das Kernproblem: die Führungskraft und ihre Fähigkeit, sich selbst zu managen. Dieser Artikel fokussiert auf das Verhalten von Führungskräften in Krisen, deren oft auch negative Effekte und wie vom Erfolgspfad abgekommene Führungskräfte in dieser Situation durch Führungsimpulse von außen weiterentwickelt werden können.

Wir hatten die Möglichkeit, in den spezifischen Kontext von Restaurants als Unternehmen hineinzuschauen. Diese sind einerseits krisenanfällig, müssen aber auch dauerhaft Höchstleistung bringen. Es herrschen ein großer Zeitdruck, hohe Dynamik und eine hohe und spezifische Qualitätserwartung des Kunden. Führungskräfte (Restaurantleiter, Küchenchefs etc.) stehen vor der Herausforderung, ihr Team so zu motivieren und zu orchestrieren, dass es spezifische Leistungen auf den Punkt und das zugleich permanent während der Öffnungszeiten abrufen kann. Gelingt dies über einen längeren Zeitraum nicht, entstehen existentielle Krisen.

Dieser Kontext spiegelt zugleich typische Ausgangsbedingungen von Unternehmen wider, z.B. in der Projektarbeit oder bei Teams, die direkt mit dem Endkunden zusammenarbeiten, und letztendlich an allen Schnittstellen innerhalb und außerhalb des Unternehmens. Ein Blick auf die Führung in Restaurants ermöglicht auch, sich von bekannten Führungskontexten zu lösen und – um in der Restaurantsprache zu bleiben – über den eigenen Tellerrand zu schauen. Der Beitrag liefert daher Schlussfolgerungen und Lernimpulse für Unternehmen und Führungskräfte.

Der vorliegende Artikel basiert auf den Erfahrungen von Christian Rach in seinen Funktionen als Spitzenkoch, Restaurantbesitzer und Restauranttester. Das Kernproblem, das Christian Rach bei den vielen Restaurantberatungen identifiziert hat, ist „Führungslosigkeit". Eine Vielzahl der Restaurantbesitzer führt nicht mehr und lässt so ein Führungsvakuum entstehen, das sich lähmend auf den laufenden Betrieb auswirkt und existentielle Bedrohungen zur Folge hat. Nach den Erfahrungen von Christian Rach schaffen 6 von 10 Restaurants den langfristigen Turnaround. Die Führungskräfte haben hier „zurück in Führung" gefunden und durch gezieltes Führungshandeln die Weichen für einen langfristigen Erfolg ihres Restaurants gestellt.

Wir betrachten zunächst, wie ein Führungsvakuum entsteht und wie es sich wieder auffüllen lässt. Danach leiten wir generelle Führungsprinzipien für (wieder) erfolgreiche Führungskräfte in Restaurants ab. Während Führung in Restaurants oftmals mit militärischem Drill verglichen wird, konnten wir feststellen, dass langfristiger Erfolg nicht auf autoritären Mustern, sondern auf Kooperation „auf Augenhöhe" basiert, die Motivation, Energie und Kreativität bei den Mitarbeitern entstehen lässt und langfristig erhält. Diese Führungsprinzipien sind ohne Weiteres auf andere Unternehmen übertragbar und für Führungskräfte nutzbar.

2 Das Kernproblem des Restaurantscheiterns: Die führungslose Geschäftsidee

Wie Christian Rach als Restaurantester arbeitet

Christian Rach besucht, testet und berät ausgewählte Restaurants, die sich in Krisensituationen befinden, de facto insolvent sind und sich mit der Bitte um Hilfe an ihn wenden. Seit 2005 hat Christian Rach über 50 Restaurants getestet. Davon haben 32 den Turnaround geschafft und in die Erfolgsspur (zurück) gefunden – 10 Restaurants haben den Betrieb eingestellt und bei den anderen Restaurants hat ein Inhaberwechsel stattgefunden.

Im Durchschnitt ist Christian Rach sechs Tage vor Ort. Der Beratungsprozess ist so aufgebaut, dass Christian Rach am ersten Tag die Qualität des Essens testet und sich einen Eindruck von dem Ambiente, den Kunden, dem Service und der Küche macht. Am folgenden Tag konfrontiert Christian Rach den Restaurantchef mit seinen Eindrücken und entwickelt in den nächsten Tagen Ideen und Konzepte zur Überwindung der Krisensituation. Am Ende der Woche erfolgt in der Regel eine Neueröffnung des Restaurants mit dem neuen Konzept (Gerichten, Einrichtung usw.) für die Gäste. Nach vier bis acht Wochen besucht Christian Rach das Restaurant unangemeldet wieder, um sich ein Bild von den ersten Erfolgen der Beratung zu machen. Ein weiterer, jedoch angemeldeter Besuch, schließt sich nach ca. einem Jahr an. Hier schaut Christian Rach auf den langfristigen Erfolg des Konzepts und welche anvisierten Veränderungen nachhaltig Wirkung gezeigt haben.

Die Restauranttests im Fernsehen

Die Produktionsfirma Eyeworks begleitet die Restauranttests und produziert hieraus knapp 50-minütige Fernsehfolgen, die der Sender RTL seit 2005 ausstrahlt. Bisher wurden 5 Staffeln mit über 50 Folgen (inkl. erneuter Besuche und Wiederholungen ausgewählter Staffeln) gesendet. In der Spitze hatte die 5. Staffel 7,5 Millionen Zuschauer in der Erstausstrahlung und einen Marktanteil von über 22 Prozent. 2010 erhielt Christian Rach den deutschen Fernsehpreis für „Rach, der Restauranttester" und sein anderes Fernsehprojekt „Rachs Restaurantschule". Christian Rach arbeitet ohne Drehbuch und ohne Vorgaben des Senders.

Die zentrale Erkenntnis aus der Arbeit von Christian Rach als Restauranttester und Berater ist ein immer wiederkehrendes Dilemma. Restaurantbesitzer oder Geschäftsführer sehen in ihrem Restaurant zu Beginn eine potentielle Chance oder Geschäftsidee: Oft ist es die Gelegenheit, ein eigenes Restaurant zu eröffnen oder zu übernehmen. Gleichzeitig fehlen in vielen, vor existentiellen Krisen stehenden Restaurants de facto jegliche Führungsimpulse wie z.B. Orientierungsvorgabe, Inspiration, Ziele und Motivation. Besitzer und Geschäftsführer sind sich häufig nicht einmal bewusst, dass sie führen müssen. Wir bezeichnen diese Situation als **führungslose Geschäftsidee**.

Viele Besitzer oder Restaurantchefs überschätzen ihre eigenen Fähigkeiten grundlegend („ich habe mal Koch gelernt, das bekomme ich schon hin"). Zugleich werden die Herausforderungen und Verantwortung der neuen Aufgaben drastisch unterschätzt. Auffallend ist zudem die mangelnde oder sogar gänzlich fehlende Reflektion des eigenen Verhaltens, auch wenn immer deutlicher wird, dass das Restaurant nicht erfolgreich ist oder bereits tief in der Krise steckt. Die meisten Besitzer und Restaurantchefs (wir sehen dies ähnlich bei vielen Führungskräften in anderen Unternehmen) versäumen es, sich jemals die vier zentralen W-Fragen zu stellen, mit denen sie Christian Rach sehr früh konfrontiert:

- **WAS** kann ich wirklich gut?
- **WAS** will ich mit dem, was ich kann, erreichen?

- **WO** möchte ich das, was ich kann und will, erreichen?
- mit **WEM** möchte ich das, was ich kann und will, erreichen?

Das fehlende Reflektionsvermögen ist eine wesentliche Ursache des vorherrschenden Führungsvakuums. In der Folge werden Ideen, Motivation und Leistungswille bei der Führungskraft selbst, aber auch den Mitarbeitern unterdrückt. Bruch und Vogel (vgl. den Beitrag von Bruch und Vogel in diesem Buch) kennzeichnen dies als resignative Trägheit. Gleichzeitig wird nach und nach die Realität ausgeblendet oder nicht eingestanden, dass sich das Geschäft im Abwärtstrudel befindet. Über dem Restaurant schwebt ein **„Grauschleier des Nicht-wissen-Wollens"**. Probleme und Defizite sind augenscheinlich (z.B. immer weniger Kunden kommen, Rechnungen stapeln sich, die Küche verdreckt zusehends), werden aber bewusst übersehen. Christian Rach konnte feststellen, dass viele Restaurantbesitzer nach der Devise agieren „was ich nicht sehe, existiert auch nicht". Rechnungen werden z.B. nicht geöffnet, um die Realität zu verdrängen. Ein sicheres Zeichen einer Negativspirale, die im Endstadium Führungsapathie und -lähmung zur Folge hat. Ohne fremde Hilfe bewegen sich diese Unternehmen mit immer stärkerer Beschleunigung auf den Konkurs zu.

Die Ausblendung von Realität geht aber nicht immer mit emotionaler Regungslosigkeit einher. Viele der beratenen Restaurantchefs waren enttäuscht, traurig, wütend oder frustriert und häufig den Tränen nah. Sie waren aber nicht in der Lage, ihr eigenes Handel zu hinterfragen und sich in Mitarbeiter, Kunden und Geldgeber hineinzuversetzen. Diesen Restaurantchefs fehlt, wie vielen Führungskräften, nicht nur das notwendige Reflexionsvermögen, sondern auch Sensibilität und Empathie, um sich selbst wieder in Führung zu bringen. Sie sind nicht (mehr) in der Lage, erfolgversprechende Aktivitäten zu definieren und diese dann inspirierend und diszipliniert umzusetzen.

Die folgenden Kapitel zeigen, wie Führungslosigkeit abgebaut und das entstandene Führungsvakuum wieder gefüllt werden kann und wie Führungskräfte dadurch **„zurück in Führung"** finden.

3 Das Führungsvakuum wieder füllen - Führungskräfte zurück in Führung bringen

Vor dem Beginn eines Interventionsprozesses ist entscheidend, wie die Person, die von außen ins Unternehmen bzw. in unserem Betrachtungsfall das Restaurant kommt, ihre eigene Einstellung und Arbeitsweise definiert. Christian Rach hat für sich selbst eine Interventionsphilosophie mit klaren Prinzipien entwickelt:

1. Der Wunsch, etwas zu bewegen.
2. Klare Worte zu wählen, die aber nicht die Personen vernichten.
3. Anschubenergie für anstehende Veränderungen geben.
4. Handeln, entscheiden und Vorschläge machen, als wäre es das eigene Geschäft – im Sinne des Kant'schen Imperativs.
5. Die Führungskräfte und Inhaber befähigen und nicht von sich abhängig zu machen.

In den Beratungsprojekten von Christian Rach hat sich inklusive der Überprüfung des Veränderungserfolgs ein sechsstufiger begleiteter Prozess herauskristallisiert, der effektiv ein Zurück-in-Führung-Bringen ermöglicht. Wir beschreiben nachstehend die einzelnen Schritte des Prozesses. Während die Beschreibung und die Abbildung eine determinierte lineare Vorgehensweise suggeriert, ist der tatsächliche Prozess von vielen Schleifen und Iterationen geprägt. Wir zeigen sowohl Verhaltensweisen und Instrumente, die Christian Rach als Interventionen einsetzt, als auch Aktivitäten der beratenen Restaurantbesitzer, die gemeinsam mit Christian Rach das skizzierte Führungsvakuum wieder auffüllen, um das Restaurant aus der bedrohlichen Situation herauszuführen.

Abbildung 1: *Prozessschritte*

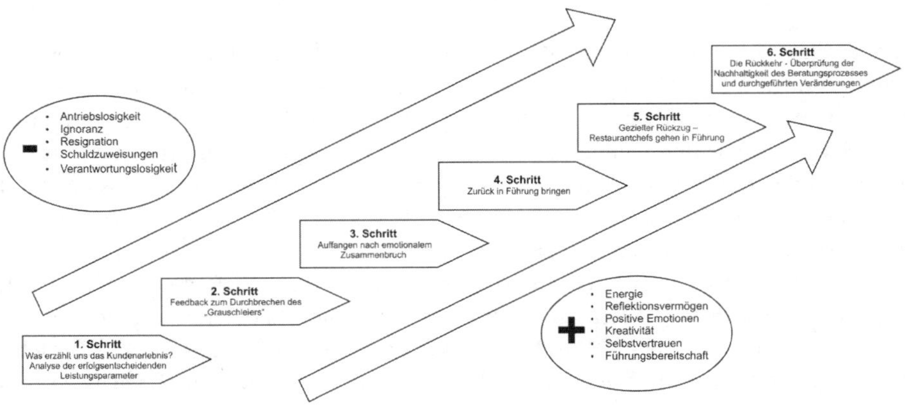

1. Schritt: Was erzählt uns das Kundenerlebnis? Analyse der erfolgsentscheidenden Leistungsparameter

Christian Rachs Erfahrungen zeigen, dass in einigen Unternehmen, wie zum Beispiel Restaurants, ein umfangreiches Analyseinstrumentarium zur Klärung der Ist-Situation oftmals nicht nötig ist. Vielmehr gibt das Erlebnis als Kunde in einer Firma – vermeintlich simples Beobachten, Ausprobieren und gezieltes Nachfragen – häufig einen sehr guten Eindruck, vor welchen Problemen das besuchte Restaurant warum steht.

Christian Rachs erster Schritt ist daher immer das Essengehen im zu beratenden Restaurant. Er kommt unangemeldet, bestellt unterschiedliche Gerichte von der Karte und lässt sich eine Spezialität des Hauses empfehlen. Das Erleben des Restaurants als Gast zeigt ihm, wie es um die zentralen Leistungsparameter für erfolgreiche Restaurants – Qualität des Essens, Essensauswahl, Ambiente, Innovationsgrad der Küche, Hygieneverhältnisse und Art und Weise der Bedienung – in dem spezifischen Betrieb steht. Nach oder bereits während des Essens fragt Christian Rach gezielt nach, z.B. welche Gäste das Restaurant besuchen, seit wann die Besucherzahlen zurückgehen, ob es ein bestimmtes Ereignis gegeben hat, das zur jetzigen Situation geführt hat, warum in der Küche nicht mit frischen Zutaten gekocht wird oder warum die hygienischen Verhältnisse mangelhaft sind. So entsteht am ersten Tag ein umfangreiches Bild, wo das Unternehmen steht und wie es dahin gekommen ist.

2. Schritt: Feedback zum Durchbrechen des „Grauschleiers“

Am zweiten Tag setzt sich Christian Rach mit dem Restaurantchef zusammen und schildert ausführlich die Eindrücke, die er beim Testessen gesammelt hat. Das Feedback ist offen und ehrlich. Er verdeutlicht ungeschönt den Ernst der Lage anhand konkreter Beispiele und Fakten und versucht ein kritisches Nachdenken über die Situation und das eigene Führungsverhalten anzuregen. Zentral ist hierbei, dass das Feedback den Restaurantchef nicht „zerstört“, sondern konstruktiv zeigt, dass es Lösungswege geben kann. Ein Beispiel hierfür war „Eisheidi“ aus Güstrow. Heidi Hamel leitete ein Eiscafé, ohne wirklich hausgemachtes Eis anzubieten. Sie hatte einen „null acht fünfzehn“ Standardlieferanten für Eis, bot aber zusätzlich zu einer belanglosen Eiskarte gebratene Schweineleber, Würzfleisch und alte Spezialitäten aus der „Ost Küche“ an. Heidi Hamel verstand überhaupt nicht, dass sie, wenn sie sich „Eisheidi“ nennt, auch ein großartiges Eis anbieten muss, um diesem Namen gerecht zu werden. Die „Eisheidi“ wirkte so kühl wie ihr Eis. Der Durchbruch war, sie „aufzutauen“ und ihr klarzumachen, dass sie entweder hochqualitatives Eis auf die Karte nehmen muss oder ein komplett neues Konzept benötigt.

Typischerweise schafft dieses Feedback eine erste Sensibilität für den Ernst der Lage. Die Restaurantchefs zeigen oberflächlich Bereitschaft, sich kritisch mit der Situation auseinanderzusetzen. Der **Grauschleier des Nicht-wissen-Wollens** ist an dieser Stelle zumeist aber noch nicht durchbrochen. Zunächst wird versucht, Erklärungen für die Krisensituation bei anderen Personen oder bestimmten Ereignissen zu suchen. Eine typische Erklärung: Die Gäste sind schuld, weil sie nicht mehr kommen und ihr Geld im Restaurant ausgeben wollen. Oftmals werden aber auch die Lage des Restaurants, fehlende Mitarbeitermotivation, Eigensinnigkeit der Köche oder mangelnde Investitionsbereitschaft der Geldgeber für die Situation verantwortlich gemacht. Die Restaurantchefs verschanzen sich hinter der **Ja-aber-Methode**.

Christian Rach durchbricht die Ja-aber-Methode, in dem er z.B. konkret zeigt, wie das Restaurant optisch verändert werden kann. Er entwickelt gemeinsam mit den Köchen und dem Restaurantchef eine neue Speisekarte und zeigt durch Vorkochen, wie neue Gerichte aussehen und schmecken könnten. Die neuen Gerichte lassen sich in der Regel einfacher zubereiten und entlasten dadurch das Küchenpersonal. Christian Rach schlägt Gerichte mit frischen und saisonalen Zutaten vor, die zum grundlegenden Charakter des Restaurants passen. Durch das Vormachen und Vorkochen erleben die Restaurantchefs, wie es sein könnte. Dieses **Erleben, wie die Zukunft aussehen kann**, setzt bei vielen Restaurantchefs Energie für notwendige anstehende Veränderungen frei.

Oftmals offenbaren sich in den beratenden Restaurants nicht nur zentrale Qualitätsdefizite, sondern es zeigt sich zudem, dass das eigentliche Geschäftsmodell finanziell nicht tragbar ist. Es ist entscheidend, die häufig dramatische Kostensituation schonungslos bewusst zu machen. Hier ist der „Schleier des Nicht-wissen-Wollens" häufig besonders ausgeprägt. Christian Rach setzt sich mit den Restaurantchefs hin und verdeutlicht die Situation anhand konkreter Zahlenbeispiele, wie z.B. beim Restaurant Flic Flac in Mannheim. Die Besitzer zahlten eine Miete von fast € 10.000,00, die sie mit keinem Rechenmodel auch nur annähernd erwirtschaften konnten. Ihnen war überhaupt nicht klar, dass Miete einen großen Kostenfaktor, neben Personal und Ware darstellt. Häufig ist auch die Kalkulation der Gerichte nicht kostendeckend. Eine simple Einnahmen/Ausgaben-Rechnung konfrontiert die Restaurantchefs mit der Realität und zeigt konkreten Handlungsbedarf, dem sie sich allein nie stellen würden.

Restaurantchefs mit stark ausgeprägtem Realitätsverlust sind zumeist beratungsresistent und für Feedback, Vorkochen und Vorrechnen nur bedingt empfänglich. In diesen Fällen versucht Christian Rach durch Schockieren den Schleier zu durchbrechen. Die Probleme werden schonungslos angesprochen und durch Szenarien versucht, die Dramatik der Situation deutlich zu machen (z.B. Vorrechnen, das das Restaurant in zwei Wochen pleite sein wird, wenn es so weiter geht). Sollte das ebenfalls keine Wirkung zeigen, droht Christian Rach, das Projekt abzubrechen und abzureisen. Im Restaurant „La Petit France" in Freisingen wählte Christian Rach einen besonderen Weg, um den Restaurantchef wieder in die Realität zurückzuführen. Der Inhaber Monsieur Tanguy war so verliebt und vernarrt in seinen Beruf, dass er den finanziellen Abgrund, der sich vor ihm auftat, nicht wahrgenommen hat. Seine Frau, eine Apothekerin, finanzierte ihm das Restaurant. Hier hat nur geholfen, an seinen Stolz zu appellieren und ihm deutlich zu sagen, dass seine Frau nicht dafür da ist, ihn „durchzufüttern". Nach dieser Wahrnehmung kam der emotionale Zusammenbruch, aus dem dann eine unglaubliche Kraft und Phantasie erwuchs sowie ein klares Bild entstand, wie seine Zukunft wirklich aussehen soll.

3. Schritt: Auffangen nach emotionalem Zusammenbruch

Mit dem Durchbrechen des Grau-Schleiers setzt ein Reflektionsprozess ein, der Führungskräfte langsam wieder in die Realität zurückbringt. Nach Konfrontation mit der Härte der Ist-Situation ziehen die Führungskräfte nach häufig mehreren Jahren der Verneinung oder Ignoranz plötzlich alle Schuld auf sich („ich habe versagt"), brechen emotional zusammen oder sind emotional extrem aufgewühlt.

Die Kraft, die ein derartig emotionales Erlebnis freisetzt, versucht Christian Rach in positive Anschubenergie für die notwendigen Veränderungen umzulenken. Er macht ihnen deutlich, dass sie es selber in der Hand haben, die Probleme zu lösen. Er zeigt ihnen, dass sie die notwendigen Fähigkeiten hierfür besitzen und sie auf breite Unterstützung ihrer Mitarbeiter hoffen können. So können sich die Führungskräfte nach dem emotionalen Zusammenbruch wieder auffangen. Bei den meisten Restaurantchefs kehrt wieder Selbstvertrauen und Handlungsbereitschaft zurück.

4. Schritt: Zurück in Führung bringen

Die Rückkehr von Selbstvertrauen und aufkommender Handlungsbereitschaft ist der erste Schritt, um zurück in die Führungsrolle zu finden. Häufig kehrt an dem Punkt Verantwortungsbereitschaft zurück oder die Restaurantchefs entwickeln zum ersten Mal ein wirkliches Gefühl, Verantwortung für sich, das Restaurant und ihre Mitarbeiter zu übernehmen und verstehen, dass es ihre Aufgabe ist, Mitarbeiter zu motivieren und mit gutem Beispiel voranzugehen.

Christian Rach begleitet diesen Erkenntnisprozess. Er fordert die Restaurantchefs auf, genau zu definieren, was sie wirklich wollen. Er verlangt von ihnen konkrete Aussagen zu jeder der in Abschnitt 2 vorgestellten 4-W-Fragen. An diesem Punkt entscheidet sich die Zukunft des Restaurants: Lassen sich die Restaurantbesitzer tatsächlich auf die Kernfragen ein und zeigen sie wirklich den Willen, an den Antworten zu arbeiten?

Durch das konkrete Definieren der eigentlichen Ziele des Restaurantchefs wird die langfristige Zugkraft aufgebaut. Anschließend wird diese positive Spannung genutzt, um konkrete Aktivitäten für die kommenden Tage zu definieren. Ein Aspekt dabei ist, die Führungskräfte an ihre körperlichen Leistungsgrenzen zu führen und persönliche Grenzen überschreiten zu lassen. Die Restaurantchefs testen ihre Belastbarkeit aus und erkennen, dass sie und ihre Mitarbeiter zu weit mehr fähig sind, als sie dachten. Ein weiterer Effekt der hohen Belastung ist, dass sie keine Kraft haben, die alten Scheuklappen wieder aufzusetzen. Viele Restaurantchefs nutzen zu diesem Zeitpunkt Christian Rach intensiv als Sparringspartner, um neue Ideen für das Restaurant kritisch zu diskutieren und sich coachen zu lassen. Christian Rach entwickelt mit den Restaurantchefs und den Mitarbeitern gemeinsam Konzepte, kocht, putzt, renoviert und organisiert die Wiedereröffnung des Restaurants. Ganz bewusst werden hier Familie, Freunde, Bekannte, aber auch örtliche Handwerksbetriebe und Lieferanten mit einbezogen. Bei jeder Überlegung und Aufgabe verdeutlicht Rach, dass diese oder jene Entscheidung jetzt in der Hand des Restaurantchefs liegt.

5. Schritt: Gezielter Rückzug - Restaurantchefs gehen in Führung

Zum Ende der Woche werden die Hilfestellungen immer mehr gelockert und der Fokus ist, wie die Restaurantchefs mit dem neuen oder wiedererlangten Bewusstsein für die Führungsaufgabe umgehen. Die meisten zeigen, dass sie es alleine schaffen wollen und können. Sie versuchen nicht, Christian Rach zu kopieren, sondern starten eigene Gerichte und Service-Ideen und entwickeln so das Restaurant, den Standort und die Kundenbedürfnisse eigenständig weiter. Die Anschubenergie hat sich in Führungsenergie umgewandelt. Die Restaurantchefs zeigen Initiative, sprechen viel mit ihren Mitarbeitern, ziehen diese in Entscheidungsprozesse mit ein und versuchen, sie gezielt für bereits laufende und noch anstehende Veränderungen zu begeistern. Dies ist der Zeitpunkt, an dem losgelassen wird und die aktive Begleitung des Veränderungsprozesses endet. Die Restaurantchefs sind wieder in Führung. Ein sehr gutes Beispiel hierfür ist das Restaurant „Zum Schober" in Augsburg. Der Restaurantleiter Uwe Benno war von der von Christian Rach vorgeschlagenen Neuausrichtung des Restaurants hin zu einem „Schmankerl Restaurant" überzeugt und machte das Konzept nach dem Weggang von Christian Rach zu „seinem Konzept". Da die Neuausrichtung hervorragend zu den Fähigkeiten von Uwe Benno passte, entwickelte er das Konzept weiter und perfektioniert es. Er verhalf dem Restaurant „Zum Schober" hierdurch zu neuer und auch nachhaltiger geschäftlicher Sicherheit.

6. Schritt: Die Rückkehr - Überprüfung der Nachhaltigkeit des Beratungsprozesses und der durchgeführten Veränderungen

Nach 4-8 Wochen besucht Christian Rach die beratenen Restaurantchefs wieder. Kernfrage ist, ob und wie sich die initiierten Veränderungen entwickelt haben und ob sich ein stabiler, selbstgetragener Restauranterfolg abzeichnet. Zumeist haben die Restaurants die Krisensituation überwunden und befinden sich (wieder) auf der Erfolgsspur. In nachhaltig erfolgreichen Restaurants ist ein Umdenken der Restaurantchefs zu beobachten: Führung ist wieder vorhanden. Die Restaurantchefs fokussieren ihr Führungshandeln auf die neu definierten Ziele des Restaurants. Sie haben den Blick für die Realität zurückgewonnen und sind beim Besuch in der Lage, klar zu analysieren und zu artikulieren, wo sie und das Restaurant jetzt und in der Zukunft wirklich stehen. Nachhaltig erfolgreiche Restaurantchefs zeigen, dass Probleme im Restaurant – Unternehmen sind niemals frei von Schwierigkeiten und Hürden – ihre Probleme sind. Ereignisse von außen oder bestimmte Personen werden nicht mehr systematisch als Ursachen vorgeschoben. Zudem fangen erfolgreiche Restaurantchefs an, in Strukturen zu investieren, um die Anfangsenergie hochzuhalten und ein Abebben der wiedererlangten Kraft zu verhindern, wie z.B. gemeinsames Essen mit allen Teammitgliedern, regelmäßige Teammeetings oder reduzierte Öffnungszeiten, um dem gesamten Team ein Regenerieren und somit gezieltes Wiederaufladen der „Batterien" zu ermöglichen.

4 Prinzipien erfolgreicher Führung im Restaurant und darüber hinaus

Christian Rach hat über Jahre nicht nur Führungsdefizite und Führungsstärken in anderen Restaurants beobachtet, sondern sich selbst als Küchenchef und Restaurantbesitzer immer wieder die Frage gestellt und ausprobiert, welches Führungsverhalten bei Mitarbeitern Commitment, Identifikation und Höchstleistungen für das Restaurant entstehen lässt. Aus diesen Erfahrungen stammen folgende Führungsprinzipien für Restaurants und andere schnell agierende, produkt- und serviceorientierte, Unternehmen.

Führung auf ehrlicher Augenhöhe

Erfolgreiche Führungskräfte begegnen ihren Mitarbeitern auf Augenhöhe. Dabei geht es nicht um „Gleichmachung" oder Führung nach dem Gießkannenprinzip, sondern vielmehr darum, mit den Mitarbeitern eine langfristig hochqualitative Arbeitsbeziehung aufzubauen. Und dies beginnt damit, die Mitarbeiter als professionelle Menschen ernst zu nehmen und sie wertzuschätzen, ihnen zuzuhören und sie ausprobieren zu lassen. Führung auf Augenhöhe darf kein Lippenbekenntnis sein, sondern muss sichtbar stattfinden. Es geht also **nicht** darum, Mitarbeitern **das Gefühl zu vermitteln, sondern sie erleben zu lassen**, dass sie wichtig sind und einen zentralen Beitrag leisten. Christian Rach gibt seinen Mitarbeitern z.B. die Freiheiten und ein bestimmtes Budget, um neue Ideen für Gerichte zu entwickeln. Die Köche können die Zutaten bestellen, die sie brauchen, um Gerichte vor und nach den Öffnungszeiten auszuprobieren. Die kreative Kraft wird Ernst genommen und bleibt kein Lippenbekenntnis.

Führung auf Augenhöhe erfordert von der Führungskraft im Restaurant das Eingeständnis, nicht alle Prozesse selbst bis in die letzten Details planen und kontrollieren zu können und zu wollen. Auch Führungskräfte haben bestimmte Schwächen und Lücken in der für ein erfolgreiches Unternehmen notwendigen Detailexpertise. Freiheiten geben heißt aber nicht Laissez-faire-Führung ohne Grenzen und ohne Verantwortung. Führungskräfte machen transparent, warum sie entsprechende Freiheiten einräumen, was sie von ihren Mitarbeitern erwarten und warum und in welchem Umfang sie Verantwortung mit ihren Mitarbeitern teilen möchten, auch wenn sie am Ende die Gesamtverantwortung tragen.

Balance aus Phasen als diszipliniertes Uhrwerk und Innovationsmotor

Typischerweise assoziieren viele Führung in Restaurants und in der Küche mit einem militärischen Führungsbild. Der Küchenchef gibt kurze Befehle, es herrscht Drill und Ordnung, vermeintliche Unzulänglichkeiten werden harsch und laut kommentiert. Das Bild des Küchendespoten ist stark überzeichnet und spiegelt nicht die Führungsrealität vieler erfolgreicher Restaurants wider. Diese „Tarzan-Methode" der Führung ist zumindest in der gehobenen Gastronomie und Spitzengastronomie vorbei. Motiviertes und qualifiziertes Personal ist rar und nicht gewillt, Führungswillkür und Tyrannei zu akzeptieren bzw. zu ertragen.

Wie in anderen Unternehmen ist es auch in Restaurants entscheidend, genau festzulegen, in welcher Phase des Leistungsprozesses sich der Betrieb befindet. Es gibt die Phase des Kochens und Service unter Hochdruck, in der viele Kunden gleichzeitig in einem Restaurant bestellen und ihr Essen in perfekter Qualität erwarten. In dieser Phase verstehen die meisten erfolgreichen Küchenchefs die Küche nicht als gedrillte Kaserne. Vielmehr ist es ein diszipliniertes Uhrwerk wie in einem Hochleistungsteam im Formal 1 Motorsport, für das einzelne Handgriffe präzise aufeinander abgestimmt sein müssen und in der kleine Ungenauigkeiten die Qualität des gesamten Gerichts und damit das gesamte Restauranterlebnis gefährden.

Vor und nach dieser Hochdruckphase kann experimentiert, gelernt und eingeübt werden. Das sind die Phasen, in denen die oben beschriebenen Innovationen für Gerichte und Service entstehen. Diese sind entscheidend, um die Qualität des Restaurant dauerhaft hochzuhalten.

Sich führen lassen

Für Führung auf Augenhöhe und eine langfristig hochqualitative Partnerschaft zwischen der Führungskraft und Mitarbeitern müssen sich Führungskräfte auch selbst führen zu lassen. Ein Antrieb erfolgreicher Restaurantchefs ist, sich von ihren Mitarbeitern stimulieren und beeinflussen zu lassen. Ein erster Schritt ist, Mitarbeitern einzustellen, die etwas zu sagen haben, intelligente Fragen stellen, herausfordern und gewillt sind, offenes Feedback zu geben. Mitarbeiter werden aber nur dann langfristig ihre Meinung äußern und eigene Ideen entwickeln, wenn die Führungskraft sich in ihrem Handeln auch vom Feedback und den Ideen sichtbar lenken lässt. Die Qualität von Feedback und kritischen Fragen hängt von beidem ab: der Bereitschaft der Mitarbeiter, kritisch zu sein, und der Bereitschaft der Führungskraft, Feedback und Vorschläge anzunehmen und zu unterstützen. Bei der Frage, ob es ein neu entwickeltes Gericht auf die Karte schafft, sollten daher die Qualität und die Überlegung im Vordergrund stehen, ob das Gericht zur Ausrichtung des Restaurants und den Erwartungen der Gäste passt – nicht aber, ob es der Küchenchef selbst entwickelt hat.

Für den Aufbau hochqualitativer Beziehungen zwischen Mitarbeitern und Führungskräften ist es notwendig, dass Führungskräfte eine angstfreie Arbeitsatmosphäre schaffen. Feedback und Mitarbeiterkreativität müssen sichtbare und anerkannte Elemente der Leistung im Restaurant sein. Gleichzeitig wird an gegenseitiger Wertschätzung aller Personen im Betrieb gearbeitet. Selbstdarsteller vergiften durch ihr opportunistisches Verhalten das Teamklima und bremsen die Kreativität und Motivation anderer Mitarbeiter aus.

Schlüsselmitarbeiter als Partner sehen

Zu zentralen Mitarbeitern, die oft selbst ihrerseits Führungskräfte im Unternehmen sind, wie zum Beispiel Service- oder Küchenchefs, gilt es, partnerschaftliche, emotional stimmige Führungsbeziehungen aufzubauen. Die sind geprägt von hoher gegenseitiger Wertschätzung als Mensch und Mitarbeiter. Christian Rach spricht in dem Fall gegenüber Dritten von seinen Partnern und nicht von seinen Mitarbeitern. Der zentrale Schritt zum Partner ist, dass die Mitarbeiter nicht nur gewillt sind, Entscheidungen zu treffen, sondern auch die Verantwortung hierfür zu übernehmen. Wenn Mitarbeiter hinter ihren Entscheidungen stehen, dann trägt, unterstützt und verteidigt Christian Rach diese Entscheidungen – auch dann, wenn er persönlich eine andere Entscheidung getroffen hätte.

Erfolgreiche Restaurants und Unternehmen brauchen mehrere Führungsköpfe und nicht nur einen. Das Wissen, dass man sich auf seine Partner verlassen kann und Führungspersonen im Haus hat, ist die Grundvoraussetzung für Christian Rach, um anderen Tätigkeiten wie den Restauranttests nachzugehen. Sie erzeugen gemeinsam Führung für das Unternehmen.

Mitarbeiter mit Führungspotential müssen auch in kleinen Unternehmen wie Restaurants gezielt auf eine zukünftige Führungsrolle vorbereitet werden. Christian Rach bezieht sie in Entscheidungsprozesse ein, wie z.B. der Auswahl von Lieferanten, und fördert intensiv ihre Sozialkompetenz und Führungsfähigkeit. Gleichzeitig brauchen alle Mitarbeiter, unabhängig davon, ob sie Führungspotential haben oder einfach nur Experte in ihrem Feld sind, individuell hohe Aufmerksamkeit. Ansonsten werden insbesondere in kleineren Unternehmen künstliche Gräben zwischen Mitarbeitern erst erschaffen. Alles zielt darauf ab, egozentrisches Verhalten in der zukünftigen Führungsrolle zu vermeiden.

Talente loslassen

Ein Effekt von Führung auf Augenhöhe, sich führen lassen oder partnerschaftlichen Führungsbeziehungen ist, dass sich Talente wegen der Berücksichtigung in Führungsaufgaben und -entscheidungen sowie der Übertragung von Verantwortung langfristig an das Restaurant binden. Ab einem bestimmten Punkt sind die Entwicklungsmöglichkeiten dieser Schlüsselmitarbeiter im eigenen Betrieb jedoch aufgebraucht. Gerade potentieller Führungsnachwuchs oder bereits etablierte Führungskräfte entwickeln den Wunsch, sich entweder in einem anderen Restaurant mit einer anderen Ausrichtung weiterzuentwickeln oder ein eigenes Restaurant zu eröffnen. Eine typische Reaktion ist Enttäuschung, nicht nur auf professioneller, sondern auch auf der persönlichen Ebene.

Christian Rach hat eine andere Philosophie: Wirkliche Talente lassen sich nicht langfristig binden. Die bedeutet aber nicht, dass Führungskräfte nicht in den Aufbau hochqualitativer Beziehung mit diesen Mitarbeitern investieren. Im Gegenteil. Es ist empfehlenswert, sich möglichst frühzeitig Zeit und Verantwortung für die Entwicklung dieser Mitarbeiter zu nehmen, um ihr Potential über einen möglichst langen Zeitraum zu entwickeln und positiv nutzen zu können. Führungskräfte müssen sich bewusst machen, dass die Beziehung endlich sein kann. Es gilt somit, Talente schnell an sich zu binden, mit ihnen partnerschaftlich umzugehen, sie ständig weiterzuentwickeln, und, wenn der Zeitpunkt gekommen ist, sie ohne Reue weiterziehen zu lassen.

5 Kernthese: vom Führungs-Gourmand zum Führungs-Gourmet

Restaurants ohne Führung scheitern. Ein Führungsvakuum lähmt Mitarbeiter und die Führungskraft selbst. Das Reflektionsvermögen nimmt ab und die Realität wird immer stärker ausgeblendet. Restaurants und Unternehmen mit ähnlichen Symptomen verfallen in eine Art Schockstarre und bewegen sich scheinbar widerstandslos auf den Konkurs zu. Hier ist die Führungskraft, der Restaurantchef gefordert, zurück in Führung zu finden und das Führungsvakuum wieder aufzufüllen. Trägheit und Ideenlosigkeit wird oft bei den Mitarbeitern vermutet, aber nur selten bei der Führungskraft. Eine wirkungsvolle Intervention muss jedoch bei den Führungskräften ansetzen.

Um das Führungsvakuum zu überwinden, ist es zentral, dieses zunächst zu erkennen und das Dahindämmern und den „Grauschleier des Nicht-wissen-Wollens" zu durchbrechen. Danach besteht die Gefahr, dass Führungskräfte in den typischen Reflex verfallen, nun Führungsaktionismus zu zeigen und alles selbst schnell zu entscheiden und zu kontrollieren, um nachzuholen, was zuvor vermeintlich versäumt wurde. Eine wirklich effiziente Reaktion kann aber nur eine Führung auf Augenhöhe sein, die langfristig positive Effekte für die Führungskraft, den Mitarbeiter und das Restaurant erzielt. Das Unternehmen Restaurant und das Leistungspotential für die Kunden profitiert hier zweifach. Die Führungskraft steht vollständig (wieder) für das Unternehmen ein. Gleichzeitig ist es nicht mehr so abhängig von einer Person an der Spitze, da viele Personen im Unternehmen gemeinsam Fokussierung, Inspiration, Engagement – letztendlich Führung – für das Unternehmen erzeugen.

Ein Bild aus der Gastronomie fasst dies präzise zusammen: Erfolgreiche Führungskräfte sind Führungs-Gourmets und keine Führungs-Gourmands. Sie setzen auf Qualität statt auf Quantität, sie handeln bewusst, erzeugen dauerhaft Höchstleistung und genießen den Erfolg, der sich einstellt.

Peter Gerber, Stefan Klingelhöfer

Führung veränderungsorientierter, strategischer Großprojekte

Das Projekt „D-Check" der Deutschen Lufthansa

1 Das Konzernprogramm „D-Check" im Überblick

Strategische Großprojekte sind ein zentraler Hebel für Veränderungen bei der Deutschen Lufthansa AG. Die folgenden Ausführungen nutzen das Beispiel des strategischen Großprojekts „D-Check", um thesenartig einige der Beobachtungen und Erfahrungen zu diskutieren, die wir aus unterschiedlichen Perspektiven – als Leiter, als Mitarbeiter, als Betroffene und als und als unbeteiligte Beobachter – mit unterschiedlichen strategischen Großprojekten und ihrer Führung gemacht haben. Wir beginnen mit einer kurzen Beschreibung von D-Check und diskutieren dann einige der unseres Erachtens für Projektführung, -verlauf und -erfolg kritischen Variablen.

Umfeld und Ziele des Programms D-Check: Im Herbst 2000 steuerte die Lufthansa auf eines der besten Ergebnisse ihrer Geschichte zu. Zugleich zeichneten sich aber konjunkturbedingte Risiken ab. Die USA steckten bereits inmitten einer Stagnation. Und auch für Deutschland mehrten sich die Zeichen einer Konjunktureintrübung. Zudem sah sich Lufthansa trotz vernünftiger Wachstumsstrategie mit steigenden Produktionskosten konfrontiert. Vor diesem Hintergrund wurde im Konzernvorstand über Maßnahmen zur Sicherung des zukünftigen Erfolges der Lufthansa diskutiert und im März 2001 die Einrichtung eines Konzernprogramms beschlossen, dessen Schwerpunkt vor allem auf der nachhaltigen Verbesserung der Kosten- und Erlösstrukturen liegen sollte.

Das Programm startete am 1. Juni 2001 und sollte bis zum 31. Mai 2004 laufen. Benannt wurde es nach der umfangreichsten Überholung eines Flugzeugs, dem „D-Check". Denn hier wie dort sollte es um Maßnahmen gehen, die die Funktionsfähigkeit jedes einzelnen Teils analysieren und sicherstellen, um die Funktionsfähigkeit des Ganzen – des Unternehmens hier, des Flugzeuges dort – zu erhalten oder zu verbessern. Ziel von D-Check war es, insbesondere die Ergebnisrisiken und Wachstumserfordernisse des Lufthansa-Konzerns abzusichern. Deren Bewertung durch das

Konzern-Controlling führte zu einem nachhaltigen Cashflow-Ziel in Höhe von insgesamt 1,078 Mrd. Euro. Entsprechend dieser Vorgabe wurden die spezifischen Beiträge für die einzelnen Geschäftsfelder (Passage, Logistik, Technik, Catering, IT-Services sowie Service- und Finanzgesellschaften) sowie die Zentralressorts (d.h. die Stäbe des Finanz- und Personalressorts sowie des Ressorts des Vorstandsvorsitzenden) definiert.

Nach dem Start von D-Check veränderte sich das Umfeld mit den Ereignissen am 11. September 2001 dramatisch. Die folgende Krise in der Airline-Industrie wurde durch den Irak-Krieg und den Ausbruch der Lungenkrankheit SARS Anfang 2003 weiter verschärft. So entstand zunächst die Notwendigkeit, zur Absicherung des Konzernergebnisses des Jahres 2002 drastischere Maßnahmen zu ergreifen. D-Check stand auf der Kippe, wurde aber nicht aufgegeben, sondern fortgesetzt und über ein Programm „D-Check akut" erweitert. Jedes Geschäftsfeld erhielt eigene „akut"-Ziele, durch die ein zusätzlicher Cashflow-Beitrag von 409 Mio. Euro erwirtschaftet werden sollte. Im Gegensatz zu den originären D-Check-Zielen wurde dabei auch die Realisierung einmalig wirkender Potenziale angestrebt. Die Krisen im Frühjahr 2003 führten zu weiteren Ergebnissicherungsaktivitäten („cash 100"), die analog konzipiert und implementiert wurden, und die D-Check-Organisation und Vorgehensweise zugleich bestätigten und veränderten.

Struktur und Vorgehensweise: D-Check wurde als Kombination eines zentralen und mehrerer dezentraler Teams angelegt. Das zentrale „D-Check"-Team war direkt beim Vorsitzenden des Konzernvorstandes angebunden und verantwortete die Steuerung der D-Check-Aktivitäten in den Zentralressorts, die Messung des Projektfortschritts sowie die interne und externe Kommunikation des Projekts. Darüber hinaus übernahm es Controlling- und Monitoring-Aufgaben gegenüber den für die Zielerreichung in den Geschäftsfeldern verantwortlichen dezentralen D-Check-Teams.

Zur Abgrenzung von D-Check und zur Konkretisierung, Messung und Erreichung der D-Check-Ziele wurde ein einheitliches Multiprojektsteuerungstool eingeführt. Darüber hinaus wurden verschiedene Regeln definiert und davon ausgehend folgende unterschiedliche Vorgehensweisen gewählt:

In den einzelnen Geschäftsfeldern wurde sowohl das „Herunterbrechen" der D-Check-Ziele als auch die Definition der Mittel zur Zielerreichung den jeweiligen Verantwortlichen übertragen. Bereits laufende Kostensenkungsinitiativen einzelner Geschäftsfelder konnten als D-Check-Beiträge definiert und eingebracht werden, wenn die erwarteten Erfolge nicht bereits anderweitig berücksichtigt wurden.

In den Zentralressorts wurden Ideen zur Cashflow-Erhöhung generiert, hinsichtlich des Umsetzungsrisikos und Cashflow-Beitrages priorisiert und gemäß ihrer Priorisierung umgesetzt. Zudem erfolgte nach dem 11. September 2001 im Zuge von „D-Check akut" eine Budgetreduktion der Zentralressorts um rund 10% der Gesamtkosten. Außerdem wurde in ausgewählten Zentralfunktionen der Leistungsumfang erhoben und gemeinsam mit der Unternehmensberatung McKinsey in einem Overhead-Benchmark analysiert. Aufgrund der Ergebnisse wurden die Leistungsspektren einiger Zentralfunktionen reduziert und verschiedene Bereiche zur Realisierung von Synergien zusammengelegt.

Bei den drei wichtigsten kaufmännischen Prozessen (Ticketabrechnung, Rechnungslegung, Planung und Steuerung) trugen vor allem die Beseitigung von Ineffizienzen an Schnittstellen zwischen Bereichen und Gesellschaften, eine Prozessverschlankung, die Bündelung von Tätigkeiten und Standortverlagerungen zur Cashflow-Erhöhung bei.

Ergebnisse: Bereits im Sommer 2003 wurde das „D-Check"-Ziel von 1,078 Mrd. Euro erreicht. Zum 31.12.2003 wurde „D-Check" daher mit einer nachhaltigen Cashflow-Verbesserung von 1,604 Mrd. Euro vorzeitig beendet. Auch die Ziele der flankierenden Programme „D-Check akut" und „cash 100" wurden früher als geplant erreicht und mit 908,9 Mio. Euro (2002) bzw. 254,5 Mio. Euro (2003) deutlich übertroffen.

Darüber hinaus wurde das von D-Check bei Lufthansa eingeführte Projektsteuerungstool von Lufthansa übernommen und hat somit die Maßstäbe und Instrumente für zukünftiges Projektmanagement innerhalb der Lufthansa verändert.

2 Führung als Führung von kritischen Variablen

Der Verlauf und Erfolg eines strategischen Großprojekts wie D-Check hängen von einer Vielzahl von Faktoren ab, die jeden an der Analyse und Gestaltung interessierten Beobachter – inklusive der Führung des Projekts – überfordern muss. Diese Überforderung – man kann nicht alles machen und man kann nicht alles sehen und wissen – bildet u.a. einen geeigneten Ausgangspunkt zur Beobachtung der Praxis der Führung eines strategischen Großprojektes und der Unterschiede zwischen erfolgreicher und erfolgloser Führung. Denn erfolgreich, so unsere Vermutung, wird nur diejenige Führung sein, die diese Überforderung in intelligente Selbstbeschränkung umsetzt und sie damit zugleich anerkennt und kompensiert.

Eine – für die Führung und Analyse eines Großprojekts gleichermaßen notwendige wie unerlässliche – Möglichkeit der Selbstbeschränkung besteht u.E. darin, sich bei der Beobachtung des Projekts auf die „kritischen Variablen" zu konzentrieren. Solche kritischen Variablen unterscheiden zwischen dem, was wichtig ist, und dem, was momentan nicht wichtig ist, aber eventuell wichtig werden könnte. Mit Hilfe dieser Unterscheidung verwandeln sie Unterschiede in Informationen, d.h in Unterschiede, die Unterschiede machen (Bateson 1972). Und mit Hilfe dieser Unterscheidung indizieren und definieren sie die für die Projektführung wichtigsten Gegenstände, Instrumente und Vorgaben der Projektführung. Kritische Variablen

- markieren und verknüpfen Zustände und Entwicklungen des Projekts, des Unternehmens und seines wirtschaftlichen und gesellschaftlichen Umfeldes,
- können mehr oder weniger wählbar, interpretationsbedürftig und gestaltbar sein,
- stehen untereinander in allen möglichen (engen oder losen, durchsichtigen oder undurchsichtigen) Beziehungen der Konkurrenz, Komplementarität und Substitution,
- wechseln ihre Umstände in Abhängigkeit von diesen Beziehungen und den Zuständen aller anderen Variablen,
- hängen von der spezifischen Aufgabe ab,
- variieren im Verlaufe eines Projekts.

Diese Eigenschaften machen die kritischen Variablen insofern zu einem geeigneten Instrument für die Projektführung, als die Komplexität der durch sie realisierten Kontexte, Gegenstände und Sachverhalte nicht nur reduziert, sondern auch repräsentiert und charakterisiert wird. Sie machen aber auch jeden Versuch illusorisch, eine vollständige Liste der kritischen Faktoren und ihrer im Projektverlauf wechselnden Beziehungen aufzustellen. Letztendlich muss jede Führung selbst herausfinden, welche Variablen kritisch und mit „Prominenz" zu versehen sind. Was wir anzubieten haben, ist eine Rekonstruktion einiger zu Beginn und im Verlauf von D-Check kritischen Variablen sowie die Vermutung, dass diese Variablen auch für den Erfolg anderer Großprojekte entscheidend sein könnten.

3 Kritische Variablen am Projektbeginn

Am Projektbeginn stehen Design- (Olsen 1998) oder Rahmenentscheidungen im Mittelpunkt, die dem Projekt die zu erreichenden Ziele setzen, die Logik der Zielerreichung skizzieren und die zur Zielerreichung notwendigen Mittel an die Hand geben (vgl. Bruch/Gerber/Maier 2005). Insofern die Aufgabe der Führung darin besteht, für die Absorption der vom Unternehmen selbst nicht absorbierten Unsicherheit Sorge zu tragen (Luhmann 2000), sind diese Entscheidungen zweifellos „Führungssache". Aber sie sind keine Sache einsamer charismatischer Helden, die in Absehung von allen Umständen große Visionen entwickeln und gegen Widerstand durchsetzen. Sondern sie sind Produkte eines Teamworks, die auf einer genauen Analyse und dem oft impliziten Wissen über die Determinierungen und Freiräume der Situation beruhen. Diese Entscheidungen sind daher als eine Art „Rechner" (White 1992, Baecker 2003) zu verstehen, der verschiedene Zeitperspektiven (Vergangenheit, Gegenwart und Zukunft), Systemreferenzen (Projekt, Unternehmen, Wirtschaft, Gesellschaft) und Arten von

Informationen (hart, weich) in einen Zusammenhang bringt, diesen Zusammenhang berechnet und in Vorgaben für das Projekt und seine Führung verwandelt. Nachfolgend werden zwei dieser Vorgaben und die in ihnen steckende „Rechenleistung“ näher beleuchtet.

3.1 Die Wahl des spezifischen Zieles und die Entscheidung für die Projektform

Die Definition des Zieles und die Wahl der Projektform als Mittel zur Zielerreichung sind Entscheidungen, die analytisch klar zu trennen sind, trotzdem aber eng zusammenhängen und daher nur „gemeinsam“, das heißt mit Blick auf ihre wechselseitigen Abhängigkeiten, getroffen werden können. Im Falle von D-Check waren dabei speziell die folgenden Faktoren zu berücksichtigen:

- die guten Ergebnisse der letzten Jahre,
- die aufziehenden Krisensignale bzw. die Ungewissheit über die zukünftige Entwicklung der Weltwirtschaft,
- die zukünftigen Risiken und Wachstumserfordernisse der Lufthansa sowie deren Bewertung durch das Konzerncontrolling,
- die positiven Erfahrungen der Lufthansa mit früheren Projekten einerseits und die Tatsache, dass das letzte Kostensenkungsprojekt noch nicht lange zurücklag und ein neues damit nicht motivfähig gewesen wäre andererseits.

Diese Faktoren legten die Wahl einer Art „Drucker-Strategie“ – eine Strategie, die darauf verzichtet festzulegen, was morgen getan werden muss und sich stattdessen auf das konzentriert, was heute zu tun ist, um auf unsicheres Morgen vorbereitet zu sein (vgl. Drucker 1974) - ebenso nahe wie die Operationalisierung dieser Strategie durch ein Projekt mit Cashflow-Ziel.

Gegenüber anderen Change-Zielen hat das *Cashflow-Ziel* den Vorteil, das Unternehmen nicht einfach von der Umwelt abzurücken und auf interne Abläufe auszurichten – eine Gefahr, die der Ansatz der Populationsökologie um Michael Hannan betont und zur These der „structural inertia“ ausgearbeitet hat (vgl. Hannan/Freeman 1977, 1984 und Hannan/Carrol/Polos 2002a, 2002b) –, sondern diese Abläufe zurückzubeziehen auf die Leistungen, die sie in der Auseinandersetzung mit der Umwelt erbringen. Ähnlich wie im Falle des Gewinnkriteriums bleibt diese Rückkopplung „eindeutig mehrdeutig“, formuliert also in erster Linie einen Problemgesichtspunkt, der grundsätzlich verschiedene Lösungen stimuliert und vergleichbar macht (vgl. Baecker 1999, S. 241) und erlaubt es so, dem Unternehmen einerseits eine klare Vorgabe zu machen, ihm und dem Projekt aber andererseits zugleich vollständige Freiheit in der Wahl der

Mittel zu geben. Das Cashflow-Kriterium leistet, worauf es in einem Change-Projekt wie D-Check ankommt, nämlich die Nutzung des in erfolgreichen Jahren aufgebauten organisatorischen „slacks" (March 1994, S. 29). Hinzu kam im Falle von D-Check der Vorteil, einerseits an die positiven Erfahrungen der Lufthansa mit vorherigen strategischen Projekten anschließen, andererseits aber zugleich Abstand zum letzten Kostensenkungsprojekt halten zu können. Dies war vermutlich eine wesentliche Bedingung dafür, innerhalb der Lufthansa die zur Erreichung der D-Check-Ziele notwendige Akzeptanz und Motivation zu generieren.

Die Entscheidung für die *Form des strategischen Projekts* lag für Lufthansa also nahe. Tatsächlich war gerade in der Ära des Vorstandsvorsitzenden Jürgen Weber bereits mehrfach erfolgreich zu diesem Instrument gegriffen worden. So lag die Sanierung 1991-1992 in den Händen eines vom späteren Vorstandsvorsitzenden Wolfgang Mayrhuber geleiteten Topmanagementteams. 1996 wurde mit dem „Programm 15" ein reines Kostensenkungsprogramm installiert. Zwei Jahre später wurde das Programm „Operational Excellence" zur Verbesserung der Pünktlichkeit erfolgreich durchgeführt. In all diesen Fällen konnte die Signalwirkung, die von der Einrichtung eines bestimmten strategischen Projekts sowohl für die Beschreibung der Identität des Unternehmens und seiner Lage im Markt, als auch für die Verteilung und Lenkung der Aufmerksamkeit innerhalb des Unternehmens ausgeht, genutzt werden.

Dennoch war von Anfang an klar, dass die Akzeptanz von D-Check und die Motivation, an der Erreichung seiner Ziele mitzuwirken, angesichts des anhaltenden Erfolgs der Lufthansa und der Abstraktheit der Ziele (Sicherung der Zukunftsfähigkeit, Erhöhung des Cashflows) als problematisch angesehen werden mussten. Beide Probleme konnten letztendlich gelöst werden: Das Problem der fehlenden „urgency" mit Hilfe einer Kommunikation, die von Anfang an die Notwendigkeit und Dringlichkeit des Wandels betonte (und sicher auch „mit Hilfe" der Terroranschläge des 11.09.2001, deren Auswirkungen keinen Zweifel über die Notwendigkeit drastischer Maßnahmen ließen); das „Problem" der (fehlenden) Vision, deren Kreation, Kommunikation und Diffusion Kotter (1995) immerhin fünf seiner acht Schritte eines erfolgreichen „Change" widmet, mit Hilfe der Namensgebung „D-Check", die die Analogie zu dem entsprechenden, in der Airline-Welt positiv besetzten Ereignis der Flugzeugüberholung dazu nutzte, den Prozess der Zielerreichung (statt des Zieles selbst) positiv zu besetzen und motivierend wirksam werden zu lassen.

3.2 Ressourcenentscheidungen

Zu den Rahmenentscheidungen, die vor Beginn des Projekts zu treffen sind und kritische Variablen und Vorgaben des Projekts schaffen, gehören auch die Entscheidungen über die dem Projekt zur Verfügung stehenden materiellen und symbolischen Ressourcen (Budget, Personalausstattung, horizontale und vertikale Aufhängung). Wichtig erscheint hier insbesondere die vertikale Aufhängung. Denn die Art der Aufhängung und das Ausmaß der Unterstützung durch das Top-Management, determinieren die Kontakt- und Netzwerkressourcen des Projekts, also das soziale Grundkapital, das es investieren und in Mehrwert verwandeln kann (vgl. Lin 1999). D-Check wurde durch die direkte Angliederung bei einem starken Vorstandsvorsitzenden mit einem erheblichen Grundkapital ausgestattet und durch die klar kommunizierte und unter Beweis gestellte Bereitschaft des Vorstandes, notwendige Veränderungen kompromisslos durchzusetzen, zugleich auch symbolisch gestärkt. Die Bedeutung der Person Jürgen Webers der – trotz seiner Herkunft aus Baden – innerhalb und außerhalb der Lufthansa als „Schwabe" galt und damit Kostenbewusstsein geradezu ideal symbolisierte – sowie der direkten Anbindung an ihn können deshalb kaum überschätzt werden.

4 Kritische Variablen im Projektverlauf

Mit dem Start des Projekts verändern sich weniger die Aufgaben der Führung als vielmehr die kritischen Variablen. Designaufgaben bleiben aktuell, wechseln aber die Skalierung und betreffen jetzt vor allem das Teamdesign sowie Fragen der Messung, des Monitorings und Controllings sowie der Kommunikation.

4.1 Das Team

Das Team stellt als wichtigstes Instrument und Substitut der Projektführung zweifellos eine für Projektverlauf und -erfolg kritische Variable dar. Die Eigenschaften der einzelnen Teammitglieder und die Zusammensetzung und Eigendynamik des Teams entscheiden, welche Führungsformen und Leadership-Stile möglich und notwendig sind. Exzellente Leader werden daher zum einen verschiedene Führungsstile beherrschen und zwischen ihnen je nach Bedarf, d.h. je nachdem, welche Art von Verhalten mit Blick auf die Sache als natürlich und mit Blick auf die Eigenschaften der Mitarbeiter als geboten erscheint, wechseln, das heißt, im Hinblick auf die Aufgabe und die Eigenschaften der Mitarbeiter. Und sie werden zum Anderen der Auswahl der Teammitglieder und der Phase des Team-Building besondere Aufmerksamkeit widmen (vgl. Weick 2001). Welche Art von Mitarbeiter erforderlich und wie viel Team-Spirit förderlich ist, kann dabei nur mit Blick auf die aktuelle Aufgabe und den bereits vorhandenen Personalbestand entschieden werden. Zumindest für Großprojekte des Typs D-Check scheint die Kunst aber darin zu liegen, ein Team zu bilden, das einerseits heterogen zusammengesetzt ist und dadurch über eine Vielzahl unterschiedlicher

Kontakte, Perspektiven, Ressourcen und Fähigkeiten verfügt und andererseits eng zusammenarbeitet und dadurch ein hohes Maß „Schließung" im Sinne der Netzwerktheorie (vgl. Burt 2000) realisiert. Gelingt dies, so wird sowohl die Gefahr eines auf das Team beschränkten Commitment, das Widerstand im restlichen Unternehmen produziert, als auch die Gefahr fehlender Informationen und Einflussmöglichkeiten (vgl. Arena 2002) gebannt.

4.2 Die Messung

Das Informations- und Messsystem fokussiert die Aufmerksamkeit und das Verhalten der Unternehmensmitglieder. Messgrößen Dass gemessen wird – und was gemessen wird – hat einen (für den Projekterfolg förderlichen oder hinderlichen) Einfluss auf das Unternehmen, der beim Design der Messlogik in Rechnung zu stellen ist. Vor diesem Hintergrund hat die Forschung verschiedene Anforderungen an ein gutes Messsystem definiert (vgl. Meyer 1994), von denen in Zusammenhang mit D-Check v.a. zwei interessant erscheinen:

1. *Informativität*: Ein gutes Messsystem muss informativ in dem Sinne sein, dass es eine klare Unterscheidung (und Messung des Abstandes) zwischen den Zuständen der Zielerreichung und der Zielverfehlung erlaubt. Diese Anforderung wird durch das D-Check-Messsystem erfüllt, da für jedes realisierte Einzelprojekt – und damit auch für das Gesamtprojekt – das zusätzlich generierte Cashflow-Volumen des Jahres 2004 messbar ist.

2. *Differenzierung*: Gemäß Meyer (1994) sollte ein gutes Messsystem die Aktivitäten und Erfolge des Projekts sowohl horizontal (gegenüber den Erfolgen und Aktivitäten anderer Bereiche und Projekte) als auch vertikal (gegenüber den Aktivitäten und Markterfolgen des Gesamtunternehmens) klar differenzieren. Diese Anforderung wurde vom D-Check-Messsystem bewusst nur in vertikaler Hinsicht erfüllt, wo der durch D-Check realisierte zusätzliche Cashflow zwar an den Unternehmenserfolg rückgekoppelt bleibt und messbar zu diesem Erfolg beiträgt, zugleich aber unabhängig von diesem Erfolg mess- und bewertbar ist.

   Hingegen wurde in horizontaler Hinsicht auf eine klare Differenzierung bewusst verzichtet. Stattdessen bekamen die projektbeteiligten funktionalen Bereiche einen ihrem Managementanteil entsprechenden Anteil des Projekterfolges auf ihr D-Check-Ziel angerechnet, auch wenn der Großteil des Projekterfolges in bereichsfremden Budgets seinen Niederschlag fand. Der Vorteil liegt auf der Hand. Denn ohne den engen Zwang der Budgetzuordnung wurde faktisch die parallele Honorierung bereichsübergreifender Projekte und im Ergebnis eine deutliche Reduzierung von Schnittstellenproblemen sowie budgetbasierter Bereichsegoismen möglich. Der Verzicht auf eine klare horizontale Erfolgsdifferenzierung machte so zusätzliche Projekte möglich und den Erfolg des Gesamtprojekts wahrscheinlicher.

4.3 Monitoring und Controlling

Monitoring und Controlling sind zusammen eines der wichtigsten Instrumente der Analyse und Führung großer Projekte. Sie beruhen im Kern darauf, dass für die Zwecke der Beobachtung eine Auswahl (Selektion) kritischer Variablen getroffen, diese Auswahl standardisiert und der Nachschub mit den ausgewählten Variablen organisiert wird.

Für das D-Check-Controlling und Monitoring wurden u.a. so genannte „Steckbriefe" zur Beschreibung und Bewertung der Verbesserungsideen entwickelt. Jedes der mehr als 1320 D-Check-Teilprojekte wurde durch einen solchen Steckbrief erfasst, in dem die entsprechende Idee zu beschreiben, das Cashflow-Potenzial abzuschätzen und der Umsetzungszeitpunkt für ein eventuelles Projekt anzugeben war. Außerdem wurden weitere Merkmale, wie z.B. Schnittstellen zu anderen Bereichen und geeignete Kennzahlen zum Monitoring der Ergebnisse abgefragt. Besonders Letzteres führte dazu, dass eine Reihe von Projekten mit „zweifelhafter" bzw. schwer darstellbarer Ergebniswirkung frühzeitig ausgeschlossen werden konnte. Wir sollten en passant vielleicht festhalten, dass auch diese Fähigkeit der Diskriminierung „zweifelhafter" (nicht hinreichend standardisierbarer und homogenisierbarer) Einzelprojekte eine für den Erfolg des Gesamtprojekts durchaus ambivalente Errungenschaft darstellt. Denn sie ist einerseits zwar ein eindeutiger Erfolgsfaktor. Sie kann aber andererseits auch diesem Erfolg zuwider arbeiten, weil Projekte, die sich nicht in den definierten Rahmen pressen oder in der Sprache der vorab definierten Erfolgskriterien darstellen lassen, von vorneherein ausgeschlossen werden müssen.

Wurde eine Idee als Projekt angenommen, erfolgte die Aufnahme in das standardisierte Multiprojektsteuerungstool (MPS). Durch dieses Tool konnte einerseits die für Großprojekte unerlässliche "Schließung" von Controlling und Monitoring erreicht, also die Konfrontation mit inkompatiblen Daten und Dateninterpretationen ausgeschlossen werden. Andererseits war es mit Hilfe des MSP möglich, alle Maßnahmen kontinuierlich hinsichtlich aller gewünschten Parameter zu monitoren und auszuwerten.

Durch die Eingabe der aktuellen Daten in das MPS hatten sowohl das zentrale als auch die dezentralen D-Check-Teams einen direkten Überblick, welche Parameter sich gegenüber dem Vormonat verändert hatten (z.B. Projektverzögerung oder Cashflow-Reduzierung etc.). Das MPS war somit die Basis für ein effektives Controlling, Monitoring und Reporting aller D-Check-Projekte: Es bot D-Check auf „Knopfdruck".

Ergänzend wurde mit dem so genannten „D-Check Barometer" ein einfaches Instrument geschaffen, anhand dessen sich sowohl die Lufthansa Führung als auch die Restorganisation und externe Interessierte jederzeit über den Zustand und die Entwicklung von D-Check informieren konnten.

Abbildung 1: *D-Check Konzern-Barometer*

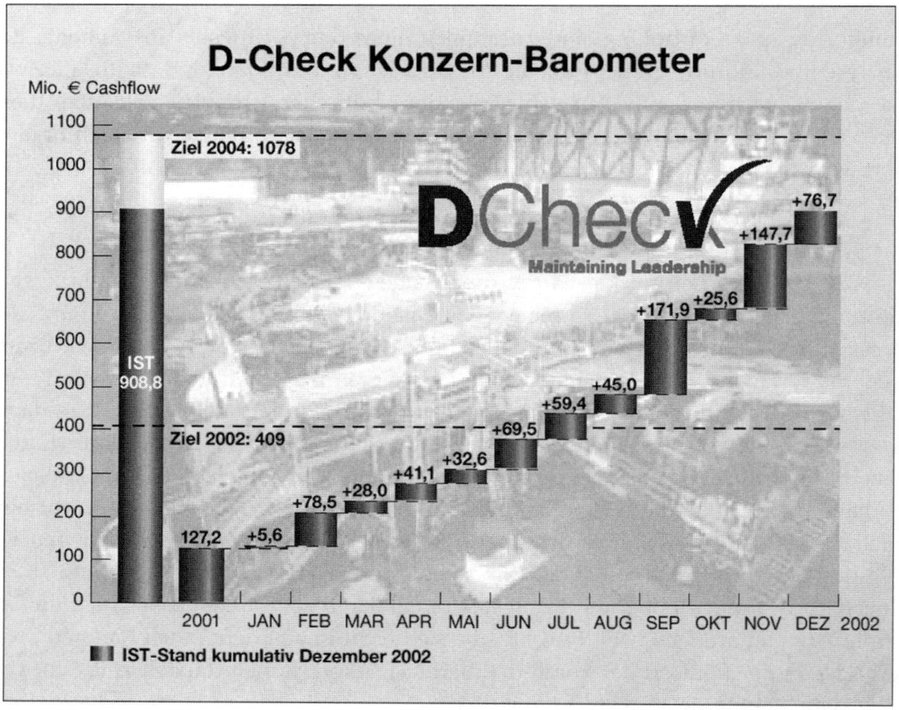

4.4 Kommunikation

Ein guter Teil der Arbeit und der Führung eines Großprojekts wie D-Check besteht in der Kommunikation über das Projekt. Die Qualität der Kommunikation ist für den Verlauf und den Erfolg des Projekts von entscheidender Bedeutung – und zwar sowohl inside-out als auch outside-in.

1. Die Qualität der Kommunikation inside-out hängt von vielen Faktoren ab (Medienmix, inhaltliche Redundanz, Varietät etc.). Konsistenz – innerhalb der Kommunikation und zwischen Worten und Taten, „talk" und „action" (vgl. Brunsson

1986, 1989; Brunsson/Olsen 1993) – ist entscheidend; oder genauer: der Eindruck der Konsistenz. Dieser Unterschied ist fein, aber wichtig. Denn während tatsächliche Konsistenz weder erreichbar noch wünschenswert ist – nicht zuletzt, weil sie auf Möglichkeiten der Kommunikationsdifferenzierung verzichten würde – profitiert der Eindruck der Konsistenz von verschiedenen Schutzmechanismen (March 1988; Udy 1990) und kann zudem strategisch beeinflusst und gemanaged werden. Das mag nach Machiavelli klingen, ist aber realistischer und ehrlicher als die üblichen Beschreibungen der Führungspraxis und sagt letztlich nur, dass eine konsistente, transparente und einheitliche Kommunikation designed werden muss. D-Check hat sich von Anfang an um eine solche Kommunikation bemüht und z.B. die D-Check-Ergebnisse monatlich veröffentlicht. Damit wurde bewusst ein Risiko eingegangen, das sich im Verlaufe des Projekts auszahlte. Denn in der externen Öffentlichkeit entstand ein großes Interesse und – mit den ersten Erfolgen – eine positive Resonanz, die wiederum intern zu einer stärkeren Mobilisierung führte. Die Wechselwirkung zwischen dem Unternehmensgeschehen einerseits und der medialen Kommentierung dieses Geschehens andererseits darf also nicht unterschätzt werden. Manche internen Aufgaben lassen sich über den Umweg der externen Medien sogar leichter bewerkstelligen.

2. Outside-In: Kommunikation funktioniert nicht als Einbahnstraße, sondern als Netzwerk. Sie geht nicht nur inside-out, sondern auch outside-in. Sie ist daher nicht nur das wichtigste – und effektivste, weil am wenigsten Widerstand produzierende – Instrument zur Überzeugung und Mobilisierung anderer, sondern auch der vielleicht wichtigste Mechanismus zur Information der Führung.

Die Güte dieser Information hängt von der Qualität des Netzwerkes der Führung (Größe, Reichweite, Heterogenität und Status der Kontakte) und seiner persönlichen Position in diesem Netzwerk ab. Gute Leader werden immer Informationsbroker sein, die unterschiedliche Arten von Kontakten unterhalten und verbinden sowie unterschiedliche Arten von Informationen erhalten und zueinander in Beziehung setzen („verrechnen"). Diese aus der Verrechnung resultierende Meta-Information ergänzt die selbst produzierte und organisierte Information aus dem Monitoring und Controlling nicht einfach, sondern fungiert tatsächlich als deren Basis und Korrektur. Denn mit ihrer Hilfe kann die Führung das Risiko, das in der Konzentration auf selbst ausgewählte kritische Variablen liegt, dadurch bearbeiten, dass sie nicht nur die ausgewählten Variablen, sondern auch die Auswahl selbst beobachtet, und somit laufend prüft, ob die Auswahl noch stimmt.

5 Anmerkungen zur Differenz von Theorie und Praxis der Führung

Gemessen an den Beschreibungen und Anforderungen der einschlägigen Literatur erscheint D-Check in etlichen Hinsichten als defizitär. Und ähnliches dürfte für (fast) jedes andere strategische Großprojekt – auch für die erfolgreichen – gelten. M.a.W.: Die Differenz von Theorie und Praxis ist real. Die Frage ist nur, was aus dieser Differenz folgt. Diesbezüglich erscheinen uns zwei Dinge wichtig:

1. *der Trost für den Praktiker:* Zumindest manchmal sind strategische Großprojekte erfolgreich, *obwohl* sie den Anforderungen der Theorie nicht genügen,

2. *die Aufforderung an die Theorie:* Zumindest manchmal sind strategische Großprojekte erfolgreich, *weil* sie den Anforderungen der Theorie nicht genügen.

Als Kontrastfolie zur zusammenfassenden Erläuterung und Profilierung dieser Thesen wählen wir die (hervorragenden!) Arbeiten von Kotter (vgl. Kotter 1995; Kotter/Cohen 2002). Dessen (mehr oder weniger) explizite Hauptthesen lauten,

- dass es verschiedene Anforderungen gibt, die alle und in der richtigen Reihenfolge erfüllt werden müssen, um Change-Prozesse erfolgreich durchzuführen und

- dass die „Vision" des Strategie- oder Changeprozesses das organisierende Zentrum dieser Anforderungen und ihrer Reihenfolge darstellt.

D-Check legt hier zumindest gewisse Modifikationen nahe. Denn D-Check zeigt, dass Change-Prozesse auch dann gelingen können, wenn ihnen keine attraktive Zukunftsvision Halt gibt und eine klare Identität verleiht.

Tatsächlich stellen wir die These auf, dass das „Defizit" der fehlenden Vision und einer schwachen (im Fall von D-Check vorrangig durch ein Analogieverständnis gesicherten) „Identität" nicht nur kompensierbar ist, sondern unter Umständen sogar einen Pluspunkt darstellen kann und im Fall von „D-Check" tatsächlich darstellt. Denn zum einen konnten innerhalb von D-Check unterschiedliche Projekte und Interpretationen von D-Check zugelassen werden. Und zum anderen konnte das Projekt mehrfach über „D-Check akut" und „Cash 100"an veränderte Rahmenbedingungen angepasst und trotz dieses Wandels aufrechterhalten werden

M.a.W.: Es muss kein Nachteil sein, wenn Projekte eher als „collections of reform ideas", denn als „coherent doctrines with a unified strategy of change" (Brunsson/Olsen 1993, S. 27) angelegt werden. Auch der Wert einer starken, auf einem visionären Ziel beruhenden Projektidentität ist „contingent on market" (Burt 1999, S. 2), also von den Umständen abhängig. Diese Umstände näher zu bestimmen, ist unseres Erachtens eine der vordringlichen Aufgaben der Theorie. Unser Eindruck ist aber, dass es einen *generellen Trend* in Richtung eines „neuen Realismus" gibt, der mit der Trägheit und

Unsteuerbarkeit großer Organisationen und mit einem Wandel der Strategien und Leitideen einhergeht: „Mehr und mehr geht es nur noch um Reaktionen auf Probleme, die sich im Verhältnis von System und Umwelt oder auch in den Systemen selbst aufdrängen. Die heute prominenten Reformer sind (...) nicht mehr Zielstreber, sondern Defektflüchter." (Luhmann 2000, S. 344)

Die Zeit der großen Ideen scheint (einstweilen) vorbei. Unternehmen verzichten zunehmend auf die Entwicklung und Verfolgung visionärer Ziele und setzen stattdessen auf Strategien à la Drucker und auf „Defektflucht". Damit aber vergrößert sich der Abstand zwischen Theorie und Praxis weiter. Daher stellt sich die Frage, welche Rolle und Relevanz den normativen Beschreibungen und mehr oder weniger einfachen Rezepten der Theorie in der Praxis überhaupt noch zukommt bzw. ob und wie Praktiker diese nutzen können. Dazu drei Thesen aus unserer Erfahrung bei Lufthansa:

1. Die Managementliteratur definiert normative Vorgaben, die die Möglichkeiten der Projektführung einschränken. Denn zumindest in der modernen „audit society" (Power 1997) werden Projekte nur dann Momentum gewinnen und Akzeptanz finden, wenn sie sich in ihrer Selbstbeschreibung nicht zu weit von den klaren Unterscheidungen, einfachen Rezepten und normativen Beschreibungen der Managementliteratur entfernen.

2. Die Theorie liefert also zunächst Selbstbeschreibungsvorgaben, die vom Praktiker einerseits zu beachten sind, andererseits aber nicht mit der Realität verwechselt werden dürfen, *obwohl diese Verwechslung andauernd nahe liegt*, da die Beschreibungen der Theorie aus den Selbstbeschreibungen der Führungspraxis abgeleitet und an sie zurückgespielt wurden, und somit in gewisser Weise den gleichen perspektivischen Verzerrungen – z.B. der für erfolgreiche Manager typischen „illusion of control" (Dermer/Lucas 1986) – und Schweigebefehlen unterliegen.

3. Ähnliches gilt für den praktischen Gebrauch der „einfachen Rezepte", die die Literatur zur Strukturierung unübersichtlicher Aufgaben und komplexer Prozesse anzubieten hat. Solche Rezepte liefern Vereinfachungen, die immer sowohl notwendig als auch unzureichend sein werden. Die Kunst des Gebrauches einfacher Rezepte besteht demnach vor allem darin, alle funktionierenden Vereinfachungen zu benutzen, die die Komplexität eventuell beherrschen können, zugleich aber nicht nur mit der Unzulänglichkeit dieser Vereinfachungen, sondern auch mit der Produktivität der Komplexität zu rechnen.

6 Abschließende Anmerkungen zum Begriff und Phänomen der Führung

Die Führung eines strategischen Großprojekts, wie D-Check, muss sich auf die für Projektverlauf und -erfolg kritischen Variablen konzentrieren. Diese stellen nicht nur ganz unterschiedliche und häufig unklare Anforderungen. Sondern sie variieren auch im Projektverlauf. Die wichtigste Führungskompetenz besteht daher unseres Erachtens darin, auf unterschiedliche Anforderungen unterschiedlich reagieren zu können. Oder anders formuliert: „Leader" sind weniger Helden als vielmehr „Joker" (ein Begriff von M. Serres). Sie sind weniger durch bestimmte Orientierungen, Qualitäten und Herangehensweisen als vielmehr durch die Fähigkeit des Wechsels zwischen diesen charakterisiert (vgl. Pfeffer 1977; March 1988a; Baecker 2003) und sind damit – wie alle Dinge, die ihre Zustände wechseln können – in gewisser Weise unbestimmt. Diese Unbestimmtheit macht die begrifflich-theoretische Erfassung des Phänomens problematisch. Sie ist aber zugleich die Bedingung der Möglichkeit und des Erfolges der Führungspraxis. Denn nur auf ihrer Basis kann die Führung jeweils die Form und Selbstbeschreibung wählen, die ihre Eingriffsmöglichkeiten zu erhalten und zu maximieren verspricht. Auch wenn die Mitarbeiter von ihrer Führung – zu Recht – in erster Linie Klarheit und Bestimmungsleistungen erwarten; die Führung selbst wird immer auch dafür Sorge tragen müssen, ausreichend unbestimmt und unberechenbar zu bleiben. Denn nur so kann sie hoffen, von Moment zu Moment genau über die Reaktionsmöglichkeiten zu verfügen, die gegenüber den wechselnden Zuständen kritischer Variablen jeweils adäquat erscheinen und weiterzuhelfen versprechen.

Literatur

Arena, M. J. (2002): Changing the Way We Change, in: Organizational Development Journal, 20. Jg., H. 2, S. 33-47

Baecker, D. (1999): Die Form des Unternehmens, Frankfurt a. M.

Baecker, D. (2003): Organisation und Management: Aufsätze, Frankfurt a. M.

Bruch, H./Gerber, P./Maier, V. (2005): Strategic Change Decisions: Doing the Right Change Right; in: Journal of Change Management, 5. Jg., H. 1, S. 97-107

Brunsson, N./Olsen, J. P. (1993): The Reforming Organization, Routledge

Burt, R .S. (2000): Structural Holes vs. Network Closure as Social Capital, http://gsbwww.uchicago.edu/fac/ronald.burt/research/SHNC.pdf, Datum: 07.12.05

Dermer, J. D./Lucas, R. G. (1986): The Illusion of Managerial Control, in: Accounting, Orgainzations and Society, 11. Jg., H. 6, S. 471-482

Drucker, P. F. (1974): Management: Tasks – Responsibilities – Practices, New York

Kotter, J. P. (1995): Leading Change: Why Transformation Efforts Fail, in: Harvard Business Review, 73. Jg., H. 2, S. 59-67

Kotter, J. P/Cohen, D. S. (2002): The Heart of Change: Real Life Stories of How People Change Their Organizations, New York

Lin, N. (1999): Building a Network Theory of Social Capital; in: Connections, 22. Jg., H. 1, S. 28-51

Luhmann, N. (2000): Organisation und Entscheidung, Opladen

March, J. G. (1988): Decisions and Organizations, Oxford/New York

Meyer, M. W. (1994): Measuring Performance in Economic Organizations; in: Smelser, N. J./Swedberg, R. (Hrsg.), The Handbook of Economic Sociology, Princeton, S. 556-580

Olsen, J. P. (1998): Institutional Design in Democratic Contexts; in: Brunsson, N./Olsen, J. P. (1998) (Hrsg.): Organizing Organizations, Copenhagen, S. 319-350

Power, M. (1997): The Audit Society: Rituals of Verification, Oxford

Udy, S. H. jr. (1990): Structural Inconsistency and Management Strategy in Organizations; in: Calhoun, C./Meyer, M. W./Scott, R. W. (Hrsg.)., Structures of Power and Constraint: Papers in Honor of Peter M. Blau, New York, S. 217-233

White, H. C. (1992): Identity and Control: a Structural Theory of Social Action, Princeton

Weick, K. E. (2001): The Collapse of Sensemaking in Organizations: The Mann Gulch Desaster; in: Weick, K. E. (Hrsg.): Making Sense of the Organization, Malden/Oxford, S. 100-124

Lutz von Rosenstiel

Leadership und Change

1 Einleitung: Facetten von Führung

Über Führung im Unternehmen wird in jüngster Zeit mit neuer Akzentsetzung gesprochen (vgl. Neuberger 2002). Ohnehin ist dieser Begriff vielschichtig. Da ist einerseits von der Unternehmensführung die Rede im Sinne einer strategischen Ausrichtung auf neue Märkte, veränderter Angebote, modifizierter Umgangsformen mit Blick auf die Arbeitnehmervertreter und die staatlichen Instanzen. Aber auch die personale Führung, der bewusste Einfluss des Führenden auf die ihm unterstellten Mitarbeiter mit Hilfe der verbalen, der paraverbalen und der nonverbalen Kommunikation (vgl. Steinle 1978; von Rosenstiel/Molt/Rüttinger 2005) hat verschiedene Facetten, wie z.B. die Führung des sozialen Aggregats, der Arbeitsgruppe oder des Teams (vgl. Wegge 2004).

Hat man nun die personale Führung – sei es die von Teams oder von einzelnen Personen – im Auge, so wird nicht selten zwischen Leitung und Führung bzw. zwischen Management und Leadership unterschieden, wobei trotz mancher Grauzonen bei der begrifflichen Differenzierung im Management das funktional instrumentelle Handeln, das „die Dinge richtig tun" liegt, während unter Leadership die Ausstrahlung der Person, die häufig kaum erfassbare, nahezu irrationale, zumindest aber unreflektierte Wirkung des Führenden auf die Geführten zu verstehen ist (Felfe 2006).

Im Folgenden soll gezeigt werden, dass eine zentrale Aufgabe von Leadership in der Vermittlung von Sicherheit und Orientierung in Veränderungsprozessen liegt. Zum grundlegenden Verständnis von Leadership wird zuerst ein Rahmenmodell personaler Führung vorgestellt werden, in dem deutlich wird, dass Führungserfolg – wie auch immer er operationalisiert wird – in Abhängigkeit vom Führungsverhalten und der Führungssituation gesehen wird, wobei das Führungsverhalten selbst wiederum als eine Funktion überdauernder Merkmale der Person sowie der wahrgenommenen und der von der handelnden Person unabhängigen Situation verstanden wird. Dabei wird als ein Situationsmerkmal auch „Change", die beständige Veränderung des Umfeldes und der Organisation, verstanden, wobei gerade diese Veränderungsprozesse als Quelle der Verunsicherung und des Widerstandes der Menschen im Unternehmen gesehen werden. Dabei soll deutlich gemacht werden, dass es geradezu in der „Natur des Menschen" liegt, das Bestehende zu bewahren, selbst dann, wenn Einsicht in die

Notwendigkeit von Veränderungen besteht. Widerstände gegen die Veränderung werden dabei umso intensiver ausfallen, je mehr sich Betroffene als Objekt, als fremdbestimmt, als Opfer verstehen. Der Führende hat in diesem Zusammenhang die Aufgabe, Menschen für den als notwendig erachteten Veränderungsprozess zu gewinnen. Es gilt sie durch angemessene Formen der Beteiligung zumindest zum Teil zu Handelnden, zu Tätern zu machen, um damit in der Situation des Wandels den erlebten Kontrollverlust zu vermeiden. Schließlich sollte man ihnen durch entsprechendes Führungshandeln Orientierung mit Blick auf die Zukunft geben und Ihnen das Gefühl der Sicherheit vermitteln, was insbesondere vor dem Hintergrund der transformationalen Führung gesehen wird. Dabei bleibt es ein Dilemma, vielleicht gar eine Paradoxie, dass hier Sicherheit vorgelebt werden muss, obwohl die Situation vielfach tatsächlich eine der Unsicherheit ist. Abgeleitet werden daraus konkrete Handlungsempfehlungen an den Führenden, was er in derartigen Situationen besser unterlassen sollte und was andererseits im positiven Sinne zu tun ist.

2 Vermittlung von Orientierung und Sicherheit als zentrale Führungsaufgabe

Die dynamische Psychologie zeigt, dass sich vielfach in Situationen der Bedrohung und Gefährdung so etwas wie eine Regression in frühe Phasen der Entwicklung, in denen das „Urvertrauen" durch die Fürsorglichkeit und Stärke von Eltern ihren Kindern gegenüber herausgebildet wurde (vgl. Erikson 1971), ergibt. Man orientiert sich an Autoritätspersonen, die – ähnlich wie die Eltern in der Kindheit – Orientierung und Hilfe versprechen. In eine derartige Rolle gerät nun recht häufig der Führende in Situationen der Verunsicherung und der Bedrohung.

Eine Orientierung am Führenden hat nicht nur die vielfach nachgewiesene verhaltenssteuernde Wirkung des Vorbildes zur Konsequenz, sondern bewirkt auch, dass der Führende vielleicht gerade bei erlebter Verunsicherung der Geführten gedanklich durch sein Handeln oder sein Reden Orientierung gibt, subjektive Verunsicherung reduziert und so die Befürchtung der Geführten abschwächt, dass die Situation außer Kontrolle geraten sei. Dabei muss selbstverständlich danach differenziert werden, ob die Situation tatsächlich unter Kontrolle ist oder ob dies nur so erlebt wird (vgl. Pfeffer 1981). Dies aber ist nicht ausschlaggebend für die Wahrnehmung des Führenden, die Deutung seines Verhaltens durch die Geführten (Steyrer 1999) in wenig strukturierten Situationen, in denen sich die Geführten als bedroht oder hilflos erleben (vgl. Conger 1989; Conger/Kanungo 1987, 1994). Es kommt also hier auf die subjektive Ebene an: „Wirklich ist, was wirkt."

3 Ein Rahmenmodell personaler Führung

Will man die Führungswirkung erklären, um zu analysieren, wovon Führungserfolg – wie auch immer dieser definiert sein mag – abhängt, so sollte man nicht so kurz springen. Vereinfachende vorwissenschaftliche Auffassungen personalisieren häufig und suchen nach einem monokausalen Erklärungsansatz (vgl. Neuberger 1976; Steinle 1978). So wird etwa von der personalistischen Führungstheorie in ihrer klassischen Form behauptet, es seien letztlich „Führungseigenschaften", wie z.B. die Intelligenz, die Extraversion oder die Entscheidungsfreude, die den Führungserfolg bestimmen, während manche Führungsverhaltenstheorien behaupten, es sei der „Führungsstil", der alleine für den Erfolg ausschlaggebend ist. All solche Annahmen konnten empirisch falsifiziert werden (zusammenfassend Steinle 1987, 1995; Gebert/von Rosenstiel 2002; Neuberger 2002). Komplexere Annahmen sind erforderlich, innerhalb derer zumindest vier Variablen zu berücksichtigen sind, die jeweils natürlich weiter ausdifferenziert werden können. Abb. 1 – in Anlehnung an Wegge/von Rosenstiel (2004) – macht dies deutlich.

Abbildung 1: *Ein Rahmenmodell personaler Führung*

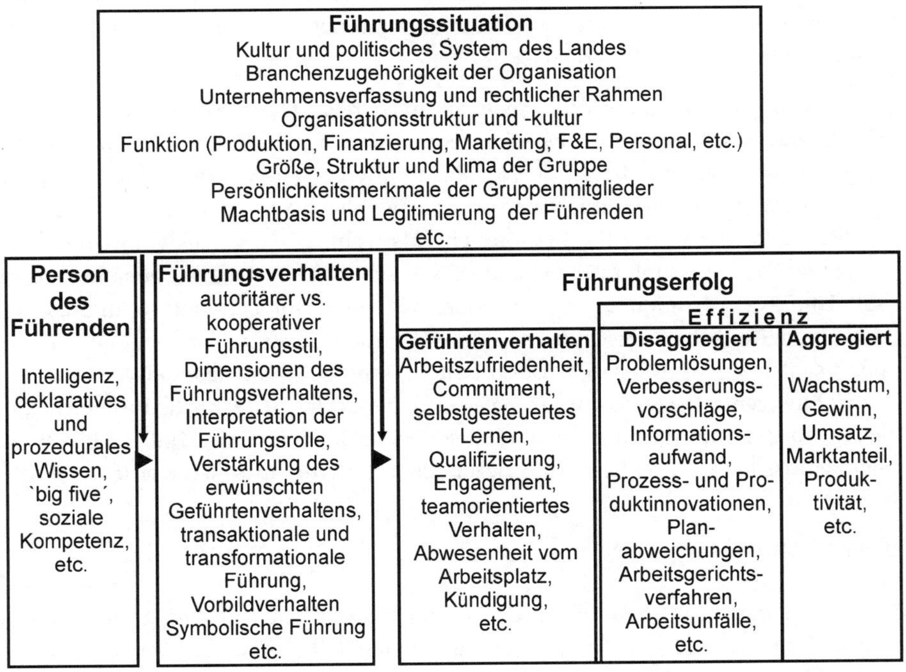

Man erkennt, dass der Führungserfolg vom Führungsverhalten abhängt. Jedoch wirkt nicht jedes Führungsverhalten in jeder Situation gleich, weshalb man die Führungssituation als Moderatorvariable berücksichtigen muss. Dabei ist diese Situation weit zu verstehen; sie reicht von Bedingungen des weiteren Kontextes, wie z.B. der Kultur, des politischen Systems eines Landes bis hin zur Größe der geführten Gruppe und den Merkmalen der Gruppenmitglieder. Das Verhalten des Führenden ist natürlich von seinen überdauernden Persönlichkeitsmerkmalen abhängig. Doch dies ist stets – was generell für die Erklärung menschlichen Verhaltens gilt – eine Funktion von Person und Situation (vgl. Lewin 1936). So wird ein Führender, z.B. bei der Koordination einer Projektgruppe mit hochqualifizierten und engagierten Mitarbeitern, anders führen als z.B. ein Werksleiter, bei dem angelernte gewerbliche Mitarbeiter letztlich ausschließlich des Geldes wegen ihren Aufgaben nachgehen. Für die Praxis, die ja von der Wissenschaft hilfreichen Rat erwartet, heißt dies nun:

- Den Führungserfolg klar bestimmen und mit wissenschaftlicher Unterstützung reliabel und valide operationalisieren und diesen Erfolg sodann bei Entscheidungen konsequent berücksichtigen – z.B. bei der Zuteilung von Belohnungen, bei Fördermaßnahmen, bei Beförderungen etc.

- Die Führungssituation sorgfältig analysieren und soweit wie möglich in einer führungsdienlichen Weise beeinflussen oder gar gestalten.

- Das Führungshandeln der Führenden in einer Weise schulen und entwickeln, dass es zum einen situationsgerecht und zum anderen den zuvor bestimmten Kriterien des Führungserfolges förderlich ist.

- Die Führungskräfte anforderungsgerecht auswählen. Diese Anforderungsgerechtigkeit ergibt sich nun zum einen aus den in der Situation liegenden Forderungen und zum anderen aus den in den Erfolgskriterien liegenden Herausforderungen. So wird man vermutlich andere Personen auswählen, wenn es um Aufgaben hochstrukturierter Art in der Produktion geht, als wenn z.B. erstmals vom Unternehmen eine Niederlassung in einem südostasiatischen „Tigerstaat" aufgebaut werden soll. Und es wird zudem auch eine andere Art von Person benötigt, wenn es gilt in einer von Konflikten geschüttelten Arbeitsgruppe den sozialen Frieden wieder herzustellen, als wenn das Ziel darin besteht, kurzfristig die Produktivität zu steigern. Eine zentrale Herausforderung liegt dabei in der Aufgabe, heute Führungskräfte für die Anforderungen von morgen auszuwählen und zu schulen, obwohl es relativ unsicher ist, wie diese Anforderungen in Zukunft aussehen werden.

Change als Situationsmerkmal

Während vor gar nicht allzu langer Zeit nachhaltige Veränderung im Unternehmen die Ausnahme war, so ist heute beständiger Wandel im Unternehmen nahezu die Regel. Es lässt sich konstatieren, dass Veränderung immer häufiger zu einem wesentlichen Situationsmerkmal für das Erleben und Handeln der Menschen im Unternehmen wird. Das ist von Bedeutung für die Auswahl von Führungskräften, die im Sinne eines der Merkmale der berühmten „Big Five" (vgl. McCrae/Costa 1997, 1999) in starkem Maße über „Offenheit für neue Erfahrungen" verfügen sollten. Sie könnten sonst der Gefahr erliegen, ihr heutiges Verhalten an positive Erfahrungen der Vergangenheit auszurichten. Zudem gilt es, bei der Entwicklung des Führungsverhaltens besonders darauf zu achten, dass Führende in die Lage gesetzt werden, in den ihnen anvertrauten Mitarbeitern die Bereitschaft zur Veränderung, zur aktiven Mitwirkung an Change Prozessen anzuregen. Diese Bereitschaft sollte nicht als selbstverständlich vorausgesetzt werden. Mitarbeiter für die Veränderung zu gewinnen, ist also eine zunehmend wichtiger werdende Führungsaufgabe, was nachfolgend zu zeigen sein wird.

4 Wandel im Unternehmen als Quelle der Verunsicherung

Prozesse des Wandels, selbst wenn sie von außen betrachtet für die Betroffenen kaum bedrohlich sind, führen meist nicht zu hoffnungsvoller Zuversicht, sondern zu einer von Angst geprägten Verunsicherung. Menschen wünschen – wenn auch nach Lebensphase und Situation in unterschiedlicher Weise (vgl. Bischof 2001) – das Vertraute zu bewahren, selbst wenn Ihnen klar ist, dass Veränderung unausweichlich ist. Der Florentiner Politikberater Niccolo Machiavelli schreibt hierzu an „den Fürsten":

„Dabei ist zu bedenken, dass… nichts so schwierig zu betreiben, so unsicher im Hinblick auf Erfolg und so gefährlich in der Durchführung ist, als die Vornahme der Neuerungen. Er (der Fürst) hat hierbei all die zum Feinde, für welche die alte Ordnung vorteilhaft ist und findet nur laue Verteidiger an denen, welchen die neue Vorteile bringen könnte. Diese Lauheit erklärt sich teils aus Furcht vor den Gegnern (…) teils aus dem Misstrauen der Menschen, die an das Neue nur glauben, wenn es eine lange Erfahrung für sich hat."

Woher kommt dieses Misstrauen dem Neuen gegenüber? Aus unserer Natur, unserer genetischen Programmierung, ergibt sich die Sehnsucht nach einer stabilen, unserer Natur gemäßen Welt. Da wir allerdings die Welt beständig – und zwar in einer sich beschleunigenden Weise – verändern, haben wir aufgrund unserer Fähigkeit zum Denken auch eingesehen, dass wir uns anzupassen und damit zu verändern haben oder gar weitere gezielte Änderungen im Umfeld vornehmen müssen. Daraus ergibt sich ein vielfach latenter, gelegentlich aber auch manifest werdender Konflikt intra- und interpersoneller Art: der Konflikt zwischen der Sehnsucht nach Stabilität und der Einsicht in die Notwendigkeit des Wandels.

Der Mensch als Täter - der Mensch als Opfer

Menschen verändern zunehmend die Welt, in der sie leben. Bei diesen Veränderungen allerdings herrscht kaum eine gerechte Verteilung des Einflusses. Faktisch sind wenige die Täter und viele die Opfer. Dies lässt sich aus Expertensicht wissenschaftlich beschreiben und aus dem Erleben von Betroffenen auf einer subjektiven Ebene nachzeichnen. Überraschend dabei ist freilich, dass auch Täter, die die Konsequenzen ihres Handelns nicht ausreichend bedacht haben, sich schließlich häufig als Opfer erleben, die die Kontrolle über ihre Situation verloren haben. Kontrollverlust aber ist für den erwachsenen Menschen in aller Regel eine Belastung, die zu Stresserleben führt. Für ihn ist – Argyris (1975) folgend – der Wunsch nach Unabhängigkeit, Aktivität, Kontrolle über die eigene Situation und einer langfristigen Zeitperspektive kennzeichnend.

Eine Mehrheit der Menschen wird bei Veränderungsprozessen – insbesondere bei solchen im Unternehmen – in diesen Bedürfnissen frustriert. Widerstand gegen die geplante Veränderung, selbst wenn sie objektiv Vorteile mit sich bringen würde, ist dann häufig die Folge (vgl. v. Rosenstiel/Comelli 2003).

„Bombenwurf“ versus „Organisationsentwicklung“

Es gibt eine Vielzahl von Strategien und Konzepten der Veränderung in Unternehmen (vgl. Reiß/v. Rosenstiel/Lanz 1997). Die Spannbreite soll holzschnittartig an zwei Extremformen sichtbar gemacht werden: Da ist zum einen die von Kirsch/Esser/Gabele (1979) so genannte „Strategie des Bombenwurfs“ (als prominentes Beispiel hierfür gilt das Business Process Reegineering). Wie der bildstarke Name verdeutlicht, wird hier ohne Einbezug der von der Änderung Betroffenen „von oben“ über ihre künftige Situation, über das von ihnen geforderte veränderte Verhalten entschieden. Hinter einer derartigen Vorgehensweisen stehen nicht selten vereinseitigte oder gar falsche Bilder der Organisation (vgl. Morgan 1997) und des Menschen (vgl. Ulich 2005).

Hat man vor Augen, dass die Mehrheit der Führungskräfte in Deutschland Naturwissenschaftler, Techniker oder Ingenieure sind, so verwundert es nicht, dass ihre implizite Organisationstheorie, ihre Metapher des Unternehmens, an der Maschine orientiert ist. Da wirkt alles nach den Regeln einer strengen Kausalität aufeinander: Wenn das große Zahnrad sich langsam dreht, müssen sich die kleinen, mit ihm verbundenen, schon gehörig sputen. Der Mensch wird zum „Rädchen im Getriebe“. Ein Rädchen fragt man nicht, wenn man die Maschine reparieren oder gar umkonstruieren möchte. Beim Veränderungsprozess wird der Einzelne zum gar nicht ernsthaft bedachten Opfer. Dass aber Menschen, denen die Kontrolle über ihre eigene Situation weitestgehend entzogen wird, die Änderung nicht mit Engagement mittragen, ist dann wenig verwunderlich. Hier liegt vermutlich einer der Gründe dafür, dass nahezu zwei Drittel aller Veränderungsprojekte in Organisationen scheitern oder doch zumindest ihre Ziele nur zum Teil erreichen.

Die Organisationsentwicklung (vgl. Gebert 2004) geht von einem anderen Organisationsbild aus, meist von dem eines soziotechnischen Systems, innerhalb dessen Menschen zielorientiert handeln und eigene Interessen mit jenen der Organisation in Übereinstimmung zu bringen suchen. Hier gilt bei Veränderungsprozessen die Maxime: soweit als möglich die „Betroffenen" zu „Beteiligten" zu machen, um auf diese Weise die Qualität der Entscheidungsprozesse zu verbessern und zugleich die Akzeptanz dieser Entscheidungen zu erhöhen. Aus „Opfern" werden auf diese Weise zumindest „Mittäter" gemacht. Ohne nun im Einzelnen aufzuzeigen, unter welchen Rahmenbedingungen Organisationsentwicklung überhaupt möglich ist, lässt sich aus psychologischer Perspektive fordern: „So wenig Bombenwurf wie nötig, so viel Organisationsentwicklung wie möglich!"

Die Mitarbeiter, die ja letztlich den geplanten Veränderungsprozess tragen und realisieren müssen, für die Änderung zu gewinnen, ist also in derartigen Situationen eine zentrale Führungsaufgabe. Wenn die Führenden aufgrund ihres unzutreffenden oder doch einseitigen Organisations- und Menschenbildes dies nicht sehen, ist Widerstand gegen die Veränderung und möglicherweise das Scheitern des gesamten Prozesses eine wahrscheinliche Konsequenz. Dies wiederum lenkt den Blick auf den Führenden und sein Handeln.

5 Transaktionale und transformationale Führung

Längst ist man darüber hinaus, in der personalen Führung ausschließlich die traditionellen Managementfunktionen Planen, Realisieren und Kontrollieren mit all ihren Differenzierungen und Unterpunkten zu sehen. Dennoch liegt vielen, auch psychologisch orientierten Konzepten eines wünschenswerten Führungsverhaltens ein nahezu ausschließlich rational-funktionales Verständnis zugrunde. Führungskonzepte, wie das „Managerial Grid" (vgl. Blake/Mouton 1964), das Führen mit Zielvereinbarungen („MbO") „Management by Delegation", das Führen im Ausnahmefall „Management by Exception" oder die Weg-Ziel-Theorien der Führung (vgl. Evans 1970; House 1971), gehen von diesem rational-funktionalen Verständnis der personalen Führung aus, welches sich letztlich als transaktional interpretieren lässt. Der Mitarbeiter bietet etwas an, z.B. seine Leistung, seine Loyalität, seine Kooperationsbereitschaft und erhält dafür von seinem Vorgesetzen das, was ihm wichtig ist, z.B. Wertschätzung, Lob oder Förderung. Sicherlich sind auch – das zeigt die empirische Forschung – damit vielfältige Wirkungen personaler Führung erklärbar.

Aber ist das alles? Gibt es nicht auch besondere Qualitäten der Führung, die bewirken, dass sich der Mitarbeiter engagiert, ohne direkte Gegenleistung zu erwarten? Im klassischen Konzept der charismatischen Führung bei Max Weber (1921) wurde so etwas postuliert. Im Konzept der transformationalen Führung ist ein ähnlicher Gedanke wieder auferstanden und hat beachtliche Forschungsaktivitäten ausgelöst (vgl. Bass/Avolio 1990; Geyer/Steyrer 1998; Felfe 2003; Neuberger 2002; Felfe 2006). Das Konzept nimmt an, dass eine zentrale Wirkung von Führung darin bestehen kann, dass der Mitarbeiter transformiert – verwandelt – wird und zwar in einer Weise, die ihn zum altruistischen Handeln motiviert, also zum Engagement für bestimmte Personen oder Ziele, ohne eine Gegenleistung zu erwarten. Es werden mit Charisma, inspirierender Motivierung, intellektueller Stimulierung, individueller Wertschätzung vier miteinander positiv korrelierende Facetten der transformationalen Führung unterschieden.

Transaktionale Führung – zusammengesetzt aus „Management by Exception“ und „bedingter Belohnung“ – und transformationale Führung schließen einander nicht aus, sondern können sich – folgen wir Bass/Avolio (1990) – sehr wohl ergänzen. Die transaktionale Führung hat bei Mitarbeitern die erwartete Anstrengung und somit den erwarteten Erfolg zur Konsequenz, während die transformationale darüber hinaus eine „Extra-Anstrengung“ bedingt, die dann zu einem Erfolg über die Erwartungen hinaus führt. Abb. 2 verdeutlicht dies:

Abbildung 2: *Das Zusammenspiel von tranformationaler und transaktionaler Führung*

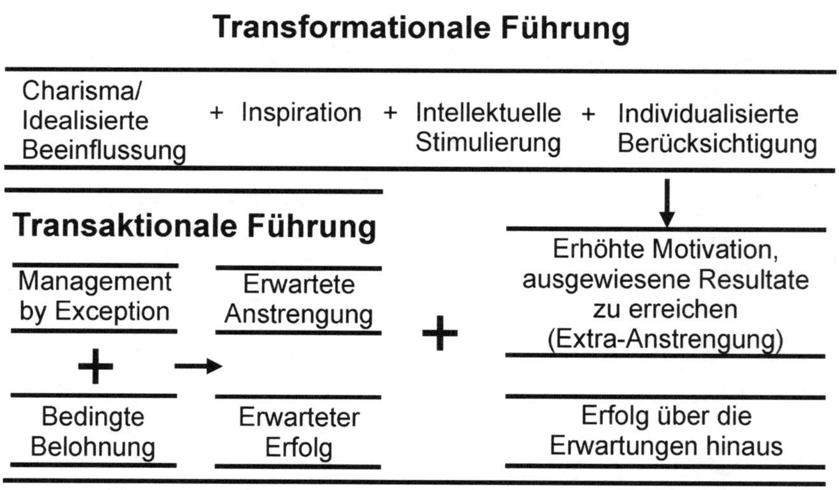

Die beachtliche Orientierung und Sicherheit gebende sowie die motivierende Wirkung der transformationalen Führung wurden in der Zwischenzeit vielfach nachgewiesen (vgl. Tracey/Hinkin 1998; Geyer/Steyrer 1998; Gebert/v. Rosenstiel 2002; Felfe 2006), wobei diese Wirkung besonders intensiv in solchen Situationen zu sein scheint, die Verunsicherung auslösen, wie es für Change Prozesse gilt (vgl. Yukl 1998; Neuberger 2002).

6 Ein Dilemma: Sicherheit vorleben in Situationen der Verunsicherung

Veränderungsprozesse in Organisationen sind durch eine Vielzahl von Paradoxien gekennzeichnet. So gilt es

- eine Vision der wünschenswerten Zukunft zu entwerfen und dennoch das Vergangene nicht als fehlerhaft zu brandmarken, sondern es zu rechtfertigen,
- zur Begeisterung zu motivieren und dennoch die Lage nüchtern zu beurteilen,
- überlegt zu handeln trotz fast stets gegebenen Zeitdrucks,
- Vertrauen bei den Mitarbeitern aufzubauen und zugleich zu erkennen, dass durch den Veränderungsprozess Frustration, Unsicherheit und Angst unvermeidbar sind,
- großes Engagement zu zeigen und sich dabei bewusst zu sein, dass gerade dadurch Burnout droht.

Für die Führung in Veränderungssituationen gilt in besonderem Maße, was Neuberger (1983) ganz generell für die Führung annimmt: Sie sei ein Handeln in Widersprüchen. Einer dieser Widersprüche in Situationen des Wandels besteht nun spezifisch darin, dass die Mitarbeiter vom Führenden aufgrund von Verunsicherungen Orientierung und Sicherheit erwarten. Der Führende muss entsprechend handeln, selbst dann, wenn er selbst orientierungslos und verunsichert ist. Pfeffer (1981) hat darauf verwiesen, dass eine wichtige Funktion der Führung darin besteht, den Glauben an die Relevanz der Führung zu stabilisieren, um einerseits das Vertrauen der Mitarbeiter in die Führung nicht zu untergraben und andererseits das Gefühl der Verantwortlichkeit der Führungskräfte nicht zu unterminieren. Führung habe über bestimmte Symbolhandlungen und Rituale zur Aufrechterhaltung funktionaler Ideologien beizutragen, um so Entscheidungsakzeptanz sicherzustellen und Gewissheit und Orientierung in einer komplex determinierten Welt bei den Mitarbeitern zu vermitteln, obwohl es sich dabei häufig um Pseudogewissheit und Pseudoorientierung handele.

7 Handlungsempfehlungen für Leadership in Changeprozessen

Wer als Führender Verantwortung oder Mitverantwortung für Changeprozesse im Unternehmen trägt, sollte wissen, welche typischen Fehler vermieden werden sollten sowie welche Handlungen einen positiven Effekt ausüben und einen positiven Beitrag zur Vermittlung von Orientierung und Sicherheit liefern können.

Folgen wir Kotter (1982), dann werden von den für den Changeprozess Verantwortlichen ganz typische und folgenschwere Fehler gemacht, die es zu vermeiden gilt:

- kein ausreichendes Gespür für die Dringlichkeit,
- Fehlen einer mächtigen Koalition der Erneuerung,
- Versäumnis, eine Vision zu entwerfen,
- unzulängliche Vermittlung der Vision,
- entgegenstehende Hürden werden nicht weggeräumt,
- kurzfristige Erfolge werden nicht systematisch vorbereitet,
- zu frühes Ansetzen von Siegesfeiern,
- keine Verankerung des Neuen in der Unternehmenskultur.

Aber selbstverständlich geht es nicht nur um das Vermeiden von Fehlern, sondern es sollte positiv gehandelt werden. Dabei könnte sich der Führende an den nachfolgenden knapp formulierten „Geboten" orientieren:

- Entwerfe eine glaubhafte, motivierende und konkrete Vision!
- Kommuniziere sie durch Bilder, Symbole und knappe sprachliche Formen!
- Informiere umfassend und rechtzeitig im Gespräch!
- Begründe überzeugend die Notwendigkeit des Wandels!
- Höre gut zu und diskutiere mit den Betroffenen!
- Betone die Stabilität im Wandel!
- Motiviere zur Veränderung und betone positive Konsequenzen des erfolgreichen Prozesses!
- Qualifiziere rechtzeitig für die kommenden zu erwartenden Anforderungen!
- Ziehe die Betroffenen in die Entscheidung mit ein, damit aus Opfern zumindest „Mittäter" werden!
- Gehe sichtbar menschlich und fair mit den Verlierern des Changeprozesses um!
- Sichere Dir ein loyales Team, mit dem Du auch schwierige Phasen meistern kannst!
- Lebe selbst Veränderungsbereitschaft vor!
- Sorge dafür, dass es nicht nur zu „Blut, Schweiß und Tränen" kommt, sondern feiere mit allen Beteiligten das Erreichen von Zwischenzielen!

Literatur

Argyris, C. (1975): Das Individuum und die Organisation; in: Türk, K. (Hrsg.), Organisationstheorie, Hamburg, S. 215-233

Bass, B./Avolio, B. (1990): Transformational Leadership Development: Manual for the Multifactor Leadership Questionaire, Palo Alto

Bischof, N. (2001): Das Rätsel Ödipus: die biologischen Wurzeln des Urkonflikts von Intimität und Autonomie, 5. Aufl., München

Blake, R. R./Mouton, J. S. (1964): The Managerial Grid, Houston

Conger, J. A. (1989): The Charismatic Leader: Behind the Mystique of Exceptional Leadership, San Francisco

Conger, J. A./Kanungo, R. N. (1987): Toward a Behavioral Theory of Charismatic Leadership in Organizational Settings; in: Academy of Management Review, 12. Jg., H. 4, S. 637-647

Conger, J. A./Kanungo, R. N. (1994): Charismatic Leadership in Organizations: Perceived Behavioral Attributes and their Measurement; in: Journal of Organizational Behavior, 15. Jg., H. 5, S. 439-452

Erikson, E. H. (1971): Kindheit und Gesellschaft, 4. Aufl., Stuttgart

Evans, M. G. (1970): The Effects of Supervisory Behavior on the Path-Goal Relationship; in: Organizational Behavior and Human Performance, 5. Jg., S. 277-298

Felfe, J. (2003): Transformationale und charismatische Führung und Commitment im organisationalen Wandel, Halle

Felfe, J. (2006): TRansformationale und charismatische Führung – Stand der Forschung und aktuelle Entwicklungen; in: Zeitschrift für Personalpsychologie, 5, S. 163-176

Gebert, D. (2007): Organisationsentwicklung; in: Schuler, H. (Hrsg.), Lehrbuch Organisationspsychologie, 4. Aufl., Bern, S. 601-616

Gebert, D./Rosenstiel, L. v. (2002): Organisationspsychologie: Organisation und Person, 5., aktualisierte und erweiterte Aufl., Stuttgart

Geyer, A./Steyrer, J. (1998): Messung und Erfolgswirksamkeit transformationaler Führung; in: ZfP, 12. Jg., H. 4, S. 377-401

House, R. J. (1971): A Path Goal Theory of Leader Effectiveness; in: Administrative Science Quarterly, 16. Jg., H. 3, S. 321-338

Kirsch, W./Esser, W. M./Gabele, E. (1979): Das Management des geplanten Wandels von Organisationen, Stuttgart

Kotter, J. P. (1982): The General Managers, New York

Lewin, K. (1936): Principles of Topological Psychology, New York

McCrae, R. R./Costa, P. T. (1997): Personality Structure as an Human Universal; in: American Psychologist, 52. Jg., H. 5, S. 509-516

McCrae, R. R./Costa, P. T. (1999): A Five-Factor Theory of Personality; in: Pervin, L. A./ John, O. P. (Hrsg.), Handbook of Personality: Theory und Research, 2. Aufl., New York, S. 509-516

Morgan, G. (1997): Bilder der Organisation, Stuttgart

Neuberger, O. (1976): Führungsverhalten und Führungserfolg, Berlin

Neuberger, O. (1983): Führung als widersprüchliches Handeln; in: Psychologie und Praxis, 27. Jg., H. 1, S. 22-32

Neuberger, O. (2002): Führen und führen lassen: Ansätze, Ergebnisse und Kritik der Führungsforschung, 6., völlig neu bearbeitete und erweiterte Aufl., Stuttgart

Pfeffer, J. (1981): Power in Organizations, Marshfield

Reiß, M./Rosenstiel, L. v./Lanz, A. (Hrsg.) (1997): Change Management: Programme, Projekte und Prozesse, Stuttgart

Rosenstiel, L./Comelli, G. (2003): Führung zwischen Stabilität und Wandel,München

Rosenstiel, L. v./Molt, W./Rüttinger, B. (2005): Organisationspsychologie, 9., vollständig überarbeitete und erweiterte Aufl., Stuttgart

Steinle, C. (1978): Führung: Grundlagen, Prozesse und Modelle der Führung in der Unternehmung, Stuttgart

Steinle, C. (1987): Führungskonzepte und ihre Implementation; in: Kieser, A./Reber, G./Wunderer, R. (Hrsg.), Handwörterbuch der Führung, Stuttgart, Sp. 576-590

Steinle, C. (1995): Führungsdefinitionen; in: Kieser, A./Reber, G./Wunderer, R. (Hrsg.), Handwörterbuch der Führung, 2., neugestaltete Aufl., Stuttgart, Sp. 523-533

Steyrer, J. (1999): Charisma in Organisationen – Zum Stand der Theorienbildung und empirischen Forschung; in: Schreyögg, G./Sydow, J. (Hrsg.), Führung neu gesehen. Managementforschung, 9, Berlin, S. 143-197

Tracey, J. B./Hinkin, T. R. (1998): Transformational Leadership or Effective Managerial Pracitces?; in: Group & organization management, 23. Jg., H. 3, S. 220-236

Ulich, E. (2005): Arbeitspsychologie, 6., vollständig neubearbeitete und erweiterte Aufl., Zürich

Weber, M. (1921): Wirtschaft und Gesellschaft: Grundriss der verstehenden Soziologie, Köln

Wegge, J. (2004): Führung von Arbeitsgruppen, Göttingen

Wegge, J./Rosenstiel, L. v. (2004): Führung; in: Schuler, H. (Hrsg.), Lehrbuch Organisationspsychologie, 3., vollständig überarbeitete und erweiterte Aufl., Bern, S. 475-512

Yukl, G. A. (1998): Leadership in organizations, 4. Aufl., Upper Saddle River

Hans-Gerd Ridder, Christina Hoon

Führung in Teams

„Geteilte Führung“ als Beitrag zum Führungsprozess

1 Führung: Paradoxien und Widersprüche

Führung in Teams – das scheint ein Widerspruch in sich zu sein: Auf der einen Seite wird hartnäckig von Bestsellerautoren und Managementgurus die Bedeutung der Führer für den Unternehmenserfolg herausgestellt, und in immer neuen Wellen werden Eigenschaften, Herkunft, Erziehung, Entwicklung und Trainingsprogramme als Voraussetzung oder Garanten für den Erfolg von Teams herausgearbeitet. Andererseits wird in ressourcenorientierten Theorien argumentiert, dass der einzelne Teamführer keinen Wettbewerbsvorteil mehr darstellt (vgl. Ridder et al. 2001, S. 77ff.). Entsprechend wird in empirischen Untersuchungen aufgezeigt, dass eher das Team an sich als Wettbewerbsvorteil interpretiert werden kann (z.B. Marta et al. 2005). Unterschiedliche Fähigkeiten, Verhaltensweisen und die darauf basierenden Erfahrungen von Teams stellen eine spezifische Ressource dar, die in ihrer heterogenen Zusammensetzung unterschiedliche Stärken kombiniert. Gleichzeitig wird nach außen nicht sichtbar, worauf der Erfolg von Teams zurückzuführen ist. Das Abwerben eines Teammitglieds oder des Teamführers aus einem erfolgreichen Team enthält das schwer wiegende Risiko, die Erfolgsursache nicht eindeutig identifiziert zu haben.

Der belletristischen Bedeutung von Führung steht auch der Abbau von Hierarchien gegenüber, also das Eingeständnis, dass man auf bestimmten Hierarchieebenen auf personale Führung verzichten kann (vgl. Ridder 2009, S. 299ff.). Aber auch jenseits der vertikalen Verschlankung wird die horizontale Zusammenarbeit weniger durch die Dominanz von Führerpersönlichkeiten gekennzeichnet, sondern die Bedeutung von Teams herausgestellt. Studien zeigen, dass zwei Drittel der Fortune 500 Unternehmen Formen der Teamarbeit in ihrem Unternehmen einsetzen (vgl. Sivasubramaniam et al. 2002). Diese Teams sind immer häufiger als kurzfristige, vorübergehende Projektteams mit wechselndem Arbeitsauftrag organisiert, in denen sich die Teammitglieder auf der gleichen hierarchischen Ebene befinden und in denen der Teamleiter nicht notwendigerweise als eine hierarchisch höhergestellte Führungskraft ausgezeichnet wird.

Besonders wird die veränderte Bedeutung von Führung in Teams in der Zunahme internationaler R&D Kooperationen oder in der Projektarbeit von multinationalen

Konzernen deutlich. Teammitglieder haben keinen direkten Kontakt, sind geographisch verteilt und kommunizieren zeitlich versetzt über elektronische Medien. Der damit verbundene Wechsel in der Funktion von Führung ist bedeutsam, da sich Führung nun nicht mehr in der hierarchisch behaglichen Dyade eines Führers und eines Geführten abspielt, sondern Teams sich schnell verändernde Aufgaben aneignen und gemeinsam bewältigen. Daraus kann geschlossen werden, dass Führung in Zukunft im Sinne eines „who will lead und who will follow" als Teamphänomen zu verstehen ist (vgl. DeRue/Ashford 2010).

2 Führung als Prozess des Organisierens

In der traditionellen Führungsforschung wird Führung von Teams aus einer Input-Perspektive betrachtet, und es wird davon ausgegangen, dass die Führungskraft die Leistung des Teams positiv beeinflusst (vgl. Ridder/Schirmer 2011). Der individuelle Führer mit seinen spezifischen Fähigkeiten, Eigenschaften oder Attributen wie z.B. Charisma wird als Inputfaktor begriffen, der auf den Teamprozess und die Leistung von Teams Einfluss nimmt (vgl. Salas et al. 2004). Der Führer bringt Kompetenzen wie Führungswissen und Führungserfahrung in das Team ein. Diese Kompetenzen des Führers sollen die Teamprozesse beeinflussen, so dass sich die Fähigkeit des Teams verbessert, Ziele zu formulieren und zu implementieren, Handlungen zu koordinieren oder interpersonal Teamkonflikte zu lösen. Allerdings ist eine wissenschaftliche Bestätigung für einen Zusammenhang von spezifischen Führungseigenschaften oder Führungsstilen und dem Erfolg von Teams nicht in Sicht.

Auch die Annahme, dass die Situation, in der ein Führungsstil eingesetzt wird, den Erfolg eines spezifischen Führungsstils determiniert, hat sich als Sackgasse erwiesen. In dieser Perspektive hätte der Führer zu analysieren, in welcher Situation sich ein Team befindet, um auf dieser Basis den adäquaten Führungsstil zu praktizieren. Genau hier liegt aber auch das Problem. Wie kann man eine unendliche Anzahl von sich verändernden Situationen, in denen sich Teams tagtäglich befinden, so modellieren, dass anwendbare Führungsstilempfehlungen ermöglicht werden?

In den aktuellen Beiträgen zu Führung und Teamführung sieht sich der Leser mit einer stärker werdenden Adjektivierung der Führungsforschung konfrontiert. Immer mehr Autoren propagieren den transaktionalen, transformationalen, emotionalen, authentischen oder spirituellen Führer und versuchen beispielsweise, Team- und Führungsphänomene durch spirituelles Führungsverhalten auf der Basis von Hoffnung, Zuversicht und den Glauben an eine überzeugende Vision zu erklären (vgl. Fry 2005).

Mit Blick auf die Führungsforschung spricht Steinle (2005, S. 600) in einer Bewertung von Theorien der Führung deshalb zutreffend von „Theoriesplittern", die selbst in der

Klassifikation und systematischen Ordnung erhebliche Unterschiede aufweisen. Zudem fokussiert die Führungsforschung stark auf die Person des Führers und seines Führungsverhaltens und gibt wenig Hinweise darauf, wie sich *Führung innerhalb eines Teams oder durch das Team* entwickelt. Auch wir halten die vereinfachenden Annahmen der traditionellen Führungsforschung mit ihrer Konzentration auf den Führer im Hinblick auf veränderte praktische Anforderungen bei der Führung von Teams für wenig hilfreich. Wir präferieren deshalb eine Sichtweise, in der Führung einen komplexen Prozess darstellt, in dem Führer sowohl die Aufgabe als auch die Führung ihrer Mitarbeiter zu organisieren haben (vgl. Ridder 2009, S. 317ff).

Wir betrachten in Anlehnung an Weick (1995) Führung als einen Prozess des *Organisierens*. Diese Sichtweise enthält zwar auch nur eine partielle Betrachtung des Führungsprozesses, hat allerdings den Vorzug, diesen Prozess als wechselseitige Beeinflussung von Führern und Geführten zu interpretieren, die sich mit verändernden Situationen auseinander zu setzen haben. Der Organisationsbegriff umfasst heterogene Ziele, unterschiedliche Machtrelationen und divergente Wahrnehmungen. Die Organisation der Zusammenarbeit wird in diesem Führungsverständnis damit nicht einseitig dem Führer oder dem Geführten oder der Situation überantwortet, sondern Führen als Prozess des Organisierens setzt ein Verständnis für unterschiedliche Wahrnehmung, wechselseitige Beurteilung und interagierende Lernprozesse voraus (vgl. Weick 1995, S. 130ff.). Führung als wechselseitiges Organisieren ist gekennzeichnet durch die unterschiedliche (meist interessengeleitete) Wahrnehmung der Situation zwischen Führern und Geführten. Ein großer Teil der Unterschiedlichkeit von Wirkungen des Führungsverhaltens könnte damit erklärt werden, dass Interventionen des Führers unterschiedlich wahrgenommen und beurteilt werden. Es käme dann weniger darauf an, was der Führer für Verhaltensweisen an den Tag legt, sondern wie der Geführte diese Verhaltensweisen wahrnimmt. Im Zusammenhang mit Führung geht es also darum, wie Führungskräfte sich Verhalten von Mitarbeitern erklären und daraus ihre Schlüsse für weiteres Verhalten ziehen, und wie sich wiederum auch die Mitarbeiter das Verhalten von Führungskräften erklären (vgl. Schubert 2002). Zudem wird in der Perspektive des Prozesses des Organisierens deutlich, dass die Geführten im Rahmen wechselseitiger Beurteilung ihre Erfahrungen mit Vorgesetzten machen und interagierende Lernprozesse starten. Vorgesetzte können Vorbilder, aber auch abschreckendes Beispiel sein. Aber auch der Führer lernt, dass seine Verhaltensweisen bei verschiedenen Mitarbeitern unterschiedliche Auswirkungen haben können, die er bei den nächsten Interventionen berücksichtigen wird. Führer sind in der Erfüllung ihrer Aufgabe darauf angewiesen, mit mehreren oder wechselnden Geführten zu kooperieren. Da aber jeder Geführte über andere Kenntnisse, unterschiedliches Selbstbewusstsein, Verbalisierungsvermögen u.ä. verfügt, wird sich die Führungsbeziehung auch immer entsprechend unterschiedlich entwickeln. Auch hier kann argumentiert werden, dass die Führungsprozesse aus unterschiedlichen Interpretationen gespeist werden und deshalb Heterogenität erzeugen. Führung als Organisieren auf der Basis unterschiedlicher

Wahrnehmungen und Beurteilung der wechselseitigen Verhaltensweisen ist also weder eine Einbahnstraße von Führern zu Geführten, noch ist sie eine Einmalschleife.

Weick hat in seinem Klassiker die wechselseitige Beeinflussung von Personen in Organisationen, daraus resultierende Strukturen und den erneuten Einfluss dieser Strukturen auf die Kommunikation von Menschen in seiner Analyse des Organisationsprozesses als Wechselspiel von Interakten und Prozessen herausgearbeitet (vgl. Weick 1995). Einerseits verfügen Führungskräfte über legitimierte Macht und über aufgabenspezifische Qualifikationen, die sie im Führungsprozess einsetzen. Andererseits werden Mitarbeiter – unterschiedlich – auf das Führungsangebot reagieren. Jeder Arbeitnehmer lernt, die Interventionen des Vorgesetzten zu bewältigen. In Abhängigkeit von Kenntnissen, Erfahrung und Persönlichkeit werden die Reaktionen unterschiedlich ausfallen. Nun lernt aber auch der Vorgesetzte, dass Arbeitnehmer unterschiedlich auf seine Interventionen reagieren, und er wird seinerseits in der Zukunft differenzierte Interventionen vornehmen. Auf diese Weise entstehen eingespielte Praktiken, in denen alle Beteiligten ihre Interessen wahren wollen, aber gleichzeitig die Aufgabe erfüllen müssen. Wichtig ist in diesem Zusammenhang, dass es nicht notwendig ist, dass die Personen im Hinblick auf ihre Ziele übereinstimmen, sondern es ist hinreichend, dass Personen Vorstellungen haben, dass die Zusammenarbeit mit anderen Menschen ihren Zielen dient. Die Beständigkeit von Organisationen entsteht damit dadurch, dass Menschen Mittel koordinieren und durch ineinander greifendes, wiederholendes Verhalten komplexe Organisationsstrukturen aufbauen oder immer wieder neu bestätigen. Die Flexibilität von Organisationen entsteht dadurch, dass Menschen in Organisationen bereit sind, diese Koordination an sich verändernde Umwelten anzupassen, wenn sie nicht durch starre Regeln, Hierarchien oder selbstherrliche Führer daran gehindert werden (vgl. Jensen 2004). Führung in Teams – so könnte man zusammenfassend argumentieren – verteilt sich in Abhängigkeit von wechselnden Aufgaben und daraus resultierenden Prozessen der Zusammenarbeit.

3 Geteilte Teamführung als Prozess des Organisierens

In der neueren Literatur wird Führung unter der Perspektive der geteilten Führung betrachtet (vgl. Pearce/Conger 2003). Das Konzept der geteilten Führung steht im Gegensatz zu einer vertikalen Führungsannahme, in der ein hierarchisch höhergestellter und extern zum Team positionierter Führer formale Autorität über eine Gruppe hat und damit für die Teamprozesse und den Teamerfolg verantwortlich zeichnet (vgl. Carson et al. 2007). Geteilte Führung ist vielmehr als ein dynamischer, interaktiver Prozess der Beeinflussung zwischen Individuen in Gruppen zu verstehen, dessen Ziel es ist, gemeinsam Gruppen- oder Organisationszielen zu erreichen (vgl. Pearce/Conger 2003, S. 1). Dieser Beeinflussungsprozess umfasst häufig horizontale und laterale Aktivitäten, drückt sich aber auch durch upward oder downward gerichtetes Führungshandeln aus. Im Gegensatz zur vollkommen führerlosen, kollektiven Handlung ist die geteilte Führung eher als Koexistenz zwischen vertikaler Führung und der Führung durch das Team zu verstehen (z.B. Pearce 2004; Sivasubramaniam et al. 2002). So nimmt in der Regel ein vertikaler Führer, der außerhalb des Teams verortet ist, Einfluss auf die Teamaktivitäten und unterstützt die Zusammenarbeit im Team (vgl. Avolio et al. 2003). Insbesondere zu Projektbeginn übernimmt der vertikale Führer die Formulierung von Zielen, die Bestimmung von individuellen und kollektiven Erwartungen, die Festsetzung von Teamrollen oder die Bereitstellung von personellen und materiellen Ressourcen. Die Verantwortung, Aufgaben, Rollen und Funktionen von Führung sind jedoch über die Teammitglieder verteilt. Einzelne Teammitglieder engagieren sich in Aktivitäten, die das Team in seinem Handeln steuern, motivieren oder unterstützen. Durch die Interaktionen der Teammitglieder untereinander und die damit verbundene Übernahme von Verantwortung für das Team und seinen Erfolg entstehen kollektive Führungsmuster, die sich als feste Strukturen oder Netzwerke verstehen lassen (vgl. Carson et al. 2007). Diese beeinflussen wiederum das Team, die Aktivitäten einzelner Mitglieder sowie den Teamerfolg. Führung ist damit nicht auf den einzelnen Führer konzentriert, sondern bildet sich in einem kollaborativen Prozess aus den wechselseitigen Aktionen und Interaktionen der Teammitglieder heraus und ist daher als geteilte Führung zu verstehen (vgl. Ensley et al. 2006).

Die geteilte Führung wird insbesondere bei der Betrachtung von Projektteams deutlich, in denen hoch qualifizierte und erfahrene Mitglieder über einen begrenzten Zeitraum virtuell spezifische Problemlösungen erarbeiten. Entsprechend ihrer Expertise und Erfahrung übernehmen einzelne Teammitglieder für spezifische Teamaufgaben eine Führungsfunktion, lassen sich aber gleichzeitig in anderen Feldern von Teammitgliedern führen (vgl. Day et al. 2004). Im Zuge der Projektarbeit engagieren sich die verschiedenen Mitglieder daher in Aktivitäten des Führens und lassen sich von Mitgliedern führen. Im Rahmen des sozialen Austauschprozesses beeinflusst die Führung im Team somit auch den vertikalen Führer in Bezug auf die Aktivitäten der Sinnfindung, Problembenennung, Erarbeitung von Lösungen sowie die Beurteilung unterschiedlicher Alternativen (vgl. Pearce/Conger 2003).

Empirische Studien zur Transition von Führungsverantwortung von einem formalen Führer auf das Team geben Hinweise auf den Einfluss von geteilter Führung auf den Teamerfolg (vgl. Pearce 2004). In einer Untersuchung zum Projekterfolg im Kontext virtueller Zusammenarbeit wird deutlich, dass die geteilten Führungsaktivitäten dazu beitragen, individuelle Sichtweisen zu bündeln und gemeinsame Teamziele und Teamwerte herauszubilden (vgl. Carson et al. 2007). Die hohe Identifikation mit dem Team, eine geteilte Vision sowie die enge Interaktion der Teammitglieder untereinander nehmen dabei positiven Einfluss auf den Projekterfolg und stärken die Herausbildung weiterer Teamführung (vgl. Ensley et al. 2006).

Auch wenn die Arbeiten einen guten Einblick in Teamprozesse und Teamführung geben, wird nicht immer deutlich, in welcher Form sich die Führungsprozesse im Sinne der Führung durch den formellen Führer und die Teamführung entwickeln. U. E. ist Führung in Teams als Prozess der wechselseitigen Beeinflussung von Führern und Geführten zu verstehen, die sich mit verändernden Situationen auseinander zu setzen haben. Sie sind in der Erfüllung ihrer Aufgabe darauf angewiesen, mit mehreren und wechselnden Teammitgliedern zu kooperieren. Da aber jedes Teammitglied über andere Kenntnisse, unterschiedliches Selbstbewusstsein, Erfahrungen u.ä. verfügt, wird sich die Führungsbeziehung auch immer entsprechend unterschiedlich entwickeln. Im Sinne der Prozesse des Organisierens gehen wir davon aus, dass sich im Laufe der Teamprozesse spezifische Muster und Routinen herausbilden (vgl. Weick 1995; Weick et al. 2000). Diese Muster resultieren aus der wechselseitigen Beziehung zwischen Teammitgliedern, vertikalem Führer und Teamprozessen. Jedes Teammitglied hat eine ihm zugesprochene Aufgabe zu erfüllen, die durch das gemeinsam vorangestellte Teamziel beeinflusst wird. Erfolgreiche Teams zeichnen sich durch eine sehr enge Interaktion und wechselseitige Zusammenarbeit aus. Die starke Interaktion im Team ermöglicht die Überwachung der Zielerfüllung des Einzelnen durch das Team und trägt dazu bei, Fehler und Abweichungen frühzeitig zu erkennen und im Team entsprechende Anpassungen vornehmen zu können. Durch die enge Kommunikation und Interaktion im Team findet eine wechselseitige Beeinflussung und Absprache statt, in der die einzelnen Teammitglieder gegenseitig den Stand der Aufgabenerfüllung beobachten. Neben der fortschreitenden Aufgabenkontrolle ermöglichen es diese Prozesse zudem, dass sich einzelne Teammitglieder untereinander Unterstützung bieten können, wenn es die Situation erfordert. Aus dem engen Austausch im Team resultiert zudem die Möglichkeit der Teammitglieder, ausgehend vom Stand der Aufgabenerfüllung, Abweichungen gegenüber dem formulierten Teamziel zu erkennen und jederzeit durchgeführte Aktionen und Handlungen anzupassen. Während also das Team die Zielerfüllung des Einzelnen reglementiert, Anpassungen vornimmt und Unterstützungsleistungen organisiert, nimmt jedoch auch der Teamführer durch formale Interventionen Einfluss auf das Team und seine Aufgabenerfüllung. Im Laufe der Teamprozesse lernt der Vorgesetzte, dass die Teammitglieder unterschiedlich auf seine Interventionen reagieren, und er wird seinerseits in der Zukunft differenzierte Interventionen vornehmen. Im Verlauf der Teamaktivitäten bilden sich gemeinsame Bilder und Orientierungen heraus, die für die einzelnen Teammitglieder sinnstiftend für weitere Teamaufgaben sind. Diese wechselseitigen Interventionen stellen Führungshandlungen dar, die aus den Teamprozessen resultieren. Teamführung lässt sich daher als wechselseitige Beeinflussung von Personen in Organisationen, daraus resultierenden Strukturen und den erneuten Einfluss dieser Strukturen auf die Kommunikation von Menschen begreifen (vgl. Weick 1995).

4 Schlussbetrachtung

In Zukunft sind weniger Führungseigenschaften und -verhalten von Bedeutung, sondern Prozesse, in denen Führungskräfte die Leistungsbereitschaft der Mitarbeiter fördern (vgl. Ridder et al. 2001). Insofern konzentrieren sich neuere Ansätze der Führungsforschung weniger auf die Frage, ob Führende in Teams intervenieren und dabei erfolgreich sind, sondern „... seeks to expand the focus to include ways that leadership is drawn from – instead of only added to – teams as a function of the processes associated with people working together to accomplish shared work" (Day et al. 2004, S. 858). Somit verändert Führung seine Funktion, wenn Organisationen darauf angewiesen sind, dass Teams in sich schnell ändernden Situationen richtige Entscheidungen treffen. Je volatiler die Umwelt, um so eher muss die Fähigkeit von Führern und Geführten gefördert werden, die Teamprozesse der Zusammenarbeit den sich ändernden Umständen anzupassen (vgl. Day et al. 2004). Im Gegensatz zur hierarchischen, formalen Führer-Geführten-Beziehung stellt sich Führung in diesen Kontexten dar als „... a far more complex process, involving a dynamic give-and-take" (vgl. Pearce et al. 2007, S. 282). Teamführung ist deshalb als wechselseitige Einflussnahme von und auf Teammitglieder(n) zu verstehen, in der aus dynamischen, interaktiven Beziehungen zwischen den Individuen eines Teams Führungshandeln resultiert. Ziel der Führung als Prozess des Organisierens ist es daher, Teamprozesse zu etablieren, die das Team darin fördern, aus den Teamaktivitäten heraus Führungsprozesse zu generieren.

Literatur

Avolio, B. J./Sivasubramaniam, N./Murry, W. D./Jung, D./Garner, J. W. (2003): Assessing Shared Leadership: Development and Preliminary Validation of a Team Multifactor Leadership Questionnaire. In: Pearce, C. L./Conger, J. A. (Hrsg.): Shared Leadership: Reframing the Hows and Whys of Leadership, Thousand Oaks, S. 141-172

Carson, J. B./Tesluk, P. E./Marrone, J. A.(2007): Shared Leadership in Teams: An Investigation of Antecedent Conditions and Performance; in: Academy of Management Journal, 50, 5, S. 1217–1234

Day, D. V./Gronn, P./Salas, E. (2004): Leadership Capacity in Teams; in: The Leadership Quarterly, 15, S. 857-880

Ensley, M. D./Hmieleski, K. M./Pearce, C. L. (2006): The Importance of Vertical and Shared Leadership Within new Venture top Management Teams: Implications for the Performance of Startups; in: The Leadership Quarterly, 17, S. 217–231

Fry, L. W. (2005): Introduction to the Leadership Quarterly Special Issue: Toward a Paradigm of Spiritual Leadership: in: Leadership Quarterly, 16, S. 619-622

Jensen, T. (2004): Telearbeit und Führung. München, Mering

Marta, S./Leritz, L. E./Mumford, M. D. (2005): Leadership Skills and the Group Performance: Situational Demands, Behavioral Requests, and Planning; in: Leadership Quarterly, 16, S. 97-120

Pearce, C. L. (2004): The Future of Leadership: Combining Vertical and Shared Leadership to Transform Knowledge Work; in: Academy of Management Executive, 18, 1, S. 47-57

Pearce, C. L./Conger, J. A. (2003): All Those Years Ago: The Historical Underpinnings of Shared Leadership; in: Pearce, C. L./Conger, J. A. (Hrsg.): Shared Leadership: Reframing the Hows and Whys of Leadership. Thousand Oaks, S. 1-18

Pearce, C. L./Conger, J. A./Locke, E. A. (2007): Shared Leadership Theory; in: Leadership Quarterly, 18, S. 281–288

Ridder, H.-G. (2009): Personalwirtschaftslehre. 3. Auflage, Stuttgart u.a.

Ridder, H.-G./Schirmer, F. (2011): Führung; in: Blanke, B./Nullmeier, F./Reichard, C./ Wewer, G. (Hrsg.): Handbuch zur Verwaltungsreform, 4. Aufl., Wiesbaden, S. 206-217.

Ridder, H.-G./Conrad, P./Schirmer, F./Bruns, H.-J. (2001): Strategisches Personalmanagement, Landsberg/Lech

DeRue, D. S./Ashford, S. J. (2010): Who will Lead and who will Follow? A Social Process of Leadership Identity Construction in Organizations; in: Academy of Management Review, 35, 4, S. 627–647

Salas, E./Stagl, K./Burke, C. S. (2004): 25 Years of Team Effectiveness in Organizations: Research Themes and Emerging Needs; in: Cooper, C. L./Robertson, I. T. (Hrsg.): International Review of Industrial and Organizational Psychology, 19, S. 47-91

Schubert, C. (2002): Führungsverhalten und Lernprozesse – ein Beitrag zur Erklärung von sozial-kognitiven Lernprozessen in Dyaden, Hemmingen

Sivasubramaniam, N./Murry, W. D./Avolio, B. J./Jung, D. I. (2002): A Longitudinal Model of the Effects of Team Leadership and Group Potency on Group Performance; in: Group & Organization Management, 27, 1, S. 66-96

Steinle, C. (2005): Ganzheitliches Management, Wiesbaden

Weick, K. E. (1995): Der Prozess des Organisierens, Frankfurt a. M.

Weick, K. E./Sutcliffe, K. M./Obstfeld, D. (2000): High Reliability: The Power of Mindfulness; in: Leader to Leader, 17, S. 33-38

Bernd Vogel

Emotionsorientierte Führung von Teams

Emotionen in Teams als Leadership-Aufgabe

1 Emotionsorientierte Führung für Teamleistung

Führungskräfte, die Emotionen in ihren Aktivitäten berücksichtigen, nehmen die Unternehmensrealität vollständiger wahr und können sie daher besser gestalten. Emotionen ergänzen das rationale Verhalten von Mitarbeitern, Führungskräften oder Teams, indem sie, z.B. durch Empfindungen wie Ärger oder Enthusiasmus, sich selbst und nach außen signalisieren, was wichtig ist und worauf sie sich fokussieren sollten. Emotionen regen zudem Einsatzbereitschaft und Engagement an und sind für Führungskräfte somit Zwischenziele, um die Leistung im Unternehmen zu fördern. Erkenntnisse zur Führung mit Emotionen können daher die Führungspraxis bereichern.

Führung selbst ist ein emotionaler Prozess, in dem „leaders display emotion and attempt to evoke emotion in their members" (Dasborough/Ashkanasy 2002, S. 615). Dies gilt nicht nur für die Führung von einzelnen Mitarbeitern. Vielmehr ist die Führung von Emotionen in Teams eine zentrale Leadership-Aufgabe (vgl. Humphrey 2002), um Teamprozesse und -leistung zu unterstützen. Daher umfasst emotionsorientierte Führung von Teams in Anlehnung an Ashkanansy (2003) das Wahrnehmen, Anerkennen und Managen von Emotionen der eigenen Person, der Mitarbeiter und Teams.

Emotionsorientierte Führung richtet sich insbesondere auf Teams, da sie mit Aufgaben wie Innovation, komplexen Kundenwünschen und -prozessen entscheidend zur Unternehmensleistung beitragen (vgl. Steinle 2005). Jedoch lassen auch gerade diese Aufgaben positive oder negative Emotionen in Teams entstehen, z.B. Frust oder Verärgerung oder Begeisterung und Leidenschaft. Gerade positive Emotionen fördern dabei die Leistung und Zufriedenheit von Teams (vgl. z.B. George 1990).

Emotionsorientiertes Leadership beeinflusst, ob Ärger und Frustration oder gemeinsamer Enthusiasmus und Leidenschaft im Team überwiegt. Allerdings zeigte eine Studie auch, dass 59% der Ereignisse, die negative Emotionen auslösten, von Führungskräften und Mitarbeiteraktivitäten ausgingen (vgl. Basch/Fischer 2000). Dieser Beitrag zeigt, wie Führungskräfte mit Emotionen systematisch eine höhere Leistungsfähigkeit in Teams erzeugen können. Bei sehr autonom arbeitenden, „self-managing" Teams (vgl. Manz/Sims 1993) übernehmen Teams zudem selbst Leadership-Aufgaben. Somit richtet sich emotionsorientiertes Leadership auch auf Fähigkeiten zur Selbstführung von Teamemotionen, um das gesamte Potenzial von Teams freizusetzen. Der Beitrag geht folgenden Fragen nach:

- Emotionen in Teams: Worauf zielt emotionsorientierte Führung in Teams?
- Entstehungsprozesse von kollektiven Emotionen: Welche Mechanismen kann emotionsorientierte Führung ansprechen?
- Führungsverhalten: Welche Hebel setzen emotionsorientierte Führungskräfte ein?
- Führung als Fähigkeitsaufbau und Führungstransfer: Wie gelangen Teams zu einer emotionsorientierten Selbstführung?

2 Emotionsspektrum in Teams: Emotionen und deren Prozesse

Für emotionsorientierte Führung ist es wesentlich, das in Teams vorhandene Spektrum an emotionalem Erleben zu kennen. Es umfasst *individuelle Emotionen* der Teammitglieder sowie *Emotionen des Teams*. Zudem gibt es emotionsbezogenen *Mechanismen* in Teams. Diese sorgen für verschiedene Formen von Empfindungen und deren Zusammenspiel: *starke Emotion, Stimmungen* oder *emotionale Disposition des Teams*.

Individuelle Emotionen, Teamemotionen und deren Mechanismen

Individuelle Emotionen sind unbewusste oder bewusste, nicht-rationale, oft aber auch rationale Bewertungen von Ereignissen im Teamumfeld oder von Teamaktivitäten, z.B. Umstrukturierungen, Beförderungen und gewonnene Kundenaufträge. Wirken sich Ereignisse auf ein wichtiges Anliegen und die Zielerreichung eines Teammitgliedes positiv aus, entsteht Freude oder Spaß. Werden negative Wirkungen für eigene oder Teamziele befürchtet, kann Frustration oder Enttäuschung einsetzen. Jedoch bleibt es nicht bei einer positiven oder negativen Anspannung, sondern diese Emotionen wirken sich förderlich oder hinderlich auf das Engagement und den Einsatz im Team aus.

Emotionen bleiben in Teams nicht auf den Einzelnen beschränkt. Vielmehr arbeiten die Teammitglieder oft eng und mit hoher Interaktionsintensität zusammen (vgl.

Manz/Sims 1993). Dadurch entstehen gemeinsame Gefühlslagen oder *kollektive Emotionen* des Teams. Kollektive Emotionen sind übereinstimmende Reaktionen und Bewertungen des Teams von Ereignissen, die für deren Zielerreichung oder Aufgabenerfüllung von entscheidender Bedeutung sind. Sie sind Empfindungen, die von mehreren Personen übereinstimmend wahrgenommen werden und sich daher von individuellen Gefühlen unterscheiden können (vgl. Barsade 2002). Teams, die häufig in Unterbesetzung arbeiten, entwickeln aus andauernder Überbeanspruchung Frustration oder Resignation. Die Unterbesetzung wird z.B. als Bedeutungsverlust oder fehlende Wertschätzung für die Teamaufgabe durch das Unternehmen interpretiert. Andere Teams dagegen, die eine Faszination für ihre Ziele entwickeln und ihre Aufgaben erfüllen oder sogar mehr erreichen, zeigen häufig gemeinsame Begeisterung, Stolz oder Spaß.

Gemeinsame Emotionen von Teams sind nicht mit dem Durchschnitt der Emotionen der Teammitglieder zu verwechseln. Vielmehr sorgen bestimmte Prozesse für ähnliches, homogenes emotionales Empfinden der Teammitglieder (vgl. George 1990). Diese Mechanismen sind daher neben den eigentlichen Empfindungen weitere Ansatzpunkte für emotionsorientierte Führung. Einige Mechanismen sind besonders für die Entstehung von kollektiven Emotionen verantwortlich (vgl. u.a. Barsade 2002):

- *Teamzusammensetzung aus Personen mit ähnlichen emotionsbezogenen Dispositionen*: Kollektive Emotionen können sich leichter entwickeln, wenn die Teammitglieder eine ähnliche Neigung haben, Dinge unabhängig vom eigentlichen Ereignis grundsätzlich immer eher positiv oder negativ zu bewerten.

- *Übereinstimmende emotionale Bewertungen von Ereignissen*: Teammitglieder schätzen Ereignisse, z.B. eine Veränderung des Aufgabenzuschnitts, hinsichtlich der Relevanz für das Team und danach, ob das Team der Aufgabe gewachsen ist, (vgl. Bruch/Vogel 2011; Huy 2002) identisch ein. Sie bewerten nicht alles immer positiv oder negativ. Vielmehr empfinden sie ähnlich, ob eine angekündigte Veränderung förderlich und eine andere Managementinitiative negativ für sie ist.

- *Gegenseitige emotionale Beeinflussung und Ansteckung*: Bei gegenseitiger Beeinflussung orientieren sich Teammitglieder an Emotionen anderer im Team. Sie beobachten sie und ahmen z.B. deren Freude oder Ärger unbewusst oder bewusst nach. Andere bewerten die emotionalen Reaktionen im Team oder die der Führungskraft (vgl. Barsade 2002) und zeigen daraufhin Emotionen, die sie als angebracht ansehen. Durch beides nähern sich Emotionen an. Wenn Teams stark interagieren, können sich diese Ansteckungsprozesse (vgl. Hatfield/Cacioppo/Rapson 1994) wiederholen. So werden die Emotionen immer ähnlicher und Teams erleben bisweilen positive oder negative Spiralen – bis hin zu starker Verunsicherung oder Euphorie.

Unterschiedliche Formen von kollektivem Empfinden in Teams

Die Mechanismen sind auch für *unterschiedlichen Formen gemeinsamer Empfindungen* in Teams verantwortlich. Es ist anzunehmen, dass – ähnlich wie auf individueller Ebene (vgl. Kelly/Barsade 2001) – in Teams vor allem drei Formen emotionaler Erlebnisse entstehen – Starke Emotionen, Stimmungen oder emotionale Disposition (vgl. Abb. 1):

- *Emotionen des Teams*: Kollektive Emotionen liegen vor, wenn das Team übereinstimmend kurzfristige, relativ unbeständige und intensive emotionale Reaktionen oder Eruptionen auf bestimmte Auslöser oder Ereignisse erlebt (vgl. Barsade 2002), wie z.B. Freude über einen durch gemeinsame Anstrengung erreichten Vertragsabschluss oder Verärgerung über den Verlust eines wichtigen Kunden.
- *Stimmung des Teams:* Stimmungen von Teams sind schwächere, weniger genau beschreibbare emotionale Reaktionen auf die generelle Situation und beziehen sich auf eine Reihe nicht genau bestimmbarer Ereignisse, z.B. grundlegende Freude durch die Geschäftssituation oder andauernde Gereiztheit und Unzufriedenheit mit fortwährend unproduktiven Prozessen im Team oder mit der Führungskraft.
- *Emotionale Disposition des Teams:* Es ist anzunehmen, dass sich bei Teams, die lange zusammen arbeiten, *personenübergreifende emotionale Dispositionen* bilden. Teams reagieren dann grundsätzlich entweder eher positiv oder negativ und zeigen somit langfristig stabile, emotionale Reaktionsmuster. Diese Neigung eines Teams filtert z.B. Führungsinterventionen immer positiv oder negativ, so dass die beabsichtigte Botschaft möglicherweise nicht ankommt. Einige Teams reagieren z.B. auf Anerkennung, aber auch Ressourcenentzug und zusätzliche Aufgaben immer eher positiv. Sie interpretieren Letzteres als Herausforderung, denen sich das Team stellen muss. Andere Teams reagieren sogar auf Lob und Anerkennung mit Zweifel, ob z.B. Lob wirklich so gemeint oder nur der erste Schritt für zusätzliche Aufgaben ist. Schlechte Nachrichten werden noch stärker negativ bewertet und führen zu Verängstigung statt daraus zusätzliche Motivation zu ziehen.

Emotionen, Stimmungen und *emotionale Dispositionen spielen eng zusammen*. Die *emotionale Neigung* des Teams beeinflusst – meist unbewusst – das Ausmaß von Emotion oder Stimmungen und ob generell positive oder negative Reaktionen auf Führungsinitiativen einsetzen. So begünstigt eine positive Neigung das Entstehen von Freude und damit hohe Aktivierung des Teams, während negative Disposition eher Frust und geringen Einsatz auslösen. Eine dauerhaft positive *Stimmung* kann negative Ereignisse verdecken und so Verärgerung und eine produktive Handlungsbereitschaft verhindern. In Teams mit häufig intensiven *Emotionen* kann dies zudem die Stimmung zu einer grundsätzlich eher positiven oder negativen Gefühlslage bewegen.

Die emotionale Neigung und die Stimmung eines Teams bilden insgesamt dessen emotionale Basis (vgl. Abb. 1). Sie beschreiben das eher positive oder negative emotionale Alltagserleben. Auf dieser Basis erfahren Teams positive oder negative Emotionen, die für kurze Zeit ein Team und damit dessen Aktivierung dominieren. Führungskräfte können auch scheinbar *paradoxe Kombinationen* nutzen. Sie können bei einer positiven Grundstimmung negative Emotionen erzeugen und ein Team aufrütteln, indem sie z.B. den starken Leistungsverfall des Teams klar verdeutlichen. Demgegenüber können Teams auch negative Stimmungen durch positive emotionale Eruptionen zuerst einmalig und dann wiederholt durchbrechen. Langfristig können sich so die Stimmung des Teams und auch dessen gelernte emotionale Neigung verschieben.

Abbildung 1: *Emotionsorientierte Führung und emotionale Zustände in Teams*

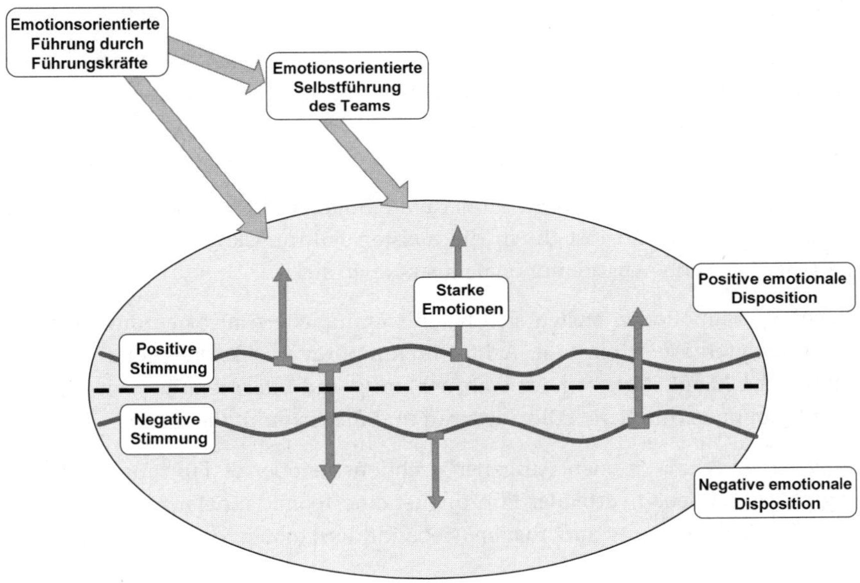

3 Leistungsbezogene Führung von Teamemotionen

3.1 Prämissen emotionsorientierter Führung

Unternehmen und Führungskräfte zeigen Berührungsängste mit emotionsorientierter Führung als Form der Leistungsbeeinflussung. Fünf Prämissen sollen daher vorweg die Basis für eine erfolgsbezogene emotionsorientierte Teamführung bilden.

- *Prämisse 1*: Emotionsorientierte Führung von Teams stellt keine Ablösung von anderen Führungsaufgaben dar. Vielmehr sind emotionale Prozesse und die Beeinflussung von Emotionen zusätzliche Hebel, um Teamprozesse und deren Leistung im Sinne des Unternehmens zu beeinflussen (vgl. Zaccoro/Rittman/Marks 2001).
- *Prämisse 2*: Führung ist nahezu immer ein emotionaler Prozess (vgl. Dasborough/Ashkanasy 2002) und löst durch die meisten Führungskräfteaktivitäten bewusst gestaltet oder unbewusst emotionale Reaktionen aus.
- *Prämisse 3*: Emotionen stellen sich bei Teammitgliedern nicht automatisch in der beabsichtigten Weise ein (vgl. Ashforth/Humphrey 1995). Die Beeinflussung von Emotionen hängt stark von der Wahrnehmung und Interpretation von Aktivitäten und Emotionen durch die Führungskraft und die Teammitglieder ab.
- *Prämisse 4*: Teams können Aufgaben emotionsorientierter Führung übernehmen (vgl. Abb. 1). Neben vertikaler Führung ist eine Teamkompetenz zur emotionsorientierten Selbstführung aufzubauen (siehe Ridder/Hoon in diesem Buch).

3.2 Hebel emotionsorientierter Teamführung

Emotionsbasierte Führung von Teams beeinflusst die beschriebenen emotionalen Zustände und Mechanismen. Sie umfasst die Beeinflussung von Emotionen, Stimmungen und emotionalen Dispositionen des Teams. Führungskräfte können folgende Handlungsstrategien verfolgen: (1) Führung mit starken Emotionen, (2) Führung der Teamstimmung, (3) Führung der teambasierten emotionalen Disposition und (4) Führung als Aufbau von Fähigkeiten zur emotionsorientierten Selbstführung des Teams.

(1) Kurzfristige Führung mit emotionalen Eruptionen mit zwei Perspektiven

Führung mit starken Emotionen erzeugt punktuell hohen Einsatz des Teams für seine Ziele und Aufgaben. Führungskräfte führen Teams dafür *zu Enthusiasmus und Leidenschaft* oder *kontrolliert in Verärgerung und hohe Unzufriedenheit*. In beiden Fällen zielen sie bei der hohen Interaktion in Teams auf schnelle Nachahmung und emotionale Ansteckungsprozesse, jedoch können sie unterschiedliche Maßnahmen nutzen.

Erzeugen von Enthusiasmus und Leidenschaft in Teams

Enthusiasmus und Leidenschaft werden u.a. mit *transformationaler Führung* erzeugt (siehe Rosenstiel in diesem Buch). Transformationale Führungskräfte sprechen die Emotionen von Teammitgliedern gezielt an und erzeugen Inspiration und Optimismus für Teamziele und -aufgaben (vgl. McKoll-Kennedy/Anderson 2002). Zudem orientieren sich Mitarbeiter auch direkt an Emotionen der Führungskräfte. Deren Ausdruck von Begeisterung und Leidenschaft überträgt sich so durch Vorleben auf das Team. Das bewusste Zeigen von Enthusiasmus löst so kurzfristig positive Ansteckungsprozesse, z.B. durch charismatisches Auftreten, aus. Nicht alle Führungskräfte sind jedoch geübt und fähig, transformational zu führen. Sie können auch folgende Hebel nutzen.

- *Führung mit emotionsgeladenen Ereignissen:* Führungskräfte können Kommunikation und intensive Interaktionen als Teamerlebnis kreieren, das besondere Emotionen im Team weckt. Sind diese Erlebnisse sehr eindrücklich, können Führungskräfte später immer wieder an sie appellieren und im Team damit Emotionen erneuern.
- *Symbolische Führung:* Führungskräfte beeinflussen Teams nicht nur durch das, was sie faktisch machen, sondern auch dadurch dass Teams ihren Maßnahmen symbolische Bedeutung zumessen und deswegen Emotionen entwickeln (vgl. Ashforth/Humphrey 1995). Führungskräfte können dies nutzen und durch symbolische Handlungen, z.B. Investitionen in Projekte oder gezieltes öffentliches Lob für bestimmte Aktivitäten, auch in Teams einsetzen und so starke Emotionen wecken.
- *Teamvision*: Um von einmaliger produktiver Anspannung zu nachhaltiger Leidenschaft und Stolz zu kommen, arbeiten Führungskräfte auch in Teams mit Visionen. Sie können mit dem Team das gemeinsame Fernziel bestimmen und damit eine anhaltende positive Sogwirkung erzeugen.

Kontrollierte Auslösung von negativen Eruptionen

Negative Emotionen, Frustration oder Stress sind generell schädlich für die gemeinsame Leistungsfähigkeit von Teams. In bestimmten Situationen ist es aber produktiv, negative Eruptionen auszulösen (vgl. Bruch/Vogel 2009). Sie drücken Unzufriedenheit an der Situation aus und wirken daher als Signal auf das Team. So wecken sie Initiative und Einsatzbereitschaft (vgl. Sy/Cote/Saavedra 2005) oder das Hinterfragen alter Denkmuster. Auch hier greifen Maßnahmen wie das bewusste Zeigen von Emotionen, Führung mit emotionsgeladenen Erlebnissen oder symbolische Führung.

Darüber hinaus heben erfolgreiche Führungskräfte durch einen *problem-orientierten Führungsstil* (vgl. dazu Bruch/Ghoshal 2003) gezielt die Probleme des Teams hervor. Sie entwerfen und zeigen eine passende emotionale Antwort für die entsprechende Lage. Aus emotionaler Sicht ist eine Balance notwendig zwischen dem Zeigen von Verärgerung über die Situation, die das Team negativ anstecken und aufrütteln soll, und dem Zeigen von Zuversicht in die Bewältigung des Problems durch das Team. Führungskräfte können dazu Teammitglieder offen an dieser Aufgabe beteiligen, mögliche Auswege andeuten und Vertrauen in die Teamstärke ausdrücken (vgl. Bruch/Ghoshal 2003).

Jedoch bestehen zwei Gefahren. Erstens kann das Zeigen von Verärgerung und Furcht von den Teammitgliedern als Ineffektivität der Führungskraft gewertet werden (vgl. Lewis 2000), da sie außerhalb des erwarteten Verhaltens liegen. Damit ist Respekt, Glaubwürdigkeit und die Rollenmodellfunktion der Führungskraft bedroht. Zweitens kann sich Frustration und Verärgerung durch Ansteckungsprozesse so verstärken, dass eine *negative Stimmung des Teams* entsteht. Dadurch verringert sich oder verschwindet die Wirkung der Führungshebel. Beobachtetet die Führungskraft nur eine vorübergehende Stimmungsschwankung, kann sie die Hebel erfolgreich nutzen.

(2) Mittelfristige Führung der Teamstimmung

Führung der Teamstimmung soll eine *positive Stimmungslage verstärken und produktiv erhalten* und *negative Stimmung auf eine positive Ebene versetzen.* So entsteht ein emotionales Fundament im Team, auf dem Führungskräfte intensive Emotionen auslösen können. Sie können verschiedene Hebel einsetzen, die auch das Team mit einbeziehen.

- Führungskräfte können *Teams wiederholt positive Emotionen erleben lassen.* Das erzeugt positives emotionales Feedback, welches sich selbst verstärken und in Freude und Spaß an der Zusammenarbeit als Stimmung ausdrücken kann.
- *Ein Hebel ist die gezielte Definition von produktiven Normen, Regeln und Routinen im Umgang mit Emotionen* (vgl. Kelly/Barsade 2001). Normen arbeiten auf verschiedenen Ebenen: Auf Organisationsebene sorgen Unternehmenswerte dafür, dass gemeinsamer Spaß, Begeisterung und Stolz Teil des Selbstverständnisses von Unternehmen ist. Dafür nutzen Top-Manager Begriffe wie Emotionen, Leidenschaft oder Stolz in der Kommunikation mit Mitarbeitern, ohne deshalb Renditeziele oder enge Zeitvorgaben zu vernachlässigen. Auf Teamebene wird vereinbart, dass und wie Emotionen gezeigt werden dürfen. Positiven und negativen emotionalen Reaktionen ist mit Respekt und Vertrauen zu begegnen – unabhängig von der formalen Position der Person. Zudem können Routinen die Teamstimmung immer wieder transparent und beeinflussbar machen. Druskat/Wolf (2001) fordern u.a. institutionalisierte Regeln und Prozesse, die Gefühle im Team steuern können, z.B. regelmäßige Selbsteinschätzung der Teamstimmung als Bestandteil von Teamsitzungen.

- Eine *Teamvision* kann insbesondere den langfristigen positiven Ausblick für das Team unterstreichen und ein positives Verlangen erzeugen, das sich auf alle damit in Zusammenhang stehenden Aktivitäten überträgt.
- Führungskräfte *betonen Erfolgserlebnisse*, um ein Abdriften in negative Stimmung zu vermeiden. Sie verdeutlichen den vom Team gezeigten Einsatz sowie das Erreichte und dadurch Stolz. Zudem beugen klare Teamziele und Teamrollen sowie eindeutige Leistungsstrategien negativer Stimmung vor (vgl. Zaccaro et al. 2001).

Bei *negativer Teamstimmung*, z.B. andauernden Frustration, negativer Reaktionen und Äußerungen des Teams auf Impulse, ist die *Teamstimmung auf eine positive Ebene* zu *verschieben*. Dazu können Führungskräfte folgende Hebel nutzen:

- *Als Führungskraft bewusst einen Gegenpol setzen*: Führungskräfte können sich der negativen Stimmung als Rollenmodell entgegen stellen und so vorgeben, wie sie sich die Stimmung im Team vorstellen. Hier hilft transformationales Führungsverhalten, das Inspiration, Selbstvertrauen und Begeisterung verkörpert und anspricht und damit Frustration verringern kann (vgl. McKoll-Kennedy/Anderson 2002).
- *Analyse der Teamereignisse und –stimmungslage*: Führungskräfte können Teams mit der schlechten Stimmung direkt konfrontieren, z.B. mit Selbsteinschätzungen der Teammitglieder zur Teamstimmung oder Einschätzungen durch Team-Stakeholder. Die eigene negative Beurteilung oder ein möglicher Realitätsschock von außen helfen, ein Negieren der Situation zu überwinden. Oft spricht dies den Stolz von Teams und ihren Willen an, die sogar außen sichtbare Stimmung zu verbessern. Regelmäßige Selbst- und Fremdeinschätzung können sich zu einer Norm von emotional intelligenten Teams entwickeln (vgl. Druskat/Wolff 2001).
- *Positive Basis durch das Team aufbauen:* Ein Team kann selbst an der negativen Stimmung arbeiten, indem es positive Elemente der Zusammenarbeit identifiziert. Dazu können Führungskräfte Teams dabei unterstützen, Gemeinsamkeiten (vgl. Bruch/Vogel 2011), positiven Einsatz einzelner Mitglieder sowie wesentliche Beiträge des Teams für das Unternehmen hervorzuheben. Es hilft auch, die gegenseitigen Erwartungen im Team aber auch zur Führungskraft transparent zu machen.

(3) Langfristige Führung der teambasierten emotionalen Dispositionen

Emotionsorientierte Führung in Teams zielt auf eine eher positive denn negative Wahrnehmung von Ereignissen. Dies meint nicht undifferenzierte Zufriedenheit, sondern die Fähigkeit zur kritischen Analyse ist zu erhalten. Teams können jedoch eher als Individuen durch Teamprozesse die gemeinsame emotionale Neigung verändern.

- *Bewusstes Nutzen von Teameffekten:* Die Bündelung von Kompetenzen und Erfahrungen, gegenseitige Unterstützung sowie Zusammenhalt erzeugen ein gemeinsames Verständnis von Sicherheit oder Zuversicht. Erleben Teams dies wiederholt, ergibt sich ein neues Reaktionsmuster, das z.B. Gefahren oder Impulse der Umwelt als interessante Aufgaben interpretiert und so zu positiven Reaktionen führt.

- *Anregen von Lernprozessen des Teams:* Führungskräfte können positive Emotionen als Lernprozesse nutzen. Erfahren Teams, dass sie fähig sind, schwierige Aufgaben und Ziele zu erreichen, entstehen produktive Begeisterung, Stolz und eine positive Stimmung. Dies kann langfristig die emotionale Neigung verändern.
- *Teaminterne Rollenvorbilder fördern:* Führungskräfte können Teammitglieder als Rollenmodell emotionaler Führung nutzen, z.B. Personen, die im Team proaktiv Führung übernehmen. Teams vertrauen diesen, dass sie unklare Situationen konstruktiv interpretieren, eine für das Team passende emotionale Reaktion formulieren (vgl. Pescosolido 2002) oder auch emotionales Verhalten eher positiv sanktionieren. So haben sie Einfluss auf die emotionale Disposition eines Teams.
- *Teamzusammensetzung:* Eine Führungskraft kann bei der Auswahl neuer Teammitglieder auf Personen mit positiver emotionaler Disposition achten. Diese erhöhen die Chance einer positiven Entwicklung der emotionalen Teamdisposition und somit langfristig die Leistung des Teams.

(4) Fähigkeitsaufbau für emotionsorientierte Selbstführung von Teams

Der Erfolg emotionsorientierter Führung baut darauf, dass Führungskräfte *und* Teams emotionale Signale gegenseitig richtig wahrnehmen und daraus Schlüsse für ihr Verhalten ziehen (vgl. Ashkanasy 2003). Hierzu kann auch emotionale Selbstführung des Teams beitragen, die statt Vorgabe von Emotionen durch eine Führungskraft, die Beeinflussung der Teamemotionen durch das Team selbst meint – im Sinne geteilter Führung (siehe Ridder/Hoon in diesem Buch). Führungskräfte können Hebel ansprechen, die auf *generelle* und *spezielle* emotionsbezogene Fähigkeiten des Teams wirken.

- *Generelle gemeinsame emotionale Fähigkeiten:* Führungskräfte können Ideen der emotionalen Intelligenz (vgl. Salovey/Mayer 1990) nutzen und die Führungsfähigkeiten von Teams in Bezug auf Emotionen der individuellen Teammitglieder, des Teams und anderer Anspruchsgruppen aufbauen (vgl. Druskat/Wolff 2001). In der Logik von Salovey und Meyer (1990) sollten Teams die eigenen Teamemotionen, Empfindungen der Teammitglieder und Emotionen anderer Mitarbeiter wahrnehmen und beeinflussen können. Vor allem ist Empathie zu fördern, die die geteilte Fähigkeit verkörpert, Emotionen anderer nachzuerleben (vgl. Salovey/Mayer 1990) und daraufhin emotionale Reaktionen zu entwickeln und gemeinsam danach zu handeln.

  Für emotionale Selbstführung vereinen Teams durch ihre Mitglieder zudem häufig verschiedene emotionsorientierte Führungsfähigkeiten. Personen mit großer Empathie werden eher sozio-emotionale Führungsaufgaben übernehmen, während Teammitglieder mit stärkerem emotionalem Selbstmanagement eher aufgabenorientierte Führung wahrnehmen (vgl. Humphrey 2002). Die verschiedenen im Team vorhandenen Fähigkeiten ergänzen sich so zu einer Erfolg versprechenden, geteilten emotionsorientierten Führung.

- *Spezielle gemeinsame emotionale Fähigkeiten:* Teams können erstens den *Umgang mit negativen Emotionen institutionalisieren.* In Unternehmen fangen oft so genannte "Gifthändler" (vgl. Frost 2003) negative Stimmungen der Mitarbeiter auf. Oft führt dies jedoch zu Burnout oder Frustration bei diesen Personen. Um dies zu vermeiden, aber die Vorteile zu nutzen, können Teams die Aufgabe an wechselnde Personen übertragen. Einzelne Aspekte, z.B. Erkennen und Analyse negativer Stimmungen durch Feedbackmechanismen, können auch institutionalisiert und damit auf alle verteilt werden. Teams können zudem die *Fähigkeit entwickeln, selbst Teamnormen und -regeln* für emotionales Verhalten und das Zeigen und Unterdrücken von Emotionen *aufzustellen* und weiterzuentwickeln. So entsteht ein Gerüst für emotionales Verhalten, das emotionsorientierte Führung von außen ergänzt.

4 Kern emotionsorientierter Teamführung

Emotionsorientierte Führung in Teams kann den Erfolg von Teams erhöhen, da Emotionen in Teams deren Prozesse und Leistungsfähigkeit beeinflussen. Dafür setzt emotionsorientiertes Leadership auf Führungskräfteverhalten und auf Fähigkeiten des Teams zur emotionalen Selbstführung. Emotionsorientierte Führung richtet sich auf kollektive Emotionen als homogenes emotionales Empfinden der Teammitglieder. Diese beruhen u.a. auf ähnlichen emotionalen Bewertungen durch Teammitglieder und einer gegenseitigen emotionalen Ansteckung. So entstehen verschiedene kollektive Empfindungen: starke Emotionen des Teams, Teamstimmung und eine emotionale Neigung des Teams, die sich in unterschiedlicher Weise auf das Team auswirken.

Emotionsorientierte Führung richtet die emotionalen Zustände so aus, dass sie sich produktiv auf den Teamerfolg auswirken. Der Beitrag stellt dafür verschiedene Hebel vor, mit denen Führungskräfte die Handlungsstrategien emotionsorientierter Führung umsetzen können: (1) Führung mit starken Emotionen, (2) Führung der Teamstimmung, (3) Führung der teambasierten emotionalen Disposition und (4) Führung als Aufbau von Fähigkeiten zur emotionsorientierten Selbstführung des Teams. Emotionsorientierte Führung kann so dazu beitragen, dass eher Unbehagen und Frustration oder Enthusiasmus und Leidenschaft und damit erhöhte Einsatzbereitschaft und Engagement im Team überwiegen.

Literatur

Ashforth, B. E./Humphrey, R. H. (1995): Emotions in the Workplace: A Reappraisal; in: Human Relations, 48. Jg., H. 2, S. 97-125

Ashkanasy, N. M (2003): Emotions in Organizations: A multi-level perspective; in: Dansereau, Y. F./Yammarino, F. J. (Hrsg.), Research in Multi-Level Issues, 2. Jg., S. 9-54

Barsade, S. G. (2002): The Ripple Effect: Emotional Contagion and its Influence on Group Behavior. In: Administrative Science Quarterly, 47. Jg., H. 4, S. 644-675

Basch, J./Fisher, C. D. (2000): Affective Events-emotions Matrix: A Classification of Work Events and Associated Emotions; in: Ashkanasy, N. M./Härtel, C. E. J./Zerbe, W. J. (Hrsg.), Emotions in the Workplace: Research, Theory, and Practice, Westport/London, S. 36-48

Bruch, H./Ghoshal, S. (2003): Unleashing Organizational Energy, in: Sloan Management Review, 44. Jg., Fall, S. 45-51

Bruch, H./Vogel, B. (2009): Organisationale Energie – Wie Sie das Potential Ihres Unternehmens ausschöpfen, 2. Aufl., Wiesbaden

Bruch, H./Vogel, B. (2011): Fully charged: How great leaders boost their organization's energy and ignite high performance, Boston

Dasborough, M. T./Ashkanasy, N. M. (2002): Emotion and Attribution of Intentionality in Leader-member Relationships; in: The Leadership Quarterly, 13. Jg., H. 5, S. 615-634

Druskat, V. U./Wolf, S. B. (2001): Building the Emotional Intelligence of Groups; in Harvard Business Review, 29. Jg., H. 3, S. 80-90

Frost, P. J. (2003): Toxic Emotions at Work: How Compassionate Managers Handle Pain and Conflict, Boston

George, J. M. (1990): Personality, Affect and Behavior in Groups; in: Journal of Applied Psychology, 75. Jg., H. 2, S. 107-116

Hatfield, E./Cacioppo, J. T./Rapson, R. L. (1994): Emotional Contagion, Paris

Humphrey, R. H. (2002): The many Faces of Emotional Leadership, in: The Leadership Quarterly, 13. Jg., H. 5, S. 493-504

Huy Q. N. (2002): Emotional Balancing of Organizational Continuity and Radical Change; in: Administrative Science Quarterly, 47. Jg., H. 1, S. 31-69

Kelly, J./Barsade, S. (2001): Moods and Emotions in Small Groups and Work Teams; in: Organizational Behavior and Human Decision Processes, 86. Jg., H. 1, S. 99-130

Lewis, K. M. (2000): When Leaders Display Emotions: How Followers Respond to Negative Emotional Expression of Male and Female Leaders; in: Journal of Organizational Behavior, 21. Jg., H. 2, S. 221-234

Manz, C. C./Sims, Jr., H. P. (1993): Business Without Bosses: How Self-Managing Teams Rebuilding High Performance Companies, New York

Salovey, P./Mayer, J. D. (1990): Emotional Intelligence; in: Imagination, Cognition and Personality, 9. Jg., H. 3, S. 185-211

McKoll-Kennedy, J. R./Anderson, R. D. (2002): Impact of Leadership Style and Emotions on Subordinate Performance; in: The Leadership Quarterly, 13. Jg., H. 5, S. 545-559

Pescosolido, A. T. (2002): Emergent Leaders as Managers of Group Emotion; in: The Leadership Quarterly, 13. Jg., H. 5, S. 583-599

Steinle, C. (2005): Ganzheitliches Management – Eine mehrdimensionale Sichtweise integrierter Unternehmungsführung, Wiesbaden

Sy, T./Cote, S./Saavedra, R. (2005): The Contagiuous Leader: Impact of the Leader`s Mood on the Mood of Group Members, Group Affective Tone and Group Processes; in: Journal of Applied Psychology, 90. Jg., H. 2, S. 295-305

Zaccaro, S. J./Rittman, A. L./Marks, M. A. (2001): Team Leadership; in: The Leadership Quarterly, 12. Jg., H. 4, S. 451-483

Leadership in und von Unternehmen

Heike Bruch, Bernd Vogel

Organisationale Energie

Wie Führungskräfte das Potenzial ihres Unternehmens ausschöpfen können

1 Organisationale Energie

Leadership als Beeinflussung der weichen Faktoren in Unternehmen richtet sich zunehmend auf die Frage, wie Teams oder ganze Bereiche motiviert und mobilisiert werden können. Dabei argumentieren wissenschaftliche und praxisorientierte Forscher (vgl. Quinn/Dutton 2005; Tushman/O'Reilly 1996) zunehmend, dass das Ausmaß an Organisationaler Energie für den Grad an Produktivität von Teams und Unternehmen zentral ist (vgl. Bruch/Ghoshal 2003; Bruch/Vogel 2009). Es macht einen erheblichen Unterschied, ob ein Unternehmen hoch energetisch ist, schnell Innovationen hervorbringt und Veränderungen mit Leichtigkeit bewältigt oder ob es eher träge ist, Prozesse langwierig sind und wenig bewegt wird. Dieser Unterschied wird durch das Ausmaß an Organisationaler Energie bestimmt. Sie beeinflusst auch maßgeblich die Leistungsfähigkeit und den Erfolg von Unternehmen und Mitarbeitern (vgl. Dutton 2003). In dynamischen und innovativen Unternehmen gelingt es Führungskräften, die Energie der Mitarbeiter zu mobilisieren und produktiv nutzbar zu machen (vgl. Tushman/O'Reilly 1996), d.h. sie auf unternehmensförderliche Initiativen, Projekte oder Aktivitäten zu fokussieren.

Offen bleibt aber, wie diese Hochleistung oder die Energie eines Unternehmens (vgl. Bruch/Vogel 2009; Quinn/Dutton 2005) genau greifbar gemacht und systematisch durch Leadership gefördert werden kann. Erste Antworten auf diese Fragen liefert das internationale Forschungsprogramm zum Thema Organisationale Energie am Institut für Führung und Personalmanagement der Universität St. Gallen (vgl. Abb. 1). Dieser Beitrag fasst wesentliche Erkenntnisse zusammen und stellt *typische Zustände Organisationaler Energie* und *zentrale Energiefallen der Führung von Energie* vor und beschreibt *Leadership-Strategien* zur gezielten Beeinflussung von Energie in Teams und Unternehmen.

Abbildung 1: Kernmerkmale des Forschungsprogramms zur Organisationalen Energie

Kernfragen des Forschungsprogramms zur Organisationalen Energie:

- Das Konstrukt Energie – Was ist Organisationale Energie genau? Und wie kann man Energie greifbar machen und messen?
- Die Entstehung produktiver Energie – Wie entsteht produktive Organisationale Energie? Welche Faktoren beeinflussen die Entstehung bzw. den Verlust und die Zerstörung von produktiver Organisationaler Energie?
- Strategien für Führungskräfte – Wie können Führungskräfte Energie gezielt aktivieren, nutzbar machen und erhalten?

Teilnehmende Firmen des Organizational Energy Program (OEP):

- U.a. ABB, ALSTOM Power Service, Ballmer Etienne, Balzers, Hilti, Lufthansa, Polymeca, Polygena, Quadriga, Ratscheck, Tata Steel, TellSell

Instrument:

- Organizational Energy Questionnaire (OEQ)

Bisherige Teilnehmerzahl und geographische Abdeckung:

- Mehr als 100. 000 Teilnehmer in 55 Ländern und über 24 Sprachen

2 Energiezustände und -fallen

2.1 Begriff und Zustände Organisationaler Energie

Organisationale Energie – die Kraft, mit der Unternehmen zielgerichtet Dinge bewegen – ist für die Leistungsfähigkeit von Unternehmen vor allem für Wachstum, Wandel und Innovation entscheidend. Der Grad an Organisationaler Energie zeigt, in welchem Ausmaß ein Unternehmen sein emotionales, mentales und verhaltensbezogenes Potenzial zur Verfolgung seiner Ziele mobilisiert hat (Bruch/Vogel 2011; Cole/Bruch/Vogel in press). Zum Ausdruck kommt Organisationale Energie in der Vitalität, Intensität und Geschwindigkeit der Arbeits-, Veränderungs- und Innovationsprozesse eines Unternehmens (vgl. Bruch/Ghoshal 2003).

Während unser Begriffsverständnis die *tatsächlich aktivierte und genutzte Organisationale Energie* (analog zum physikalischen Begriff der kinetischen Energie bzw. „Bewegungsenergie") betrifft, begreifen andere Forscher (vgl. z.B. Dutton 2003) Energie meist als Potenzial, Arbeit zu verrichten (analog der physikalischen "Lageenergie"). Organisationale Energie stellt zudem ein *kollektives Konstrukt* und damit eine spezifische Kraft des Unternehmens oder Teams dar. Diese ist mit der Energie von einzelnen Führungskräften und Mitarbeitern verwandt – aber nicht identisch. Dementsprechend ist Organisationale Energie nicht mit der Summe der Energie der Mitarbeiter im Unternehmen gleichzusetzen. Vielmehr weist Organisationale Energie eine besondere Dynamik auf und entsteht u.a. durch Interaktionen zwischen Mitarbeitern, emotionale Ansteckungsprozesse oder Spiraleffekte (vgl. Barsade 2002).

Es lassen sich verschiedene Zustände Organisationaler Energie unterscheiden (vgl. Abb. 2). Diese können mit Hilfe von zwei unabhängigen Dimensionen beschrieben werden – die Qualität und Intensität Organisationaler Energie (vgl. Bruch/Vogel 2009; Bruch/Vogel 2011).

- Die *Intensität* Organisationaler Energie spiegelt das Ausmaß der Aktivierung der Potenziale eines Unternehmens wider und zeigt sich z.B. im Aktivitätsniveau, in der Interaktions- und Kommunikationsintensität sowie im Ausmaß an Wachsamkeit und emotionaler Spannung.

- Die *Qualität* Organisationaler Energie beschreibt, inwieweit emotionale, mentale und verhaltensbezogene Potenziale auf gemeinsame zentrale Unternehmensziele ausgerichtet sind bzw. inwieweit sie eher destruktiv eingesetzt werden.

In Unternehmen lassen sich vier typische Energiezustände beobachten und messen:

- Im Zustand *angenehmer Energie* sind Unternehmen durch Zufriedenheit mit dem Status Quo, eine geringe Handlungsintensität, tendenziell reduzierte Aufmerksamkeit und geringe emotionale Spannung gekennzeichnet.

- *Resignative Trägheit* zeigt sich in Gleichgültigkeit, innerem Rückzug oder Distanzierung gegenüber Unternehmenszielen. Es herrschen Emotionen wie Frustration und Enttäuschung vor und das Aktivitätsniveau ist deutlich reduziert.

- Bei *korrosiver Energie* sind Unternehmen durch hohe Aktivität, Wachheit und emotionale Anspannung gekennzeichnet. Diese werden jedoch nicht konstruktiv, sondern für interne Kämpfe, Mikropolitik und die Verhinderung von Change genutzt.

- Unternehmen mit *produktiver Energie* zeigen intensive positive Emotionen, hohe Aufmerksamkeit und ein hohes Aktivitätsniveau. Die mobilisierten Potenziale sind auf die Erreichung der gemeinsamen übergeordneten Ziele gerichtet.

Abbildung 2: *Zustände Organisationaler Energie und Beispielfragen der Energiemessung mit dem OEQ*

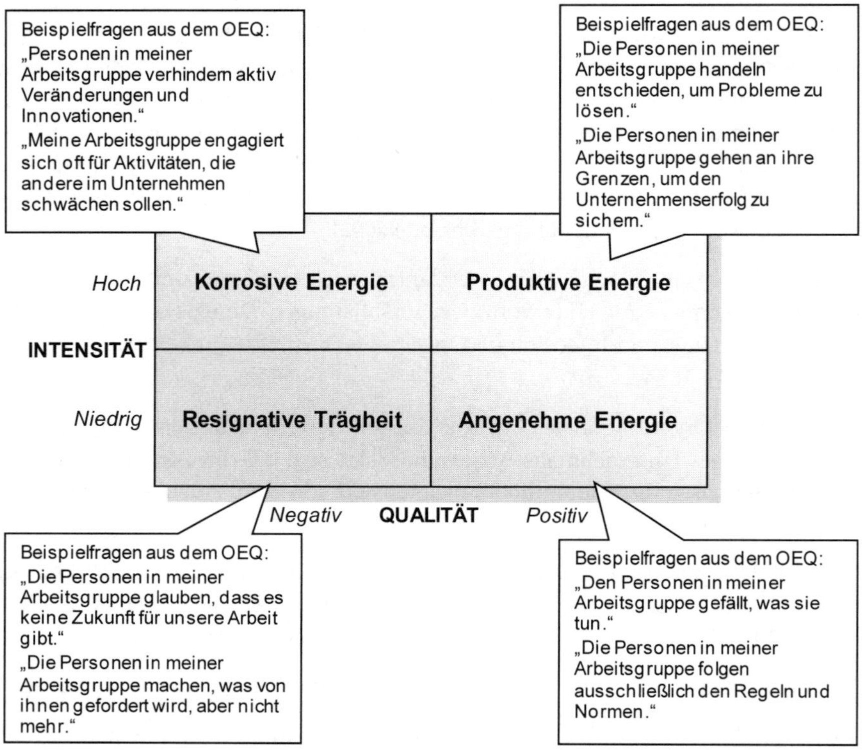

Am Institut für Führung und Personalmanagement wurde ein Verfahren zur Messung der Energie in Unternehmen entwickelt. Die fragebogenbasierte Energiemessung zeigt Unternehmen, wie stark die verschiedenen Energiezustände insgesamt und in unterschiedlichen Unternehmensbereichen ausgeprägt sind.

Unternehmen weisen bei Energiemessungen mittels des Organizational Energy Questionnaire (OEQ) meist einen dominanten Energiezustand auf (vgl. Bruch/Vogel/Morhart 2006), d.h. dass einer der vier Energiezustände in mehr als 50% der Unternehmenseinheiten vorherrscht. Dieser lässt sich in Form des „OE-Index" (vgl. exemplarisch Abb. 3) darstellen. Der OE-Index eines Unternehmens zeigt anhand der vier Energiezustände, wie stark das produktive Energiepotenzial im Unternehmen aktiviert ist und wohin ungenutztes Potenzial abfließt (Um die Potenzialausschöpfung zu verdeutlichen, werden Mittelwerte aus der Befragung in Prozent umgerechnet. Ein

Wert von 5,0 beschreibt eine 100%ige Potenzialaktivierung; ein Wert von 1,0 entspricht 0% ausgeschöpftem Potenzial).

Abbildung 3: *OE-Index für eine Beispiel-Unternehmenseinheit aus unserer Befragung*

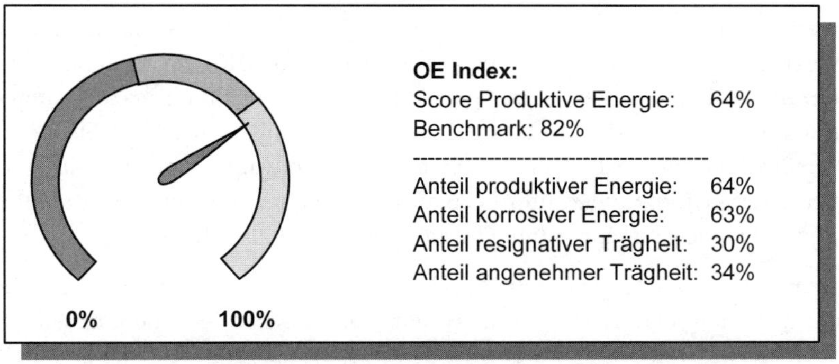

2.2 Fallen Organisationaler Energie

Unternehmen insgesamt aber auch Unternehmensbereiche und Teams können in verschiedene typische Energiepathologien geraten. Wir kennzeichnen diese als Energiefallen, die in kritischen Energiezuständen resultieren können (vgl. Bruch/Vogel 2009; Bruch/Vogel 2011). Leadership kann und muss dazu beitragen, diese Fallen zu vermeiden.

- Die *Trägheitsfalle* entsteht durch zwei Entwicklungen. Zum einen erleben viele Unternehmen lange Erfolgsphasen in stabilen Märkten, die zu großer Erfolgssicherheit, aber auch zu eingefahrenen Verhaltensmustern führen. Bei Veränderungsdruck fällt es diesen Unternehmen dann schwer, sich von bestehenden Erfolgsmustern zu lösen (vgl. Steinle 2005; Tushman/O'Reilly 1996). Andere Firmen arbeiten lange unterhalb ihrer Möglichkeiten oder haben trotz großer Anstrengung nur geringen Erfolg. Dies führt zu Resignation und Verlust von Vertrauen in die eigene Leistungsfähigkeit.
- Bei der *Korrosionsfalle* kippt hohes und produktives Engagement in intensive negative, fehlgeleitete oder blockierte Energie, z.B. durch eine Diskrepanz zwischen der Handlungsbereitschaft von Unternehmenseinheiten und den ihnen tatsächlich eingeräumten Spielräumen. Die Einsatzbereitschaft entlädt sich in anderen Aktivitäten, u.a. gegenüber anderen Bereichen oder für eigene, den Unternehmenszielen

widersprechende Ziele. Ärger, Wut, Aggression und destruktives Verhalten entsteht auch durch unzureichende Unterstützung, fehlendes Engagement oder geringe Integrität von Führungskräften. Wegen des einschneidenden Erlebnisses kann die Korrosionsfalle die Zusammenarbeit im Unternehmen nachhaltig gefährden.

- Arbeiten die Unternehmenseinheiten und Mitarbeiter permanent und langfristig mit erhöhtem Einsatz, hoher Geschwindigkeit und Intensität, droht dem Unternehmen die *Beschleunigungsfalle* (vgl. Bruch/Mengges 2010), da sie dauerhaft an die Grenzen der Belastbarkeit getrieben werden. Auf Ermüdungserscheinungen und damit verbundene geringere Leistung wird häufig mit verstärktem Druck, zusätzlicher Beschleunigung und noch höheren Anforderungen reagiert. Die anhaltend hohen Kraftanstrengungen führen so zu Energiemangel und manifestieren sich in Symptomen wie Changemüdigkeit und Organisationalem Burnout.

Die Überwindung wenig produktiver oder negativer Energiezustände und die Vermeidung der Energiefallen stellt je nach dem vorherrschenden Energiezustand eines Unternehmens zentrale Herausforderungen an das Leadership-Verhalten.

3 Leadership-Strategien zum Management Organisationaler Energie

Im Wesentlichen stellen sich Führungskräften drei Herausforderungen und damit zentralen Aufgaben des Energiemanagements:

- Eine erste Herausforderung für das Management ist die *Mobilisierung von Energie*. Führungskräfte können je nach Unternehmenssituation auf zwei unterschiedliche Leadership-Strategien zurückgreifen: Mobilisierung durch sich abzeichnende Bedrohungen – „Killing-the-Dragon Strategie“ – oder durch faszinierende Zukunftschancen – „Winning-the-Princess Strategie“ (vgl. Bruch/Ghoshal 2003).
- Die *Re-Fokussierung von Energie* bezieht sich auf die positive Ausrichtung bereits vorhandener hoher Aktivität, Wachheit und emotionaler Involviertheit. Sind Energien jedoch nicht produktiv zur Erreichung der Unternehmensziele eingesetzt, sondern destruktiv nach innen gerichtet, kann die Leadership-Strategie "Korrosive Energie abbauen" eingesetzt werden (vgl. Bruch/Vogel 2009; Bruch/Vogel 2011).
- Die dritte Herausforderung betrifft das Haushalten mit bzw. den *Erhalt und die Förderung von Energie* im Unternehmen (vgl. Bruch/Vogel 2011). Sie richtet sich darauf, Energiefallen zu vermeiden und die Schwungkraft produktiver Energie nachhaltig zu erhalten.

Führungskräfte können den energetischen Herausforderungen mit vier Leadership-Strategien begegnen. Leadership-Aufgabe des Top-Managements ist es, die zentrale Herausforderung des Unternehmens aus Energieperspektive zu identifizieren und die angemessene Leadership-Strategie zu nutzen.

Mobilisierung mit „Killing-the-Dragon" Strategie

Im Falle von Energiemangel in Form von resignativer oder angenehmer Energie kann das Top-Management die Leadership-Strategie „Killing-the-Dragon" einsetzen. Diese setzt Energien frei, indem Mitarbeiter in die Bewältigung einer externen Bedrohungssituation einbezogen werden. Entscheidend ist hierbei zunächst, die Bedrohung prägnant und eindeutig zu definieren. Zweitens gilt es, ein Gefühl der Dringlichkeit zu erzeugen (vgl. Kotter 1996; siehe auch Krüger in diesem Buch), denn eine Mobilisierung der Unternehmenspotenziale erfolgt nur, wenn die Bedrohung als relevant und dringlich angesehen wird. Drittens sollte das Management ein gezieltes „Attention Management" betreiben, mit dessen Hilfe die Aufmerksamkeit auf die zentrale Bedrohung gelenkt wird.

Führungskräfte können bei der Beeinflussung ihrer Mitarbeiter einen spezifischen Führungsstil verfolgen. Problemorientierte Führung (vgl. Bruch/Shamir/Cole 2005) spricht das Bedürfnis von Mitarbeitern an, negative Entwicklungen zu verhindern (vgl. Higgins 1998). Führungskräfte aktivieren hierbei Energien, indem sie auf Probleme, mögliche Bedrohungen und negative Entwicklungen hinweisen und die Mitarbeiter zur gemeinsamen Problemlösung auffordern. So werden mit gemeinsamer Anstrengung Schwierigkeiten überwunden und Bedrohungen bewältigt („Killing-the-Dragon"), um mögliche Verluste und Schäden abzuwenden.

Insgesamt entsteht so eine hohe Anspannung und Handlungsbereitschaft im Unternehmen. Eine Bedrohung wird jedoch nur zur Quelle produktiver Energie, wenn sie vom Unternehmen als gemeinsame und bezwingbare Herausforderung empfunden wird. Eine zentrale Aufgabe dieser Leadership-Strategie ist daher auch die Stärkung des Zusammenhalts sowie des Vertrauens der Mitarbeiter in die eigene Kompetenz.

Mobilisierung mit „Winning-the-Princess" Strategie

Bei Vorherrschen von Resignation im Unternehmen eignet sich besonders die zweite Mobilisierungsstrategie „Winning-the-Princess". Handeln Führungskräfte nach dieser Strategie, nutzen sie die Attraktivität eines positiven Zukunftsbildes, um Mitarbeiter zu inspirieren und für die Unternehmensziele zu begeistern. Sie erzeugen damit eine kreative Spannung im Unternehmen (vgl. Senge 1990). Für die Wirksamkeit ist entscheidend, dass die Führung ein konkretes, klar definiertes „Objekt der Begierde" schafft. Dies kann eine Vision sein, die aus Mitarbeitersicht sinnvoll und relevant erscheint und einen engen Bezug zu ihrer Arbeit aufweist. Eine essenzielle Führungsaufgabe besteht in der Konkretisierung und klaren Kommunikation des zumeist abstrakten Zukunftsbildes. Führungskräfte können die Wirkungskraft der Vision durch symbolisches Management, z.B. durch sichtbare Investitionen in die Visionsumsetzung oder Vorbildhandeln, stärken.

Unternehmen unterstützen die „Winning-the-Princess“ Strategie, indem sie auf allen Ebenen einen transformationalen Führungsstil fördern (vgl. Bass/Avolio 1994). Transformationale Führungskräfte richten ihre Aktivitäten auf die Veränderung von Werten und Zielen ihrer Mitarbeiter aus. Sie sprechen durch Inspiration, Vision oder persönliches Vorbildhandeln (vgl. Bass/Avolio 1994) ganz bewusst die Emotionen ihrer Mitarbeiter an und helfen ihnen damit, ihre Ansprüche, Motive und Ziele auf ein höheres Niveau zu heben. Damit tragen Führungskräfte auf allen Ebenen des Unternehmens dazu bei, Energie freizusetzen, indem sie ihnen die Vision näher bringen und sie inspirieren. Dabei ist es auch hier notwendig, gezielt das Vertrauen der Mitarbeiter in die eigene Kompetenz zur Erreichung der anspruchsvollen Ziele zu stärken.

Fokussierung mit Leadership-Strategie „Korrosive Energie abbauen“

Beim Vorherrschen von korrosiver Energie fehlt die gemeinsame Fokussierung der Kräfte im Unternehmen und Führungskräfte können die Leadership-Strategie „Korrosive Energie abbauen“ einsetzen (vgl. Bruch/Vogel 2009). Für Führungskräfte gilt es, diese Kräfte gemeinsam auszurichten und mit Hilfe von drei Aktivitäten wieder positiv für die Unternehmensziele nutzbar zu machen.

Da korrosive Energie stark von kollektiven negativen Emotionen geprägt ist, richten sich die ersten beiden Aufgaben im Sinne eines „Emotional Balancing“ (vgl. Huy 2002) vor allem auf die Emotionen des Unternehmens (siehe auch Vogel in diesem Buch). Ein erster Schritt zielt auf die *Deeskalation durch Abbau stark negativer Emotionen* ab. Führungskräfte handeln als Vorbild, indem sie demonstrieren, wie sie eigene Interessen zugunsten der gemeinsamen Unternehmensziele zurückstellen und aktiv dazu beitragen, Gräben zu überwinden. So dämpfen sie die bei korrosiver Energie vorhandene emotionale Anspannung in der Zusammenarbeit. Ein zweiter Schritt umfasst die gezielte *Beruhigung des Unternehmens durch Förderung positiver, wenig intensiver Emotionen*, z.B. durch das Hervorheben von Gemeinsamkeiten. Führung fördert bewusst positive Emotionen mit geringer Mobilisierungswirkung, wie z.B. Zufriedenheit oder Gelassenheit. Unternehmensbereiche, die in Kämpfe verwickelt waren, erhalten so wieder positive emotionale Erfahrungen.

Die dritte strategische Aufgabe dämmt die Risiken der ersten beiden ein. Die *Aufrechterhaltung und Reaktivierung intensiver positiver Energie* soll verhindern, dass durch übermäßige positive Emotionen, wie Gelassenheit und Zufriedenheit, die Wachsamkeit und Leistungsbereitschaft des Unternehmens absinkt. Unternehmen hätten zwar interne Konflikte und Kämpfe überwunden, können jedoch in Trägheit verfallen und so den Erfolg gefährden. Führungskräfte sollten Trägheitstendenzen frühzeitig identifizieren und diesen entgegenwirken. Sie können schrittweise intensive positive Emotionen ansprechen, z.B. durch das Streben nach übergeordneten Zielen und der gemeinsamen Vision. So können sie die produktiven Kräfte, d.h. die Spannung, Wachsamkeit und Einsatzbereitschaft, wieder aufbauen.

Leadership-Strategie „Erhalt und Förderung von Energie"

Unternehmen im Zustand produktiver Energie haben die Herausforderung, die Schwungkraft zu erhalten. Die erste Leadership-Aufgabe betrifft die gezielte Steuerung der Energienutzung, da dauerhafte Höchstleistung und längerfristiges Operieren an der Kapazitätsgrenze zu Burnout und resignativer Trägheit führen können. Unternehmen sollten daher Phasen intensiver Anstrengung und Produktivität mit ihren Potenzialen und Energiereserven in Einklang bringen. Führungskräfte sind gefordert eine gezielte Taktung der Unternehmensaktivitäten bzw. den Wechsel zwischen Phasen hoher Energie und Phasen der Regenerierung vorzunehmen. Erfolgreiche Unternehmen verfolgen eine klare Strukturierung der Unternehmensstrategie, d.h. die Abgrenzung von Etappen hoher Anstrengung, befristeten strategischen Initiativen und markanten Meilensteinen. Führungskräfte wirken auch auf die konsequente Fokussierung der Aktivitäten ein, was den Abbau von überflüssigen Tätigkeiten, Überkomplizierung und wenig produktiven Beschäftigungen umfasst. Und schließlich schaffen sie für ihre Unternehmen oder Teams bewusst Ruheinseln oder Regenerierungsräume, in denen Energien geschont und wieder aufgebaut werden (vgl. Zaugg/Thom 2003).

Im Aufbau von sich selbst revitalisierenden Managementsystemen hat das Top-Management einen zweiten Ansatzpunkt für nachhaltigen Energieerhalt. Die Elemente – Strategien, Strukturen und Kultur – sind so zu gestalten, dass sie Trägheit verhindern, zu Initiative und Aktivität anregen, Wachheit erhalten, emotionale Involvierung fördern und destruktive Aktivitäten verhindern. Unternehmen arbeiten z.B. mit Frühwarnsystemen, marktnahen Strukturen sowie gezielter Kulturentwicklung in Richtung Eigeninitiative, Innovation, Zusammenarbeit und Vertrauen (vgl. Bruch/Ghoshal 2004; Bruch/Vogel 2011). Veränderungsimpulse und Initiativen kommen dann nicht mehr nur vorrangig von der Unternehmensspitze. Vielmehr werden Rahmenbedingungen entwickelt, die bei allen Führungskräften und Mitarbeitern kontinuierlich Impulse für Eigeninitiative und Innovationen im Sinne der Unternehmensziele setzen (siehe auch Bruch in diesem Buch).

4 Leadership mit Organisationaler Energie als Motor von Unternehmen

Organisationale Energie ist für Unternehmen immer dann entscheidend, wenn es sich außerordentlichen Herausforderungen stellen muss oder tief greifende Changeprozesse und Innovationen angehen möchte. Ein gezieltes Management der Organisationalen Energie kann die Leistungsfähigkeit maßgeblich unterstützen und zu einer verstärkten Ausschöpfung und Entwicklung der Potenziale des Unternehmens betragen. Führungskräfte können basierend auf einer Analyse des Unternehmens nach den vier typischen Energiezuständen – produktive Energie, angenehme Energie, resignative Trägheit und korrosive Energie – und den Energiefallen Trägheits-, Korrosions- und Beschleunigungsfalle spezifische Leadership-Strategien in der Handhabung von Energie verfolgen: „Killing-the-Dragon" Strategie, „Winning-the-Princess" Strategie, Strategie „Korrosive Energie abbauen" sowie die Leadership-Strategie „Erhalt und Förderung von Energie". Auch wenn die Impulse für diese Leadership-Strategien vom Top-Management ausgehen, müssen sie für Führungskräfte und ihr Führungsverhalten auf allen Ebenen des Unternehmens gelten, um das gesamte Unternehmen nachhaltig energetisch, dynamisch und produktiv zu machen. Gezieltes Leadership kann so sicherstellen, dass Organisationale Energie als die Kraft, mit der Unternehmen zielgerichtet Dinge bewegen, die Leistungsfähigkeit und den Erfolg von Unternehmen entscheidend unterstützt.

Literatur

Barsade, S. G. (2002): The ripple effect: Emotional Contagion and its Influence on Group Behaviour; in: Administrative Science Quarterly, 47. Jg., H. 4, S. 644-675

Bass, B. M./Avolio, B. J. (1994): Improving Organizational Leadership through Transformational Leadership, Thousand Oaks

Bruch, H./Ghoshal, S. (2003): Unleashing Organizational Energy; in: Sloan Management Review, 44. Jg., Fall, S. 45-51

Bruch, H./Ghoshal, S. (2004): A Bias for Action. How Effective Managers Harness Their Willpower, Achieve Results, and Stop Wasting time, Boston

Bruch, H./Menges, I. J. (2010): The Acceleration Trap; in: Harvard Business Review, 88 4, S. 80-86

Bruch, H./Shamir, B./Cole, M. S. (2005): Promotion-Oriented Leadership and Prevention-Oriented Leadership: Two Ways of Influencing Follower Motivation. Paper Presented at the Academy of Management Meeting 2005, Honolulu

Bruch, H./Vogel, B. (2009): Organisationale Energie – Wie Sie das Potential Ihres Unternehmens ausschöpfen, 2. Aufl., Wiesbaden

Bruch, H./Vogel, B. (2011): Fully Charged: How Great Leaders Boost Their Organization's Energy and Ignite High Performance, Boston

Bruch, H./Vogel, B./Morhart, F. (2006): Organisationale Energie. Messen, Nutzen und Erhalten der produktiven Kraft von Unternehmen; in: Zeitschrift Führung und Organisation, 75. Jg., H. 1

Cole, M. S., Bruch, H., & Vogel, B. (in press): Energy at Work: A Measurement Validation and Linkage to Unit Effectiveness; in: Journal of Organizational Behavior

Dutton, J. (2003): Energize Your Workplace, New York

Higgins, E. T. (1998): Promotion and Prevention: Regulatory Focus as a Motivation Principle; in: M. P. Zanna (Hrsg.), Advances in Experimental Social Psychology, New York, S. 1-46

Huy Q. N. (2002): Emotional Balancing of Organizational Continuity and Radical Change, in: Administrative Science Quarterly, 47. Jg., H. 1, S. 31-69

Kotter, J. (1996): Leading Change, Boston

Quinn, R. W./Dutton, J. E. (2005): Coordination as Energy-in-Conversation. Academy of Management Review, 30. Jg., H. 1, S. 36-57

Senge, P. M. (1990): The Fifth Discipline. The Art and Practice of the Learning Organization, New York

Steinle, C. (2005): Ganzheitliches Management – Eine mehrdimensionale Sichtweise integrierter Unternehmungsführung, Wiesbaden

Tushman, M. L./O'Reilly III, C. A. (1996): Ambidextrous Organization: Managing Evolutionary and Revolutionary Change; in: California Management Review, 38. Jg., H. 4, S. 8-30

Zaugg, R. J./Thom, N. (2003): Excellence through Implicit Competencies: Human Resource Management – Organisational Development – Knowledge Creation; in: Journal of Change Management, 3. Jg., H. 3, S. 199-211

Gary Steel, Paul Lewis, Erika Brügger

Firmenspezifische Führungsphilosophie und deren konsequente Umsetzung

Das Beispiel der ABB

1 Die Führungsphilosophie der ABB

Die Führungsphilosophie der ABB hat ihren Ursprung in einem Gespräch im Juli 2002 zwischen Jürgen Dormann – der im September 2002 die Doppelrolle als Head of the Board of Directors und CEO der ABB übernahm – und Gary Steel, dazumal Kandidat für die Rolle als Konzernleitungsmitglied mit Verantwortungsbereich Human Resources. Das Gespräch dauerte über drei Stunden und widmete sich nur einem Thema: der Rolle von Menschen in Veränderungsprozessen. Dies war die Geburtsstunde der ABB People Strategy, die seit März 2003 integraler Bestandteil des ABB Strategy Review Prozesses ist.

Die ABB People Strategy und die damit verbundene Führungsphilosophie zahlt sich aus – ablesbar in den sich stetig verbessernden Geschäftsresultaten. ABB ist nach dem Beinahekollaps im Herbst 2002 wieder zu einem erfolgreichen Unternehmen geworden und wird nun wieder als Vorzeigeunternehmen gehandelt wie seinerzeit nach dem erfolgreichen Merger der schweizerischen Brown Boveri AG und der schwedischen ASEA AB zur ABB Ltd. Diesmal nicht als Firma, die erfolgreich einen Zusammenschluss bewältigt hat, sondern als Unternehmen, das innerhalb kürzester Zeit erfolgreich den Turnaround geschafft hat.

Die *ABB People Strategy* verfolgt vier wesentliche Ziele:

- Ausrichtung der Aktivitäten, Tools und Prozesse innerhalb des Human Resource Managements auf die ABB Business Strategy,
- Fokussierung auf diejenigen Initiativen und Prozesse, die dementsprechend im Vordergrund stehen und somit höchste Relevanz aufweisen,
- Sicherstellung von Transparenz bezüglich des Aufzeigens und Erklärens entsprechender Aktionen und Aktivitäten,

- Sicherstellung der Konsistenz von Denk- und Handlungsprinzipien innerhalb der gesamten ABB Gruppe.

Leadership stellt dabei eines der drei Grundprinzipien der ABB People Strategy dar, auf denen die gesamte Strategie aufgebaut ist. Diese drei Grundprinzipien sind:

(1) Values: What we stand for

Die Werte von ABB basieren auf drei Business Principles (Geschäftsgrundsätzen): Respect, Responsibility und Determination (Respekt, Verantwortung und Entschlossenheit). Sie bilden die Basis der Verhaltensgrundsätze, zu denen sich ABB verpflichtet hat und sind Richtung weisend für die Zusammenarbeit mit Mitarbeitenden, in Teams, mit Kunden, Lieferanten und Behörden sowie allen anderen Anspruchsgruppen.

(2) Leadership: How we set standards

Das Führungsverständnis innerhalb der ABB ist nicht allein auf Managementpositionen beschränkt. Führung wird als Selbst- und Fremdführung verstanden. Es gilt, die richtige Mischung aus Delegieren und Verantwortlichkeit zu finden, um den individuellen Beitrag an der Zielerreichung der ABB zu ermöglichen. Offene Teamarbeit ist dabei fester Bestandteil einer guten Personalführung.

(3) Performance: What we measure

Die Leistungsmessung konzentriert sich auf einige klare und einfache Kriterien, um Glaubwürdigkeit innerhalb und außerhalb des Unternehmens zu erhalten sowie kontinuierlichen Verbesserungsprozessen zu dienen. Leistung entsteht aus dem gemeinsamen Willen, Werte zu schaffen, Wettbewerbsfähigkeit zu erhalten und nach Höherem zu streben, um lang- und kurzfristige Interessen in Einklang zu bringen.

Zweifelsohne ist die größte Herausforderung, die mit dem neuen Leadership-Verständnis einhergehen muss, die Erzeugung einer neuen mentalen Haltung beim Management. Kultur und Zeitgeist belohnen aber diejenigen, die Wissen haben, klar und unmissverständlich sind, rasch entscheiden und den Weg widerspruchslos aufzeigen. Der Umgang mit Komplexität und Ambiguität ist sowohl für Führende als auch Geführte schwierig und nährt deshalb das Bedürfnis nach einer starken Führungskraft, die einfache Lösungen aufzeigt und rasche Entscheidungen fällt. Das Zulassen von Ambivalenzen und Mehrdeutigkeiten sowie das Eingestehen, dass man nicht alles wissen kann, gelten meist als Schwäche.

Bei ABB dagegen erkennen wir an, dass die Realität Widersprüche hat, sich Grenzen auflösen, Wissen sich tagtäglich rasend multipliziert, Wissen immer schneller veraltet und immer neue Aspekte zu verarbeiten sind. Hier setzt die neue Führungsphilosophie an. Alle Mitarbeitenden von ABB sind intelligente und engagierte Persönlichkeiten, die ihr Fachgebiet kennen und wichtige Beiträge leisten können. ABB lässt die Überzeugung hinter sich, dass Manager alles allein wissen, können und entscheiden müssen. Um das Beste aus den Menschen herauszuholen, sind sie vielmehr als Coaches gefragt, die offen sind und fähig, eigene Werte und Vorgehensweisen zu hinterfragen, sich selber zurückzunehmen und andere einzubinden. Das erfordert eine absolut offene Kommunikations- und Informationskultur ohne Berührungsängste zwischen den Hierarchiestufen, eine Atmosphäre gegenseitigen Respekts, des Zuhörens und des ehrlichen Lernens voneinander. Jeder trägt in seinem Verantwortungsgebiet ein Stück Weisheit und diese gilt es zum Wohle der Zielerreichung von ABB freizulegen.

Diese Veränderung gelingt nicht ohne ein verändertes Selbstverständnis des Managements, denn es ist mit seinem Verhalten als Rollenvorbild Kultur stiftend. Gleichzeitig erfährt das Management auch eine enorme Erleichterung, denn die Last der Entscheidung kann gleichsam geteilt werden, auch wenn es weder das Ziel noch sinnvoll ist, sämtliche Entscheide basisdemokratisch zu fällen. Vielmehr gilt es, Situationen richtig einzuschätzen und den Führungs- und Entscheidungsstil entsprechend anzupassen. Der Einbezug anderer gibt aber auch eine bessere Entscheidungsbasis, denn Austausch und gemeinsames Lernen vervielfachen das Wissen, die Kompetenz und die Innovationskraft der ABB um ein Mehrfaches. Und es fördert die Entwicklung der Mitarbeitenden und deren Commitment zum Fällen klarer Entscheidungen.

Die innere Haltung, sich in die lernende Perspektive zu begeben, offen für Inputs von anderen zu sein und sich selbst in Frage zu stellen, ist letztlich das erfolgskritische Element der neuen ABB Führungsphilosophie. Die Grundüberzeugung ist, dass Leadership auf allen Ebenen von ABB stattzufinden hat. Hinter dem Erfolg von ABB stehen überall im Unternehmen Menschen, die willens sind, innerhalb ihres Tätigkeitsbereiches zur Unternehmensleistung beizusteuern. Dies sind nicht nur die Personen an der Spitze des Unternehmens, sondern jeder Mitarbeitende ist verpflichtet, egal wo er innerhalb der Geschäftsbereiche oder der Hierarchie angesiedelt ist, seinen Beitrag zu leisten. Die Business Principles sind die Richtschnur, wie sich die Mitarbeitenden von ABB im Team, mit Kunden und in der Gesellschaft verhalten sollen: nämlich mit Verantwortung, Respekt und Entschlossenheit. Dazu müssen alle Mitarbeitenden befähigt und ermuntert werden, ihr Wirken und Handeln nach den ABB Grundsätzen auszurichten und damit zur Zielerreichung und zum Geschäftserfolg von ABB beizutragen.

2 Blick zurück in die Geschichte der Führungsphilosophie von ABB

Um die Entwicklung der spezifischen Führungsphilosophie besser verstehen zu können, blenden wir zurück in die Geschichte von ABB. Neben Jürgen Dormann, der den erfolgreichen Turnaround maßgeblich bewirkt hat, hat vor allem Percy Barnevik den Technologiekonzern ABB nachhaltig geprägt. Percy Barnevik – einer der Architekten der Fusion von Asea AB und Brown Boveri im Jahr 1988 sowie erster CEO der daraus entstandenen ABB – war zweifelsohne eine starke Persönlichkeit mit Instinkt für Chancen und Risiken und Gespür für Marktentwicklungen. Er vereinte alle Attribute eines charismatischen Leaders auf sich. Es gibt eine Vielzahl von Fallstudien, in denen ABB als Best Practice und Percy Barnevik als der Vorzeigemanager dargestellt wurden. Er ließ ABB in einem eigentlichen Akquisitionsrausch – allein in den ersten fünf Jahren 15 größere Akquisitionen – innerhalb kürzester Zeit zu einem Großkonzern anwachsen. Jedoch verpasste es Barnevik im Wachstumsrausch, der Firma angepasste Abläufe, Strukturen und Systeme zu geben. Wegen seiner Strahlkraft war es auch schwierig, den notwendigen Nachwuchs zu entwickeln, der erfolgreich in die Fußstapfen des Übervaters hätte treten können. Wie ein großer Baum mit starken Wurzeln und festem Blätterwerk überschattete er alles, was unter ihm wuchs, so dass es nicht gedeihen konnte.

Beiden Nachfolgern, Göran Lindahl und Jörgen Centerman, war wenig Erfolg beschieden und es gelang ihnen nicht, den Koloss ABB, zu dem der Konzern in der Zwischenzeit angewachsen war, auf Kurs zu bringen. Es gestaltete sich schwierig, das Unternehmen derart bezüglich Prozessen und Kultur zu strukturieren, um den Anforderungen des Marktes erfolgreich entgegentreten zu können, denen sich ein Unternehmen dieser Größe unter dem immer härter werdenden Wettbewerb ausgesetzt sah. Ende 2002 stand die einst so stolze ABB, die als Vorzeigeunternehmen schlechthin galt, hoch verschuldet beinahe vor der Illiquidität. Es war Zeit, einen radikalen Wandel bei ABB einzuleiten, aber nicht nur durch eine Besinnung auf ihre Kernaktivitäten, sondern vielmehr auch durch einen fundamentalen Wandel ihrer Führungskultur und im Führungsverhalten.

3 Erste sichtbare Zeichen des neuen Führungsverständnisses

Es war klar, dass die Vereinfachung der Struktur durch einen tiefgreifenden Kulturwandel begleitet werden musste. Es galt, sich auf „One ABB" zu fokussieren. Die Zeiten, in denen in der internen ABB-Wertschöpfungskette einzelne Bereiche ungeachtet der Gesamtinteressen des Unternehmens mit hohen Margen – fokussiert nur auf die eigene Profit-Center-Rechnung – die interne Preisspirale anheizten und die Wettbewerbsfähigkeit von ABB insgesamt bedrohten, sollten vorbei sein.

Jürgen Dormann, eine charismatische Führungspersönlichkeit, die zudem die ausgeprägte Fähigkeit besitzt, sich selbst in den Hintergrund zu stellen und zuzuhören, übernahm ab September 2002 das Steuer bei ABB. Er vereinte in kurzer Zeit das Executive Commitee zu einem schlagkräftigen Team, das gemeinsam am gleichen Strick zog. Das Topmanagement konnte sicher sein, dass Dormann immer hinter ihm stand und ihm den Rücken stärkte. Er prägte dadurch maßgeblich die neue Führungskultur, die von Leadership auf allen Stufen spricht, dies aber gleichzeitig auch von den Mitarbeitenden einfordert.

Ein wesentliches Kultur stiftendes Element bildete der „Dormann-Letter". Jürgen Dormann publizierte jeweils zum Wochenabschluss im ABB-Intranet einen Brief an alle Mitarbeitenden. Darin thematisierte er schonungslos Schwachstellen, aber auch positive Aspekte, auf die man stolz sein konnte. Die Mitarbeiter wurden aktiv um Feedback gebeten, um ihr Wissen, ihre Fähigkeiten und ihre Einschätzung zu nutzen. Sie waren nicht mehr nur Ausführende. Der Erfolg war durchschlagend und das Zeichen zum aktiven Dialog war gesetzt. Auf die ersten Briefe folgten durchschnittlich 500 Antworten, deren Inputs in den folgenden Briefen Eingang fanden. Die Mitarbeiter lernten, dass es nicht länger ein einzelner Manager war, der die Geschicke der ABB bestimmte, sondern jeder innerhalb seines Verantwortungsbereiches war gefordert zum Erfolg beizutragen.

Die Dormann-Letters folgten immer dem gleichen Prinzip: Sie benannten zuerst Risiken bzw. Aspekte, in denen Veränderungen geschehen musste. Anschließend betonten sie, dass das benötigte Potenzial dafür bei der ABB vorhanden war. So wurde den Mitarbeitenden Mut gemacht, die Veränderung umzusetzen und ihnen das Vertrauen gegeben, dass es möglich sei, den Risiken erfolgreich zu begegnen. Dadurch wurde sichergestellt, dass die für die Veränderung benötigte Energie vorhanden war und nicht einer Change-Müdigkeit wich, die vorher auch bei ABB zu beobachten war. Im Gegenteil: Der fighting spirit der Mitarbeitenden wurde geweckt und nachhaltig unterstützt. Die Briefe hatten den Wandel eingeleitet und zugleich begleitet, ohne die eigentliche Führungsstruktur zu umgehen. Die Mitarbeitenden wurden ermuntert, konstruktiv Dinge zu hinterfragen und somit am Wandel mitzuwirken.

Die Dormann-Letters waren eine der vielen Maßnahmen auf dem Weg zur neuen Führungsphilosophie. Das Leadership Challenge Program und die Leadership Development Assessments waren zwei weitere wichtige Meilensteine.

4 Das Leadership Challenge Program

Kernbotschaft des von Gary Steel initiierten Programms, welches sich inhaltlich an Peter Senges „Fifth Discipline" Buch orientiert und vom Ko-Autor von Peter Senges „Fieldbook fort he Fifth Discipline" Rick Ross zusammen mit Partnern aus seinem Netzwerk gestaltet wurde, ist die Selbstverantwortung eines jeden und einer jeden für den nachhaltigen Erfolg von ABB (vgl. Senge et al. 1994). Jeder ist befähigt und verpflichtet, innerhalb des eigenen Einflussbereiches aktiv zur Wertschöpfung der ABB beizutragen. Daher richtete sich das Programm an alle Mitarbeitenden.

Ende 2003 wurden erste Pilotseminare des Programms durchgeführt. Im Frühling 2004 trug eine kleine Crew unter der Leitung von Paul Lewis, Head of HR Operations, vom Konzernhauptsitz aus die Botschaft in verschiedene Länder. Ziel war es, möglichst rasch lokale Trainer zur Durchführung des dreitägigen Programms zu gewinnen. Innerhalb von 18 Monaten nach Lancierung waren bereits über 100 interne Trainer ausgebildet und 7000 Mitarbeitende kannten die Inhalte des Programms.

Eine der Kernaussagen zu Beginn des Leadership Challenge Programs war: "We must regain control on the business agenda." Diese Kontrolle hatte ABB in den schwierigen Jahren zweifelsohne etwas verloren. Zu lange und zu stark war ABB von externen Faktoren getrieben, ohne eigene Visionen und Ziele zu formulieren. Als ABB um das Überleben und die Rückgewinnung des Vertrauens von Kunden und Märkten kämpfte, blieb keine Zeit, große Visionen zu entwerfen. Das Ziel jedes Unternehmens muss es aber sein, die Zukunft selbst zu gestalten und nicht ausschließlich auf Druck von außen zu reagieren. Vielmehr muss eine Zukunftsvision formuliert werden und sämtliche Kräfte innerhalb des Unternehmens sollten auf die Zielerreichung ausgerichtet werden.

Die Elemente „Strategische Erneuerung", „Herausragende Leistung" und „Persönliche Führung" sind das Fundament und verdeutlichen zugleich Ziel und Zweck des Leadership Challenge Programs. Die drei Elemente sind entscheidend für die erfolgreiche kulturelle Weiterentwicklung, allerdings nur wenn sowohl alle Geschäftsbereiche als auch sämtliche Hierarchiestufen darauf abgestimmt sind. Die „Strategische Erneuerung" wurde in einem fundierten Prozess von Verwaltungsrat und Konzernleitung initiiert, die „Herausragende Leistung" fordert dauernde Prozessverbesserungen innerhalb des Alltagsgeschäfts und das Bewusstsein und die Befähigung der persönlichen Führung soll unter anderem mittels des Leadership Challenge Programs erreicht werden.

Abbildung 1: *ABB Leadership Challenge & Kulturwandel*

Es war den Verantwortlichen von ABB bewusst, dass folgende Punkte angegangen werden müssen, um langfristig erfolgreich sein zu können:

- eine neue Art der Führung,
- ein neues Verständnis für die Wettbewerbssituation,
- neue wirtschaftliche Strategien,
- neue Denk- und Umgangsweisen,
- engagierte Mitarbeitende auf allen Hierarchiestufen,
- das Halten von Versprechungen.

Das Leadership Challenge Program, basierend auf dem Konzept „The Fifth Discipline" von Peter Senge (2003), geht von den folgenden Schlüsselkompetenzen aus:

Abbildung 2: *Leadership Challenge Wheel – Schlüsselkompetenzen*

Das auf obigen Grundsätzen aufgebaute Training ist methodisch sehr interaktiv und folgt der Kernbotschaft, dass das Wissen der einzelnen Mitarbeitenden geteilt werden muss, um eine lernende Organisation entstehen zu lassen.

(1) Gemeinsame Vision entwickeln

Eine wichtige Programmkomponente ist das Konzept der „Kreativen Spannung" (Fritz 2000; Senge 2003). „Kreative Spannung" meint, dass sich zwischen den zwei Polen „derzeitige Realität" und „Vision" eine Spannung aufbaut, die Unternehmen zur Zielerreichung antreibt. Kreativ wird diese Spannung deshalb genannt, weil sie kreative Prozesse (im Sinne von gestaltend) auslöst. Die „Kreative Spannung" ist gleichsam die benötigte Energie innerhalb des Unternehmens, die zur Zielerreichung gebraucht wird. Fehlt das Bewusstsein bzw. das Bild über die derzeitige Realität oder eine realistische Vision, verliert ein Unternehmen die Fähigkeit sich weiterzuentwickeln, weil keine kreative Spannung zwischen den beiden Poolen entstehen kann. Im Teil „Gemeinsame Vision entwickeln" werden die Teilnehmer ermuntert, sich über ihre eigene Vision – bezogen auf ihre Tätigkeit innerhalb des ABB – Gedanken zu machen. Daraufhin wird die offizielle ABB Vision ins Zentrum gerückt und der Frage nachgegangen, ob die individuellen Visionen mit der Gesamtvision vereinbar sind. Durch das Teilen der individuellen Vision wird gleichsam die gemeinsame Vision entwickelt – unter Einbezug der ABB-Gesamtvision.

(2) Ganzheitlich-systemisches Denken

Im Teil „ganzheitlich-systematisches Denken" zielt das Programm darauf, die Teilnehmenden zu befähigen, mittels ganzheitlich-systemischen Denkens ein gemeinsames Verständnis der derzeitigen Realität aufzubauen. Hier wird den Teilnehmenden vermittelt, dass wir alle mentalen Modellen unterliegen, welche die Wahrnehmung der Realität in hohem Maße strukturieren und das Kommunikationsverhalten entsprechend beeinflussen. Viel zu oft wird in Diskussionen davon ausgegangen, dass die andere Person einen Sachverhalt basierend auf den gleichen Einschätzungen beurteilt, ohne das zu hinterfragen. Oder Informationen werden bewusst oder unbewusst zurückbehalten, was das Diskussionsergebnis unter Umständen negativ beeinflussen kann – gerade in Bezug auf eine gemeinsame Einschätzung der derzeitigen Realität und der zukünftigen Vision. Aufgrund der Bedeutsamkeit des richtigen Kommunikationsverhaltens werden diese Aspekte nochmals im nachfolgenden Teil vertieft.

(3) Andere mit einbeziehen

Ein weiteres Thema ist „Andere mit einbeziehen". Hier setzen sich die Teilnehmenden mit ihrem eigenen Kommunikationsstil sowie mit Techniken für eine verbesserte Kommunikation auseinander. Ein 360°-Feedback ist integraler Bestandteil des Leadership Challenge Program und folgt der Erkenntnis: „Wir beurteilen uns selbst nach unseren Absichten. Andere beurteilen uns nach dem, was wir tun." Die Teilnehmenden wählen aus ihrem Arbeitsumfeld Personen aus, die sie nach den Schlüsselkompetenzen des Programms beurteilen. In Abgrenzung zum herkömmlichen 360°-Feedback geschieht die Einschätzung nicht anonym, sondern es wird Wert darauf gelegt, dass im Anschluss an die Auswertung das persönliche Gespräch mit den Antwortgebenden gesucht wird. Ziel des Feedbacks ist es, über die Einsichten zur persönlichen Wirkung und zu möglichen Entwicklungsfeldern hinaus konkret an den Beziehungen mit Arbeitskolleginnen und -kollegen zur Verbesserung der Arbeitsleistung zu arbeiten.

(4) Veränderungen aktiv mitgestalten

Eine aktive Beteiligung jedes Einzelnen mit Berücksichtigung der individuellen Betrachtungsweise des Unternehmens wird bereits zu Beginn des Trainings im Themenblock „Veränderungen aktiv mitgestalten" durch das Programmdesign gefordert. In einer der ersten Übungen wird diskutiert, wie die ABB Kultur beschrieben werden kann und welche Art von Wandel innerhalb der ABB notwendig ist. Es wird bewusst keine Einschätzung von Seiten des Managements präsentiert. Vielmehr ist der Beitrag der Einzelnen von Bedeutung: Es liegt an den einzelnen Mitarbeitenden, den Kulturwandel innerhalb seines Wirkungsbereiches aktiv mitzugestalten. Das Vorgehen ist für manche Mitarbeitenden ungewohnt, hat aber ein großes Potenzial für Informationen, wo in einem kontinuierlichen Verbesserungsprozess noch angesetzt werden kann. Ferner wird die lernende Organisation für die Mitarbeitenden konkret erlebbar.

(5) Führen der eigenen Person

Das Thema „Führen der eigenen Person" steht bewusst im Zentrum des „Leadership Challenge Wheel". Es durchdringt alle anderen Themen. Gezielt wird die eigene Person in den Vordergrund gestellt. Beim Leadership Challenge Program geht es um Menschen, ihre Wirkung und Wirksamkeit innerhalb des Unternehmens. Mit diesem Wissen und Bewusstsein sollen die Mitarbeitenden sich selbst führen. Es geht nicht in erster Linie darum, Botschaften vom Top-Management zu vermitteln oder Tools und Techniken zu trainieren, sondern um die Reflexion über sich und das Unternehmen. Die Teilnehmenden setzen sich aktiv mit ihren Werten auseinander und reflektieren die Bedeutung der ABB Principles und deren Umsetzung. Kernpunkt ist, dass die Wichtigkeit von Werten bewusst wird, da sie unser tägliches Denken und Handeln in hohem Maße beeinflussen – mit dem Ziel exzellenter Selbstführung.

(6) Anpacken und Ergebnisse erzielen

Damit aber nicht genug: Mit einem bewussten Committment zum „Anpacken" wird den Teilnehmenden das Versprechen abgenommen, an ihrem Arbeitsplatz in ihrem Wirkungskreis das Gelernte konkret umzusetzen, um so einen aktiven Beitrag am Kulturwandel zu leisten und echtes Leadership zu zeigen.

(7) Arbeitsweise und Einführung des Leadership Challenge Program

Das Programm spricht bewusst „head and heart" an, denn Leadership im Sinne von ABB umfasst den ganzen Menschen, spricht ihn in seiner Ganzheitlichkeit und sowohl Soft- als auch Hard-Themen an. Daher wird auf ein heterogenes Trainerteam und eine große Durchmischung der Teilnehmer Wert gelegt. Die teilnehmenden Mitarbeiter kommen jeweils aus unterschiedlichen Bereichen und Ebenen von ABB, um das Verständnis über die Abteilung hinaus zu fördern und den Mitarbeitenden die Möglichkeit zu bieten, sich mit Kolleginnen und Kollegen auszutauschen, mit denen sie ansonsten kaum in Kontakt treten. Eine nicht zu unterschätzende Wirkung zeigt sich dadurch, dass sich Top-Manager nicht in ihren Elfenbeinturm zurückziehen, sondern sich in dem Programm als Teilnehmer aktiv mit den An- und Einsichten ihrer Mitarbeitenden auseinandersetzen und sich selbst hinterfragen. Die Botschaft ist: Wir sitzen alle in demselben Boot und wir können nur gemeinsam Ergebnisse erzielen.

Basierend auf der Kernaussage des Leadership Challenge Program wird großen Wert darauf gelegt, dass die Trainer Lernerlebnisse ermöglichen und nicht in erster Linie als Vermittler von Botschaften agieren. Jedes Programm bildet eine neue Lernplattform für sämtliche Teilnehmenden. Theoretischer Input, praktische Übungen und Diskussionen in der Großgruppe sowie der Einsatz von Video Case Studies stellen daher sicher, dass das Programm eine Methodenvielfalt aufweist, die den verschiedenen Lernstilen der einzelnen Teilnehmenden gerecht wird. Die Moderation zielt entsprechend darauf ab, den Lernprozess als Erlebnis in der Gesamtgruppe – Lernen von und mit anderen – zu fördern. Der Trainer agiert somit eher als Coach und nicht als Dozent.

Die Grundphilosophie der Implementierung des Programms bestand im bewussten Einbezug von lokalen Trainern vor Ort - und zwar Personen aus dem Human Resources Umfeld als auch Linien-Führungskräfte. Dadurch war einerseits der Bezug zur lokalen Kultur mit entsprechender Übersetzung in die lokale Sprache gewährleistet, andererseits wurde das Programm durch die Mitarbeitenden nicht als „weitere Aktion von Seiten des zentralen Human Resources Managements in Oerlikon" wahrgenommen. Damit entstand eine hohe Verankerung in den lokalen Länderorganisationen.

In den Jahren 2004 und 2005 wurden global neun Train-the-Trainer-Seminare durchgeführt. Bis Ende 2005 waren weltweit 102 lizenzierte Moderatorinnen und Moderatoren in 28 Ländern und bis jetzt in zehn verschiedenen Sprachen im Einsatz. Sie haben in 177 Trainings ca. 7000 Teilnehmende mit dem Gedankengut des Leadership Challenge Programs vertraut gemacht und sie befähigt, die Schlüsselkompetenzen im Betriebsalltag zu leben.

5 Das Leadership Development Assessment

Ein weiterer Meilenstein in der Verankerung der neuen Führungsphilosophie war die Einführung des Leadership Development Assessments. Wegen der Krise der Jahre 2001 und 2002 hatten viele Top-Manager die ABB verlassen und große Lücken bezüglich Wissen und Leadership erzeugt. Dementsprechend war die Förderung des Führungsnachwuchses eine zentrale Herausforderung, um für die Schlüsselpositionen Führungskräfte mit fundiertem Wissen über Produkte und Märkte aufzubauen.

In enger Zusammenarbeit mit dem weltweit operierenden Beratungsunternehmen Egon Zehnder International wurde ein neues Leadership Kompetenzmodell sowie ein dazugehöriges Assessment entwickelt. Das Leadership Development Assessment ist ein Tool zur Messung des Führungsverhaltens in Bezug auf acht definierte Leadership-Kompetenzen. Darüber hinaus ist es aber auch ein wichtiges Instrument zur Entwicklung von Leadership-Fähigkeiten und integrierter Bestandteil innerhalb des Nachfolgeplanungsprozesses. Das Kompetenzmodell bildet somit eine wichtige Grundlage für sämtliche Management Development Aktivitäten.

Das Leadership Competency Model umfasst die folgenden Kriterien:

- Ergebnisorientierung (Results Orientation),
- Strategieorientierung (Strategic Orientation),
- Teamwork und Zusammenarbeit (Teamwork and Collaboration),
- Mitarbeiterentwicklung (People Development),
- Mitarbeiterführung (Personal Leadership),
- Veränderungsmanagement (Change Leadership),
- Interkulturelle Sensitivität und Effektivität (Intercultural Sensitivity and Effectiveness),
- Kunden- und Marktorientierung (Customer and Market Orientation).

Im Gegensatz zum Leadership Challenge Program, das sich an sämtliche Mitarbeitenden von ABB richtet, ungeachtet deren organisatorischen Eingliederung, wird beim Leadership Development Assessment bewusst auf einen top-down Prozess gesetzt.

In einem bis zu drei Stunden dauernden strukturierten Interview mit einem internen Talentmanager erfolgt eine Einschätzung der Führungskraft bezüglich der acht definierten Kompetenzen. Dabei wird jeder Talentmanager entweder von einem externen Berater oder einem anderen Talentmanager unterstützt, um eine Einschätzung nach dem Vier-Augen-Prinzip zu erhalten. Zudem werden drei bis sechs Referenzauskünfte von internen Personen (Kunden, Vorgesetzte, Kollegen, Untergebene) eingeholt. Die Ergebnisse werden in einem Bericht zusammengefasst. In einem Feedbackgespräch mit der Führungskraft werden entsprechende Maßnahmen für den Entwicklungsplan festgelegt. Diese Informationen fließen letztendlich in die Nachfolgeplanung ein.

Bis zum Sommer 2005 wurden weltweit 400 Führungskräfte mittels des Leadership Development Assessments eingeschätzt. Es besteht ein Pool aus 30 ausgebildeten Talent Managern, die alle zugleich erfahrene Human Resources Manager sind.

6 Erfolgskontrolle bei der Einführung der neuen Führungsphilosophie

Bei der Einführung einer neuen Führungsphilosophie stellt sich zweifelsohne irgendwann die Frage nach einer Erfolgkontrolle. Wie kann ein fundamentaler Kulturwandel initiiert, implementiert und nachhaltig verankert werden? Wie kann man messen, dass die Aktivitäten zum Ziel geführt haben? Grundsätzlich ist eine entsprechende Erfolgskontrolle auf den folgenden drei Ebenen denkbar:

- Zahlen,
- Umfragen,
- Einschätzung der gelebten Realität.

Die Ermittlung der Anzahl durchgeführter Leadership Challenge Programme bzw. die entsprechende Anzahl Teilnehmender ist einfach. Ebenso ist eine genaue Angabe über durchgeführte Leadership Development Assessments möglich. Sind aber Zahlen verlässliche Indikatoren dafür, dass die neue Führungsphilosophie auch wirklich im Alltag gelebt wird? Sind Zahlen in diesem Kontext nicht ein ungenaues Messmittel, auch wenn sie auf den ersten Blick Objektivität vorzugeben scheinen?

Gemäß dem Motto „Talk the talk then walk the talk" erschien ABB eine Einschätzung der Mitarbeitenden über die Veränderung der Kultur weitaus aussagekräftiger, auch wenn die Aussagen nicht im gleichen Maße objektiv sind wie Zahlen und Fakten.

Mitarbeiterumfragen, aber insbesondere die Teilnahme am Forschungsprojekt des Instituts für Führung und Personalmanagement der Universität St. Gallen zum Thema „Organizational Energy" (siehe Bruch/Vogel in diesem Buch und Bruch/Vogel 2005) sind Indikatoren, um die Entwicklung innerhalb der ABB-Kultur einzuschätzen. Gerade die Ergebnisse der Langzeitstudie der Universität St. Gallen zeigen, dass sich das Leadership-Verhalten stark verändert hat. Der Anteil an wahrgenommenem „Laissez-Faire"-Leadership-Verhalten hat innerhalb nur eines Jahres massiv abgenommen zugunsten eines „Double Challenge Leadership". Dieses zeichnet sich nicht nur durch inspirierende Führung (transformaler Führungsstil), sondern auch durch das bewusste Ansprechen von Problemfeldern und möglichen Bedrohungen aus (problemorientierte Führung). Letztere betont, dass innerhalb des Führungsalltags sowohl Risiken als auch Chancen beleuchtet werden und eine offene Kommunikation über die gegenwärtige Realität stattfindet (Bruch/Ghoshal 2003; Bruch/Shamir/Cole 2005).

Das Leadership Challenge Program hat in der ABB aber auch eine eigene Sprache und eine neue Art des Denkens etabliert. Auch wenn eine Veränderung der Kultur und der Führungsphilosophie insbesondere in einem so großen Unternehmen Zeit braucht, hat sich, aufgrund der vielen Maßnahmen im Bereich Leadership Development – von der stärkeren Präsenz der Führungskräfte vor Ort im Austausch mit den Mitarbeitenden bis zur Selbstreflexion des Führungsverhaltens im Rahmens des Leadership Development Assessments – die Kultur in den vergangenen Jahren in der ABB stark verändert. Und das zeigt sich auch in einem wesentlich verbesserten Geschäftsergebnis.

Gary Steel, Paul Lewis, Erika Brügger

7 Erfolgreich in die Zukunft dank eines neuen Führungsverständnisses

ABB hat sich seit seiner Gründung immer wieder durch hervorragende Führungspersönlichkeiten ausgezeichnet. Percy Barnevik hat ABB dank seiner Expansionsstrategie zu Größe und Reputation verholfen, die in den schwierigen Zeiten sicherlich mitgeholfen hat, die Talsohle zu durchschreiten. Jürgen Dormann hat dem Unternehmen Selbstvertrauen zurückgegeben, indem er schonungslos die Mängel, aber auch die positiven Seiten von ABB konsequent thematisierte. Er hat somit neben dem strukturellen Wandel vor allem auch ein Bewusstsein für Stärken und Verbesserungsmöglichkeiten erzeugt. Letztlich hat es Dormann nicht nur verstanden, den dringend benötigten Kulturwandel einzuleiten und voranzutreiben, sondern auch das Unternehmen aus einer Art Lethargie angesichts der dramatischen Geschäftsentwicklung herauszuholen und das Selbstvertrauen in Kompetenzen und Fähigkeiten zurückzubringen. Das war sicherlich einer der bedeutsamsten Auslöser für die unbändige Energie, die freigesetzt werden konnte, um den Turnaround zu ermöglichen, und zu der die Mitarbeitenden mit ihrem „fighting spirit" beigetragen haben.

Mit dem neuen CEO Fred Kindle hat ABB wieder eine Führungspersönlichkeit an der Spitze. Er unterscheidet sich im Charakter und Auftreten vom Vorgänger Jürgen Dormann, lebt aber, basierend auf den persönlichen Grundwerten, einen Führungsstil vor, der das neue Führungsverständnis untermauert. Fred Kindle dient wiederum als wichtiges Rollenvorbild. Und an Fred Kindle wird es sein, ABB auf dem Weg in eine erfolgreiche Zukunft zu begleiten, ABB in alten Märkten zu stabilisieren und in neuen erfolgreich zu positionieren. In seinem ersten Brief an die Mitarbeitenden im Januar 2005 verdeutlichte er auch gleich, worin er den Schlüssel zum Erfolg sieht:

„Wichtig dabei ist, dass wir weiterhin aufmerksam auf die Art und Weise unserer Zusammenarbeit achten. Nachhaltiger Fortschritt erwächst aus steter Leistungsverbesserung, aus dem Ausbau unserer Führungsfähigkeiten und der Verankerung der Werte, die unsere Geschäftsgrundsätze untermauern.

Führung heißt, Personal zu führen und zu managen – es gibt hier einen Unterschied – und die richtige Mischung aus Delegierung und Verantwortlichkeit zu finden. Offene Teamarbeit ist Bestandteil einer guten Personalführung.

Werte bilden eine dritte wichtige Komponente. Die Geschäftsgrundsätze von ABB – Verantwortung, Respekt und Entschlossenheit – veranschaulichen, zu welchem Verhalten wir uns verpflichtet haben. Ich stehe voll hinter diesen Grundsätzen.

Während wir unseren Mitarbeitern mitteilen, welche Verhaltensweisen wir erwarten und welches Verhalten inakzeptabel ist, müssen wir individuelle Werte und Überzeugungen respektieren, solange sie den Grundsätzen des Unternehmens nicht entgegenstehen. Meine eigenen Grundwerte lauten Integrität, Vertrauen, Verantwortung und Spannung.

Es braucht seine Zeit, eine Kultur zu ändern, weil Änderungsinitiativen auch Abwehrreaktionen hervorrufen können. Wandel heißt jedoch nicht, aus ‚schlecht' ‚gut' oder aus ‚altem Guten' ‚neues Gute' zu machen. Wandel bedeutet vielmehr, ein Unternehmen und seine Vorgehens- und Arbeitsweisen für neue Herausforderungen zu wappnen.

Wenn ich also sage, dass ABB ein Unternehmen mit viel Substanz ist, das sein Potenzial, sich als ‚eine ABB' zu präsentieren, noch nicht voll ausschöpft, bringe ich damit meine Zuversicht zum Ausdruck, dass wir es besser machen werden."

Die Last liegt dank neuem Führungsverständnis nicht alleine auf den Schultern des CEO. Vielmehr ist jeder und jede gefordert und gefördert, einen Beitrag zur Prosperität von ABB mitzutragen. Ein starker CEO kann somit auf viele inspirierende und inspirierte Köpfe innerhalb dieses in 100 Ländern der Welt präsenten Unternehmens zurückgreifen, dessen Mission „Power and Productivity for a better World" ist.

Literatur

Bruch, H./Ghoshal, S. (2003): Unleashing Organizational Energy; in: Sloan Management Review, 45. Jg., Fall, S. 45-52

Bruch, H./Shamir, B./Cole, M. S. (2005): Promotion-Oriented Leadership and Prevention-Oriented Leadership: Two Ways of Influencing Follower Motivation. Paper presented at the Academy of Management Meeting, Honolulu

Bruch, H./Vogel, B. (2005): Organisationale Energie: wie Sie das Potenzial Ihres Unternehmens ausschöpfen, Wiesbaden

Fritz, R. (2000): Den Weg des geringsten Widerstands managen, Stuttgart

Senge P. M. (2003): Die fünfte Disziplin: Kunst und Praxis der lernenden Organisation, Stuttgart

Senge P. M./Roberts, C./Ross, R. B./Smith, B. J./Kleiner, A. (1994): The Fifth Discipline Fieldbook, London

Liz Mohn

Unternehmenskultur und Führung

Erfolgsfaktoren zur Gestaltung der Zukunft in Wirtschaft und Unternehmen

1 Neue Herausforderungen für die Zukunft in und von Unternehmen

Globalisierung, Digitalisierung, demographischer Wandel und Werteverlust sind zentrale Schlagworte für eine Zeitenwende in Wirtschaft und Gesellschaft. Die Umbrüche stellen Strategien, Führung und Kulturen von Unternehmen vor eine Belastungs- und Bewährungsprobe. Vor allem die Anforderungen und Aufgaben für die Führung nehmen an Art und Umfang stetig zu, um im Standortwettbewerb zu bestehen:

- Wie sollen Unternehmensleitungen durch die Gestaltung zeitgemäßer Führungs- und Organisationsstrukturen auf die Herausforderungen durch die Internationalisierung der Märkte und der Konkurrenz reagieren?

Erfahrungen zeigen, dass in wirtschaftlich angespannten Zeiten eine partnerschaftliche Unternehmenskultur und Führung wirtschaftliche Kontinuität und unternehmerischen Erfolg gewährleisten können. Ein an Rohstoffen armes Land, wie die Bundesrepublik Deutschland, ist auf Innovationen seiner Unternehmen und das Wissen ihrer Menschen angewiesen, um Wachstum, Beschäftigung und Wohlstand zu sichern:

- Welche Herausforderungen ergeben sich hieraus für die Führung eines Unternehmens, die Personalauswahl und -entwicklung sowie die Vorbereitung des unternehmerischen Nachwuchses angesichts eines neuen Selbstverständnisses der Mitarbeiter im Unternehmen und des gesellschaftlichen Wertewandels?

Zentralistische Führungsstile und hierarchische Unternehmenskulturen entsprechen nicht mehr der heutigen Wirtschaftswelt und dem Menschenbild. Dezentrale Strukturen, Delegation von Verantwortung und Freiraum für kreative Lösungen sind der Weg in die unternehmerische Zukunft. Mitsprache am Arbeitsplatz, eine ausgeprägte Innovationskultur sowie partnerschaftlicher Dialog zwischen allen Beteiligten führen über ein gemeinsames Zielverständnis zum unternehmerischen Erfolg. Neben fachlichem Wissen werden daher soziale Kompetenzen wichtiger. Durch diese Schlüsselstrategien, welche die Motivation und Identifikation, Kreativität und Leistungsbereitschaft freisetzen, bleiben Unternehmen im internationalen Wettbewerb konkurrenzfähig.

Zudem wird die Vereinbarkeit der notwendigen partnerschaftlichen Führung mit der Unternehmenskultur die Personalpolitik stark beeinflussen. Die Unternehmenskultur entwickelt sich zu einem der wichtigsten Wettbewerbsvorteile, da sie nicht ohne weiteres kopierbar ist, wie z.B. Produkte und Prozesse. Unternehmenskultur und Führungsverhalten sind somit in der Zukunft die Erfolgsfaktoren für ein Unternehmen.

2 Wirtschaft und Unternehmen in den Umbrüchen einer Zeitenwende

Die Veränderung von Unternehmenskulturen braucht Zeit. Werte und Einstellungen der Menschen passen sich nur langsam neuen Lebens- und Arbeitsbedingungen an. Dies gilt leider auch für die Politik und Sozialpartnerschaft, die wichtige Rahmenbedingungen für Wachstum und Beschäftigung eines Landes setzen. Sie reagieren zu unflexibel und zögerlich bei Reformen unserer Gesellschafts- und Wirtschaftsordnung. Statt Fortschrittsdenken und Reformwille dominieren Unsicherheiten und Ängste. Stillstand ist die Folge. Risiken und Ängste dürfen aber auch nicht verkannt werden. Sie lösen Handlungsunfähigkeit und Hilflosigkeit angesichts folgender Umbrüche aus:

- Veränderungs- und Lernprozesse durch die Globalisierung, ausgelöst durch neue Wettbewerber, erfordern neue Strategien für Innovation und Wachstum – auch für den Mittelstand und das Handwerk.
- Die Aufnahme neuer Mitgliedsstaaten in die Europäische Union verschiebt die wirtschaftlichen Kräfte und die Arbeitsmärkte und konfrontiert alle betroffenen Nationen mit der Aufgabe der wirtschaftlichen und politischen Integration.
- Fusionen und Börsengänge versprechen bessere Marktpositionen und Renditen. Sie bergen aber auch Gefahren durch Ängste und Motivationsverlust der Mitarbeiter sowie Zerstörung von gewachsenen Unternehmenskulturen.
- Moderne Technologie erleichtert Arbeits-, Kommunikations- und Entscheidungsprozesse und prägt die Unternehmenskultur. Zugleich stellt sie neue Anforderungen an Qualifikation, Flexibilität und Mobilität und kann Menschen überfordern.
- Gleichzeitig erleben Gesellschaft und Wirtschaft einen bedrückenden Werteverlust in den „Keimzellen unserer Gesellschaft“, wie z.B. den Familien und Kirchen. Gleichzeitig werden Verbände, Arbeitgeber- und Arbeitnehmervertretungen durch Veränderungen in der Bindungsbereitschaft der Menschen herausgefordert.

- Das Selbstverständnis der Menschen hat sich in den letzten Jahrzehnten mit dem Verlangen nach einem selbst bestimmten und eigenverantwortlichen Handeln grundsätzlich gewandelt. Dadurch werden zentralistische und bürokratische Führungsstrukturen allmählich abgelöst.
- Der demografische Wandel kehrt die Alterspyramide in den meisten westlichen Industrieländern um, ohne dass wir in Arbeitswelt, Sozialversicherungssystemen und Gesellschaft auf die Auswirkungen vorbereitet sind.

Diese Entwicklungen sind nur ein kleiner Ausschnitt der Herausforderungen und Probleme einer globalen Wirtschaft und Gesellschaft. Sie allein verursachen bereits gravierende Anpassungsmaßnahmen auf den Arbeitsmärkten und in Unternehmen.

Die Anforderungen an die Führungskräfte und – ganz ausdrücklich – auch an die Mitarbeiter nehmen an Komplexität und Schwierigkeitsgrad zu. Besitzstandswahrung, verkrustete Denkweisen, Streitkultur, hierarchische Führung und Machtstreben führen nicht zu Lösungen für die Probleme der Zukunft. Zugleich gehen partnerschaftliche Zusammenarbeit, Teamgeist und Menschlichkeit in vielen Unternehmen verloren, da Vorbilder und Orientierung fehlen. Jedoch suchen Mitarbeiter gerade heute Sicherheit, Halt, Kontinuität, Transparenz und Werteorientierung.

Nicht zuletzt bilden die Auswirkungen durch Komplexität, Flexibilität und Mobilität Anforderungen der Unternehmen und deren Fürhung bei der Identitätsstiftung und Wertevermittlung. Wo sonst sollen Menschen zukünftig Sinn finden, wenn die traditionellen Strukturen unserer Gesellschaft brüchig werden? Daher kann es zukünftig bei der Gestaltung von Führung und Unternehmenskultur auch um folgende Frage gehen:

- Bieten Unternehmen Mitarbeitern noch eine Art von Heimat?

Es ist festzuhalten, dass durch die Suche nach Orientierung wohl die Sehnsucht der Mitarbeiter nach Selbstverwirklichung, Lebenssinn, Kooperation, Gemeinschaft und Menschlichkeit in der schnelllebigen, globalen Wirtschaftswelt zunimmt. Eine partnerschaftliche Unternehmenskultur zeigt hier neue Perspektiven auf.

3 Grundsätze einer partnerschaftlichen Unternehmenskultur

Orientierungslosigkeit und Werteverlust sind fatale Konsequenzen dieser Unsicherheiten und Ängste bei Menschen. Gerade für Wirtschaft und Unternehmen gilt es daher, wieder Erfolg versprechende Lösungsansätze zu suchen, um Menschen mit ihren Sorgen und Hoffnungen abzuholen und Unternehmenskulturen nicht zu entwurzeln.

Die gezeigten gesellschaftlichen Umbrüche erzeugen bei Mitarbeitern und Führungskräften unwillkürlich Fragen zur Gestaltung einer zeitgemäßen Unternehmenskultur. Auf zukünftige Herausforderungen in Wirtschaft und Arbeitswelt können und dürfen Unternehmen nicht mit Instrumenten der Vergangenheit reagieren. Eine Unternehmenskultur muss vielmehr wachsen, sich bewähren und entwickelt werden durch

- den Dialog über Gerechtigkeit und Solidarität, Vertrauen und Kooperation mit den Mitarbeitern,
- die Wirkung von Identifikation und Eigenverantwortung als Motivation für Mitarbeiter,
- die Überwindung von vermeintlichen Interessenkonflikten zugunsten eines gemeinsamen Zielverständnisses und
- den Grundsatz „Eigentum verpflichtet" als Voraussetzung für die Übernahme gesellschaftlicher Verantwortung.

4 Kriterien für die Unternehmenskultur und Führung der Zukunft

Im Rahmen einer internationalen Studie hat die Bertelsmann Stiftung zusammen mit der Unternehmensberatung Booz Allen Hamilton bereits vor mehreren Jahren Kriterien zur Erfassung und Gestaltung einer zeitgemäßen Unternehmenskultur entwickelt (Abb. 1).

Folgende 10 Kernkriterien der Unternehmenskultur, die sich in weitere über 100 Subkriterien aufschlüsseln, wurden erhoben und untersucht:

1. das Vorhandensein eines Leitbildes mit daraus abgeleiteten Führungsgrundsätzen und Unternehmensverfassungen sowie deren Verankerungen in den unterschiedlichen Unternehmens- und Arbeitsprozessen,
2. die Übernahme gesellschaftlicher Verantwortung über eine „Corporate Social Responsibility" im engeren Sinne hinaus, z.B. Umgang mit Standortverlagerungen und Beschäftigungsanpassungen,
3. die Verankerung von Haltungen, Überzeugungen und Werten im Sinne von Partnerschaft, Dialog und Leistungsbereitschaft im Unternehmen und in der Führung,

Abbildung 1: *Die Elemente von Unternehmenskultur und Führungsverhalten*

4. die Unabhängigkeit und Transparenz der Unternehmensaufsicht im Zusammenspiel von Aufsichtsrat, Vorstand, Arbeitnehmervertretungen und Gesellschaftern,
5. die Umsetzung partizipativen Führungsverhaltens auf der Basis von Zielvereinbarungen und durch die Delegation von Verantwortung,
6. die Gewährung unternehmerischen Freiraums durch dezentrale Strukturen im Sinne des „Unternehmers im Unternehmen",
7. die Sicherung der Führungskontinuität durch eine frühzeitige Nachfolgeplanung und den Aufbau von Nachwuchsführungskräften innerhalb des Unternehmens,
8. die Förderung von Adaptions- und Integrationsfähigkeit als Bestandteil des Wissensmanagements sowie der Lernkompetenz im Unternehmen,
9. der Fokus auf eine konsequente Kundenorientierung zur Sicherung bestehender und Erschließung neuer Märkte im globalen Wettbewerb,
10. die Einbindung der Gesellschafter abseits eines einseitig orientierten Shareholder-Value-Ansatzes im Sinne einer ganzheitlichen Shareholder-Orientierung.

Die Ergebnisse der Recherche bestätigen, dass jene Unternehmen, die sich erfolgreich am Markt behaupten, großen Wert auf die Ausgestaltung ihrer Unternehmenskultur legen. Die große Mehrheit der untersuchten Unternehmen sieht in ihrer Unternehmenskultur einen entscheidenden Wettbewerbsvorteil, der sich nicht nur positiv auf die Erschließung neuer Wachstumspotenziale auswirkt, sondern auch maßgeblich zur Steigerung der Unternehmensleistung beiträgt.

5 Unternehmenskultur als Erfolgsfaktor – Ansätze für die Führung der Zukunft

Die Ergebnisse der internationalen Recherchen haben die Heterogenität bei der Gestaltung zeitgemäßer Führungs- und Organisationsstrukturen aufgezeigt. Zugleich waren Gemeinsamkeiten im Zusammenhang zwischen der Gestaltung der Unternehmenskultur, dem daraus resultierenden Führungsverhalten und dem unternehmerischen Erfolg auffallend. Trotz der Verschiedenartigkeit der Kulturansätze bezogen die besten Unternehmen ihre unternehmerische Kraft durchgängig aus Zuversicht und Erfolgsorientierung sowie der Konzentration auf die eigenen Stärken. Kompetenz, Motivation, Identifikation und Kreativität von Führung und Mitarbeitern wurden in Verbindung mit der Firmenphilosophie, den Führungswerten und Kernkompetenzen als das wichtigste Kapital des Unternehmens erkannt.

Eine Prämisse besonders erfolgreicher Unternehmen bildete in der Führung die konsistente und konsequente Mitarbeiterorientierung und die Darlegung von Rechten und Pflichten für Führungskräfte und Mitarbeiter. Entscheidend für nachhaltigen unternehmerischen Erfolg war die Entwicklung einer partnerschaftlichen Unternehmenskultur als Basis der Führung auf den *Säulen*:

- positives Menschenbild – Menschen wollen kreativ sein und sich einbringen,
- gemeinsames Zielverständnis – Unternehmens- und Mitarbeiterinteressen müssen im Einklang miteinander stehen,
- Wertegemeinschaft – jenseits von Profitstreben hält das Unternehmen im Innersten eine Partnerschaftskultur zusammen,
- gemeinschaftlich getragenes Leitbild – oberstes Ziel ist die Erbringung eines Leistungsbeitrages für die Gesellschaft.

„Gewinne, Größe und Wachstum" können zwar als Maßstab dienen, dürfen aber nicht allein unternehmerisches Denken leiten und zum Selbstzweck werden. Erst die Gesellschaft ermöglicht es Unternehmen, etwas zu leisten und Gewinne zu erzielen. Daraus folgt die Verpflichtung von Unternehmen, etwas an die Gesellschaft zurückzugeben. Ökonomie und gesellschaftliche Verantwortung sind somit kein Widerspruch. Längst haben Unternehmen erkannt, dass es auch in ihrem Interesse liegt, gesellschaftliche Verantwortung in ihre Unternehmensstrategie zu integrieren. Denn unternehmerisches Handeln ist von der Akzeptanz des gesellschaftlichen Umfeldes abhängig.

In einer Studie der Bertelsmann Stiftung bekannten sich über 90% der befragten ca. 500 Führungskräfte zu einer konsequenten Mitarbeiter- und Kundenorientierung als Speerspitze ihrer gesellschaftlichen Verantwortung. Lediglich 30% der Befragten benannten ausdrücklich die Gewinnmaximierung als Hauptzweck ihres Unternehmens.

Die Unternehmenskultur kann mit folgendem *Prämissenkatalog* ein zeitgemäßes Verständnis einer sozialen und gesellschaftlichen Verantwortung prägen und verdeutlicht so die Ansprüche an Führungskräfte und Mitarbeiter für gesellschaftliches Handeln:

1. Partnerschaftliche Zusammenarbeit beruht auf der Dialogfähigkeit von Führung, Betriebsrat und Mitarbeitern. Streitkultur lohnt sich nicht – sie kostet nur Nerven, Zeit und Geld.

2. Dezentrale Strukturen und Delegation von Verantwortung sind Voraussetzungen für unternehmerisches Handeln. Unternehmerischer Freiraum fördert Kreativität und bedeutet: „Viele Köpfe zum Denken bringen."

3. Delegation von Verantwortung ist ein Lernprozess mit Rechten und Pflichten auf beiden Seiten. Freiraum und Vertrauen sind „Leihgaben", die notfalls auch wieder entzogen werden können.

4. Die Identifikation mit dem Unternehmen und seinen Zielen durch Führung und Mitarbeiter ist Voraussetzung für unternehmerischen Erfolg. Mitarbeiter müssen sagen können: „Dieses Unternehmen sind wir!"

5. Gemeinsame Ziele, Möglichkeiten zur Mitsprache und der Beteiligung sowie auch die Freiheit, aus unternehmerischen Fehlern zu lernen, setzen Kreativität und ungeahnte Fähigkeiten frei.

6. Gewinn- und Kapitalbeteiligung führen zu Vermögensbildung, materieller Gerechtigkeit und letztlich zur Mitarbeiterbindung. Man gibt nicht nur, sondern erhält auch unendlich viel zurück.

7. Im Zeitalter der Globalisierung müssen Unternehmen den Respekt vor Kulturen und deren Märkten bewahren. Die Menschen müssen mit ihren Mentalitäten und Emotionen akzeptiert und Kulturen dürfen nicht entwurzelt werden.

8. Die Sicherung der Kontinuität bedarf einer frühzeitigen Ordnung der Nachfolge und einer systematischen Führungskräfteentwicklung. Dem Fortbestand des Unternehmens ist Priorität vor Einzel- und Stakeholder-Interessen einzuräumen.

9. In Anlehnung an Robert Bosch sollten Unternehmen verstehen: Führung bedeutet Dienen, Gutes zu befördern und sich um Mitarbeiter im Sinne einer Fürsorge-

pflicht zu kümmern. Jeder Mensch ist wichtig und ein Mosaikstein im Unternehmen.

10. Dezentrale Strukturen und Delegation von Verantwortung entbehren nicht der Transparenz und Kontrolle durch ein Berichtswesen. Neben unternehmerischen Kennzahlen ist auch die Unternehmenskultur durch Befragungen zu erfassen.

11. Mitarbeiter und Führung sind auf ein transparentes und nachvollziehbares Leitbild sowie dessen konsequente Umsetzung in den Unternehmen zu verpflichten. Das Leitbild ist quasi ein „2. Arbeitsvertrag" für alle beteiligten Seiten.

12. Die Verinnerlichung von Unternehmenskultur und Führungsgrundsätzen muss im Sinne einer Vorbildfunktion durch Führungskräfte erfolgen. Bewahrung und Gestaltung der Unternehmenskultur sind „Chefsache".

13. Kommunikations- und Partizipationsprozesse zwischen Vorgesetzten und Mitarbeitern abseits von Hierarchien ergänzen die Informationsprozesse. Sie vermitteln zugleich ein Stimmungsbild innerhalb der Mitarbeiterschaft.

14. Eine konsequente Mitarbeiter- und Führungskräfteentwicklung muss im Einklang mit der Unternehmenskultur und dem geforderten Verhalten stehen. Fachliche, soziale, kulturelle und emotionale Befähigungen zusammen sind entscheidend.

6 Forderung nach einem „partnerschaftlichen Leitbild" in der Führung

Die Entwicklungen und Erfahrungen der Vergangenheit und Gegenwart zeigen, dass sich unternehmerischer Erfolg nicht allein durch den erwirtschafteten Gewinn bemessen lässt. Vielmehr sind auch die Zufriedenheit der Kunden und die Interessen der Mitarbeiter sowie eine gelebte Unternehmenskultur und insbesondere das Führungsverhalten wichtige Erfolgskriterien.

Die internationalen Mitarbeiterbefragungen des Hauses Bertelsmann haben den Zusammenhang zwischen einem erfolgreichen Profit Center und einer partnerschaftlichen Führung bestätigt.

- Noch vor der Frage einer hohen Vergütung werden von Mitarbeitern die Delegation von Verantwortung, die Mitwirkung in Arbeitsprozessen und der Freiraum zum eigenständigen kreativen Arbeiten geschätzt.

- Erfahren Mitarbeiter Wertschätzung in der Arbeit durch selbst bestimmtes Handeln und Entscheidungsfreiraum, werden lange Arbeitszeiten und umfangreiche Arbeitsspitzen nicht als Belastung wahrgenommen.

Das Führungsverhalten sollte entsprechend einem partnerschaftlichen Leitbild der Führung folgen, das die Kontinuität in der Führung, die Übernahme von unternehmerischer Verantwortung durch alle Mitarbeiter und die Identifikation mit für alle Beteiligten nachvollziehbaren Werten herausstellt. Die Kompetenz, Motivation, Identifikation und Kreativität von Führungskräften und Mitarbeitern in Verbindung mit der Führungsphilosophie gehört zum wichtigsten Kapital des Unternehmens.

Konsequentes Weiterdenken dieser Haltung sollte sich daher zukünftig auch in der Führungskräfteauswahl und Personalentwicklung niederschlagen. Neben den vorauszusetzenden fachlichen Fähigkeiten gewinnen die sozialen, kulturellen und emotionalen Kompetenzen weiter an Bedeutung. Denn partnerschaftliche Führung muss vorgelebt werden und bei Verstoß, das heißt nicht nur durch die Mitarbeiter, sondern vor allem bei Verstößen durch Führungskräfte, zu Konsequenzen führen. Sie bedarf daher der Vorbildfunktion der Vorgesetzten auf allen Ebenen. Das Wichtigste für ein Unternehmen ist und bleibt daher die Personalarbeit:

- Wie finde ich aber kreative, motivierte und verlässliche Führungskräfte und Mitarbeiter für die Herausforderungen der Arbeitswelt?
- Welche Eigenschaften sind entscheidend? Müssen nicht Haltung und Persönlichkeit mehr berücksichtigt werden?

Immer weniger geben erstklassige Abschlüsse den Ausschlag, eine Person in das Unternehmen zu holen oder nicht. Einen zunehmenden Stellenwert nimmt dagegen der Aspekt ein, ob eine Führungskraft oder ein Mitarbeiter zur Kultur des Unternehmens passt. Denn Führungskräfte, die dauerhaft nicht in die Kultur eines Unternehmens passen, können mittelfristig im Unternehmen keinen Erfolg haben.

Die Bewährung in einer unternehmerischen Aufgabe bildet das Fundament für die persönliche und berufliche Karriereentwicklung einer Führungskraft. Das Stärken-Schwächen-Profil eines Kandidaten für Leitungsaufgaben wird vor allem in praktischen Erfahrungen und im persönlichen Umgang mit den Mitarbeitern in einer ambitionierten Führungsaufgabe deutlich. Deshalb zeichnen sich vorbildliche, erfolgreiche Führungskräfte heute u.a. durch folgende Aspekte aus: Kompetenz und Leistungsfähigkeit, Charakterstärke, wie z.B. Bescheidenheit und Geradlinigkeit, Kommunikationsfähigkeit, Mut und Entscheidungsfähigkeit, Menschenkenntnis, Belastbarkeit, Urteils- und Bewertungsfähigkeit und oft auch durch viel Geduld. Wenn Führungskräfte sich darüber hinaus durch eine konsequente Mitarbeiter- und Kundenorientierung auszeichnen, besitzen sie die Voraussetzungen für unternehmerischen Erfolg.

Liz Mohn

7 Plädoyer für einen Umdenkungsprozess in Wirtschaft und Unternehmen

Eine der großen Herausforderungen an die Führung Anfang des 21. Jahrhunderts ist die gleichzeitige Bewältigung der Globalisierung und Internationalisierung von Produkt- und Kapitalmärkten, des Einflusses neuer Technologien sowie der strukturellen und humanen Anforderungen des demographischen Wandels. Die Folgen dieser Umbrüche auf Wirtschaft und Gesellschaft werfen bei Führungskräften und Mitarbeitern Fragen zur Gestaltung zeitgemäßer Führungs- und Organisationsstrukturen auf.

Orientierungslosigkeit und Werteverlust durch diese Unsicherheiten erfordern die verstärkte Suche nach auf den Menschen ausgerichteten, Erfolg versprechenden Ansätzen zu Führung und Unternehmenskultur. Neben der Umsetzung eines partnerschaftlichen Leitbildes sind es der Ausgleich zwischen den Stakeholder-Interessen, dezentrale Strukturen, Delegation von Verantwortung, eine konsequente Führungskräfteentwicklung und die Sicherung der Unternehmenskontinuität, die mittelfristig den unternehmerischen Erfolg gewährleisten.

Dass Unternehmenskultur und Führung mit einem hohen Maß an gesellschaftlichem Verantwortungsbewusstsein einhergehen müssen, haben erfolgreiche Unternehmensbeispiele bewiesen. Nur durch eine partnerschaftliche Unternehmenskultur und Führung wird es auch in Zukunft gelingen,

- die Wettbewerbs- und Zukunftsfähigkeit eines Unternehmens zu sichern und erfolgreiche unternehmerische Leistungen zu erbringen,
- durch die Expansion und das Wachstum des Unternehmens Arbeitsplätze für viele Menschen über die Grenzen eines Landes hinaus zu schaffen,
- durch die Suche und die Umsetzung tragfähiger, gemeinschaftlicher Lösungen im Konsens und Dialog auch unvermeidliche Unternehmenskrisen zu überwinden.

Globalisierung und Technologisierung eröffnen den Menschen in den Unternehmen große Chancen. Die Führung und die Unternehmenskultur können einen wertvollen Beitrag dazu leisten, die Weichen für Innovation und Wachstum und damit für Beschäftigung und Wohlstand zu stellen.

Der Umdenkungs- und Umsetzungsprozess greift jedoch erst langsam in den Köpfen von Entscheidungsträgern und Mitarbeitern. Aber die Menschen in unserer Gesellschaft müssen innerhalb und außerhalb der Unternehmen wieder lernen Zuversicht und Positivismus mit dieser „Zeitenwende" zu verbinden – hierin liegt eine der großen Gestaltungsaufgaben der Unternehmensführung der Zukunft.

Walter Gränicher

Leadership und Identität

Untrennbar für Erfolg bei ALSTOM Power Service

These:

„Leadership und gemeinsame Identität sind untrennbar für nachhaltigen Erfolg – das ist unser Business-Verständnis in Power Service.“, lautet mein Statement als Präsident von ALSTOM Power Service.

1 Die Motivation zum Identitätsprozess

Unternehmensmanager sind heute zunehmend vor eine große Herausforderung gestellt: Sie müssen Mitarbeiter zu Bestleistungen motivieren, damit sie einen möglichst großen Beitrag zum Gesamterfolg des Unternehmens leisten können. Bei Unternehmen mit weltweiter Präsenz ist diese Aufgabe besonders anspruchsvoll. Um dies zu erreichen, haben wir uns entschieden, eine eigene Identität für ALSTOM Power Service zu entwickeln und diese auch mit einem spezifisch auf unser Geschäft abgestimmten Verständnis von Führung zu verknüpfen. Der Erfolg dieses Identitätsprozesses sollte durch definierte Messgrößen überprüft werden können.

In kritischen Zeiten oder bei engen Gewinnvorgaben ist das größte Problem, dass Investitionen in die gemeinsame Unternehmensidentität intern oft keine Priorität besitzen. Sie werden nicht als wesentlich für den Erfolg angesehen. Die Entwicklung einer Identität ist zugleich kein Allheilmittel. Zu hoffen, der Erfolg käme damit automatisch, ist trügerisch. Um eine Spitzenposition im globalen Wettbewerb zu erreichen, müssen nicht nur die Identität des Unternehmens, sondern auch alle anderen Hebel genutzt werden. Es reicht nicht, mit viel Aufwand ein Image zu kreieren, freundliches Personal am Empfang zu postieren, schöne Büroräume einzurichten und Firmengebäude mit architektonischen Finessen zu bauen. Solange dahinter keine soliden Geschäftspläne und engagierte Mitarbeiter stehen, bleibt diese Identität nur Fassade.

Gute Führungskapazitäten allein reichen aber auch nicht, um langfristig erfolgreich zu sein. Die richtige Besetzung von Spitzenpositionen mit Führungspersönlichkeiten ist sicher eine Voraussetzung für Höchstleistungen. Diese können aber ohne motivierte Mitarbeiter mit starkem Zugehörigkeitsgefühl zum Unternehmen nur kurzfristig erbracht werden. Auch ein einmalig positiver Cashflow kann täuschen, denn er muss über längere Zeit anhalten. Ein gut abgewickeltes Projekt ist eine einmalige gute Teamleistung, lässt aber nicht zwingend Rückschlüsse zur Leistungsfähigkeit des Unternehmens zu. Vielmehr müssen sehr gute Leistungen zum Standard im gesamten Unternehmen werden, damit die Nachhaltigkeit auch in schlechten Zeiten gesichert ist.

Seit 1999 durchlebt ALSTOM Power Service eine einmalige Erfolgsgeschichte. Der positive Geschäftsverkauf zeigt, dass es sich lohnt in einem weltweit aktiven Unternehmen, das in mehr als 40 Ländern präsent ist und in dem über 20 Sprachen gesprochen werden, mit Entschlossenheit eine eigene Identität zu entwickeln und diese mit einem innovativen Führungsstil zu verknüpfen. Zentral festgelegte Unternehmensziele, die die gemeinsame Stoßrichtung weltweit bestimmen, werden so in den lokalen Unternehmensbereichen im Sinne des Gesamtunternehmens adaptiert und umgesetzt; ein wichtiges positives Energiepotenzial, das für stetigen Wandel genutzt wird.

2 ALSTOM Konzern und ALSTOM Power Service – Entwicklung 1999 bis 2005

ALSTOM expandierte in den 90iger Jahren mit verschiedensten Akquisitionen. Dabei wurden auch die Kraftwerksaktivitäten von ALSTOM und ABB im Juli 1999 in einem 50:50-Joint Venture zusammengeführt und bereits im Mai 2000 vollständig in ALSTOM konsolidiert. Als Folge der Expansionspolitik war die ALSTOM-Bilanz bereits stark durch Darlehen belastet. Zusätzlich traten Abwicklungsprobleme in Großprojekten in den Bereichen „Kraftwerke“ und „Transport“ in erschreckenden Größenordnungen auf. Gleichzeitig zeigten sich technische Probleme bei den im Markt eingeführten Gasturbinen der Typenreihe GT24/26, die letztendlich Sanierungskosten in Milliardenhöhe verursachten. Power Service entwickelte sich somit in einem sehr turbulenten Umfeld mit großen Unsicherheiten bezüglich der Zukunft. Im Laufe der letzten Jahre mussten etwa 30% der Aktivitäten von ALSTOM verkauft und Restrukturierungsprogramme durchgeführt werden. Mehrere Finanzpakete retteten ALSTOM schließlich vor dem Bankrott. Seit September 2003 verbesserte sich die Situation laufend. 2006 ist ALSTOM ein weltweit tätiger Konzern im Bereich großer Infrastruktur-Projekte, speziell im Bereich Transport und Kraftwerksbau. Insgesamt arbeiten rund 65.000 Mitarbeiter in 70 Ländern bei ALSTOM. Der Konzern erwirtschaftete im Geschäftsjahr 2004/05 einen Umsatz von 14 Milliarden Euro und steht mittlerweile finanziell wieder auf einer stabilen Basis.

ALSTOM Power Service wurde 1999 als eigenständiger Bereich für Customer Service *innerhalb* der zusammengeführten Kraftwerksaktivitäten von ALSTOM und ABB gegründet:

- Da eine selbstständige Geschäftseinheit abgekoppelt vom Neuanlagengeschäft sowohl für die ex-ABB- wie die ex-ALSTOM-Einheiten neu war, ging es in den ersten Jahren darum, die Aktivitäten zusammenzuführen, Synergien zu nutzen und auch dringend anstehende Strukturbereinigungen umzusetzen. Gleichzeitig sollte das Service-Geschäft wachsen und die Profitabilität erhöht werden.
- Nach dreieinhalb Jahren erfolgreichen Aufbaus wurden im Februar 2003 die Power Generation-Aktivitäten in zwei neue Sektoren aufgeteilt: Power Turbo-Systems/Power Environment sowie Power Service. Seitdem berichtet der Power Service-Sektor direkt an den CEO und Chairman von ALSTOM und die Geschäftszahlen werden öffentlich ausgewiesen. Durch diese Fokussierung auf das Neuanlagengeschäft einerseits und das Service-Geschäft andererseits soll die Struktur gezielt ausgerichtet werden, um auf die Anforderungen des Marktes effizienter und schneller reagieren zu können.
- ALSTOM Power Service hat sich auf Dienstleistungen für den Betrieb, die Instandhaltung und Reparatur von Kraftwerksanlagen und -komponenten spezialisiert. Weiterhin zählen zum Portfolio die Leistungs- und Wirkungsgradverbesserung und die Verlängerung des Lebenszykluses von allen Kernkomponenten in bestehenden Energieerzeugungsanlagen. Mit dem umfassenden Service-Angebot und der ausgedehnten regionalen und globalen Präsenz ist der Sektor für profitables Wachstum optimal positioniert. Zudem hat ALSTOM viele Kraftwerke selbst realisiert und weist somit weltweit eine große eigene so genannte „Flotte“ auf, die eine starke Basis für Wachstum bietet. Der Power Service-Sektor beschäftigt rund 16.000 Mitarbeiter und erzielte 2004/05 einen Umsatz von knapp 3 Milliarden Euro mit einem operativen Ergebnis von über 16% (vgl. ALSTOM Annual Report 2004/05).
- Trotz der global schwierigen Marktlage wird das Service-Geschäft für Kraftwerke langfristig weiter steigen. Einerseits ist im asiatischen Raum, speziell China, mit starkem Wachstum zu rechnen. Anderseits hält die Nachfrage nach Service für die weltweit installierten Kapazitäten durch deren intensive und längere Nutzung an. Vor allem in Nordamerika und Europa ist der Modernisierungs- und Nachrüstungsbedarf groß. Wegen Umweltauflagen oder Wirkungsgradsteigerungen durch steigende Brennstoffkosten werden in immer mehr älteren Kraftwerken einzelne Komponenten erneuert oder die Lebenserwartung verlängert.

Um diese Marktchancen erfolgreich zu nutzen, haben wir bei ALSTOM Power Service seit 1999 alle Geschäftseinheiten weltweit auf eine Strategie ausgerichtet und zugleich eine eigene Service-Identität für alle Mitarbeiter entwickelt. So wurden wir von einem fragmentierten Service-Geschäft zu einem in weiten Teilen integrierten Unternehmen und konnten jedes Jahr Wachstum und Profitabilität verbessern. Wie uns dies gelungen ist, zeigen die folgenden Abschnitte (siehe auch Bruch/Vogel 2004).

3 Die Entwicklung einer neuen Identität für ALSTOM Power Service

3.1 Erste Phase – Neuorientierung

Wie bereits erwähnt, wurden im Juli 1999 die Aktivitäten der früheren Konkurrenten ABB und ALSTOM im Kraftwerksbereich zusammengelegt. Wir hatten dadurch erstmals einen eigenständigen Service-Bereich mit voller Gewinn- und Verlustverantwortung. Viele Service-Standorte waren mit dem neuen Service-Konzept nicht mehr im Neuanlagengeschäft tätig und brauchten eine neue Orientierung. Zudem hatten die meisten typischen Service-Standorte kaum laufende Neuinvestitionen erhalten, sondern waren mehr von Sparmaßnahmen und Restrukturierung geprägt. An vielen Standorten führte dies zur Frage: „Was ist unsere Zukunft, wie geht es bei uns weiter?" Es fehlte eine Geschäftskultur, die für eine Dienstleistungsorganisation notwendig ist.

Eine umfassende Neuorientierung mit einer neuen Identität war erforderlich, die attraktiv genug war, um gute Fachkräfte und Manager für ein eigenständiges Service-Geschäft zu gewinnen und für die Zukunft an den Sektor zu binden. An einigen Standorten waren aber zum damaligen Zeitpunkt die Attraktivität und Arbeitsbedingungen in den Produktions- und Werkstätten wie auch den Büros nicht ausreichend, um neues Personal einzustellen oder gute Mitarbeiter zu begeistern bzw. zu halten.

Zugleich sollte die Neuorientierung eine optimale Service-Leistung mit gut definierten und geführten Geschäftsprozessen und hervorragender Qualität unterstützen. Als Initialzündung haben wir daher in Workshops mit Teilnehmern aus Management und Mitarbeitern ein erstes Konzept erarbeitet, um die für uns spezifische Service-Kultur aufzubauen. Seither folgen wir unserem Anspruch „Global Service Excellence – Our Identity". Es wurde schnell klar, dass unterschiedliche Ausgangslagen, Standortkulturen und Perspektiven eine erhebliche Herausforderung an die Umsetzung darstellen.

3.2 Zweite Phase – Umsetzung

Nach der Phase des strukturellen Aufbaus der Organisation in den ersten eineinhalb Jahren war es nicht überraschend, dass die verantwortlichen Manager auf die neue Idee zurückhaltend reagierten. Sie waren vornehmlich auf Kostenreduktion konzentriert. Es wurden Zweifel laut, was eine gemeinsame Identität hinsichtlich Profitabilität und Geschäftsentwicklung bringen würde. Daher bezogen wir alle Management-

Teams bei der endgültigen Erarbeitung und Umsetzung der gemeinsamen Identität und Service-Kultur für Power Service ein. Als Top-Management-Team leisteten wir viel Überzeugungsarbeit, um die Idee für den praktischen Einsatz tauglich herunterzubrechen.

Für die Umsetzung folgten wir dem Anspruch, alle Einheiten, Standorte und Mitarbeiter weltweit zu erreichen. Wir haben in allen Standorten Kickoff-Workshops durchgeführt, um unser Verständnis der neuen Identität vorzustellen und Aktivitäten für die einzelnen Standorte zu erarbeiten.

Parallel wurde im Frühjahr 2002 das Programm an die Mitarbeiter unter dem Titel „Global Service Excellence – Unsere Identität", übersetzt in die jeweilige Landessprache, kommuniziert. Es wurde eine Broschüre „Unser Verständnis von Service" entwickelt, die zusammen mit Checklisten das Rückgrat der Workshops vor Ort bildete. Die Broschüre erläutert die grundlegende Geschäftsphilosophie. Ein Auszug zeigt, wie wir jeden Mitarbeiter einladen, sich auf das neue Verständnis von Service einzulassen:

„Jeder einzelne Mitarbeiter ist wichtig und trägt somit zu unserer Service-Kultur bei. Aufgrund unserer globalen Organisation mit vielfältigen lokalen Eigenschaften ist eine gemeinsame Basis, die wir mit allen Kolleginnen und Kollegen teilen, besonders wichtig. Nehmen Sie die Gelegenheit wahr, das Zusammenspiel unserer Vision, Mission und Geschäftsziele – auf der Basis gemeinsamer Werte – besser zu verstehen."

Mit diesen Worten wird jeder Mitarbeiter eingeladen, sich auf das neue Service-Verständnis einzulassen. Es ist Botschaft und Aufforderung zugleich. Ziele, Wettbewerbsfähigkeit und Motivation werden auf eine zentrale Vision ausgerichtet, die mit strategischer Disziplin geplant sowie gleichzeitig an alle Regionen und Länder kommuniziert und mit einer eigenen Identität präsentiert wird. Das Service-Geschäft mit dem Ziel globaler Service Exzellenz hat ein solides Fundament bekommen.

Die drei Säulen LOOK – FEEL – ACT bilden den Kern unserer Identität:

- LOOK: wie wir uns präsentieren; unser Erscheinungsbild – Corporate Identity, die Professionalität am und um den Arbeitsplatz,
- FEEL: wie wir uns fühlen, in Bezug auf die Zusammengehörigkeit, Zusammenarbeit, Begeisterung, Engagement und Atmosphäre im Unternehmen,
- ACT: wie wir handeln; den klaren Bezug zum Erfolg und zum Geschäftsergebnis herzustellen mit Zielen bezüglich Qualität, Kosten und Lieferfähigkeit.

Wir sahen jedoch auch, dass diese Anforderungen immer noch recht komplex und daher leider nicht geeignet waren, allen Mitarbeitern an der Basis diese Werte auf einfache und klare Weise zu kommunizieren; dies zudem noch in rund 40 Ländern mit unterschiedlichsten Kulturen und Sprachen. Deshalb wurden diese Grundwerte in eine verständliche, einfache Form gebracht.

„Wir tun, was wir sagen,
wir sagen, was wir denken,
wir tun es heute,
morgen machen wir es noch besser
und wir machen es gerne."

Die so vereinfachte Formulierung der Werte begeisterte spontan alle. Das Erreichen der Geschäftsziele wurde mit Leistungsverbesserung und kultureller Stärke verbunden. Die Messlatte wurde nicht nur hoch gelegt, sondern auch messbar gemacht. Und zugleich sind diese Grundwerte zuerst die persönliche Verpflichtung des Top-Managements und danach die aller Mitarbeiter.

4 Hürden und Hebel der Umsetzung

4.1 Ein spezifischer und nachhaltiger Prozess

Der einfachste Einstieg ergab sich für uns bei der *Säule „LOOK"*. Die Standortbestimmung für eine Einheit wurde von einem Team aus eigenen Mitarbeitern verschiedener Standorte anhand von Checklisten mit Bewertungsskalen durchgeführt – ähnlich denen eines Unternehmensaudits. Eine Besonderheit war, dass es sich hier nicht um eine Fremdbewertung handelte, sondern um eine Einschätzung durch eigene Power Service-Mitarbeiter mit großer Erfahrung und aus unterschiedlichsten Funktionsbereichen. Sie wurden vorab in einem Training mit der Materie vertraut gemacht. Die Bewertung erfolgte aus drei speziell für die Service-Identität entwickelten Perspektiven:

- Eine Gruppe bewertete durch die *Brille eines Journalisten*: Welchen Eindruck hätte ein Journalist und was würde er morgen darüber in der Zeitung schreiben?
- Eine Gruppe sah durch die *Brille des Kunden*: Welche Wahrnehmung hat der Kunde, hätte er Vertrauen in uns und würde er morgen wiederkommen und etwas bestellen?
- Eine Gruppe beurteilte durch die *Brille eines potenziellen Mitarbeiters*: Möchte ich hier gerne arbeiten, würde ich mich hier bewerben?

Nach einem zweistündigen Rundgang sowie nach Interviews mit den Mitarbeitern vor Ort wurden die Ergebnisse zusammengetragen und Erkenntnisse abgeleitet. Sie wurden sofort für diesen Standort in erste verbindliche Verbesserungsprojekte umgesetzt.

Diese Vorgehensweise führte zu einer hohen Akzeptanz, die neue Identität messbar zu bewerten und den Fortschritt regelmäßig zu prüfen.

Auch wenn lokale Manager voll in den Prozess eingebunden waren, konnten wir nicht alle sofort für die neue Service-Identität gewinnen. Viele Manager und Mitarbeiter kannten seit Jahren nur einen geringen Service-Standard. Sie hatten keine Vorstellung von einem anspruchsvollen, wettbewerbsfähigen Benchmark. In solchen Fällen wurden Manager eingeladen, interne Best-Practice-Einheiten zu besuchen. Anschließend waren sie, wie auch nach der eigenen Standortbestimmung, aufgefordert, Aktivitäten für einen eigenen Veränderungsprozess zu definieren und einzuleiten.

Hohe Priorität hatten Service-Einheiten, bei denen aus strategischen oder aus Leistungsgründen gravierende Veränderungen anstanden, z.B. Konsolidierung von Aktivitäten, Restrukturierung oder Unternehmensumzüge. Zwingend notwendige Verbesserungen und größere Investitionen wurden direkt mit dem Identitätsprozess verknüpft. Restrukturierung und gleichzeitiges Aufzeigen von Perspektiven begünstigte häufig die erfolgreiche Umsetzung.

Schwieriger war die konkrete Identitätsentwicklung bei den *Säulen „ACT und FEEL"*. Natürlich sind bei „ACT" die üblichen Messgrößen Kosten, Qualität und Zeit möglich und deren Analyse ergibt wichtige Verbesserungsaktionen. Doch nach mehr als einem Jahr Identitätsprozess hatten wir noch nicht bei allen drei Säulen den anvisierten Fortschritt erzielt. Als Top-Management-Team stellte sich uns die entscheidende Frage:

- Wie kann der Zusammenhang aller drei Elemente zusammen einfach messbar und für die Mitarbeiter positiv wahrnehmbar verbessert werden?

Genau zum richtigen Zeitpunkt begann in 2003 der Dialog zwischen dem Institut für Führung und Personalmanagement der Universität St. Gallen und mir und meinem Top-Management-Team. Wir wollten das Konzept „Organisationale Energie" (siehe Bruch/Vogel in diesem Buch) nutzen, um die Säulen „FEEL" und „ACT" zu untersuchen, messbar zu machen und die Veränderungen über die Zeit zu verstehen. Der Begriff „Organisationale Energie" war bis dahin in unserem täglichen Sprachgebrauch nicht üblich, erhielt aber in der darauf folgenden Zeit eine besondere Bedeutung. Organisationale Energie reflektiert das Ausmaß, in dem ein Unternehmen sein emotionales, kognitives und verhaltensbezogenes Potenzial beim Verfolgen seiner Ziele mobilisiert hat (vgl. Bruch/Vogel 2005). Mit diesem Konzept hatte ALSTOM Power Service ein Instrument gefunden, die Entwicklung und den Fortschritt von „Global Service Excellence – Our Identity" zu messen und zu beeinflussen. Damit konnten wir insbesondere die dritte Säule „FEEL", ein ungewohntes Wort für technologisch orientierte Menschen, mit klaren Spezifikationen, Zahlen und Definitionen verknüpfen.

Das Forschungsprojekt, an dem sich neben uns zahlreiche andere große Unternehmen beteiligten, war über drei Jahre geplant und umfasste u.a. alle sechs Monate eine Mitarbeiterbefragung mit ca. 150 Fragen, übersetzt in 19 Sprachen. Mit der Auswertung dieser Daten, die die gesamte Belegschaft umfassen, wurde, vereinfacht ausgedrückt, der Energielevel der Mitarbeiter von ALSTOM Power Service ermittelt. Die Qualität unseres andauernden Veränderungsprozesses zu einer Service-Kultur wurde durch aussagekräftige Ergebnisse der Unternehmensbefragung erheblich gestärkt.

Die weltweit angesetzte Mitarbeiterbefragung – im Sinne des nächsten Schrittes unserer Identitätsentwicklung – wurde von oben nach unten über das Sektor-Management-Team, den Führungskreis und die Länderorganisationen kommuniziert und vorbereitet. Als Besonderheit ist zu erwähnen, dass ein Pilotversuch zuerst ausschließlich mit dem Senior Management (ca. 180 Personen) durchgeführt wurde, um ein gutes Verständnis sowie Akzeptanz für die gesamte Aktion und für die Auswertung und Analysen zu schaffen. Dank der damit erzielten aktiven Unterstützung durch das Management erreichten wir in bisher vier Befragungen eine Rücklaufquote von ca. 50%.

Der konstruktive Umgang mit den Mitarbeiterantworten war für uns ein zentrales Zeichen, wie wir als Top-Management unsere Identität vorleben. Die Prozesskette der Auswertung, Analyse sowie Umsetzung von Verbesserungsmaßnahmen war eine echte Herausforderung, denn die Ableitung von praktischen Maßnahmen aufgrund der Ergebnisse und der organisationspsychologischen Fachterminologie war äußerst anspruchsvoll. Um den hohen Erwartungen der Mitarbeiter schnell zu entsprechen, wurde unmittelbar nach jeder Umfrage ein Kurzresultat mit zentralen Themen über die Entwicklung vom ALSTOM Power Service durch das Top-Management kommuniziert – gewissermaßen als Leitplanke für die weiteren Analysen in den einzelnen Einheiten. Viel wichtiger war für uns, dass auf der untersten Stufe der operativen Einheiten das Wie und Warum der Ergebnisse analysiert wurde. Dafür erhielten die Manager Auswertungen für ihre Einheiten sowie zum Vergleich die Ergebnisse des ganzen Sektors. In den operativen Einheiten wurden dann Workshops durchgeführt und konkrete Maßnahmen zur Verbesserung des Energielevels festgelegt und umgesetzt. Uns war bewusst, dass wir unseren Führungskräften mit der intensiven Arbeit an den weichen Faktoren des Geschäftes viel abverlangten. Für ALSTOM Power Service war es aber ein erfolgreicher Weg, nicht nur unsere strategischen Ziele und den Kostenfokus zu verfolgen, sondern parallel auch gezielt unsere Service-Kultur zu entwickeln.

4.2 Der Einsatz von Identity Champions

Es gibt die bekannte Aussage, nichts sei konstanter als der Wandel und die Veränderung im Unternehmen. Um die ständigen Veränderungen erfolgreich bewältigen zu können, haben wir nicht nur auf die neuen Führungspersonen und die veränderte Organisationsstruktur gesetzt, die sich sofort auf die operative Ergebnisverbesserung konzentrierten, sondern auch intensiv so genannte Change Agents genutzt. Da es uns bewusst war, dass der Veränderungsprozess vom jeweiligen Vorgesetzten nicht delegiert werden kann, zeigte es sich als sehr hilfreich, zusätzlich eine gute Unterstützung zu etablieren. Diese „Identity Champions" haben die Aufgabe, den Wandel hin zu einer neuen Unternehmensidentität und Kultur gemeinsam mit den Managern vor Ort voranzutreiben. Wir haben bei unserem Identitätsprozess bewusst auf externe Berater verzichtet. Wir sind als Top-Management-Team stattdessen die kritische Aufgabe angegangen, Menschen, die bereits bei ALSTOM Power Service beschäftigt sind, zu finden, die unabhängig von ihrer operativen Funktion die Fähigkeiten eines Change Agent mitbringen. Wir haben für uns intern folgendes Profil entwickelt:

- Sie sollten ungebrochene Energie haben, um fortlaufend Funken für den Wandel in die Organisation zu sprühen – aber mit direktem Bezug zum Geschäftserfolg.
- Sie sollten bildlich in der Lage sein, das Feuer in den Köpfen (rationale Gedanken), den Herzen (Freude und Begeisterung) und Bäuchen (das Gefühl, das Richtige zu tun) aller Mitarbeiterinnen und Mitarbeitern, unabhängig von Hierarchie und Status, zu entfachen und am Brennen halten zu können.
- Sie haben Veränderungsprozesse als komplexe Kombination aus Produkt, Mensch, Prozess, Organisation und Kultur erkannt und gestalten Veränderungen als Kombination aus Hard Facts (Erfolg) und Soft Facts (Motivation).
- Sie können noch nicht überzeugte Manager vom „Saulus zum Paulus" machen. Dabei hilft ihnen die Fähigkeit, auf allen hierarchischen Ebenen und in verschiedenen Länderkulturen und Sprachen zu kommunizieren.
- Sie sind durch den überzeugenden Leader motiviert, fühlen sich berufen, ohne detaillierte Aufträge von ihrem Vorgesetzen einen besonderen Beitrag zur Identitätsentwicklung für das Unternehmen zu leisten.
- Sie können eine eigene Leidenschaft zur Idee ausbauen und halten einen laufenden Dialog in der Organisation. Sie entwickeln und setzten die entsprechenden Aktionen für die neue Identität in den Bereichen LOOK – FEEL – ACT um.

Wir bei Power Service kennzeichnen dieses Profil als „Apostel"; sie machen die Veränderung zu einer neuen Unternehmensidentität zur ihrer Mission. Wie der Begriff „Apostel" aussagt, sind sie von der Mission überzeugt und wollen diese ständig nach außen weiter tragen. Solche Persönlichkeiten sind wohl genauso spärlich wie wahre Leader. Sehr selten weist eine klassische Karriere in der Personalabteilung auf solche besonderen Fähigkeiten und Personen. Glücklicherweise konnten wir solch passionierte Menschen – Identiy Champions – finden. Es hat sich bewährt, diese Personen zusätzlich zu ihrer operativen Aufgabe mit dieser Mission zu beauftragen. Die Zusammenführung dieser Identity Champions zu einem Champion-Team erzeugt ein internes Netzwerk, das die Umsetzung in einer globalen Organisation durch gemeinsame Prozesse und Standards systematisiert. Die Identity Champions waren und sind wesentliche Treiber für den erfolgreichen Aufbau unserer neuen Unternehmensidentität. Zusammengefasst kommt es nicht darauf an, welchen Titel diese Menschen erhalten, sondern dass Unternehmen die in jeder Organisation vorhandenen intellektuellen Kompetenzen und die Leidenschaft für die Sache finden und nutzen.

5 Wichtige Randbedingungen beim Aufbau einer Identität

Eine *Schlüsselrolle* kommt *Führungskräften* zu, die stufengerechte Führungseigenschaften, Werkzeuge des Managements und auch einen klaren Willen mitbringen, in ihren Bereichen eine eigene Identität aufzubauen. Die Rolle jedes einzelnen Vorgesetzten auf den Hierarchiestufen ist wesentlich. Wir erwarten daher von jeder Führungskraft, dass sie Mitträger der Identität ist. In jeder Einheit bis zum globalen Geschäft entwickelt sich immer eine Unternehmenskultur. Deshalb ist es entscheidend, ob das Management diesbezüglich bewusst Einfluss nimmt oder dieser Entwicklung freien Lauf lässt. Bei ALSTOM Power Service haben wir gezielt den ersten Weg gewählt.

Für den Aufbau und Unterhalt einer gewünschten Identität ist eine *klare und leicht verständliche Aussage* unabdingbar: Wir wollen der „Bevorzugte Service-Lieferant" sein und das mit „Global Service Excellence – Our Identity" erreichen. Es ist allerdings viel einfacher, alle guten Ideen auf Papier zu bringen – das Leben und Beachten dieser selbst aufgestellten Werte und Regeln wird aber zum kritischen Punkt. Die jeweiligen Vorgesetzten auf jeder Stufe werden dabei von den Mitarbeitern genau beobachtet. Wir wissen deshalb sehr genau, dass das Vorleben der selbst erarbeiteten Werte über die wirkliche Firmenkultur entscheidet – der gelebten gegenüber einer anvisierten.

Bei Unternehmenseinheiten, denen wesentliche Restrukturierungen widerfahren sind, erhält der Aufbau einer neuen Identität einen noch höheren Stellenwert. Hier ist es besonders wichtig, die neue Identität im neuen Umfeld oder bei veränderten Produkten und Märkten aufzubauen, um die verbleibenden Mitarbeiter voll zu motivieren und langfristig zu halten. Wir haben als wichtiges Erfolgselement in solchen Fällen auch gezielt neue Mitarbeiter rekrutiert, die losgelöst von der Firmengeschichte die neue Identität einfacher übernehmen und mit aufbauen können.

Für uns war eine weitere wesentliche Frage, wie wir das Verhältnis aus eher zentral vorgegebenem oder dezentral entwickeltem *Stil der Unternehmensführung* verstehen. Hier ist der Mut der obersten Führung für den Freiraum der lokalen Umsetzung erfolgsentscheidend. Selbstverständlich sind die generelle Policy und die übergeordnete Vision nicht veränderbar. Dennoch sind die lokalen Bedingungen in jeder Einheit – oft in anderen Ländern und anderen sozialen Umfeldern – so verschieden, dass ein angepasstes, zielgerichtetes lokales Vorgehen wesentliche Vorteile mit sich bringt.

Darüber hinaus arbeiten wir nach dem Prinzip, dass trotz der hohen Dynamik in den Märkten und aller Veränderungen im Unternehmen, die Basisorganisation sowohl bezüglich der verantwortlichen Manager als auch bezüglich der Struktur eine *spezifische Stabilität* braucht. Jede Änderung muss erst „verdaut" werden. Dies bedeutet ein Risiko, aber auch eine Chance für neue Ideen oder anderes Verhalten. Durch unsere Veränderungsprozesse haben wir gelernt und lernen müssen, dass eine Organisation im Restrukturierungsprozess für eine gezielte, angepasste Identität bzw. Aufgabe nach einem halben bis einem Jahr pro Management-Level und je nach Größe der Struktur wieder in eine stabile Situation kommen sollte. Häufigere Änderungen führen erfahrungsgemäß zu unklaren Prozessen und damit zu unklaren Verantwortlichkeiten.

Eine *klare Geschäftsidee* und eine *kommunizierte Strategie* sind unabdingbar für den Erfolg. Es hat sich bei uns aber gerade auch in den ersten Jahren gezeigt, dass genau diese beiden Punkte bei den Mitarbeitenden oft nicht richtig ankommen. Damit bleiben auch das erwünschte Verständnis für die Zusammenhänge und letztlich auch das engagierte Mitmachen auf der Strecke. Hier kann daher nicht genug darauf hingewiesen werden, dass man eigentlich nicht zu viel, aber sehr wohl ungeschickt informieren kann. Wir legen daher Wert darauf, das für die betreffende Geschäftseinheit Wichtige und Essenzielle herauszuarbeiten und dann zu vermitteln – und das immer in Anknüpfung an unsere gemeinsame Vision und die uns selbst gesetzte Identität.

6 Identitätsentwicklung und Erfolg

Der einzelne Mensch im Unternehmen macht den Unterschied, seine Motivation und Fähigkeit, sich mit einer gewissen Begeisterung neu auszurichten. Ich bin sicher, dass viele führende Manager und Unternehmen ähnliche Erfahrungen gemacht haben. Ich für meinen Teil sehe eine klare Relation zwischen Leadership und Identität. Meine eingangs aufgestellte These „Leadership und Identität – untrennbar für Erfolg" kann ich durch meine Erfahrung bei ALSTOM Power Service daher bestätigen.

Vorhandene Probleme werden oft gerne übersehen, negiert oder auch zu wenig ernst genommen. Zudem besteht auf oberster Führungsebene eine Neigung, die Zeitverhältnisse für Korrekturen zu unterschätzen. Echte Veränderungsprozesse, die nachhaltige Wirkung zeigen sollen, benötigen pro Führungslevel mindestens ein halbes Jahr, sofern die Umsetzung optimal unterstützt wird. Dies heißt, in großen und globalen Strukturen, wie bei ALSTOM Power Service, mit verschiedensten sozialen Umfeldern ist dies ein Zeitbedarf von rund 5 Jahren – also eindeutig nicht über Nacht. Trotz aller Veränderungserfolge bisher heißt das für uns auch: Wir sind noch immer mitten drin in der Identitätsentwicklung und -verankerung und werden diesen Prozess daher konsequent weiterführen.

Eine weitere Erfahrung betrifft uns direkt als Manager: Kultur und Identität bleiben „soft issues" – solange die harten Konsequenzen ausbleiben! Bei „Werten" ist das Vorleben durch Führungskräfte für die Implementierung von zentraler Bedeutung: „Wasser zu predigen und Wein zu trinken" – um bei der biblischen Sprache zu bleiben – zerstört jede Umsetzungsbemühung und führt jede Hochglanzbroschüre ad absurdum. Deshalb muss sich eine Organisation mit dem Thema Konsequenzen beschäftigen. Solange anhaltende Werteverletzungen durch Führungskräfte nicht zu gleichen Konsequenzen führen, wie Nichterbringung der geforderten Leistung, ist eine Kultur nicht glaubhaft implementierbar. Daher brauchen Unternehmen verbindliche Führungsgrundsätze und eine entsprechende Beurteilung. Solange Werte für Führungskräfte nicht verbindlich sind, werden Mitarbeiter diese nicht übernehmen und akzeptieren. Es fällt Führungskräften jedoch immer noch leichter, auf mangelnde Leistung zu reagieren, als nicht vorbildliches Verhalten konsequent zu ahnden.

Der Erfolg eines Identitätsprozesses hängt auch von der aktuellen Situation des Unternehmens ab. Der richtige Zeitpunkt für den Start einer Identitätsfindung bewegt sich im Spannungsfeld zwischen dem Ziel einer möglichst langfristigen Integration der neuen Identität und dem kurzfristigen Überlebenskampf im Markt. Kann ein Unternehmen in einer Phase, in welcher der Überlebenskampf den Alltag stark dominiert, überhaupt nachhaltig Kulturwerte thematisieren? Diese Frage ist schwierig zu beantworten, weil gerade in Krisenzeiten zum Teil andere Gesetze gelten, um das tägliche Überleben zu sichern. Dieses Spannungsfeld führte bei ALSTOM Power Service vor allem in den Jahren 2002 und 2003 dazu, dass teilweise der Graben zwischen dem Krisenmanagement und den durch die Initiative definierten Werten groß war. Dadurch benötigte die Umsetzung mehr Zeit als angenommen. Dennoch wäre es falsch gewesen, die Identitätsentwicklung zu verschieben, da im Management jederzeit ein klarer Wille zur langfristigen Weiterführung des Geschäftes vorhanden war.

Zuletzt zum Erfolg: Bei ALSTOM Power Service erlebten wir mit dem Zusammenschluss ALSTOM/ABB in den Jahren 1999 und 2000 und den finanziellen Problemen des ALSTOM-Konzerns sehr turbulente Zeiten. Trotzdem konnten wir das Service-Geschäft jedes Jahr im Durchschnitt um 10% weiter steigern sowie auch die Profitabilität jährlich im Schnitt um 1% verbessern (von etwa 11% bis 16.6% im Geschäftsjahr 2004/05). Der nachhaltige Erfolg basiert auf verschiedenen Faktoren. Neben einer Erfolg versprechenden Geschäftsstrategie mit einer realen Basis und einer Marktentwicklung, die innerhalb der vorausgesehenen Strategieplanung lag, war „Leadership und Identitätsentwicklung" der dritte wesentliche Eckpfeiler für diesen langfristigen und nachhaltigen Geschäftserfolg. Dadurch konnten wir als Teil des weltweit tätigen ALSTOM-Konzerns einen wesentlichen Beitrag zu dessen Sanierung leisten.

Nachlese zur 2. Auflage

Auch nach 2005 wurden die Bemühungen die Unternehmenskultur im bisherigen Rahmen weiter zu stärken und die Identität zu festigen erfolgreich weitergeführt.

Die Kontinuität, eine Unternehmens-Identität über mehrere Jahre in mehr als 40 Ländern umzusetzen, zahlte sich aus. Die Identität wurde größtenteils verinnerlicht, die

Veränderungen wurden messbar und es konnten nachweislich Verbesserungen in den Bereichen Leadership, Motivation und Geschäftszielen erreicht werden

Im Sinne einer sich logisch ergebenden Organisationsentwicklung wurde im Herbst 2006 das Projekt Power Service – One Business gestartet. Ziel war eine bessere Fokussierung auf die technischen Fähigkeiten und eine bessere Marktausrichtung. Unterstützt durch neue Hilfsmittel (IT-Tools und verbesserte interne Prozesse) sollte die globale Organisation besser und effizienter zusammenarbeiten und damit zusätzliches Wachstum und Marktanteilgewinne erreichen. Dabei konnten nun die langfristig erreichten Stärken als Service-Provider mit motivierten Mitarbeitern und einer klaren langfristigen Mission als Grundpfeiler weiter angewendet und sogar noch weiteroptimiert werden. Im Laufe des Jahres 2007 wurden die überarbeiteten Organisationsstrukturen stufenweise implementiert und die Managementaufgaben neu definiert. Dies führte auch zu einer wesentlichen Veränderung in den verschiedenen Managementteams auf allen Ebenen. Wie in den Alstom-Geschäftsberichten nachgelesen werden kann, konnten damit die Ziele wie Wachstum und Effizienz/Profit-Steigerung realisiert werden. Auch in diesen Folgejahren konnte objektiv die Untrennbarkeit von Leadership und Identität für den Erfolg nochmals demonstriert werden.

Die Währungskrise 2008 und die darauf folgende Wirtschaftskrise gingen auch an Alstom nicht spurlos vorbei. Als typischer Spätzykliker im Infrastrukturbereich mit langem Planungshorizont, ließen sich ab Mitte 2009 Auswirkungen erwarten. Betroffen war vor allem das Neuanlagengeschäft, wo Kraftwerksfirmen geplante Neubauten zurückstellten oder absagten. Dies führte auch unter Einbezug von anderen, internen Randbedingungen dazu, dass im März 2009 Power Service und Power Systems(Neuanlagen) zu einer Geschäftseinheit Power zusammengefasst wurden. Die Geschäftsverantwortlichkeiten und Strukturen des erfolgreichen Service Geschäftes wurden weitgehend unverändert belassen, während die Führungs- und Unternehmenskultur innerhalb Power sich neu entwickeln musste.

Literatur

Bruch, H./Vogel, B. (2004): Alstom Power Service 2005 – Building a Service Identity, Case Study, Universität St. Gallen, St. Gallen

Bruch, H./Vogel, B. (2005): Organisationale Energie: Wie Sie das Potenzial Ihres Unternehmens ausschöpfen, Wiesbaden

Timm Eichenberg, Priya Abraham, Ian Hayward

Unterstützung von Veränderungsprojekten durch Qualifizierung beteiligter Führungskräfte

Das International Leadership Program im IT-Bereich von E.ON

1 Führungskräftequalifizierung als Erfolgsfaktor für die Umsetzung von Veränderungsprojekten

Mittlerweile ist das Thema „Wandel von Unternehmungen" sowohl in der Wissenschaft als auch in der unternehmerischen Praxis als Dauerphänomen akzeptiert. Dabei gibt es eine Vielzahl von Veränderungsauslösern, wie z.B. Anpassung der Unternehmensstrategie an neue Marktsituationen und damit verbunden die Anpassung der Organisationsstruktur. Dies ist auch der Fall, wenn eine Internationalisierungsstrategie umgesetzt werden soll.

Zur erfolgreichen Umsetzung eines organisationalen Veränderungsprojektes bedarf es in erster Linie der aktiven Mitarbeit und -gestaltung von Führungskräften im Unternehmen. Dies bedingt jedoch neben deren „Wollen" in gleichem Maße auch ein entsprechendes „Können". Oftmals nämlich fehlen die mittelfristig im Zielzustand eines Veränderungsvorhabens notwendigen Fähigkeiten bei den Führungskräften, was dann auch nachgelagert zum Scheitern führen kann, selbst wenn das Veränderungsprojekt an sich bereits offiziell „abgeschlossen" ist. Es gilt insofern gerade bei transformationalen Veränderungsprozessen bereits frühzeitig zu analysieren, ob und inwiefern ein Qualifizierungsbedarf bei den beteiligten Akteuren besteht (vgl. Eichenberg/Behse, 2011, S. 188).

Dieser Beitrag greift eine derartige Situation auf und beschreibt an einem Realbeispiel, wie ein Teilprojekt zur Qualifizierung der Führungskräfte und Projektmanager im

Rahmen eines großen, internationalen Veränderungsprojektes diesem zum Erfolg verhelfen kann.

2 Einführung einer länderübergreifenden funktionalen Organisationsstruktur als Auslöser für den Qualifizierungsbedarf

Der im vorliegenden Beitrag beschriebene Praxisfall bezieht sich auf die E.ON IS GmbH, die im Jahr 2008 einen umfangreichen organisationalen Veränderungsprozess initiierte.[1] Die E.ON IS war zu dem Zeitpunkt der IT-Dienstleister des E.ON Konzerns mit mehr als 3000 Mitarbeitern in zehn europäischen Ländern.

Die Ausgangssituation des Unternehmens im Jahr 2008 ließ sich wie folgt kennzeichnen: Jede Landesgesellschaft arbeitete weitestgehend unabhängig von den anderen Landesgesellschaften sowie von der deutschen Muttergesellschaft. Somit verfügte jede Kundenorganisation (die anderen Gesellschaften innerhalb des E.ON Konzerns) für jedes Land über gesonderte Verträge und Ansprechpartner. Dies führte zu Redundanzen von Aktivitäten innerhalb des IT-Bereiches. Im Zuge der Internationalisierungsstrategie des E.ON Konzerns wurde die Skalierbarkeit dieser IT-Organisation als begrenzt eingestuft, was die Neuausrichtung der E.ON IS Gruppe als notwendig erschienen ließ.

Die Zielorganisation sollte im Wesentlichen folgende Merkmale aufweisen:

- gruppenweite Verantwortung für einzelne IT-Dienstleistungen unabhängig vom Land
- eine „one face to the customer“-Betreuung der einzelnen Konzerngesellschaften.

Dies sollte durch eine länderübergreifende, funktional integrierte Organisationsstruktur verwirklicht werden, bei der das Unternehmen als eine Organisationseinheit arbeitet, unabhängig von der weiterhin bestehenden legalen Unterteilung in Landesgesellschaften (vgl. auch allgemein Kutschker/Schmid, 2008, S. 505ff.). In der Zielorganisation sollten die Führungskräfte unterhalb der Geschäftsführung (sogenannte F1-Ebene) sowie die Ebene darunter (F2-Ebene) gruppenweite, d.h. länderübergreifende Verantwortung übernehmen, während der F3-Ebene jeweils lokale Verantwortung zugeschrieben wurde. Die Linienorganisation sah vor, dass länderübergreifende Führungsbeziehungen ausschließlich zwischen Führungskräften etabliert werden, d.h. typischerweise zwischen F2- und F3-Führungskräften. Die Mitarbeiterebene sollte ihre

[1] Im Jahr 2010 erfolgte eine Umfirmierung in die E.ON IT GmbH.

Führungskraft möglichst auf lokaler Ebene beibehalten. Zusätzlich war auf der Projektmanagementseite bereits 2008 mit steigender Tendenz eine Zunahme länderübergreifender IT-Projekte zu verzeichnen. Um dieses Vorhaben inhaltlich zu konkretisieren und anschließend umzusetzen, wurde seitens der Unternehmensleitung das Projekt „Re-Think!" initiiert.

Für die Führungskräfte und Projektmanager des Unternehmens standen somit deutliche Veränderungen in ihrer Führungssituation an. Ein entsprechender Qualifizierungsbedarf war erkennbar, da internationale Zusammenarbeit bisher nur auf wenige Ausnahmen beschränkt war, wie z.B. Expatriates und Mitarbeiteraustauschprogramme. Fundierte Führungserfahrung in einem internationalen Kontext wies somit nur ein sehr geringer Anteil der Führungskräfte und Projektmanager im Unternehmen auf. Ein wesentliches Fundament für die Realisierbarkeit der Zielorganisation war die bereits einige Jahre zuvor eingeleitete Initiative, Englisch als Gruppensprache im Unternehmen einzuführen (vgl. Rudat/Eichenberg/Müller, 2009, S. 48ff.). So existierte bereits auf sprachlicher Ebene eine wichtige Basis für die künftige zu intensivierende internationale Zusammenarbeit und auch für die Durchführung der im Folgenden beschriebenen Trainingsmaßnahme.

3 Prozess des Trainingsdesigns

Die Gestaltung von Qualifizierungsmaßnahmen in Unternehmen kann anhand des Vorgehensmodells von Caple/Buckley (2009) verdeutlicht werden (vgl. Abbildung 1). Zu Beginn steht eine Bedarfsermittlung, die zunächst aus einer Auftragsklärung und Diagnose im Unternehmen besteht. Ergebnis dieser Phase sollte eine Definition der Trainingsziele und des benötigten Budgets sein. In der anschließenden Designphase werden dann die Inhalte, passende Vermittlungsmethodiken sowie die Logistik des Trainings erarbeitet und mit den wesentlichen Stakeholdern des Qualifizierungsvorhabens abgestimmt. Die Durchführungsphase des Trainings kann – je nach Novitätsgrad, Komplexität und Budget durch ein Pilottraining eingeleitet werden, bevor anschließend der Regelbetrieb startet. Im Anschluss an ein Training sollte eine Evaluation stattfinden, die beispielsweise anhand des vierstufigen Modells von Kirkpatrick/Kirkpatrick (2006) erfolgen kann.

Bereits zu Beginn des Re-Think! Projektes wurde erkannt, dass eine funktionierende länderübergreifende Organisationsstruktur mit internationalen Führungs- und Kooperationsbeziehungen eine passende Qualifizierung der Führungskräfte und Projektmanager im Unternehmen erforderlich macht. Um ein derartiges Qualifizierungsprogramm aufzusetzen wurde im Juni 2008 von der Re-Think! Projektleitung ein entsprechendes Teilprojekt initiiert, mit dem die Personalentwicklung beauftragt wurde.

Abbildung 1: *Grundlagen des Trainingsdesigns (eigene Darstellung in Anlehnung an Caple/ Buckley 2009, S. 25ff.)*

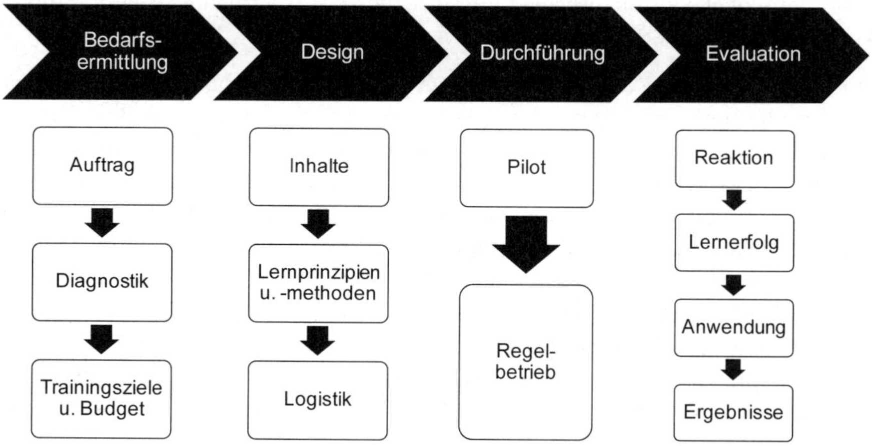

In einem ersten Schritt (*Concept Draft Phase*) wurde durch das Projektteam eine Analyse der Trainingszielgruppen und der wesentlichen Führungsherausforderungen vorgenommen, um die Basis für einen Ausschreibungsprozess zu legen. Im Rahmen des *Tendering Process* wurden 12 Trainingsanbieter gebeten, ein Angebot zur Umsetzung eines „International Leadership Program" (ILP) abzugeben. In einem mehrstufigen Auswahlverfahren, bei dem die wesentlichen Verantwortlichen des Re-Think! Projektes sowie die Geschäftsführung eingebunden wurden, wurde die Ashridge Business School als Lernpartner ausgewählt. Abbildung 2 gibt einen Überblick über die weiteren Phasen des ILP-Projektes, welche im Abschnitt 4 weiter beschrieben werden.

Abbildung 2: *Phasen des ILP-Projektes (eigene Darstellung)*

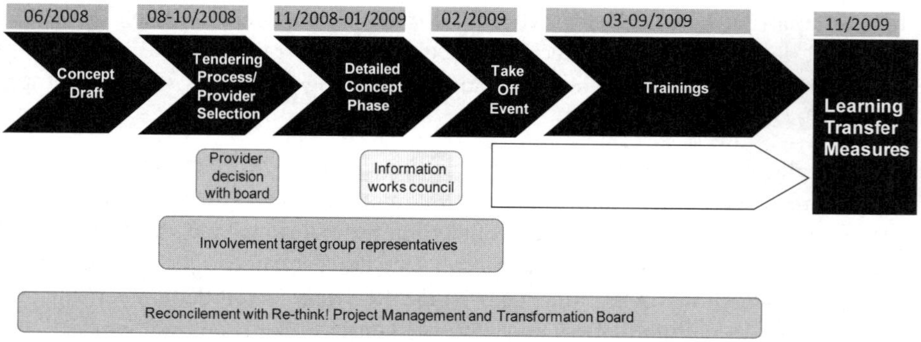

4 Design des International Leadership Program aus inhaltlicher, methodischer und logistischer Perspektive sowie Evaluation

Das International Leadership Program wurde aufgesetzt, um die Führungskräfte des Unternehmens im Rahmen des organisationalen Veränderungsprojektes zu unterstützen. In der *Concept Draft Phase* hat das Projektteam gemeinsam mit den wesentlichen Stakeholdern die Zielsetzungen des zu entwickelnden Trainings abgestimmt:

- Eine internationale Community unter den Führungskräften aufzubauen und ein gemeinsames, länderübergreifendes Führungsparadigma zu entwickeln
- Möglichkeiten zum internationalen Kennen lernen auf persönlicher Ebene zu geben (Networking)
- Den Re-Think! Veränderungsprozess allgemein in seiner Umsetzung zu unterstützen und die „Story" des Veränderungsvorhabens zu kommunizieren
- Maßgeschneidert an die Bedürfnisse des Unternehmens zu sein und kontinuierlich im Projektverlauf an aktuelle Entwicklungen anpassbar zu sein
- Eine Basis für künftige, gruppenweite Leadership Trainings zu legen und HR-seitig diesbezüglich Erfahrungen zu sammeln.

4.1 Trainingsinhalt

Durch eine erste Bedarfsanalyse seitens des Projektteams standen als grobes Orientierungsraster für die Inhalte des Trainings bereits in der *Concept Draft Phase* drei Hauptthemenfelder fest:

1. Leading Multicultural Teams
2. Leading Remotely
3. Leading Change

Diese Hauptthemenfelder wurden in der *Detailed Concept Phase* spezifiziert. Zu diesem Zweck führte die Ashridge Business School mit ausgewählten Vertretern der Zielgruppe qualitative Interviews, um die kritischen Führungsherausforderungen der neuen Unternehmensorganisation zu identifizieren. Dabei wurde eine Stichprobengröße von n=40 gewählt, was ca. 10% der Population entsprach. Die Auswertung der

Interviewergebnisse führte dann zur finalen Ableitung der Zielsetzungen des ILP unter Berücksichtigung der eingangs vermuteten Hauptthemenfelder. Ein erstes wesentliches Ergebnis war, dass die drei Hauptthemenfelder durch ein viertes Themenfeld ergänzt wurden:

4. Leadership in the new Organization

Durch die Aufnahme dieses Themenfeldes konnte ebenfalls die von Seiten des Mutterkonzerns zur gleichen Zeit angesetzte obligatorische Einführung des neuen konzernweiten Kompetenzmodells für Führungskräfte im Programm inhaltlich berücksichtigt werden. Eine gesonderte Schulung der ohnehin durch die Reorganisation stark beanspruchten Führungskräfte konnte somit vermieden werden.

Die vier Themenfelder wurden anschließend weiter heruntergebrochen, um die Zielsetzungen für die einzelnen Workshops und die Inhalte einzelner Trainingssequenzen zu definieren. Abbildung 3 fasst das finale Trainingsdesign aus inhaltlicher Perspektive zusammen.

Abbildung 3: *Trainingsdesign aus inhaltlicher Perspektive (eigene Darstellung)*

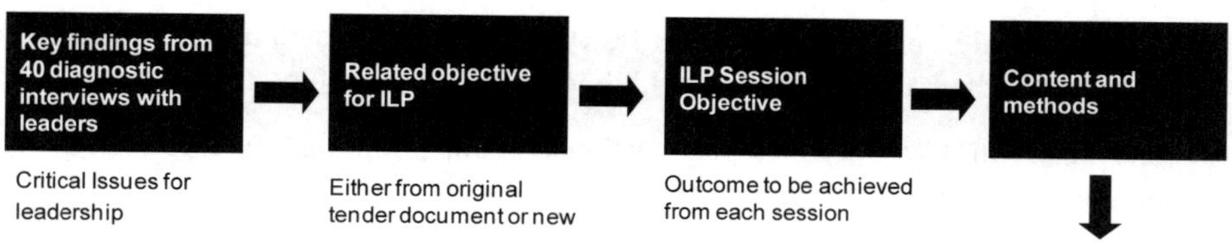

1. Leadership in the new organization	2. Leading Multi-cultural Teams	3. Leading Remotely	4. Leading Change
Clarifying the E.ON Leadership Competencies and the IT related Commitments working in the functional organisation	Establishing how cultural identity is formed and examining the implications for leaders	Identifying the core characteristics of virtual teams and how they differ from traditional teams	Identifying appropriate models for leading change that enable change to be successfully implemented
Clarifying the role of the leader in helping shape culture: as story teller, as agent of change and performance and as explorer and learner	Identifying how to address and get most benefit from multi-cultural difference in teams	Identifying appropriate techniques and skills for managing remote teams effectively, e.g. team development, goal setting, and managing performance	Identifying appropriate ways of managing teams during change
Identifying how to raise motivation levels thereby increasing performance	Raising confidence amongst managers in dealing with teams with different national cultures	Identifying the most appropriate methods for communication in virtual teams	Understanding how to lead in situations of complexity and ambiguity

Ebenfalls fand in der *Concept Draft Phase* eine Zielgruppenanalyse statt und es wurden für jede Zielgruppe übergeordnete Trainingsziele abgeleitet. Die Population des ILP waren alle Führungskräfte und Projektmanager des gesamten Unternehmens, d.h. aus zehn verschiedenen Landesgesellschaften. In der Analyse stellte sich heraus, dass die Trainingsziele vor allem hinsichtlich der Hierarchieebene differierten:

- Die F1- und F2-Ebene (die erste und zweite Hierarchieebene unterhalb der Geschäftsführung) sollte durch das Training in erster Linie die neue Rolle der deutschen Muttergesellschaft der internationalen Unternehmensgruppe in Bezug auf die damit verbundenen Führungsherausforderungen reflektieren. Im Kern bedeutet dies für die Ebenen F1 und F2 vor allem die internationale Führung anderer Führungskräfte bzw. Projektmanager.
- Die F3-Ebene, auf der auch die überwiegende Zahl der Projektmanager angesiedelt ist, sollte durch das Training vor allem operatives Führungs-Know-How in den oben genannten Hauptthemenfeldern erwerben. Ziel war es somit, diese Gruppe auf die Führung von (z.T. auch internationalen (Projekt-)Teams) in einer Veränderungssituation vorzubereiten.

Diese Aufteilung wurde in der *Detailed Concept Phase* weitestgehend bestätigt und nur marginal justiert. Für die gesamte Zielgruppe wurde die Entscheidung getroffen, das Training ausschließlich in englischer Sprache durchzuführen, da Englisch als Gruppensprache künftig eine noch stärkere Bedeutung und Erfolgswirksamkeit haben würde.

4.2 Trainingsmethodik

Einweg- oder Zweiwegkommunikationsübungen waren der wesentliche Vermittlungsansatz für die Kernthemen Leading Multicultural Teams, Leading Remotely und Leading Change. Wesentliche Instrumente waren u.a.

- Entwickeln einer „Team Charter"
- Aktives Zuhören unter Simulation räumlicher Distanz
- „Storytelling"
- Coachingtechniken

Ziel der „Team Charter"-Übung war es, den Führungskräften ein Instrument aufzuzeigen, welches sie nach dem Training direkt in ihren neuen Teams einsetzen konnten. Die „Team Charter" ermöglicht es, Im Team gemeinsam die Wege der Zusammenarbeit zu erarbeiten (Entscheidungsprozesse, Identifikation von Zeitfenstern für synchrones Arbeiten). Darüber hinaus galt es, Regeln für die Team-Kommunikation zu definieren (Abstimmen des Medieneinsatzes je nach Kommunikationsanlass, Kommunikationswege in die Organisation). Letztlich sollte ein gemeinsames Verständnis der Teamziele, Meilensteine, Rollen und Verantwortlichkeiten erzeugt werden.

Die Übung „Aktives Zuhören unter Simulation räumlicher Distanz" demonstriert die Auswirkungen, welche Kommunikation beim virtuellen Arbeiten auf das inhaltliche Verständnis und die Arbeitsergebnisse eines Teams hat. In der Übung wurde der Teilnehmergruppe durch einen einzelnen Teilnehmer beschrieben, wie eine Zeichnung auf einem Flipchart ausgestaltet ist, welches die Gruppe jedoch selber nicht sehen konnte. Die Gruppe erhielt die Anweisung, die Zeichnung auf Basis der mündlichen Beschreibung nachzuzeichnen. Im ersten Durchlauf der Übung waren Rückfragen nicht zugelassen, im zweiten Durchlauf hingegen schon. Die räumliche Distanz wurde dadurch simuliert, dass ein Sichtschutz durch eine Metaplanwand aufgebaut wurde und somit eine „face-to-face"-Kommunikation nicht mehr möglich war. Das Lernergebnis zeichnete sich einerseits im Unterschied der Qualität zwischen den zwei Herangehensweisen aus: Die Qualität der Zeichnungen in der ersten Runde war jeweils ungenauer als in der zweiten Runde. Darüber hinaus ermöglichte die zweite Runde den Teilnehmern herauszufinden, inwiefern Ihr Frageverhalten und die gegebenen Antworten unter den Bedingungen einer räumlichen Distanz adaptiert werden müssen, um im Team ein effektives und möglichst effizientes Kommunikationsergebnis zu erzielen.

Die „Storytelling"-Übung bestand aus zwei Schritten. Im ersten Schritt schrieben die Führungskräfte in Kleingruppen einen Zeitungsartikel, in welchem drei Jahre vorrausschauend ein positives Zukunftsbild des Unternehmens nach erfolgreichem Veränderungsprozess beschrieben ist. Im zweiten Schritt erarbeiten die Teilnehmer eine kurze persönliche Rede, in welcher sie die „Change Story" des Unternehmens sowie die Auswirkungen für ihr Team überzeugend, motivierend und authentisch darstellen. Die eigene „Change Story" wurde anschließend im Rahmen eines Peercoachings einem weiteren Teilnehmer präsentiert, von diesem kritisch hinterfragt und darauf aufbauend finalisiert. Die Teilnehmer verließen das Training mit der Aufgabe, diese „Change Story" unmittelbar nach dem Training in ihren Teams zu nutzen. Weitere Coachingtechniken wurden mit der Anregung vermittelt, die Methode in die Arbeitspraxis der Teams zu überführen.

Jede Übungssequenz wurde durch einen bewusst kurz gehaltenen Theorieinput eingeleitet. Für die Bearbeitung der Einzel- oder Kleingruppenübungen wurden die Teilnehmer angehalten, keine „allgemeinen Themen" heranzuziehen, sondern sich stets auf ihre persönliche und aktuell konkrete Führungsherausforderung im Rahmen des stattfindenden Veränderungsprozesses zu beziehen. Dies war für den Lernerfolg der Teilnehmer essenziell. Den Abschluss jeder Übungssequenz bildete ein Sammeln der Lernergebnisse in der jeweiligen Workshopgruppe. Zusätzlich erhielten die Teilnehmer regelmäßig Zeit zur Selbstreflexion, die durch ein Lerntagebuch strukturiert wurde.

Den Abschluss des Programms bildeten *Lerntransfermaßnahmen*, die im Abstand von drei Monaten nach dem Abschluss aller Trainingsgruppen durchgeführt wurden. Da zu dieser Zeit die neue Organisationsstruktur bereits eingeführt war, ging es vor allem darum, erste Erfolgsgeschichten der Führungskräfte zu sammeln und die Teilnehmer einige Monate nach dem Training noch einmal zur Reflexion und Anwendung der

Trainingsinhalte anzuregen. Zu diesem Zweck wurde ein textbasiertes Diskussionsforum in einem nur für Führungskräfte zugänglichen Bereich des Intranets („Managers' Workspace", vgl. auch Rudat/Eichenberg/Gündüz (2010, S. 40ff.) eingerichtet, welches von einem Geschäftsführer moderiert wurde.

4.3 Trainingslogistik

In einem nächsten Schritt galt es, dass Trainingsdesign aus der logistischen Perspektive zu vervollständigen. Durch die Re-Think! Projektleitung bestand die zeitliche Zielsetzung, die gesamte Population von über 400 Führungskräften und Projektmanagern innerhalb von sechs Monaten zu schulen.

Das entwickelte Trainingsdesign sah als ersten Veranstaltungsbaustein ein sogenanntes „Take-Off Event" vor, an dem die Hauptstakeholder – die Geschäftsführung sowie 8 weitere Führungskräfte der F1-Ebene – teilnahmen. Zielsetzung war es einerseits, in einem verkürzten Training den Hauptstakeholdern einen inhaltlichen Eindruck vom späteren Programm zu geben. Gleichzeitig nutzte das Projektteam die Veranstaltung dazu, Feinjustierungen am inhaltlichen Design vorzunehmen. Wichtigstes Ergebnis des Take Off Events war jedoch die gemeinsame Erarbeitung und Festlegung der Beteiligung der Geschäftsführung und der teilnehmenden F1-Führungskräften an den eigentlichen Trainings (vgl. auch nachfolgend Abschnitt 5).

Das Projektteam entschied sich für eine Serie von fünf Großgruppenveranstaltungen, bei der eine größere Zahl an Teilnehmern in einer Trainingsgruppe vor Ort war. Eine Teilnehmerzahl von ca. 80 Personen pro Veranstaltung schien ideal. So konnte einerseits die Ziele des Networkings und des Entwickelns eines gemeinsamen Führungsverständnisses verwirklicht werden; andererseits entstand kein anonymer Charakter einer einzelnen „Massenveranstaltung" mit der gesamten Population. Als Trainingsdauer unter Berücksichtigung dieser, aber auch der inhaltlichen Ziele, wurden vier Tage für ideal befunden. Dabei wurde jedes Training am ersten Tag in einem „Large Group Event" begonnen, um vor allem das Thema „Gemeinsames Führungsverständnis" als Basis für die Folgetage zu erarbeiten. An den folgenden Tagen wurden die Teilnehmer in kleinere Workshopgruppen aufgeteilt, wobei die oben ausgeführte Differenzierung nach Hierarchieebenen gewählt wurde, um jeweils unterschiedliche inhaltliche Schwerpunkte zu bearbeiten. Dabei wurde jedoch auch darauf geachtet, dass Kerninhalte zwischen F1/F2- und F3-Workshopgruppen nicht differierten. Am letzten Tag jeder Veranstaltung wurden alle Teilnehmer erneut in das Format „Large Group Event" eingeladen, um die wesentlichen Lernergebnisse mit allen Teilnehmern zu teilen und einen gemeinsamen Abschluss zu finden. Abbildung 4 verdeutlicht das Trainingsdesign aus der organisatorischen Perspektive.

Bei der Zusammensetzung der Workshopgruppen wurde darauf Wert gelegt, einen internationalen Mix aus Teilnehmern pro Workshopgruppe zu gewährleisten. Der Teilnehmermix wurde weiterhin bis auf die Tischgruppen der jeweiligen Veranstaltungsformate (Large Group Event und Workshops) heruntergebrochen, so dass jede Gruppenarbeit von möglichst hoher Diversität profitieren konnte.

Abbildung 4: *Trainingsdesign aus organisatorischer Perspektive (eigene Darstellung)*

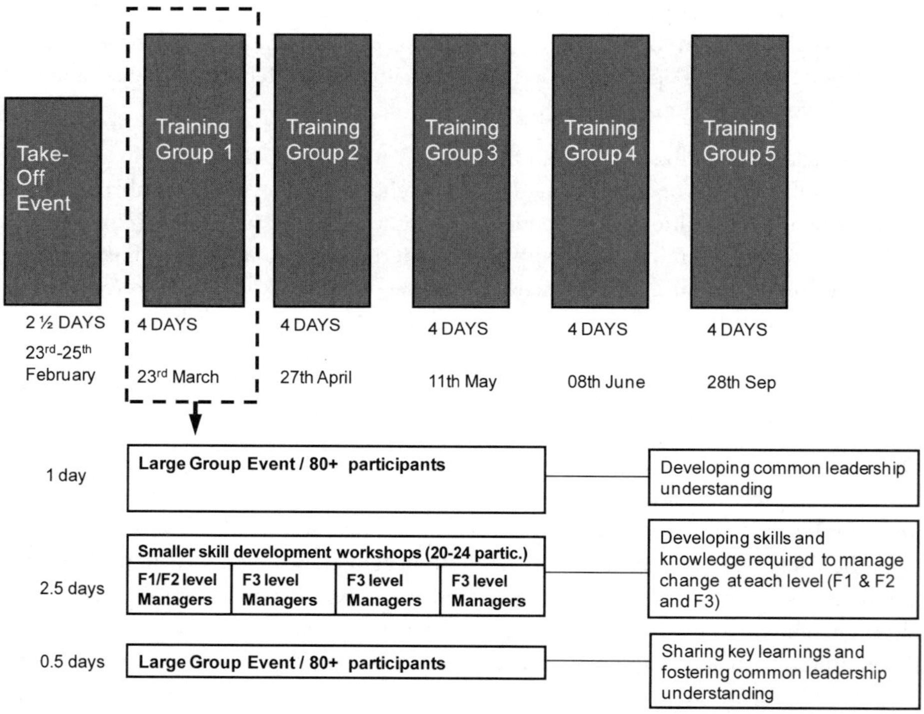

4.4 Trainingsevaluation

Zur Trainingsevaluation wurde grundlegend auf den Ansatz von Kirkpatrick/ Kirkpatrick (2006) zurückgegriffen. Nachfolgende Abbildung zeigt die verschiedenen KPIs und die dazu verwendeten Messinstrumente, wie sie im Rahmen des ILP verwendet wurden.

Abbildung 5: *Vorgehen bei der Trainingsevaluation (eigene Darstellung)*

Type of KPI	Objective	Content	Methods
Level 1: Reaction to training	Identify potentially necessary changes from one training group to next	General satisfaction with workshops, relevance to development needs, and overall effectiveness	Paper based questionnaire at the end of each training group
Level 2: Short term learning from the training	Participants reflect on what their level of understanding was before the programme and how it has changed after attending the programme	A questionnaire specifically tailored to the programme content identifying the leadership understanding of each participant at the beginning and at the end of the programme	Paper based questionnaires at the beginning and again and the end
Level 3: Implementation of the learning on the job after the training	Securing initial learning transformation	Follow-Up E-Mail sent out by Managing Director asking for a personal reply from each participant: "What will you do differently now after having completed the training?"	Collection of all e-mail answers
Level 4: Results in the company	Identifying application of learning	Intranet discussion board, moderated by Managing Director asking for a posting from each participant about their personal "best practice"	Collection of all postings

5 Erfahrungen aus Durchführung und Evaluation des Programms

Das „International Leadership Program" war ein wichtiger Baustein, um die mit ReThink! beabsichtigten Ziele aus qualifikatorischer Perspektive umzusetzen. Als wesentliche Erfolgsfaktoren dieses Trainingsprojektes können rückblickend identifiziert werden:

1. Die frühzeitige und kontinuierliche Einbindung des Top-Managements
2. Die Steuerung des Trainingsvorhabens mit Hilfe von Projektmanagementmethoden
3. Die integrative Zusammenarbeit der Personalentwicklung mit der Business School auch auf den Trainingsveranstaltungen

5.1 Frühzeitige und kontinuierliche Einbindung des Top-Managements

Wie zuvor beschrieben fand während des gesamtes Prozesses eine intensive Einbindung des Top-Managements statt: von der Providerauswahl bis hin zur Durchführung des Take-Off Events. Ein wesentliches Ergebnis des Take-Off Events war der Beschluss der Geschäftsführer und der anwesenden F1-Führungskräfte, das ILP durch persönliche Anwesenheit auch bei den Trainingsgruppen zu unterstützen. So wurde jede Trainingsveranstaltung durch einen Geschäftsführer am ersten Tag in Form eines ersten „Storytelling" der neuen Unternehmensziele und -struktur eröffnet. Ebenfalls beendeten zwei Führungskräfte der F1-Ebene jede Veranstaltung am vierten Tag durch die Moderation der Abschlussrunde, in welcher die wesentlichen Lernergebnisse zusammen getragen wurden. Dies führte einerseits zu einem hohen Commitment des Top-Managements für das Trainingsprojekt, aber vor allem auch zu einer starken Sichtbarkeit gegenüber der Führungsmannschaft des Unternehmens. Über den Verlauf der verschiedenen Trainingsgruppen von März bis September 2009 konnte das Top Management so ebenfalls das jeweils aktuelle „Stimmungsbild" aufnehmen und dies in weitere Projektentscheidungen einfließen lassen. Abbildung 6 fasst die Einbindung des Top Managements im Rahmen des Trainings zusammen.

Abbildung 6: *Einbindung des Top Managements (eigene Darstellung)*

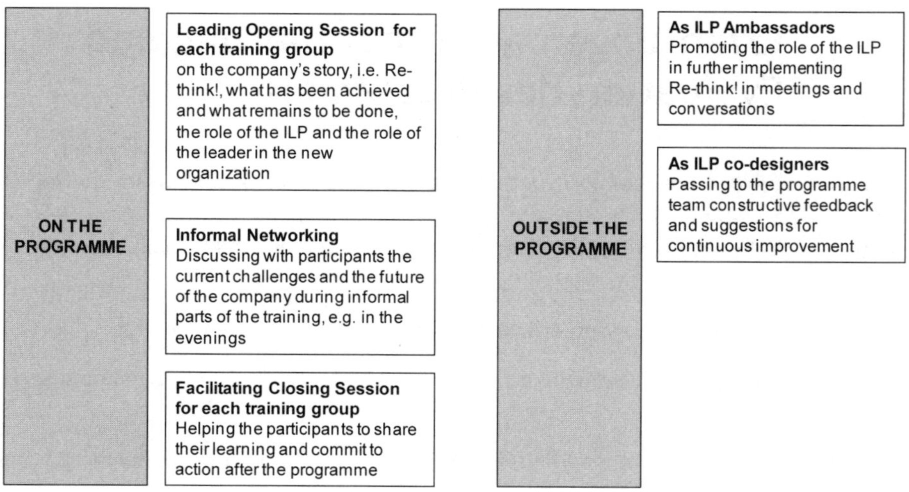

5.2 Steuerung des Trainingsvorhabens mit Hilfe von Projektmanagementmethoden

Ein weiterer Erfolgsfaktor bestand in der Steuerung des Qualifizierungsprogramms durch ein eigens aufgesetztes Projektmanagement. Hierdurch wurden Verantwortlichkeiten klar definiert und auf die Expertise anderer Unternehmensbereiche außerhalb der Personalentwicklung zurückgegriffen.

Folgende Projektrollen wurden für das ILP-Projekt definiert:

- Projektsteuerungsgremium (zwei Verantwortliche des Re-Think! Projektes sowie der Leiter der Personalentwicklung)
- Projektleitung (Mitarbeiter der Personalentwicklung unterstützt durch einen erfahren Projektmanager als Coach)
- Workstream Content (in Personalunion durch die Projektleitung wahrgenommen)
- Workstream Logistics (Mitarbeiterin der Personalentwicklung)
- Workstream Communications (Mitarbeiterin der Unternehmenskommunikation)
- Projektcontrolling (Mitarbeiterin der Strategieabteilung)

Durch eine regelmäßige Meetingstruktur im Projekt und ein entsprechendes Berichtswesen (Projektstatusreports und Budgetkontrolle, auch in Richtung Re-Think! Projektleitung) konnte sichergestellt werden, dass das ILP-Projekt „in time, in quality und in budget" durchgeführt wurde.

5.3 Integrative Zusammenarbeit der Personalentwicklung mit der Business School

Der dritte Erfolgsfaktor liegt in der Ausgestaltung der Zusammenarbeit zwischen der Personalentwicklung und den Client Directors der Business School. Während in Trainings üblicherweise eine Zusammenarbeit auf die Phasen Bedarfsermittlung, Design und Evaluation beschränkt ist, wurde im ILP-Projekt auch und vor allem in der Durchführungsphase intensiv kooperiert. So war der ILP-Projektleiter während sämtlicher Trainingsveranstaltungen vor Ort, um Teilnehmer- und Trainerfeedback zeitnah zu analysieren und ggf. noch während der laufenden Veranstaltung durch geeignete Anpassungsmaßnahmen gemeinsam mit dem Trainerteam umzusetzen.

Ebenfalls hat zum Erfolg beigetragen, dass seitens des Anbieters ein personell konsistentes und ebenfalls international zusammengesetztes Trainerteam eingesetzt wurde. Dies gewährleistete eine inhaltliche Vergleichbarkeit der einzelnen Trainingsgruppen im Sinne einer Qualitätssicherung – schließlich sollten alle 400 Teilnehmer am Ende „ein Programm von konsistenter Qualität und gleichbleibendem Inhalt" absolviert haben. Die Tatsache, dass das Trainerteam ebenfalls eine internationale Besetzung aufwies, steigerte die Akzeptanz bei den Teilnehmern und lieferte letztlich auch eine Art „Vorbild", da das Trainerteam bereits international zusammenarbeitete – ein Ziel, dass auch die Teilnehmer des Trainings in der neuen Organisation verfolgten.

6 Ausblick

Das International Leadership Program war das umfangreichste Qualifizierungsprogramm, welches im Unternehmen bis zum damaligen Zeitpunkt stattfand. Eine der ursprünglichen Zielsetzungen war es, mit dem Programm auch Erfahrungen für weitere international angelegte Personalentwicklungsmaßnahmen zu sammeln. Im Zuge der funktional integrierten Ausrichtung des Unternehmens wurden nachfolgend existente Maßnahmen international ausgerollt, wie z.B. Trainingsprogramme für Nachwuchsführungskräfte oder Potenzialanalysen. Die Erfahrungen aus dem ILP legten dabei auch in logistischer Hinsicht eine wichtige Grundlage.

Im Jahr 2010 erfolgte eine weitere Reorganisation des IT-Bereiches, indem nun sämtliche IT-Mitarbeiter des Konzerns in einem Unternehmen (der heutigen E.ON IT GmbH) zusammengeführt wurden. Auch dieses nachfolgende Veränderungsprojekt wurde erneut durch eine vergleichbare Qualifizierungsmaßnahme begleitet. Dabei wurde darauf geachtet, dass im Unternehmen durch das ILP gut etablierte Instrumente im kollektiven Führungsrepertoire weiterhin vorhanden bleiben. Die Erfahrungen aus dem ILP haben dazu geführt, dass die zuvor recht lange dauernde Designphase erheblich verkürzt werden konnte, da der Trainingsanbieter mit dem Unternehmen und den wesentlichen Stakeholdern bereits vertraut war und die Akzeptanz eines solchen Trainings durch das ILP bereits gegeben war. Ebenfalls konnte dadurch den anspruchsvollen zeitlichen Zielen des neuen Veränderungsprojektes Rechnung getragen werden.

Abschließend sei erwähnt, dass ein begleitendes Qualifizierungsprogramm jedoch kein „Allheilmittel" für das Change Management im Unternehmen darstellt. Es ist nicht möglich, alle von den Stakeholdern gewünschten Themen und Inhalte in einem wenige Tage dauernden Qualifizierungsprogramm aufzugreifen – das „Schnüren" eines zielführenden „Trainingspaketes" erfordert ein tiefgreifendes Verständnis der verfolgten Unternehmensziele durch die beteiligten Personalentwickler.

Literatur

Caple, J./Buckley, R. (2009): The Theory And Practice Of Training, 6th Edition, London/Philadelphia 2009

Eichenberg, T./Behse, M. (2011): Change Management: Gesteuerter Wandel für eine vitale Unternehmung; in: Eggers, B./Ahlers, F./Eichenberg, T. (Hrsg.), Integrierte Unternehmungsführung: Festschrift zum 65. Geburtstag von Prof. Dr. Claus Steinle, Wiesbaden 2011, S. 175-190

Kirkpatrick, D. L./Kirkpatrick, J. D. (2006): Evaluating Training Programs: The four Levels, 3rd Edition, San Francisco 2006

Kutschker, M./Schmid, K. (2008): Internationales Management, 6. Auflage, München 2008

Rudat, A./Eichenberg, T./Gündüz, J. (2010): Medien für die internationale Führungskräftekommunikation: Implementierung des „Managers' Workspace" bei der E.ON IT; in: Personalführung, 43. Jg., 2010, H. 11, S. 40-48

Rudat, A./Eichenberg, T./Müller, K. (2009): Dem Denglisch „Good bye" sagen; in: Personalwirtschaft - Magazin für Human Resources, 36. Jg., 2009, H. 8, S. 48-50

Utz Claassen

Wissensmanagementbasiertes Leadership

Führungsmodell und Umsetzung bei der EnBW AG

1 Wissensmanagement als zentraler Erfolgsfaktor in Unternehmen

Die zunehmende Globalisierung sowohl der Kunden als auch der Wettbewerber konfrontiert Unternehmen ständig mit neuen Herausforderungen. Angesichts dieser immer stärker international vernetzten Wettbewerbsstrukturen und dynamischen Wettbewerbsbedingungen wird für Unternehmen die Fähigkeit wichtiger, in differenzierter Form die stetig steigende Komplexität weitestgehend zu beherrschen und die entsprechenden umfangreichen Fragestellungen einfach und handhabbar aufzuspalten. Die Zerlegung der Komplexität bedarf struktureller Anpassungen der Unternehmen verbunden mit einem radikalen Umdenken und der Einführung einer neuen Unternehmenskultur und Mentalität. Die Entwicklung von unterschiedlichen Kompetenzen darf dabei nicht dem Zufall überlassen werden. Wissensmanagement wird zu einem Schlüsselfaktor für einen nachhaltigen unternehmerischen Erfolg und führt zur Entwicklung wettbewerbsentscheidender Kompetenzen.

Wissensmanagement befasst sich jedoch nicht mit operativen oder strategischen Maßnahmen- und Aktionsplänen; vielmehr handelt es sich um einen ganzheitlichen Ansatz, bei welchem die Fähigkeit eines Unternehmens auf bestimmte Situationen zu reagieren, bestimmte Probleme zu lösen sowie in konstruktiver und kreativer Art und Weise die Zukunft zu gestalten erhöht werden soll. Wissensmanagement ist dabei kein Nullsummenspiel, sondern ein Nettowertschöpfungsprozess, bei dem alle Teilnehmer gewinnen. Wissensmanagement ist aktive Wertgestaltung. A□hnlich wie andere strategische Ansätze zu Wertschaffung und Wertsteigerung setzt auch Wissensmanagement am „Shareholder-Value" an: bei Logistikkapital, Beziehungskapital, Markenwert und Kompetenz. Dies sind die entscheidenden Größen, die den Unterschied von Buchwert und Marktkapitalisierung eines Unternehmens ausmachen.

Im Mittelpunkt des Wissensmanagement-Konzeptes stehen folglich nicht die Ansätze und Maßnahmenpakete der taktischen, operativen oder strategischen Unternehmensführung. Statt dessen stellt sich die Frage, wie – unter Einbezug der intellektuellen, strukturellen und kulturellen Gegebenheiten eines Unternehmens – Wissensmanagement dazu beitragen kann, das Unternehmen in eine verbesserte Wettbewerbs- und Ertragssituation zu transformieren.

In der heutigen komplexen, globalen Unternehmensumwelt sehen sich die meisten Wettbewerber in vielerlei Hinsicht mit vergleichbaren oder sogar identischen Wettbewerbsbedingungen konfrontiert. Vom Grundsatz her haben die Unternehmen in einem Markt gleiche Zugangsmöglichkeiten zu denselben Abnehmer- und Beschaffungsmärkten sowie auch Kapitalmärkten. Auch der Zugang zu den verschiedenen Produktionstechnologien und Qualitätssicherungssystemen ist für die verschiedenen Wettbewerber durch die hoch entwickelte Informationstechnologie in der Regel offen. Grenzüberschreitende Mobilität und das Internet haben dazu geführt, dass Informationen fast immer und überall auf dem Globus in Echtzeit verfügbar sind. Sämtliche dargestellte Faktoren – von Wettbewerbern in Sekundenbruchteilen emulierbar, kopierbar und ähnlich gestaltbar – stellen folglich keine Wohlstands- und Leistungsdifferenziale mehr dar. Die Unternehmen sehen sich durch diese veränderten Rahmenbedingungen mit einer steigenden Wettbewerbsintensität und einem wachsenden Kostendruck konfrontiert. Wenn also die gängigen Leistungsdifferenziale heute nicht mehr ausschlaggebend für den internationalen Erfolg eines Unternehmens sind, müssen neue Kriterien erkannt werden, welche die Unternehmen hinsichtlich Erfolg und Leistung hierarchisieren. Im Folgenden sind diese Kriterien dargestellt:

1. die Humanressourcen eines Unternehmens sowie die Qualifikation, Motivation und Kompetenz der Belegschaft und des Managements,
2. die im Unternehmen ablaufenden Informations- und Kommunikationsprozesse,
3. die Unternehmenskultur, um einen bestmöglichen Rahmen zur Entfaltung von Motivation und Kompetenz der Humanressourcen sowie die Qualität der Informations- und Kommunikationsabläufe zu gewährleisten.

Im Rahmen des Wissensmanagements in seiner Bedeutung als qualitatives Transformierungselement stellt sich mithin die Frage, welche Ansätze/Instrumente bezogen auf diese Kriterien bestehen.

Die qualitativen Säulen des Wissensmanagements lassen sich entsprechend, wie folgt, unterscheiden (vgl. Abb. 1).

Abbildung 1: Die qualitativen Säulen eines erfolgreichen Wissensmanagements

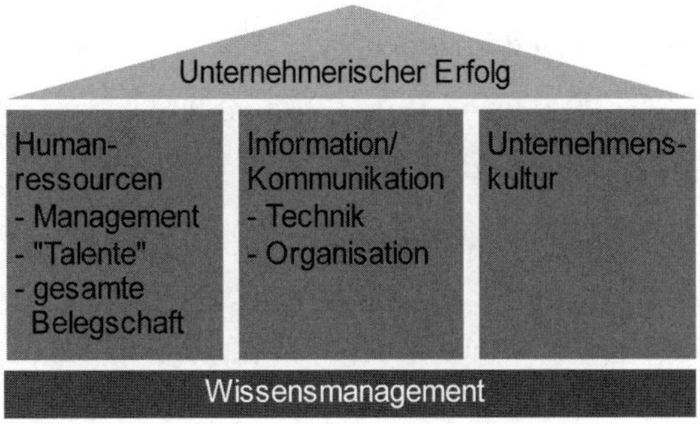

2 Humanressourcen: Erhöhung der Leadershipqualität

Gerade in der Phase der Umstrukturierung eines Unternehmens ist eine offene und transparente Kommunikationsstrategie fundamental wichtig, um eine höchstmögliche Veränderungsbereitschaft und Motivation bei allen Beteiligten sicherzustellen. Traditionell verkrustete müssen durch zukunftsorientierte Strukturen in allen wichtigen Bereichen ersetzt werden. Dies schloss bei EnBW den Wandel von einer rein strategischen zu einer operativen Holding mit ein. Die Priorität operativer Themen, kontinuierliche Leistungssteigerung in den Wertschöpfungsketten sowie eine vorübergehende Zentralisation rückten in den Vordergrund. Der Aufbau eines qualifizierten neuen Führungsteams ging einher mit der Schaffung einer neuen Wahrnehmung der Aufgaben im Management und bei den Leistungsträgern des Unternehmens. Veränderungsfähigkeit und Veränderungsbereitschaft waren hier die entscheidenden Zielgrößen.

Generell gilt es, zunächst die Strukturen einer Organisation weitestgehend zu vereinfachen, d.h. die Leadershipquantität zugunsten der Leadershipqualität zu reduzieren, und so den Schwerpunkt auf die Verbesserung der Leadershipfähigkeiten zu setzen. Das Vereinfachen von Strukturen impliziert eine Reduktion vorhandener Hierarchieebenen sowie die stringente Entbürokratisierung von Abläufen. Eine bessere Mitarbeiterführung und eine gezielte Personalentwicklung sind Faktoren, welche die Qualität des Managements langfristig und effektiv anheben können.

Die Qualität von Leadership zeichnet sich vor allem durch folgende Merkmale aus:

- globale Teamfähigkeit
- Bereitschaft zum internationalen Networking
- Bereitschaft zum „Voneinander-Lernen"
- Umsetzungsdisziplin für festgelegte Budgets und Pläne
- Mut zur Selbst-Kritik
- interne und externe Kundenorientierung.

Aus diesen Kriterien ergaben sich die konkreten Anforderungen an die Führungskräfte im EnBW-Konzern. Um der Rolle als Führungskraft gerecht zu werden, bedarf es einer – auch zeitlich gesehen – angemessenen Mitarbeiterführung. Dazu gehören das Delegieren von Aufgaben und die gezielte Förderung von Nachwuchskräften. Die Führungskräfte sollten unternehmerisch denken und handeln. Das heißt zum einen, den Markt und den Gesamtkonzern im Blick zu haben und so einen Beitrag zum Ziel- und Strategiefindungsprozess zu leisten und zum anderen, den eigenen Verantwortungsbereich transparent und kennzahlenorientiert zu steuern.

Vor dem Hintergrund der zunehmenden Veränderungsgeschwindigkeit im Unternehmen ist es für Führungskräfte von fundamentaler Bedeutung, Veränderungsbedarf zu erkennen und dementsprechend mit Eigeninitiative und Umsetzungskraft gestaltend zu wirken. Um die Leadershipqualität demgemäß auf einem konstant hohen Niveau zu halten und um potenzielle Nachwuchskräfte im Konzern konkret zu fördern, entwickelte die EnBW verschiedene Richtlinien zur Umsetzung in der Praxis. Um einen Perspektivenwechsel zu bieten, durchlief jede Führungskraft verschiedene Gesellschaften des Konzerns und wurde bei Partnerunternehmen eingesetzt. Dabei wurde immer auf Konstanz in der Entwicklung und bei der Durchführung anspruchsvoller und komplexer Projekte geachtet. Die Projekte der einzelnen Führungskräfte waren sowohl operativer als auch strategisch/konzeptioneller Natur. Zur kontinuierlichen Verbesserung der Leadershipqualität setzte die EnBW zudem eigene Führungsinstrumente ein. Dazu zählten das Mitarbeitergespräch sowie die Ziel- und Delegationsvereinbarung. Ferner entwickelte die EnBW ein speziell auf die Bedürfnisse des Konzerns zugeschnittenes Führungskräfte-Beurteilungssystem (Management-Review): Die so genannte Führungskonferenz wurde ein zentraler Baustein der EnBW-Führungskräfteentwicklung. Hier wurde systematisch über die einzelnen Personen im Leadership einer Gesellschaft vor dem Hintergrund der Entwicklungsfelder, Kompetenzen, Leistungen, Potenziale und Entwicklungsmöglichkeiten gesprochen. Die Abb. 2 veranschaulicht das EnBW-Modell der „Führung im Dialog" und zeigt das Zusammenwirken der genannten Führungsinstrumente auf.

Abbildung 2: Das Führungsmodell „Führung im Dialog" der EnBW

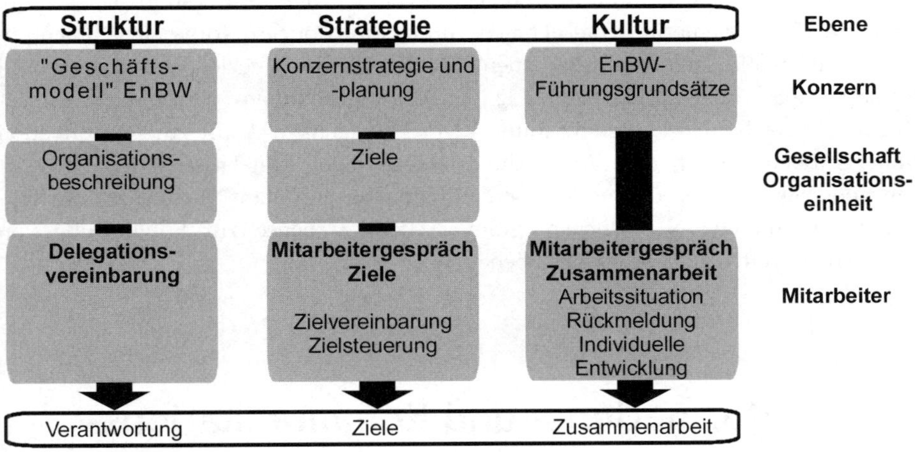

In einer Unternehmenskultur, in der grundsätzlich Problemlösungen auf allen Ebenen zugelassen werden, es also keine Hierarchie in der Problemlösung geben soll, kann es langfristig gesehen nicht ausreichend sein, nur die Entwicklung des Managements und der Talente voranzutreiben. Wenn unabhängig vom Funktionsbereich oder von der Hierarchieebene grundsätzlich jeder an einer Problemlösung mitwirken soll, ist es entscheidend, jedem die Gelegenheit zu geben, sich in angemessener Form zu qualifizieren und weiterzubilden. Ein wichtiger Aspekt ist, den Mitarbeitern ein „Wir- Gefühl" zu vermitteln und ihnen „Ownership" am Unternehmen zu geben. Die Erkenntnis, dass der Unternehmenserfolg auch der Erfolg jedes Einzelnen ist bzw. dass jeder Einzelne mit seiner Leistung zum Unternehmensergebnis beitragen kann, ist hierbei ein wichtiger Faktor. Bei EnBW ist es gelungen, eine verbesserte Form des Ownerships zu erreichen, und dies nicht nur in monetärer, sondern vielmehr auch in qualitativer Form. Beispielsweise wurde durch Schulungs- und Qualifizierungsprogramme der Belegschaft die Gewissheit vermittelt, dass der jeweilige individuelle Erfolg ein Teil des gesamten Unternehmenserfolges ist und als Resultat der eigenen Leistung angesehen werden kann. Darüber hinaus bot die EnBW umfangreiche soziale Leistungen, die sich in ihrer Höhe am Erfolg des Unternehmens orientieren, wie z.B. eine Unfallversicherung für jeden Mitarbeiter oder die betriebliche Altersvorsorge.

Das mit einem erfolgsorientierten Incentive-System verknüpfte Führungsinstrument „Zielvereinbarung" ist stark auf den Markterfolg und die strategischen Unternehmensziele ausgerichtet und bezieht die Mitarbeiter dabei insgesamt intensiv in den Prozess der Zielfindung ein. Dies trägt zur Akzeptanz der Unternehmensziele und zur Motivation der Mitarbeiter bei. Die Erarbeitung eines unternehmenswertorientierten Vergütungssystems fördert die Ausrichtung der Unternehmenssteuerung auf Aktionärsinteressen auch anhand der Personalinstrumente. Das Management wird so langfristig zu unternehmenswertsteigerndem Verhalten motiviert. Ein spezifisches Instrument der Personalentwicklung ist die gezielte Entdeckung und bestmögliche Förderung einzelner Talente im Unternehmen, um das im Konzern vorhandene Talentpotenzial zu identifizieren und über einen längeren Zeitraum gezielt und systematisch zu entwickeln und zu fördern. Analog zur Führungskonferenz wurde dafür bei der EnBW die Nachwuchskonferenz initiiert: ein Management-Audit zur Identifikation von zentralen Stärken und Entwicklungsfeldern sowie von langfristigen Entwicklungsperspektiven und daraus resultierend konkreten Einsatzmöglichkeiten. Die Teilnahme an internen Nachwuchsprogrammen zählte ebenso zur Entwicklung von Nachwuchskräften auf Leadership-Ebene.

3 Informations- und Kommunikationsflüsse

Neben der Qualität und Kompetenz der Belegschaft und des Managements ist für den Unternehmenserfolg entscheidend, wie diese miteinander umgehen, kommunizieren und kooperieren. Eine wichtige Voraussetzung ist, dass alle Beteiligten zielorientiert zusammenarbeiten, Informationen austauschen und kooperieren. Zur Verbesserung der Informations- und Kommunikationsprozesse sowohl in horizontaler als auch in vertikaler Hinsicht wurde bei EnBW eine Reihe von Maßnahmen in die Wege geleitet. Diese ergänzenden und innovativen Informations- und Kommunikationsinstrumente trugen zu einer offenen und transparenten Unternehmenskultur bei und förderten sowohl die vertikale als auch die horizontale Kommunikation. Nur eine funktionsübergreifende sowie ziel- und teamorientierte Problemlösung auf allen Ebenen kann zur nachhaltigen Wertschöpfung im Unternehmen führen.

Über eine verstärkt offene und transparente Kommunikation von Seiten des Managements wird die Belegschaft regelmäßig über die operativen und strategischen Konzernzielsetzungen sowie alle weiteren, das Unternehmen betreffende Themen informiert. Bei der EnBW wurde dies beispielsweise durch die monatlich erscheinende Mitarbeiterzeitschrift „EnBW-Zeitung" und das Intranet gewährleistet. Die „Quo Vadis"- Informationsveranstaltung, welche per Videoübertragung live in alle Standorte über- tragen wurde, informierte im Dialog mit dem Vorstand über aktuelle Entwicklungen und Themen und bot den Mitarbeitern die Möglichkeit, ihre Fragen direkt an die Beteiligten zu richten. Ergänzend zu diesen generellen Informationsmaßnahmen wurden die so genannten „Vorstand vor Ort"-Meetings eingerichtet, um insbesondere die Kommunikation von unten nach oben zu fördern. Hier bot sich der Belegschaft die Gelegenheit, in aller Offenheit Fragen zu stellen, auf negative wie positive Sachverhalte hinzuweisen und Verbesserungsvorschläge einzubringen. Unverzüglich nach jeder stattfindenden Vorstandssitzung wurde an alle Führungskräfte ein umfassendes Feedback über die getroffenen Vorstandsbeschlüsse weiterkommuniziert.

Informationen müssen fließen; dabei sind Offenheit, Transparenz und Ehrlichkeit wichtige Rahmenbedingungen. Information darf kein „Machtinstrument" oder gar Zufall sein, denn nur so können eine transparente und ehrliche Informationsweitergabe sowie ein partnerschaftliches Klima am Arbeitsplatz gefördert und eine höherwertige Qualität der Informations- und Kommunikationsprozesse erreicht werden. Sämtliche Informationen, welche ein Anderer zur umfassenden und selbstständigen Bearbeitung von Aufgaben benötigt, auch Informationen zum Verständnis der Unternehmensziele- und -zusammenhänge, sollten vollständig, durchgängig und unmittelbar weitergegeben werden. Auch und gerade in schwierigen Situationen und Relationen ist ein „Mehr" und nicht ein „Weniger" an Kommunikation geboten.

4 Entwicklung und Veränderung der Unternehmenskultur

Eine dritte Säule des Wissensmanagements ist die Unternehmenskultur, also der kulturelle Rahmen, in dem sämtliche unternehmerische Prozesse ablaufen und die Menschen eines Unternehmens agieren. Voraussetzung für eine erfolgreiche Implementierung eines effizienten Kompetenzmanagements ist eine Unternehmenskultur, die trotz internen Wettbewerbs die Wissensabgabe nicht behindert. Das Weitergeben von Wissen darf nicht zu einem persönlichen Marktwertnachteil werden. Vielmehr sollte die Karriereentwicklung eine Funktion der aktiven Wissensabgabe und -teilung sein: Nicht „Wissen ist Macht", sondern „Wissen teilen ist Macht". Die Akzeptanz dieser zielorientierten Unternehmenskultur hängt maßgeblich davon ab, dass die einzusetzenden Instrumente ein hohes Maß an Transparenz besitzen und die Regeln vorher klar und für jeden nachvollziehbar definiert werden.

5 Zusammenfassung

Die Betrachtung der unternehmerischen Leistungsfähigkeit lässt interessante Analogien zur menschlichen Intelligenz und intellektuellen Leistungsfähigkeit erkennen. Wissen und Ansammlung von Wissen basieren auf der neuronalen Vernetzung in unserem Gehirn. Vergleichbar mit dieser Vernetzung, die unsere intellektuelle Leistungsfähigkeit ausmacht, und mit unserer individuellen Erfahrungswelt wirken die Kommunikations- und Informationsflüsse und die Kultur, welche die Entwicklung und Leistungsfähigkeit eines Unternehmens maßgeblich prägen. Dieses Zusammenspiel der so genannten „Hard- und Software" ist Ansatz bei der erfolgreichen Implementierung von Wissensmanagement.

Auf der Basis des Wissensmanagements kann folglich eine lernende Organisation geschaffen werden, die sich, aufbauend auf den drei Parametern Humanressourcen, Informations- und Kommunikationsnetzwerke und Unternehmenskultur, immer wieder so konfiguriert, dass hieraus die – auf die jeweilige Situation bezogen – besten Aktionspläne und Maßnahmenpakete resultieren. Wissen kann aber erst dann zielführend wirken, wenn es zur Kompetenz des Unternehmens weiterverarbeitet und transformiert wird. Dazu ist es erforderlich, Wissen zielorientiert im gesamten Unternehmen in horizontaler und vertikaler Hinsicht zu verbreiten und zu entwickeln, denn erst die Teilung von Wissen (Knowledge Sharing) und die Verknüpfung von Wissen führen zu unternehmerischer Kompetenz. Das Management dieser Kompetenzen ist dann der zentrale Baustein im Rahmen aller Managementaufgaben, da es sich um die Fähigkeit handelt, vernetztes Wissen problemlösend anzuwenden, so dass sich trotz der genannten komplexen Rahmenbedingungen ein Unternehmen kontinuierlich in verbesserte Wettbewerbs- und Ertragspositionen transformieren kann.

Der Weg zur lernenden Organisation bedeutet somit, durch permanente Personalentwicklung, Optimierung der Informations- und Kommunikationsflüsse sowie der laufenden Weiterentwicklung der Unternehmenskultur, die Zielorientierung, Transparenz und Humanität vereinigen muss, ein Umfeld zu schaffen, in dem optimale Aktionspläne und operative Instrumenteneinsätze sich immer wieder aus dem Unternehmen heraus ergeben und dann darauf wieder zurückwirken. Die Grundidee ist folglich, dass sich aus dem Vernetzen von Wissen Kompetenzen realisieren lassen, die dazu beitragen, komplexe Aufgaben beherrschbar zu machen. Dies setzt jedoch die Bereitschaft aller Beteiligten voraus, ihr Wissen zu teilen und nicht als Machtinstrument zu verstehen.

Martin Hilb

Integrierte strategische Führung und Erfolgskontrolle: New Corporate Governance

1 Einleitung

Es können vier Entwicklungsstufen der Corporate Governance (zu deutsch Unternehmensführung und -erfolgskontrolle) unterschieden werden (vgl. Abb. 1).

1. der prestigeträchtige Board (prestigious board): vor den großen Corporate Governance-Skandalen üblich in großen privaten und staatlichen Organisationen,
2. der unternehmerische Board (family business board): häufig in Familiengesellschaften,
3. der gesetzes- und richtlinientreue Board (compliant board): gegenwärtig in den meisten Industrieländern noch die Norm, nachdem aufgrund der Corporate Governance-Skandale Best Practice-Empfehlungen eingeführt wurden,
4. der wirksame Board (effective board): heute u.a. häufig in erfolgreichen transnationalen Gesellschaften und internationalen Familienunternehmen.

Wir möchten in diesem Beitrag ein neues, praxiserprobtes Konzept der höchsten Entwicklungsstufe vorstellen. Dabei wirkt der Board als Gestaltungs- und Controllingrat und die Corporate Governance stellt einen firmenspezifischen Wettbewerbsvorteil dar.

Aufgrund unserer zahlreichen Board-Evaluationen (vgl. Hilb 2005) haben wir folgende Schwachstellen in der Corporate Governance-Praxis ermittelt:

- einseitige Ausrichtung der nationalen Corporate Governance-Richtlinien auf große börsenkotierte Unternehmen und damit Vernachlässigung der Corporate Governance eines Großteils der Unternehmen,
- mangelnde Ausrichtung der Board-Arbeit auf strategische Gestaltungsaufgaben,
- geringe Professionalität bei der Auswahl, Zusammensetzung, Leistungsbeurteilung, Honorierung und Nachfolgeplanung von Board- und GL-Mitgliedern,

- mangelndes Risikomanagement und mangelnde Erfolgsevaluation auf Board-Ebene.

Abbildung 1: Entwicklungsstufen von Boards

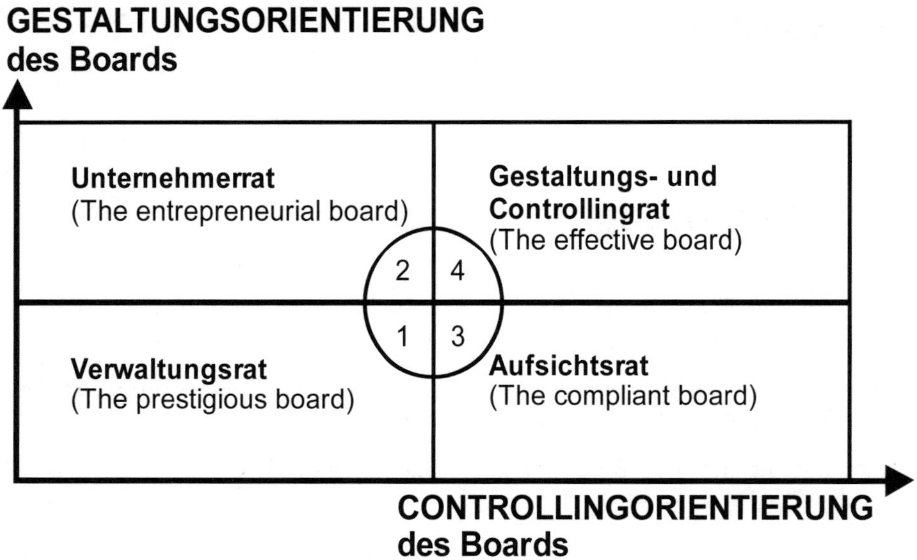

Dieser Beitrag versucht, mit dem „New Corporate Governance"-Ansatz die Schwachstellen zu beseitigen. Das Konzept hat vier zusammenhängende Bausteine: die situationale, strategische, integrierte und controllingorientierte Dimension. Damit werden bisher stark isoliert behandelte Komponenten der Corporate Governance integriert.

2 Keep it situational

Aufgrund der Unternehmensskandale wurden in den meisten Ländern Best Practice-Empfehlungen für „Good Corporate Governance" herausgegeben. Enormen Einfluss hatte dabei das Institute of Directors (www.iod.com), London, das viele nationale Organisationen bei der Entwicklung von Best Practice-Empfehlungen beraten hat. Zudem übernahmen auch viele Länder die Anregungen britischer Codes in ihre Best Practice-Guidelines. Allerdings sind drei Punkte zu beachten:

- Der angloamerikanische Ansatz gilt unhinterfragt als globale Leitplanke.
- Es genügt nicht, Board Practice-Regeln einzuführen. Wichtig ist zudem, die Board-Integritäts- und Prozessregeln zu beachten.
- Best Practice-Empfehlungen gelten meist nur für große börsenkotierte Gesellschaften.

Viele Richtlinien berücksichtigen jedoch nicht, dass verschiedene Unternehmen unterschiedliche Empfehlungen benötigen, d.h. Best Practice-Empfehlungen beispielsweise für

- börsenkotierte Gesellschaften ≠ nicht börsenkotierte Gesellschaften
- große Unternehmen ≠ kleine Unternehmen
- öffentliche Betriebe ≠ Familiengesellschaften
- Bank Governance ≠ Hospital Governance
- US Firmen ≠ deutsche Firmen

Als Beispiel sei die Governance von Familiengesellschaften genannt. Der typische Pionierunternehmer fungiert oft gleichzeitig als Haupteigentümer, Familienoberhaupt, Vorsitzender des Aufsichtsrates und der Geschäftsleitung. Entsprechend müssen auch die Governance-Richtlinien anders ausgestaltet sein als in transnationalen Unternehmen, in dem die Eigentümer nicht in der Geschäftsleitung sitzen und gegebenenfalls nur teilweise im Board repräsentiert sind.

3 Keep it strategic

Wir unterscheiden folgende vier zentrale integrierte V-Erfolgsvoraussetzungen des integrierten Board-Managements:

- Vorbild: strategisch gezielte Board-Zusammensetzung,
- Vertrauen: konstruktiv-offene Board-Kultur,
- Vernetzung: wirkungsvolle Board-Struktur,
- Vision: anspruchsgruppenorientierte Board-Erfolgsmaßstäbe.

Die ersten drei Aspekte bestimmen die Leitplanken – messbare strategische Erfolgsmaßstäbe für alle Anspruchsgruppen. Dadurch heben sich Firmen von den wichtigsten Mitbewerbern ab. Anhand der Reaktionen der Aktionäre, Kunden, Mitarbeitenden und der Öffentlichkeit lassen sich Mehrwert und Zielerreichung periodisch messen.

(1) Board-Zusammensetzung

Es gibt keine universell gültige Board-Zusammensetzung. Jedes Unternehmen benötigt je nach Situation eine unterschiedliche Board-Zusammensetzung (vgl. Macus 2002). In der Praxis gehen wir von einer Selbstevaluation der Board-Mitglieder aus. Wo liegen die gegenwärtigen Stärken und Schwächen bezüglich relevanter Kriterien wie Kernkompetenzen, Märkte-Know-how, soziale Daten und Team-Rollen? In Abbildung 2 zeigen wir ein Praxisbeispiel der optimalen Zusammensetzung eines fünfköpfigen Boards nach Kernkompetenzen, Märkte-Know-how und Team-Rollen.

Abbildung 2: *Optimale Zusammensetzung des fünfköpfigen Boards und des Board-Sekretärs nach unternehmensrelevanten Kriterien*

Board-Team-Rollen Board-Know-how	Rolle des Coachs (VR-P)	Rolle des kreati-ven Gestal-ters (VR-A)	Rolle des kon-struk-tiven Kritikers (VR-B)	Rolle des Con-trollers (VR-C)	Rolle des Förde-rers (VR-D)	Rolle des Organi-sators (VR-Sekre-tär)
Know-how in internationalen Märkten (Europa/Asien/Amerika)	X					
Know-how in Biotechnologie		X				
Know-how in Allianzmanagement			X			
Know-how in Audit- und Risk Management				X		
Selektion/Feedback/ Honorierung/ Förderung von VR und GL					X	
Compliance						X

(2) Board-Kultur

Die Board-Kultur zeigt, wie Board- und GL-Mitglieder miteinander umgehen. Dies kann in der Forschung anhand von Soziogrammen (vgl. Macus 2002), in der Praxis anhand von 360°-Kooperationsregeln des Boards (vgl. Abb. 3) ermittelt werden.

Abbildung 3: *360°-Kooperationsregeln des Boards*

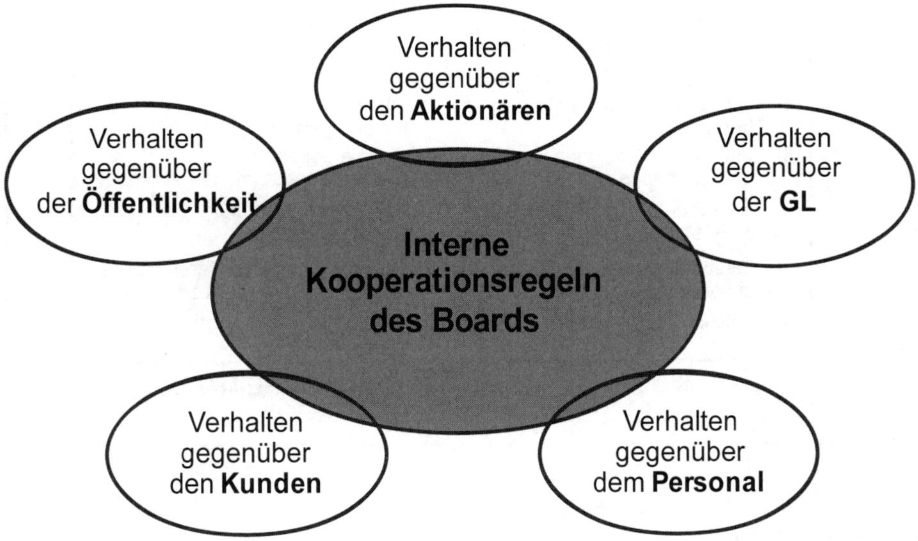

Wir gehen in der Praxis wie folgt vor: Die Board-Mitglieder geben auf einem gelben „Post-it"-Zettel an, was ihnen in der Kooperation untereinander am Besten und auf einem roten „Post-it"-Zettel, was ihnen untereinander am Wenigsten gefällt. Für jedes Problemfeld im Interaktionsfeld des Boards wird eine Yin-Yang-Regel entwickelt (vgl. Abb. 4). Diese gemeinsam erarbeiteten Kooperationsregeln sind die Basis für die Alltagskooperation im Board. Sie können analog auch für das angestrebte Verhalten mit den anderen Anspruchsgruppen des Boards gemäß Abbildung 3 entwickelt werden.

Abbildung 4: Interne Kooperationsregeln eines Boards

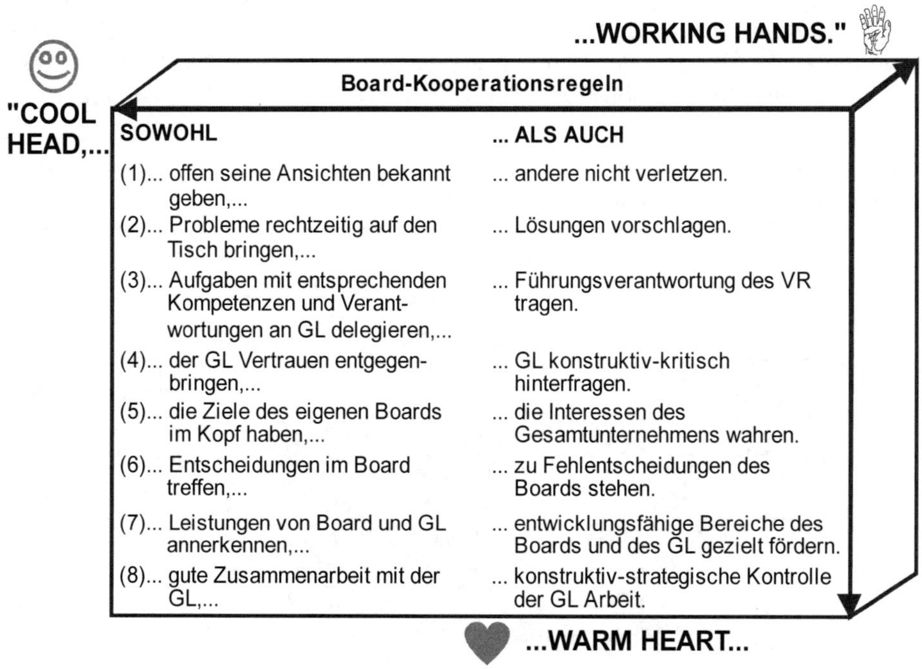

(3) Board-Struktur

Bei zu großen Boards besteht die von Peter Senge identifizierte Gefahr: „How can a team of committed board members with individual IQs above 110 have a collective IQ of 60?" Bei zu kleinen Boards besteht die Gefahr „zu großer Intimität" (vgl. Malik 1999).

In vielen Fällen eignet sich eine Zahl von fünf oder sieben Mitgliedern, die sich gezielt nach verschiedenen unternehmensrelevanten Kriterien zusammensetzen. Wir empfehlen somit weder einen von N. Senn geforderten repräsentativen großen Board noch einen von M. Ebner geforderten professionellen kleinen Board. Vielmehr befürworten wir einen kleinen haftenden Gestaltungs- und Controllingrat von fünf oder sieben Mitgliedern (vgl. Abb. 6), der sich gleichzeitig durch eine hohe Netzwerkorientierung im Sinne eines repräsentativen Boards und durch hohe Professionalität auszeichnet.

Für Großfirmen kann es nützlich sein zusätzlich einen großen, repräsentativen, nicht haftenden "Vernetzungsrat" einzusetzen, der sich aus renommierten Portfolio-Partnern der relevanten Anspruchsgruppen zusammensetzt. Diese wirken projektweise unter Leitung eines Gestaltungs- und Controllingrates mit.

(4) Board-Erfolgsmaßstäbe

Neben der WIE-Frage (Wie gehen wir miteinander im Board um?) muss der Board die WAS-Frage (Was unterscheidet unser Unternehmen nachhaltig von unseren wichtigsten Mitbewerbern?) bearbeiten (vgl. Abb. 9), z.B. mit folgender Arbeitsverteilung:

- Phase 1: Strategieentwicklung

1. Aufgrund der vom Board verabschiedeten Unternehmensvision (WAS?) erarbeitet die GL die Strategiegrundlage (WIE?) und schlägt verschiedene zweckmäßige visionsgerechte Strategien mit adäquaten Positiv- und Negativszenarien vor.
2. Der Board analysiert mit einer TREND- und SWOT-Analyse und in enger Zusammenarbeit mit der GL kritisch die Ist-Analyse und die vorgeschlagenen Strategien.

- Phase 2: Strategieentscheid

3. Der Board verabschiedet die Strategie, die allen relevanten Anspruchsgruppen nachhaltig den größten Nutzen verspricht und ressourcenmäßig verkraftbar ist.
4. Alle Board-Entscheide werden nachvollziehbar dokumentiert und in Meilenstein-Etappen mit Kennzahlen für alle relevanten Anspruchsgruppen vorgegeben.

- Phase 3: Strategieumsetzung

5. Die GL setzt die Strategie gezielt und situationsgerecht um.

- Phase 4: Strategieüberprüfung

6. Der Board überprüft bei jeder Board-Sitzung anhand der Meilenstein-Zwischenetappen und Kennzahlen den Stand der Strategieumsetzung und leitet bei signifikanten Abweichungen rechtzeitig geeignete Anpassungsmaßnahmen ein.
7. Der Board dokumentiert die notwendigen Maßnahmen prägnant und leitet sie ein.

4 Keep it integrated

Eine zentrale Board-Aufgabe besteht in der gezielten und integrierten Gewinnung, Beurteilung, Honorierung und Förderung von Board- und GL-Mitgliedern.

(1) Gezielte Gewinnung von Board- und GL-Mitgliedern

Im integrierten Board-Management geht es zunächst um die gezielte Gewinnung von Board- und GL-Mitgliedern bezüglich der stellenspezifischen Qualifikation, Motivation und Teamrolle. Es ist immer professionell vorzugehen – unabhängig davon, ob „Executive Search Consultants", der VR-Präsident oder ein Ausschuss die Suche übernimmt.

Das Gespräch ist das wichtigste Selektionsmittel. Für das gezielte, direkte Gespräch wird der Interviewverlauf anhand klarer Kriterien – Persönlichkeits-, Fach-, Führungs- und Sozialkompetenz – systematisiert. Es ist festzulegen, wer, wann, welche boardspezifischen Anforderungen überprüft, wobei jeweils zwei Interviewer die gleichen Eignungsmerkmale abklären. Dabei eignet sich die von DDI in Pittsburgh entwickelte Interviewtechnik: Früheres Verhalten wird abgefragt, um künftiges Verhalten abzuschätzen. Die Interviewer setzen gezielt die folgenden drei Fragen (vgl. Abb. 5) ein.

Abbildung 5: *Dreiecksfragen zur Board-Selektion*

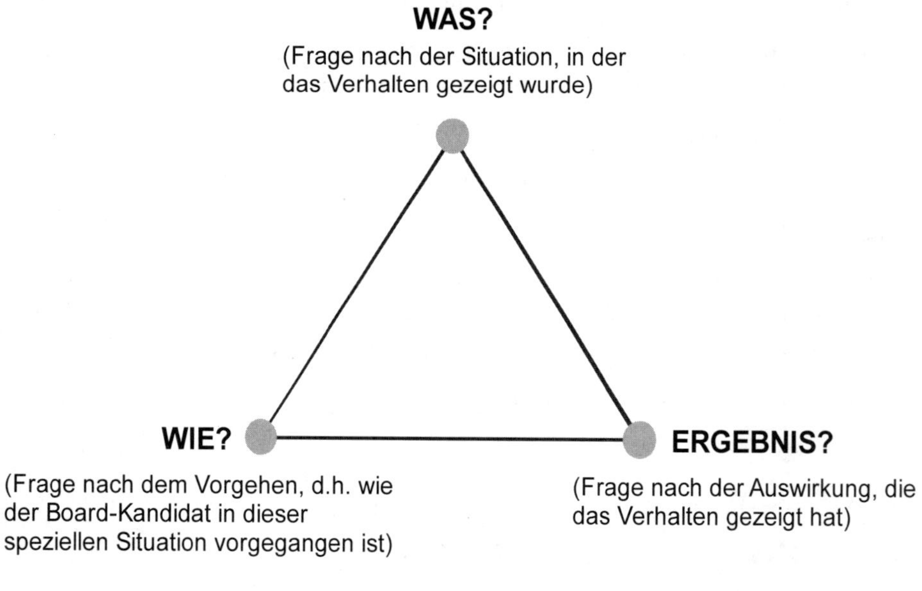

Nach den Gesprächen wird in einem Konsensmeeting die Eignung der Kandidaten bezüglich der einzelnen Anforderungen abgeklärt. Bei gleicher Bewertung liegt schnell ein Ergebnis vor. Bei unterschiedlichen Bewertungen einigt man sich auf eine beidseitig akzeptable Beurteilung. Dieses Konzept kombiniert so intuitives und konzeptionelles Vorgehen bei der Auswahl von Board- und GL-Mitgliedern.

(2) Gezieltes Feedback für Verwaltungsräte

Formelle Leistungsbeurteilungen, wie für Mitglieder der Geschäftsleitung in vielen Unternehmen durchgeführt, sind für Board-Mitglieder unüblich. Bevorzugt sind Selbstbeurteilungen und informelle Feedback-Gespräche zwischen dem Board-Präsidenten und den Board-Mitgliedern. Das Board-Team sollte dafür, basierend auf dem Dialog zwischen den Board-Mitgliedern, einfache Feedbackkonzepte erarbeiten. Diese sollten zu gerechten Honorierungs- und Fördermaßnahmen führen. Was das Feedback betrifft, werden drei Leistungsausweise – (1) des Boards (Team, Präsident, Mitglieder und Ausschüsse), (2) des CEO und (3) der Unternehmung – unterschieden.

Ein Beispiel: Der Board formuliert jedes Jahr ein zentrales Board-Team-Ziel, das für alle gemeinsam gilt, und individuelle Ziele für jedes Board-Mitglied. Ende des Jahres führt der Board-Präsident einen Feedback-Dialog einzeln mit jedem Board-Mitglied. Auf der Basis von Selbst- und Fremdbild und des Vergleiches der Zielvereinbarung (des Board-Teams und jedes einzelnen Board-Mitgliedes) mit der Zielerreichung werden gemeinsam Folgemaßnahmen für das nächste Jahr, für die Honorierung und Förderung des Board-Teams und des einzelnen Board-Mitgliedes abgeleitet.

(3) Gezielte Honorierung von Board-Mitgliedern

Die Honorierung von Board-Mitgliedern erfolgt vornehmlich in Form eines festen Sitzungs- bzw. Jahreshonorars. Im Idealfall sollte auch für Board-Mitglieder Honorargerechtigkeit angestrebt werden, die auf drei Kriterien – dem „Magischen Dreieck der Honorargerechtigkeit für Board-Mitglieder" – beruht.

- *Board-externe Honorargerechtigkeit* berücksichtigt z.B. die folgenden Anforderungen an das Board-Mitglied (vgl. Böckli 1992):
  - Stellung innerhalb des Board-Teams (Präsident, Delegierter, Mitglied),
  - Umfang der Haftung,
  - Opportunitätskosten inkl. Erfüllung der Treuepflicht und Verzicht auf konkurrierende Tätigkeiten,
  - Ausmaß des Einflusses des Board-Mitgliedes auf den Unternehmenserfolg.
- *Board-Honorargerechtigkeit* betrifft auch die fixe Vergütung und berücksichtigt die Honorare in konkurrierenden Unternehmen für vergleichbare Boardpositionen.
- *Unternehmenserfolgsgerechtigkeit* zielt auf die variable Vergütung und verknüpft die persönliche Leistung des Board-Mitglieds, d.h. Erreichungsgrad individueller Ziele (vgl. Böckli 1992) mit der Team-Leistung und mit dem Unternehmenserfolg.

Nach unserer Erfahrung sollte in der prozentualen Aufteilung zwischen fixem und variablem Anteil das Hauptgewicht auf dem variablen Anteil liegen (z.B. 60-70%).

(4) Gezielte Förderung von Board-Mitgliedern

Die gezielte Entwicklung von Board-Mitgliedern kann auf drei Ebenen erfolgen:

- Individualebene der Boards,
- Team-Ebene des Boards und
- Unternehmensebene der Gesamtorganisation.

Dabei liegt die Hauptverantwortung bei jedem einzelnen Board-Mitglied. Dem Board-Präsidenten kommt die Coach-Rolle zu.

Für die Nachfolgeplanung empfehlen wir größeren Gesellschaften, ein Board Development-Programm einzuführen. Erfolgreiche Geschäftsführer ausländischer Niederlassungen werden gezielt in multikulturellen Boards von ausländischen Tochtergesellschaften eingesetzt. Dies setzt voraus, dass der Board jährlich durch die GL über die Managementtalente informiert wird und anschließend Entwicklungsmaßnahmen einleitet. Es gilt dabei das Primat der On-the-Job- und Near-the-Job-Entwicklungsmaßnahmen. Ergänzend sind gezielt Off-the-Job-Board- und GL-Weiterbildungsmaßnamen auf Individual- und Team-Ebene zu planen, umzusetzen und zu evaluieren. So wird sichergestellt, dass z.B. 80% aller Schlüsselpositionen erfolgreich intern besetzt werden können.

5 Keep it controlled

Im Folgenden stellen wir Ziele, Phasen und Instrumente der Board-Evaluation vor.

(1) Ziele der Evaluation von Boards

Selbst- und Fremdevaluation von Boards strebt zwei zusammengehörende Ziele an:

- die periodische, möglichst objektive, systematische und zweckmäßige Diagnose der Stärken und entwicklungsfähigen Bereiche der Board- und GL-Teams und
- die partizipative Erarbeitung, Umsetzung und erneute Erfolgsevaluation von Aktionsplänen zur Weiterentwicklung der Board- und GL-Teams.

(2) Phasen der Board-Entwicklung

Wir verfolgen einen Spiralenansatz der Board-Entwicklung (vgl. Abb. 6):

Diese Kreislaufformel veranschaulicht, dass die Vernachlässigung einer Phase die Board-Entwicklung entscheidend beeinträchtigen kann.

Abbildung 6: Spiralenkonzept der Board-Entwicklung

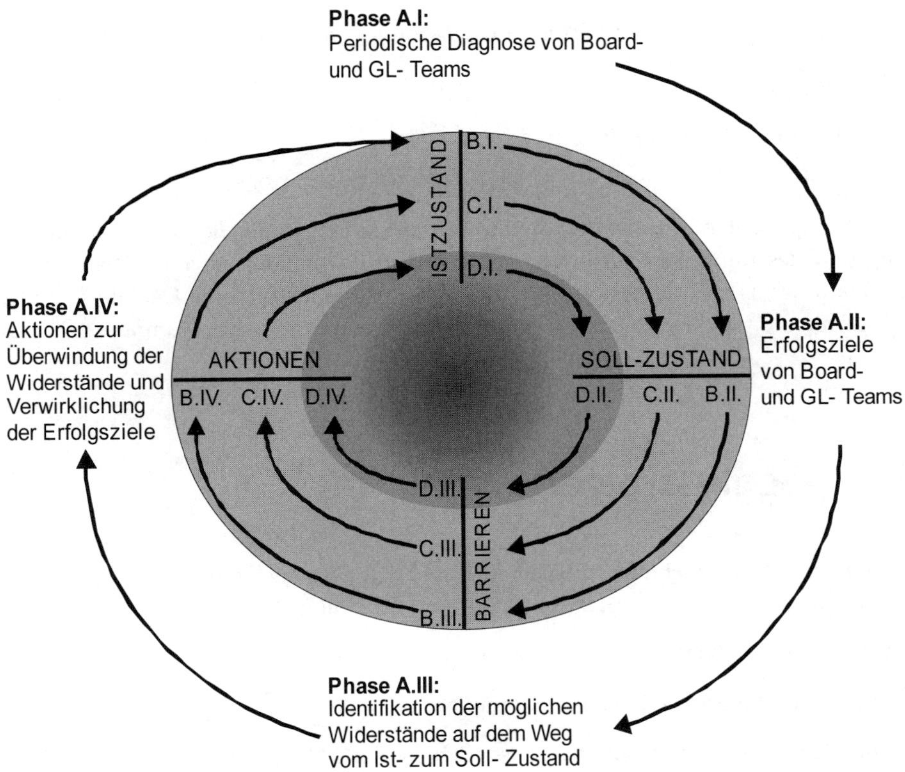

(3) Instrumente zur Selbst- und Fremdevaluation von Boards

Wir haben in der Praxis den One Page-Fragebogen zur Selbst- und Fremdevaluation von Board- und GL-Teams sowie die Kartenmethode zur Durchführung von standardisierten Interviews mit Board- und GL-Mitgliedern eingeführt (vgl. Hilb 2005).

(4) Vorgehen bei der Selbst- und Fremdevaluation von Boards

Unser „8-W-Konzept" der Board-Evaluation umfasst einerseits die Board-Politik mit

1. Board-Leitplanken	Wohin?
2. Board-Kultur	Wie?
3. Board-Struktur	Wie?

4. Board-Sitzungsmanagement Wann?
5. Board-Diversity Woher?

sowie andererseits die Board-Bestimmungsfaktoren mit

6. Board-Träger Wer?
7. Board-Anspruchsgruppen Wen?
8. Board-Feedback Mit welchem Erfolg?

Diese Komponenten beantworten die acht zentralen Fragen des Board-Managements. Aufgrund des Konzeptes haben wir ein einfaches Evaluationskonzept entwickelt, in der Board-Praxis erprobt und weiterentwickelt, das die Instrumente Defiziterfassung, Selbstevaluation und kurze Ergebnispräsentation („one page policy“) umfasst.

6 Schlussfolgerungen

Der Erfolg von Unternehmen ist nachhaltig abhängig von Zusammensetzung, Kompetenz, Engagement und Integrität des Board- und GL-Teams.

Boards haben zwei Hauptfunktionen zu erfüllen:

- die unternehmerische Gestaltungsfunktion,
- die auf Legalität und Legitimität ausgerichtete Controllingfunktion.

Ob Unternehmen in Zukunft zu den Gewinnern oder Verlierern des weltweiten Wandels gehören, hängt davon ab, ob die traditionellen „Verwaltungsräte“ und „Aufsichtsräte“ alle zu echten „Gestaltungs- und Controllingräten“ werden und sich Corporate Governance damit zu „Corporate Enterpreneurship“ entwickelt (vgl. Hilb 2005).

Literatur

Böckli, P. (1992): Das neue Aktienrecht: Darstellung für den Praktiker, Zürich

Hilb, M. (2005): New Corporate Governance: Successful Board Management Tools, Berlin u.a.

Macus, M. (2002): Towards a Comprehensive Theory of Boards: Conceptual Development and Empirical Exploration, St. Gallen

Malik, F. (1999): Wirksame Unternehmensaufsicht: Corporate Governance in Umbruchzeiten, 2., überarbeitete Aufl., Frankfurt am Main

Norbert Thom, Renato C. Müller

Innovationsmanagement in KMU

Erkenntnisse aus einer explorativen Studie

1 Einführung

Unternehmen befinden sich heute in einem dynamischen Umfeld. Um weiterhin erfolgreich bestehen zu können, müssen insbesondere die Voraussetzungen für Innovationen bestmöglich gestaltet werden, damit die eigene Wettbewerbsfähigkeit fortlaufend gestärkt wird. Bisher waren vor allem in Großunternehmen viele Instrumente für das Innovationsmanagement vorhanden und oft auch professionellen Aufgabenträgern zugeordnet. Das Problem liegt dabei jedoch häufig in der Koordination der (Innovations-)Spezialisten und in der Überwindung von Organisationshindernissen (z.B. zu viele Schnittstellen, ausgeprägtes Bereichsdenken, Tendenz zur Bürokratie). Klein- und Mittelunternehmen (KMU) verfügen hingegen selten über eine eigene Innovationsstrategie oder gar über ein eigenes Innovationsmanagement zur systematischen Planung und Umsetzung von Innovationen. Dies liegt zum einen daran, dass die Unternehmensleitung in der Regel mit operativen Aktivitäten überlastet ist und so für strategische Überlegungen weniger zeitliche Freiräume bestehen, zum anderen daran, dass sich die Innovationsforschung bisher vorwiegend auf Großunternehmen konzentriert hat und weniger auf die spezielle Situation bei KMU eingegangen ist (vgl. König/Völker 2003).

Nach einer grundlegenden Erläuterung des Innovationsmanagements in KMU stellen die Autoren die Ergebnisse einer empirischen Untersuchung bei KMU aus dem Kanton Bern vor. Abschließend werden Implikationen für ein innovationsorientiertes Leadership in KMU aufgezeigt.

2 Innovationsmanagement in KMU

Betriebliche Innovationsaufgaben sind generell durch vier Hauptmerkmale zu kennzeichnen:

1. Der Neuigkeitsgrad variiert zwischen einer Verbesserungsinnovation bis zu weltweiten Basisinnovationen. Als Mindestanforderung gilt, dass sich der betrachtete Neuerungsprozess erstmalig in einem Unternehmen vollzieht und eine Neuheit (Invention) nicht nur konzipiert, sondern auch durchgesetzt wird. Nur wenige Inventionen werden zu Innovationen.
2. Das Risiko des Scheiterns ist hoch, weil es nicht nur ein technisches Risiko gibt, sondern auch ein wirtschaftliches und soziales (Akzeptanz der Neuerung beim Zielpublikum – vgl. aktuelle Probleme bei der Kernenergie/Gentechnologie).
3. Da sich Innovationen im Unternehmen nicht linear vollziehen und in der Regel arbeitsteilig erfüllt werden, führt dies zu einer steigenden Komplexität.
4. Diese wiederum trägt dazu bei, dass die Wahrscheinlichkeit des Auftretens von Konflikten zwischen den beteiligten Akteuren steigt.

Um das Innovationsmanagement differenziert zu betrachten, ist es wichtig, dass zwischen drei Arten von betrieblichen Innovationen unterschieden wird (vgl. Tabelle 1).

Tabelle 1: *Innovationsarten und damit verbundene Ziele (in Anlehnung an Thom 2001)*

Produktinnovation	Verfahrensinnovation	Sozialinnovation
• Überlebens- und Wettbewerbsfähigkeit sichern • Ertragskraft/Gewinn verbessern • Marktanteil verbessern (Neukunden gewinnen)	• Produktivität steigern • Rohstoff und Energie einsparen • Sicherheit erhöhen (vom Unfallschutz bis zur Arbeitsplatzsicherheit)	• Attraktivität am externen und internen Arbeitsmarkt erhöhen • Identifikation der Mitarbeitenden mit den Unternehmenszielen und -werten vergrössern • Soziale Verantwortung übernehmen

Als Produktinnovation werden die Erneuerungen in den absatzfähigen Leistungen von Unternehmen verstanden. Als Verfahrensinnovation (auch Prozessinnovation genannt) bezeichnen wir Neuerungen bei sämtlichen Leistungserstellungsprozessen in Unternehmen. Als Sozialinnovation gelten schließlich bewusst gestaltete Neuerungen im Humanbereich von Unternehmen. Es ist zudem wichtig, die drei Innovationsarten in ihrer Wechselwirkung zu betrachten (vgl. dazu auch Thom/Piening 2009; Gerstlberger et al. 2010).

Innovationsprozesse vollziehen sich – linear betrachtet – in typischen Phasen (vgl. Abb. 1). In der ersten Phase geht es darum, das relevante Suchfeld für die Neuerung zu identifizieren, den eigentlich kreativen Akt der Ideenfindung zu vollziehen und die neue Idee in geeigneter Form an die Entscheidungsinstanzen heranzutragen. Während der Ideenakzeptierung wird die neue Idee etwa aus technischer, rechtlicher, finanzieller und personeller Perspektive geprüft. Dann werden Realisationspläne für die erfolgversprechenden Varianten ausgearbeitet und schließlich wird die risikobehaftete Entscheidung über die bevorzugte Variante getroffen. In der Ideenrealisierungsphase muss die neue Idee, die bisher nur als Plan oder allenfalls als Prototyp vorliegt, konkret umgesetzt werden.

Abbildung 1: *Ablauf von Innovationsprozessen (Thom 2001, S. 325)*

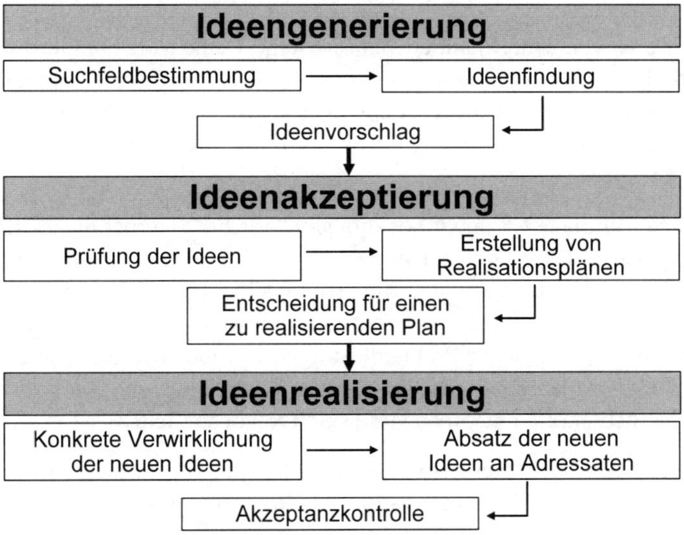

Danach sind vielfältige Anstrengungen zu unternehmen, um das neue Produkt, Verfahren oder Personalinstrument der jeweiligen externen oder internen Zielgruppe zu „verkaufen". Überzeugungsarbeit steht im Vordergrund, um die Akzeptanz zu erhöhen. Diese muss nach einer gewissen Anlaufphase überprüft werden, denn in einem Innovationsprozess darf der „Sieg" nicht zu früh gefeiert werden. Das Ausmaß der Akzeptanz und damit den Abbau der Risiken gilt es zu evaluieren, bevor der komplexe Innovationsprozess erfolgreich abgeschlossen ist. Damit wird deutlich, dass Innovation weit mehr ist als Kreativität: Kreativität ist „nur" eine der Voraussetzungen für einen Erfolg versprechenden Innovationsprozess. Sie wird allerdings keineswegs nur in der Teilphase der Ideenfindung benötigt. Auch bei der Ideenrealisierung kann es immer wieder notwendig werden, mit kreativen Varianten evtl. auftretende Probleme zu überwinden. In der Realität kann der Innovationsprozess nicht immer linear verlaufen, sondern es kommt zu Rück- und Vorkopplungsschleifen sowie zu Parallelaktivitäten. Insgesamt benötigt der komplette Innovationsprozess nicht nur kreative Personen, sondern auch den Typus des Analytikers, den des risikofreudigen Entscheidungsträgers, den des begabten Kommunikators und den des bodenständigen Umsetzers.

3 Innovationsförderliche Ausrichtung genereller Führungsinstrumente

Für die Führung von Unternehmen hat sich eine Reihe von Standardinstrumenten bewährt. Bei ihnen ist darauf zu achten, dass sie jeweils auch eine innovationsfreundliche Ausprägung erhalten. Dies ist keineswegs selbstverständlich, denn es gibt erhebliche Unterschiede zwischen den „Idealprofilen" für das Management von Routine- und Innovationsprozessen:

- Eine erste Grundlage ist eine innovationsförderliche Unternehmenskultur. In einer kleinen Auswahl lassen sich folgende Kulturausprägungen als innovationsförderlich bezeichnen (weitere Beispiele vgl. Thom 2001): Die Hierarchiespitze hat selbst einen Leistungsausweis auf dem Feld der Innovation. Initiativen und die Bereitschaft zur Erprobung neuer Problemlösungen werden ermutigt und belohnt. Kunden und Lieferanten sowie andere externe Partner werden als wertvolle Ideenquellen betrachtet und entsprechend respektvoll behandelt.

- Als zweite Grundlage muss ein stimmiges Bündel von Strategien vorliegen (vgl. ausführlicher Steinle 2005). Innovationen sollen im Dienste wichtiger wirtschaftlicher und sozialer Unternehmensziele stehen, wie etwa die Erhöhung von Marktanteilen, Ertrag und Gewinn sowie der Steigerung von Produktivität und Attraktivität.

- Entsprechend dem Managementkonzept „Führung durch Ziele" sollen Führungskräfte mit ihren Direktunterstellten konkretisieren, was solche generellen Innovationsziele für den einzelnen Mitarbeiter in einem bestimmten Zeitabschnitt bedeuten. Strategisches Denken darf nicht wenigen internen Stabsspezialisten und externen Beratern vorbehalten bleiben. Zumindest an strategischen Teilfragen können viele Unternehmensmitglieder mitwirken. Materielle und immaterielle Anreize bilden ein weiteres wichtiges Instrument, um Innovationen zu fördern. Aus vielen Studien der Motivations- und Innovationsforschung dürfen wir annehmen, dass für die Mitarbeitenden, die vorwiegend innovieren, der Aufgabeninhalt und die damit unmittelbar im Zusammenhang stehenden Anreize besonders wirkungsvoll sind. Selbstverständlich müssen auch die finanziellen Anreize innovationsförderliche Signale aussenden.

- Eine weitere wichtige Bedeutung kommt Paten und Schirmherren für die Kreativen zu. Kreative Personen brauchen in der Unternehmenshierarchie Förderer und Machtpromotoren. Ihre Hilfe ist unentbehrlich, weil neue Ideen in aller Regel auf Widerstand stoßen. Um eine ernsthafte ziel- und strategiebezogene Prüfung von neuen Ideen der Fachpromotoren, also der fachlich versierten und emotional engagierten Ideenproduzenten, zu ermöglichen, müssen „Gegengewichte" zum allgegenwärtigen Änderungswiderstand installiert werden. Dies können gewichtige „Ideenanwälte" sein, welche die neue Idee in die nächsten Teilphasen des Innovationsprozesses promovieren. Besonders günstig ist es, wenn zu den Macht- und Fachpromotoren noch so genannte Prozesspromotoren hinzutreten. Sie sind beispielsweise als Projektleiter ständig darum bemüht, den Innovationsprozess voranzutreiben und das Zusammenspiel verschiedener Fachleute und Entscheidungsträger zu koordinieren.

- Schließlich ist ein innovationsfördernder Führungsstil notwendig. Generell geht die Fachliteratur von der Überlegenheit eines partizipativen Führungsstils aus. Die Vorgesetzten müssen jedoch in der Lage sein, ihren Führungsstil den konkreten Anforderungen der verschiedenen Prozessphasen anzupassen (Ideengenerierungsphase: hoher Partizipationsgrad; Ideenakzeptierungsphase: mittlerer bis hoher Partizipationsgrad; Ideenrealisierungsphase: reduzierter Partizipationsgrad).

4 Innovationsmanagement in KMU am Beispiel des Kantons Bern (Schweiz)

4.1 Studiendesign

Ende 2004 führte das Institut für Organisation und Personal (IOP) der Universität Bern in Zusammenarbeit mit innoBE (Wissens- und Technologietransferstelle des Kantons Bern) die Innovationsstudie 04 (Onlinebefragung bei 1434 KMU im Kanton Bern – Zufallsauswahl) durch (vgl. Graf 2005a, Graf 2005b). Mit 239 antwortenden Unternehmen konnte ein Rücklauf von 17% erreicht werden. Damit ist diese Studie die bisher breiteste Erhebung bei KMU im Kanton Bern zum Thema Innovation. Der Kanton Bern hat knapp eine Million Einwohner und verfügt über eine differenzierte Wirtschaftsstruktur mit Schwerpunkten beispielsweise im Telematik-, Medizinal- und Wirtschaftsberatungscluster (vgl. zu Clustern Steinle 2005). Zurzeit wird ein weiterer Schwerpunkt im Bereich Präzision (Cluster Präzision) gebildet (High-Technology) (vgl. beco 2009). Der Kanton Bern verfügt außerdem über eine Volluniversität sowie eine größere Fachhochschule mit erheblichen Ingenieurskomponenten. Das Berufsschulwesen ist gut ausgebaut und vielseitig aufgestellt. Das Ziel dieser explorativen Studie war es, eine detaillierte Bestandsaufnahme hinsichtlich der Innovationstätigkeit der KMU im Kanton Bern zu erhalten, um in einem zweiten Schritt einen Maßnahmenplan zur Verbesserung einer wirkungsvollen Innovationsförderung zu erstellen und eine Sensibilisierung für die Wichtigkeit von Innovationen bei den KMU zu erreichen.

Zur Beurteilung der Innovationskraft und zur Abgrenzung von besonders innovativen Unternehmen wurden die Betriebe in Anlehnung an Arthur D. Little (2010) anhand der Kriterien „Innovationsaufwand" (gemessen durch den Anteil des Forschungs- und Entwicklungsbudgets (FuE-Budgets) am Gesamtumsatz) und „Innovationserfolg" (gemessen durch den Umsatzanteil von Produkten, die in den letzten fünf Jahren eingeführt worden sind) unterteilt (vgl. Abb. 2).

Abbildung 2: *Streudiagramm nach Innovationsaufwand und Innovationserfolg (N=87)*

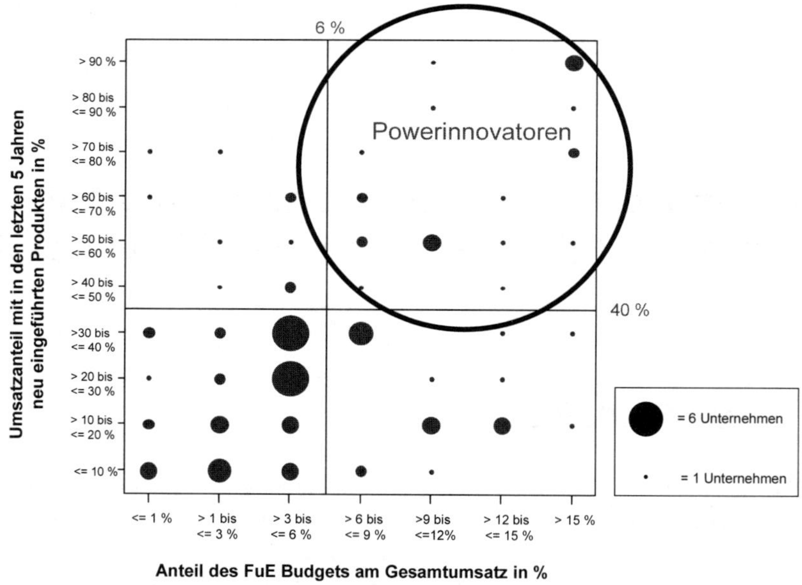

Die vertikale Trennlinie in der Abbildung 2 bildet den Durchschnittswert der untersuchten Unternehmen hinsichtlich des Anteils des FuE-Budgets am Gesamtumsatz ab, die horizontale Trennlinie zeigt den durchschnittlichen Umsatzanteil, der mit Produkten erwirtschaftet wird, die in den letzten fünf Jahren eingeführt worden sind. Im oberen rechten Feld finden sich demnach Unternehmen wieder, welche den branchenübergreifenden Durchschnitt übertreffen, so genannte Powerinnovatoren. Diese Gruppe wurde bei der Auswertung der Daten speziell betrachtet, um herauszufinden, ob zwischen den Powerinnovatoren und den anderen Unternehmen in gewissen Bereichen des Innovationsmanagements auffällige Unterschiede bestehen.

4.2 Ergebnisse der Berner Innovationsstudie

Die Verfasser orientieren sich an ausgewählten Befunden der IOP-Studie von Andreas Graf (2005a), die in Zusammenarbeit mit dem bernischen Vermittlungszentrum innoBE durchgeführt wurde (vgl. Thom/Aeberhard 2001).

Unternehmens- und Innovationsstrategie

Zwei Drittel der antwortenden Unternehmen haben eine Unternehmensstrategie schriftlich ausgearbeitet, nur ein Viertel hingegen hat seine Innovationsstrategie schriftlich fixiert. Die Häufigkeit einer schriftlichen Unternehmens- und Innovationsstrategie wächst mit der Unternehmensgröße. Von den Powerinnovatoren verfügt jeder zweite über eine schriftliche Innovationsstrategie.

Maßnahmen zur Profitabilitäts- und Wachstumssteigerung

Um die Profitabilität und das Wachstum des Unternehmens zu erhöhen, misst die Mehrzahl der Befragten der Steigerung der Innovationsfähigkeit die größte Bedeutung zu. Als ebenfalls bedeutende Maßnahmen werden die Fokussierung auf Kernkompetenzen, kontinuierliche Preisanpassungen und die Verkürzung der Entwicklungszeit genannt. Dies erstaunt kaum, da die Unternehmen einem immer intensiveren internationalen Wettbewerb ausgesetzt sind, der durch harte Preiskämpfe, kurze Produktlebenszyklen und eine Verkürzung der Entwicklungszeit (Time-to-Market) gekennzeichnet ist. Diese Faktoren machen ständiges Innovieren unabdingbar. Die Powerinnovatoren fokussieren sich im Vergleich zu den übrigen Unternehmen noch stärker auf ihre Kernkompetenzen. Hinzu kommen bei ihnen Anstrengungen im Hinblick auf den Eintritt in neue Märkte und die Erschließung neuer Geschäftsfelder. Ebenfalls ein besonders hohes Gewicht legen Powerinnovatoren auf die Verkürzung der Entwicklungszeit, um gegenüber ihren Konkurrenten Vorteile im Wettbewerb zu erreichen.

Bedeutung von Innovationszielen

Sowohl Powerinnovatoren als auch die übrigen antwortenden Unternehmen streben als wichtigstes Innovationsziel die Erlangung eines technologischen Vorsprungs gegenüber den Wettbewerbern an. Fast ebenso bedeutend ist für die Nicht-Powerinnovatoren die Steigerung der Produktivität und die kontinuierliche Verbesserung bestehender Produkte und Fertigungsprozesse. Wichtige Ziele sind weiter die Schaffung bzw. Sicherung von Arbeitsplätzen, die Entwicklung von marktreifen Produkten bzw. Fertigungsverfahren, die Erschließung neuer Absatzmärkte sowie die Erzielung eines Umsatzwachstums. Powerinnovatoren befassen sich stärker mit der Entwicklung von marktreifen Produkten und Fertigungsverfahren und mit der Erschließung neuer Absatzmärkte. Wichtig sind auch eine stetige Verbesserung von vorhandenen Produkten bzw. Fertigungsverfahren sowie der Einstieg in neue Technologiefelder und eine Erhöhung des Umsatzes. Es fällt auf, dass bei beiden untersuchten Gruppen der schnelleren Patentanmeldung gegenüber der Konkurrenz eine geringe Bedeutung beigemessen wird (vgl. Abb. 3).

Abbildung 3: *Bedeutung von Innovationszielen: Powerinnovatoren im Vergleich zum Gesamtdurchschnitt (Graf 2005a, S. 120)*

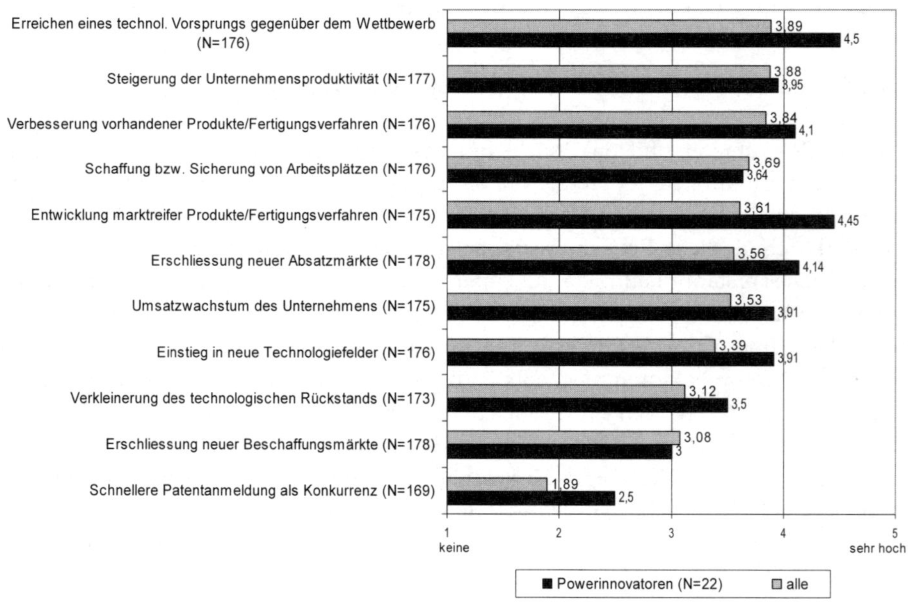

Stärken und Schwächen des Innovationsmanagements

Powerinnovatoren und Nicht-Powerinnovatoren weisen bei der Frage hinsichtlich der Stärken und Schwächen ihres Innovationsmanagements keine großen Unterschiede bezüglich der Reihenfolge auf, wobei die Werte der Powerinnovatoren bei allen Aktivitäten des Innovationsmanagements erwartungsgemäß höher liegen. Als Stärken werden die Definition, Entwicklung und Bewahrung von Kerntechnologien und Kernkompetenzen, die Ideenfindung sowie die Bildung von interdisziplinären Teams genannt. Entwicklungspotenzial bieten die Bereiche Zukunftsanalyse, die Bewertung und die Auswahl von Innovationsprojekten sowie die Markteinführung. Keine Aktivität des Innovationsmanagements wurde als klare Schwächen bezeichnet (vgl. Abb. 4).

Abbildung 4: *Stärken und Schwächen bei Aktivitäten des Innovationsmanagements: Powerinnovatoren im Vergleich zum Gesamtdurchschnitt (Graf 2005a, S. 123)*

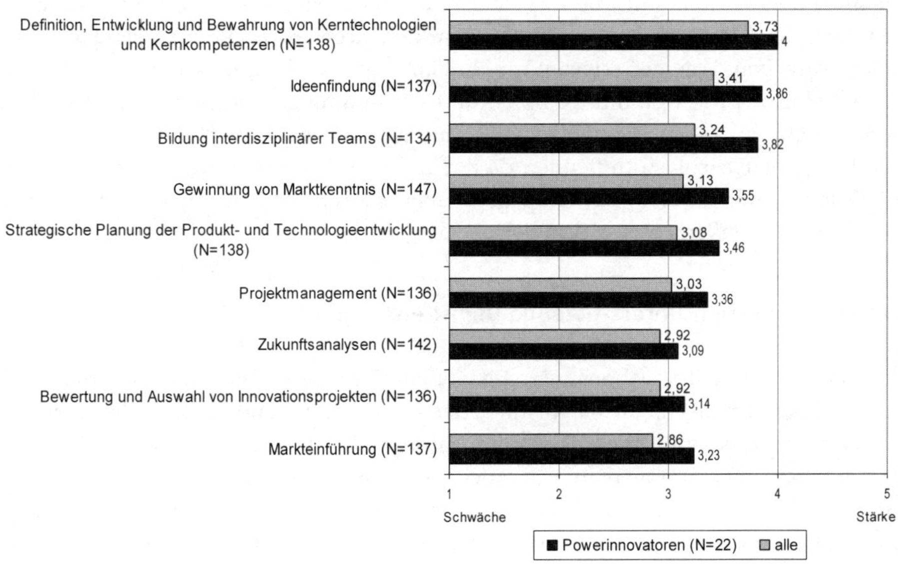

Fähigkeit zur Beschaffung innovationsrelevanter Informationen

Aufgrund des guten Zugangs sind Informationen über den Stand der Technik bzw. neue Technologien nach Einschätzung der befragten Unternehmen recht problemlos zu beschaffen. An zweiter Stelle folgt bei beiden Gruppen die Fähigkeit zur Informationsbeschaffung über den Wettbewerb und die Konkurrenz. Erstaunlich erscheint auf den ersten Blick, dass bei der Einholung von Informationen über Finanzierungsmöglichkeiten die Nicht-Powerinnovatoren besser abschneiden als die Powerinnovatoren. Eine Erklärung hierfür könnte sein, dass sich diese bereits mehr mit konkreten Finanzierungsmöglichkeiten für riskantere Vorhaben befasst haben und mit Schwierigkeiten konfrontiert worden sind. Ansatzpunkte zur Verbesserung liegen in der Unterstützung bei der Informationsbeschaffung über innovative Projekte und Ideen sowie über Absatz- und Zukunftsmärkte.

Bedeutung innovationshindernder bzw. -hemmender Faktoren

Offensichtlich besteht bei den befragten Unternehmen ein Planungsproblem, da die Mehrheit angab, Probleme bei der Erschließung des Marktpotenzials und den zeitlichen Rahmen dafür zu eng gesetzt zu haben. Weitere innovationshindernde bzw. -hemmende Faktoren sind die ungenügende interne Finanzierung, Fehleinschätzungen bzgl. des Marktpotenzials oder der Marktchancen sowie der zu lösenden technischen Aufgaben. Weniger relevant im Hinblick auf die Hemmung der Innovationsfähigkeit sind interne Kommunikations- und Abstimmungsprobleme, lange Genehmigungsverfahren sowie die fehlende Technologie. Powerinnovatoren planen offensichtlich genauer bzw. zutreffender, da der zu eng gesetzte zeitliche Rahmen seltener als Problem angegeben wird. Hingegen haben sie hinsichtlich der Finanzierungsbereitschaft der Banken größere Schwierigkeiten (vgl. Abb. 5).

Externe innovationsunterstützende Dienstleistungen

Bei den externen innovationsunterstützenden Dienstleistungen ergaben sich keine bedeutenden Unterschiede hinsichtlich der Gewichtung und Reihenfolge zwischen Powerinnovatoren und Nicht-Powerinnovatoren. Am häufigsten werden Fach- und Technologieveranstaltungen in Anspruch genommen (81%), gefolgt von folgenden externen Dienstleistungen, welche in absteigender Rangfolge wiedergegeben werden: Informationen über regionale Firmenkompetenzen (52%), Studienergebnisse von Verbänden (52%), Informationen über Forschungsprojekte an Hochschulen (50%), Vermittlung von Kontakten zu Kooperationspartnern und externen Experten (48%) und Weiterbildungskurse (45%). Geringere Nachfrage besteht im Moment bei der Technologie- und Innovationsberatung (27%), der Begleitung oder dem Coaching (23%) und der Entwicklung einer Innovationsstrategie (18%). Einen hohen zukünftigen Bedarf an innovationsunterstützenden Dienstleistungen sehen die befragten Unternehmen in folgenden Bereichen: Fach- und Technologieveranstaltungen, Konkurrenzanalysen (Benchmarking), Unterstützung in Form von Finanzierungsbeiträgen und Steuererleichterungen, Vermittlung von Kontakten, Informationen über Forschungsprojekte an Hochschulen sowie bei Kursen zur Weiterbildung. Einen mittleren Bedarf orten die Befragten in der Marketingberatung, in Studienergebnissen von Verbänden, in Informationen über Projektmaßnahmen und in Informationen über regionale Firmenkompetenzen. Geringer Bedarf wird gemäß Einschätzung der Befragten folgenden Themen zugeschrieben: Technologie- und Innovationsberatung, Entwicklung einer Innovationsstrategie, Begleitung und Coaching sowie Patentanmeldungen und Vorabklärungen zum Schutz des geistigen Eigentums.

Abbildung 5: *Bedeutung innovationshindernder bzw. -hemmender Faktoren: Powerinnovatoren im Vergleich zum Gesamtdurchschnitt (Graf 2005a, S. 127)*

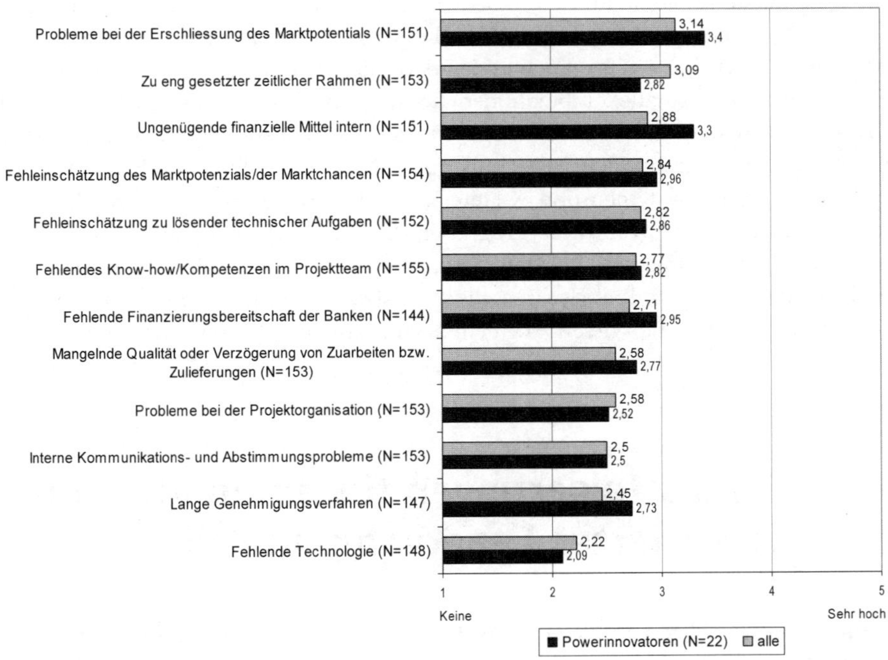

Hauptgründe für das Nichterreichen einer Spitzenposition innerhalb der Branche

Nach Auskunft der befragten Unternehmen tragen folgende Faktoren wesentlich dazu bei, dass das Ziel, eine Führungsposition innerhalb eines konkreten Wettbewerbsumfeldes zu erreichen, verfehlt wird: die Unternehmensgröße, ungenügende finanzielle Mittel, zu geringe Marktabdeckung (regionale Ausrichtung, Nischenplayer, zu kleiner Heimmarkt, schwierige Markterschließung), mangelndes Know-how (wenig Wissen über den Export, schlechte Marktkenntnis, fehlende strategische Ausrichtung), Innovationsrisiken (mangelnde Risikoabdeckung, was dazu führt, dass eher kleinere Verbesserungen verfolgt werden) und mangelnde Kooperation mit Partnern (Schwierigkeiten bei der Suche, mangelnde Förderung). Schließlich werden allgemein schwierige Rahmenbedingungen, wie z.B. hohe Steuerbelastungen, hohe Löhne und Preise sowie der teure Produktionsstandort Schweiz, als Gründe für unerreichte Spitzenpositionen eingeschätzt.

Wichtige Innovationsfelder der Zukunft

Die Fertigungstechnologie und die industrielle Produktion sind nach Auffassung der befragten Unternehmen das wichtigste zukünftige Innovationsfeld. Weitere Innovationen und Forschritte werden auch in den Bereichen Neue Materialien und Werkstoffe (neuartige Eigenschaftskombinationen für neue Anwendungsmöglichkeiten), Mikrosystemtechnik/Mikroelektronik (bspw. in der Nanotechnologie) sowie in der Informations- und Kommunikationstechnik vermutet. Die zunehmende Bedeutung von flexiblen Fertigungssystemen und weitere Rationalisierungen der industriellen Fertigungsprozesse unterstützen diese Prognosen. Die neuen Technologien und Materialien werden weitere innovative Problemlösungen ermöglichen. Nicht zu vernachlässigen ist jedoch, dass damit auch ein stetiger Anstieg der Komplexität einhergeht und somit das technologische Wissen zu einem noch wichtigeren Erfolgsfaktor wird.

5 Schlussfolgerungen für ein innovationsorientiertes Leadership in KMU

Zusammenfassend kann festgehalten werden, dass die hohe Bedeutung der Innovationen von den Unternehmern erkannt worden ist, jedoch eine Mehrzahl der KMU über keine schriftlich festgehaltene Innovationsstrategie verfügt. Erstaunlich ist dabei, dass die befragten Unternehmen angeben, dass bei ihnen nur ein gering entwickeltes Bedürfnis an Dienstleistungen zur Erstellung einer solchen Strategie vorhanden ist. Das Bewusstsein der hohen Bedeutung einer klar formulierten Innovationsstrategie muss bei den KMU offensichtlich stärker gefördert werden. Möglicherweise ist in den Köpfen der Unternehmer eine Innovationsstrategie vorhanden, diese wird jedoch noch zu wenig für die anderen Beteiligten transparent gemacht oder gar kooperativ erarbeitet. Bei der Konzentration auf Kerntechnologien und Kernkompetenzen sind die KMU auf dem richtigen Weg. Optimierungspotenzial besteht hingegen bei Informationen über Märkte (Absatz- und Zukunftsmärkte, Zukunftsanalysen und Markterschließung) und über den Wettbewerb. Hinzu kommt die Erkenntnis, dass das Methodenwissen (bspw. bei der Bewertung und Auswahl von Innovationsprojekten und bei der Markteinführung) sowie die strategische Ausrichtung aller Aktivitäten verbessert werden können. Primäre Handlungsansätze sind aus unserer Sicht eine Qualifizierungsoffensive im Bereich Methodenwissen und die Bereitstellung von Branchendatenbanken mit Benchmarkingmöglichkeiten, um eine erste schnelle und aufschlussreiche Standortbestimmung durchführen zu können.

Im Fokus der KMU stehen bisher vor allem Verbesserungsinnovationen mit kleineren Neuigkeitsgraden. Diese bieten weniger Chancen zur Erlangung von dauerhaften Wettbewerbsvorteilen. Es muss also ein erhöhtes Risiko eingegangen werden, um auch radikale Innovationen zu vollziehen. Dies könnte bspw. durch die Bildung von Netzwerken mit anderen Unternehmen entstehen, um gemeinsame Informationsressourcen zu haben und den Erfahrungsaustausch zu pflegen. KMU müssen mit der Erkenntnis, dass auch Großunternehmen kooperieren (bspw. bei der Entwicklung des Hybridmotors), ihre Berührungsängste zu Wettbewerbern überwinden und versuchen, gemeinsam stark zu werden. Hier braucht es vermehrt Unterstützung bei der Kontaktvermittlung und später für die Finanzierung. Die befragten Unternehmen wünschen sich vom Staat gute Standortbedingungen, die ein innovationsbegünstigendes Umfeld schaffen sowie den einfacheren Zugang zu Risikokapital. Demzufolge müssen auch die unternehmensexternen Rahmenbedingungen überprüft und allenfalls verändert werden. Nur so kann der „Werkplatz" Schweiz mittelfristig verteidigt werden.

KMU haben durchaus Chancen im innovativen Wettbewerb. Ganz besonders mit einer Nischenstrategie können sie sehr bemerkenswerte Erfolge realisieren. Es gibt Nachholbedarf in einigen betriebswirtschaftlichen Methoden sowie in der verfügbaren Ressourcenbasis für Innovationen. Diese kann verbessert werden, wenn die KMU die bereits vorhandenen Informationen (an Hochschulen, in Verbänden, bei Beratungsunternehmen etc.) gezielter nutzen und sich auch untereinander in geeigneten Formen besser vernetzen.

Literatur

beco (2009): Berner Wirtschaft: Innovation im Kanton Bern, Bern 2009

Graf, A. (2005a): Innovationen bei kleinen und mittleren Unternehmen (KMU). Konzeptionelle Grundlagen, empirische Untersuchung im Kanton Bern, Gestaltungsempfehlungen, unveröffentlichte Lizentiatsarbeit am Institut für Organisation und Personal der Universität Bern, Bern

Gerstlberger, W. et al. (2010): Innovationsmanagement in gemeinwohlorientierten öffentlichen Unternehmen; in: Zeitschrift für öffentliche und gemeinwirtschaftliche Unternehmen, 33. Jg. 2010, Heft 3, S. 234-252

Graf, A. (2005b): Innovationen bei kleinen und mittleren Unternehmen (KMU). Konzeptionelle Grundlagen, empirische Untersuchung im Kanton Bern, Gestaltungsempfehlungen, Arbeitsbericht Nr. 77 des Instituts für Organisation und Personal der Universität Bern, Bern

König, M./Völker, R. (2003): Innovationsmanagement im gesamtgesellschaftlichen, wirtschaftlichen und betrieblichen Kontext und unter besonderer Berücksichtigung kleiner und mittelständischer Unternehmen (KMU), Arbeitspapier Nr. 12/2003, Kompetenzzentrum Innovation und marktorientierte Unternehmensführung, Ludwigshafen

Little, A. D. (2010): Pathways to Innovation Excellence, Results of a Global Study by Arthur D. Little, http://www.adl.com/uploads/tx_extthoughtleadership/ADL_InnoEx_Report_2010.pdf

Steinle, C. (2005): Ganzheitliches Management: Eine mehrdimensionale Sichtweise integrierter Unternehmungsführung, Wiesbaden 2005

Thom, N. (2001): Innovationsförderliche Ausrichtung von Führungsinstrumenten: Grundbausteine und ihre Anpassung an die Unternehmensgrösse; in: Thom, N./Zaugg, R. J. (Hrsg.), Excellence durch Personal- und Organisationskompetenz, Bern, S. 319-341

Thom, N./Aeberhard, K. (2001): Transfer als Gestaltungsaufgabe. Wissenschaft und Wirtschaft zusammenbringen: Erfahrungen bei der Errichtung des Vermittlungszentrums innoBE im Kanton Bern; in: Wissenschaftsmanagement. Zeitschrift für Innovation, 7. Jg., H. 1, S. 24-29

Thom, N./Piening, A. (2009): Vom Vorschlagswesen zum Ideen- und Verbesserungsmanagement. Kontinuierliche Weiterentwicklung eines Managementkonzepts. Bern/Berlin/Bruxelles/Frankfurt am Main/New York/Oxford/Wien 2009

Rolf Wunderer

Internes Unternehmertum: Gestaltungsempfehlungen

1 Einführung

Fast jede Großunternehmung fordert in ihren Leitbildern unternehmerisches Denken und Handeln von ihren Führungskräften und Mitarbeitern. Der folgende Beitrag fasst in knapper Form mittels sieben Thesen wesentliche Begriffe, Komponenten, Instrumente und Forschungsergebnisse zum internen Unternehmertum zusammen (vgl. Tabelle 1), das einen Schwerpunkt meiner vierzigjährigen Forschungs-, Lehr- und Beratungstätigkeit bildet (vgl. Wunderer 1967, 1999, 2010, 2011).

Tabelle 1: *Sieben Kernthesen zum internen Unternehmertum*

These 1	Verstehe internes Unternehmertum als ein Managementkonzept. Differenziere zwischen Intrapreneurship und Mitunternehmertum.
These 2	Formuliere für Mitunternehmertum ein normatives und integriertes Leitkonzept.
These 3	Fokussiere Kompetenzmanagement auf spezifische mitunternehmerische Schlüsselqualifikationen, unternehmerische Grundmotivation sowie den Abbau von Motivationsbarrieren.
These 4	Entwickle eine fördernde Kontextgestaltung. Konzentriere dich dabei auf Steuerungskonzept und Kulturentwicklung.
These 5	Integriere im interaktiven Führungskonzept delegativ-rationales Management mit transformational-emotionaler Leadership.
These 6	Fördere individuell sowie zielgruppen- und teamorientiert.
These 7	Setze auf reife Umsetzung.

2 Thesen zum internen Unternehmertum

These 1: Verstehe internes Unternehmertum als ein Managementkonzept. Differenziere zwischen Intrapreneurship und Mitunternehmertum

Seit den 90iger Jahren wird internes Unternehmertum unter der Bezeichnung Mitunternehmertum als ein eigenständiges Managementkonzept postuliert. Ziel ist insbesondere eine umfassendere und effizientere Wertschöpfung der zunehmend anspruchsvolleren und teureren Personalressourcen. Mitunternehmertum konzentriert sich nicht nur auf die Führungskräfte, sondern will auch die restliche Belegschaft und somit alle Mitarbeiter ansprechen. Diese Forderung wird zunehmend in Unternehmens- und Führungsgrundsätzen formuliert. Im Vordergrund stehen allgemeine und umfassende Verhaltensmaximen wie zum Beispiel: „Alle arbeiten unternehmerisch, unbürokratisch und produktiv!" (IBM) oder „Wir fördern unternehmerisches Denken in allen Bereichen" (Mövenpick).

Den *selbstständigen Unternehmer* verstehen Wirtschaftswissenschaftler sowie die Bevölkerung nach demoskopischen Umfragen als eine Person, die eigenes Kapitalrisiko am Unternehmen mit Leitungsmacht und Arbeitgeberstatus verbindet. Der *Mitunternehmer* verbindet dagegen Arbeitnehmerstatus mit unternehmerischem Verhaltenskonzept. Vertrags- und Verhaltensgrundlagen differenzieren also die beiden Formen. Beim internen Unternehmer zeigt sich in der Praxis eine Kombination der unterschiedlichen Idealtypen des Mitarbeiterverhaltens:

- Der Intrapraneur zeigt ähnliche Denk- und Verhaltensmuster wie der homo oeconomicus.
- Der Mitunternehmer ist neben seiner unternehmerischen Orientierung als homo oeconomicus zusätzlich auch noch am Unternehmen und seinen Bezugsgruppen (vgl. Hilb 2009), an sozialen Netzwerken sowie am langfristigen Austausch ausgerichtet und kann somit auch als homo sociologicus (vgl. Dahrendorf 1977) bzw. homo cooperativus (vgl. Hartmann 1990) verstanden werden.

In realen beruflichen Verhaltensmustern finden sich beim Mitunternehmer Anteile vom homo oeconomicus wie auch vom homo sociologicus: Vertrauensbildung und Mikropolitik, ökonomische und soziale Ziele, Egoismus und überindividuelle Interessen. Hier eine zweckmäßige Konfiguration in Konzeption und Realisation zu finden, bleibt eine stete Herausforderung an die Unternehmens- und Mitarbeiterführung.

Beim Mitunternehmertum stehen folgende Verhaltensziele im Vordergrund: Mitwissen, -denken, -fühlen, -handeln, -verantworten und -beteiligen. Und dies auf der Basis entsprechender Qualifikation und Motivation, aber auch notwendiger fairer Austauschverhältnisse, z.B. durch partizipative und auch finanzielle Mitbeteiligung (vgl. Mohn 2000; Steinle 2005). Die Gegenüberstellung zum Intrapreneur verdeutlicht die

Unterschiede der beiden Formen und den spezifischen Bezug des Mitunternehmers zu seiner Firma.

Tabelle 2: *Intrapreneur versus Mitunternehmer*

Intrapreneur (nach Pinchot 1988)	Mitunternehmer (nach Wunderer 2006)
■ Tue alles für Deine Ziele: unabhängig von Deiner Aufgabenbeschreibung.	■ Setze Deine Ziele (...) auch strategie- und teamorientiert um.
■ Wette nie in einem Rennen, wenn Du darin nicht mitläufst.	■ Arbeite langfristig orientiert und kooperativ mit anderen Beteiligten.
■ Umgehe alle Anordnungen, die Deinen Traum stoppen können.	■ Konzentriere Dich auf den Nutzen für Deine Bezugsgruppe (z.B. Kunden).

These 2: Formuliere ein normatives und integriertes Leitkonzept

Interessant ist auch, wie diese Forderungen für verschiedene Ebenen formuliert werden. Das wird am Beispiel von vier Automobilunternehmen gezeigt.

- Bei DaimlerChrysler leitet sich internes Unternehmertum aus der Wachstumsstrategie ab, die eine Führungsphilosophie des unternehmerischen Denkens und Handelns, insbesondere vom oberen Management, fordert.
- Audi konzentriert sich in Führungsgrundsätzen auf die Zielgruppe der Werker. Diese sollen in ihren Arbeitsgruppen als Unternehmer im Unternehmen handeln.
- Bei VW wurde ein eigenschafts- und verhaltensorientierter Ansatz entwickelt, der für internes Unternehmertum den so genannten 4-M-Mitarbeiter fordern und fördern will: mehrfach qualifiziert und mobil sowie mitgestaltend und menschlich.
- BWM formuliert ein relevantes Verhaltensziel erkennbar nach einem extremen Subsidiaritätsprinzip: "Unternehmerische Verantwortung zu übernehmen, das heißt konkret: Ich fordere Zielvereinbarungen und trage die Verantwortung für meinen Beitrag zur Zielerreichung; ich trage die Verantwortung für die Qualität meiner Arbeit; ich trage die Verantwortung für mich selbst, insbesondere für meine Gesundheit und meine berufliche Weiterbildung."
- Der Bezugsrahmen in Abb. 1 zeigt die wesentlichen Komponenten zum Konzept Mitunternehmertum.

Abbildung 1: Bezugsrahmen und Leitkonzept für Mitunternehmertum

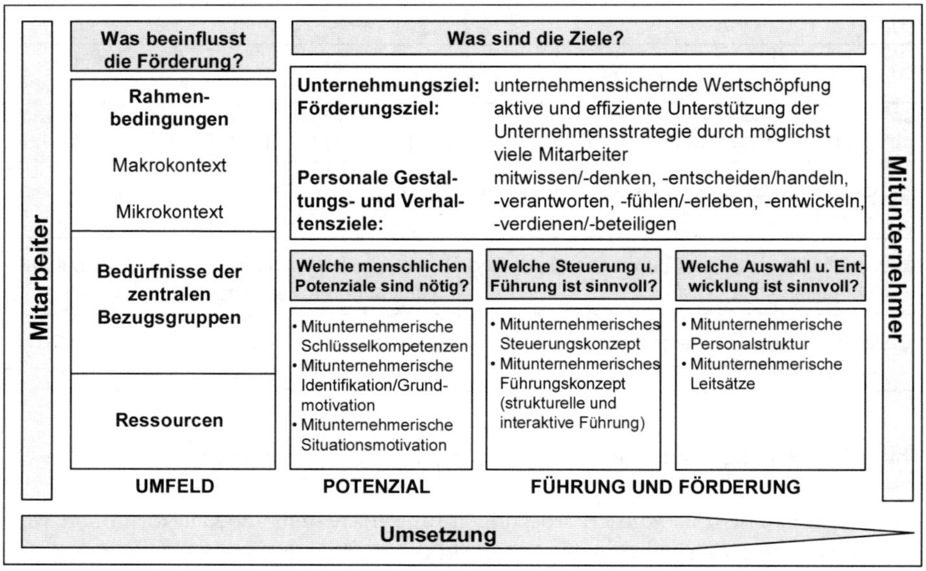

These 3: Fokussiere Kompetenzmanagement auf spezifische mitunternehmerische Schlüsselqualifikationen, unternehmerische Grundmotivation sowie den Abbau von Motivationsbarrieren

Mitunternehmerische Schlüsselqualifikationen werden als personengebunden und fachübergreifend verstanden. In unserem Kompetenzkonzept für Mitunternehmer konzentrieren wir uns auf Gestaltungs-, Umsetzungs- und Sozialkompetenz.

- *Strategie- und innovationsorientierte Gestaltungskompetenz* ist zur Optimierung von Arbeitsverfahren und -ergebnissen und ständiger Qualitätsverbesserung an jedem Arbeitsplatz erforderlich. Bei grundlegenden Veränderungen in Restrukturierungsprozessen steigen diese Anforderungen erheblich. Für die meisten Mitarbeiter genügt das eigenmotivierte Verbessern durch auch selbstständige Problemlösungen im Sinne eines „continuous improvement".

- Die *Umsetzungskompetenz* (vgl. Wunderer/Bruch 2000), die vor allem durch Zielstrebigkeit, Machbarkeitsglaube, Hartnäckigkeit auch gegenüber Widerständen sowie durch Planung, Organisation und Kontrolle gesichert wird, wurde schon von Schumpeter (1912) als die entscheidende Kompetenz für den selbstständigen und dynamischen Unternehmer definiert. Sie ist es noch heute.

- Die *Sozialkompetenz* (vgl. Wunderer/Dick 2002) kennzeichnet den entscheidenden Unterschied zwischen Intrapreneur und Mitunternehmer. Die *Sozialkompetenz des Mitunternehmers* umfasst zwei Dimensionen: die des autonomen, eigenständigen Verhaltens sowie die zweite Dimension, die durch Kooperation, wechselseitige Unterstützung, Vertrauensbildung und Netzwerkfähigkeit definiert wird.

Nun zum zweiten Bereich des Kompetenzmanagements, der *Motivation*. Hier unterscheiden wir – eher unüblich – zwischen Eigen- und Situationsmotivation.

- Die personentypisch-stabile unternehmerische Grund- bzw. Eigenmotivation ist hier zentral. Dazu gehören Chancen- und Risikoorientierung sowie Umsetzungsmotivation. Die Sozialpsychologie diskutiert weitere Anforderungen mit „freiwilligem Engagement" sowie mit (ethischem, emotionalem und auch kalkulativem) „Commitment".

- Neben der individualtypischen und relativ stabilen Grundmotivation gibt es eine situationstypische, vorwiegend extrinsische sowie volatilere und kalkulativere Motivation. Sie variiert erstens nach der Bedeutung der jeweils relevanten Werte, Ziele, Aufgaben, zweitens nach der Wahrscheinlichkeit ihrer Realisierung und drittens nach der dafür nötigen Instrumentalität, also der Nützlichkeit von Handlungen und eingesetzten Ressourcen für die angestrebten Ziele oder Ergebnisse.

Unsere Analysen zur Verteilung des internen Unternehmertums zeigen, dass ein großer Teil der Mitarbeiter (fast die Hälfte) und ein noch größerer der Führungskräfte (rund zwei Drittel) bereits unternehmerisch „eigenmotiviert" ist. Für sie müssen deshalb nicht primär extrinsische Anreizsysteme eingesetzt werden.

Nun zu den oft ausgeblendeten *Motivationsbarrieren*. Denn entscheidend ist,, dass die schon intrinsisch und unternehmerisch Motivierten nicht durch unnötige Motivationsbarrieren in der Ausschöpfung ihrer Potenziale behindert werden. Wir unterscheiden zwischen *potenziellen Motivationsbarrieren* – nicht sinnvolle und ganzheitliche Arbeitsinhalte, gestörte Führungsbeziehungen, fehlende außerberufliche Perspektiven, Einflüsse auf das persönliche Leben – sowie *aktuellen Motivationsbarrieren* – Arbeitskoordination, Organisationskultur und Ressourcen (vgl. Wunderer/Küpers 2003). Letztere verursachen im mittleren Management ca. 23% Verluste an Produktivität und noch höhere an Freude an der Arbeit (vgl. Wunderer 2011)! Unternehmen und Führungskräfte sollten die potenziell bremsenden Faktoren erkennen und vermeiden sowie aktuell auftretende Leistungsbremserfrühzeitig identifizieren und vermindern.

These 4: Entwickle eine fördernde Kontextgestaltung. Konzentriere dich dabei auf Steuerungskonzept und Kulturentwicklung

Zunächst zum Steuerungskonzept: In keinem der zahlreichen befragten und untersuchten Unternehmen fanden wir ein explizit formuliertes Konzept für eine an der Unternehmensverfassung orientierten Steuerung. Diese „Governance" differenzieren wir nach vier Steuerungsprinzipien: *Hierarchie, Bürokratie, interner Markt und interne soziale Netzwerk-Organisation*. Befragungen zeigten uns seit 1998 Hierarchie und Bürokratie als die noch dominanten klassischen Steuerungskonfigurationen. Die einbezogenen Führungskräfte erwarteten aber zukünftig eine Kombination von internem Markt- und sozialem Netzwerk. Diese bevorzugte Konfiguration entspricht unserem mitunternehmerischen Steuerungskonzept. Denn hier werden ökonomische Marktsteuerung auf der Basis von Erträgen, Leistungen und Gewinn mit langfristig orientierten Interaktionen verbunden, die auf sozialer Netzwerkbildung, gegenseitiger Unterstützung und der hier relevanten Währung – dem „Vertrauen" – basieren. Diese Konfiguration kann man auch als *„co-opetition"* bezeichnen. Hierarchie und Bürokratie sowie Technokratie bleiben als Steuerungskonzepte erhalten, verlieren aber an Einfluss.

Zum notwendigen Kulturwandel innerhalb eines Unternehmens kann vor allem ein mitunternehmerisches Führungskonzept beitragen, das strukturelle mit interaktiver Führung verbindet (vgl. Abb. 2).

Die strukturelle Führung konzentriert sich auf drei Elemente: die Gestaltung von Aufbau- und Ablauforganisation, die Auswahl und Abstimmung von Zielen und Mitteln (Strategie) und schließlich die Entwicklung und Umsetzung von gemeinsam geteilten und gelebten Werthaltungen, also den Kulturkern.

Abbildung 2: *Zwei Führungsdimensionen*

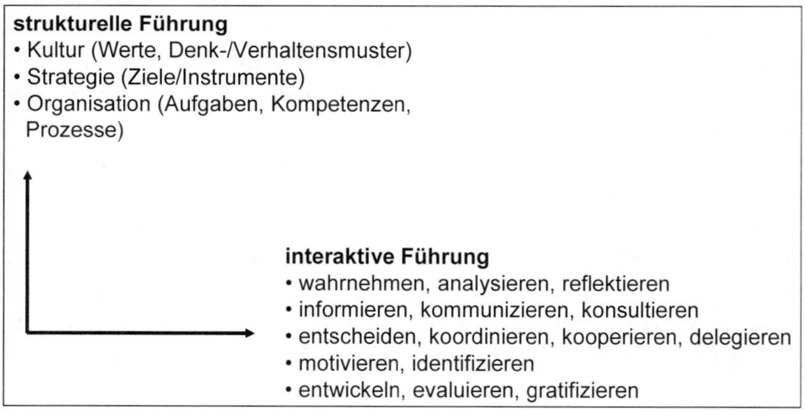

Ein Beispiel zum Kulturwandel für Unternehmertum (vgl. Bitzer 1991) zeigt, welche Herausforderungen und Schwierigkeiten allein in diesem Ansatz bestehen (Abb. 3).

Abbildung 3: *Kulturentwicklung: Von der Hierarchie/Bürokratie zum Mitunternehmertum*

Hierarchie/Bürokratie		Mitunternehmertum
Wandel als Bedrohung	→	Wandel als Chance
Angst vor Fehlern	→	Bereitschaft, Fehler zu begehen und daraus zu lernen
Instruktionen und Regeln	→	Gegenseitiges Vertrauen und mehr Selbstkontrolle
Innenorientierung	→	Kundenorientierung
Big-Bang-Restrukturierung	→	Kontinuierliche Verbesserung

Diese Grundwerte, Denkmuster und Verhaltensweisen sind meist Teil der stabilen Persönlichkeitsstruktur des Personals und deshalb schwer zu ändern. Ohne integrierte Gestaltung von Steuerungskonzept und struktureller Führung durch das obere Management ist internes Unternehmertum umfassend kaum nachhaltig zu realisieren.

These 5: Integriere im interaktiven Führungskonzept delegativ-rationales Management mit transformational-emotionaler Leadership

Wir plädieren bei der Gestaltung der direkten und interaktiven Mitarbeiterführung für einen vorwiegend delegativen Führungsstil, der die Mitarbeiter zu selbst und mitverantwortlicher sowie ziel- und ergebnisorientierter Leistungserbringung fördert. Dieses Managementkonzept fordern viele mittlere und größere Firmen in ihren sog. Visionen und Leitsätzen. Es ist schon relativ weit instrumentell ausgearbeitet, wird aber nur begrenzt praktiziert. Unsere Führungsstilanalysen zeigen delegativen Führungsstil als Soll-Konzept. Das reale Führungsverhalten konzentriert sich aber auf konsultative Führung. Diese beschränkt aber das initiative Problemlösen durch die Mitarbeitenden.

Darüber hinaus halten wir die *Integration eines kooperativen-delegativen Führungsstils* mit Komponenten der sog. *transformationalen Führung* sinnvoll für die Stärkung von Mitunternehmertum. Als "Hebel" für eine auf höhere Werte, Motive und davon beeinflusste Verhaltensweisen ausgerichtete Mitarbeiterführung – besonders in Wandlungsprozessen – wird transformationale Führung so differenziert (vgl. Bass/ Steyrer 1995):

- Die erste Forderung zielt auf „individuelle Führung" der Mitarbeiter ab. Das kann jeder Manager lernen.
- Zweitens verlangt sie ein vorgängiges „Aufbrechen von alten Denkmustern", um dann erst die neuen Ideen für den geplanten Wandel auch säen und wachsen lassen zu können. Das sollten gute Manager schaffen - auch wenn sie meist eine andere Reihenfolge bevorzugen.
- Die nächsten Komponenten transformationalen Führung erfordern fast charismatisch begeisternde Führung sowie hohe Fähigkeit zur Vertrauensbildung, v.a. durch „integres Verhalten". Gerade daran hapert es nach unserer Analyse von aktuellen Motivationsbarrieren. So wird die zweitstärkste Barriere als Widerspruch zwischen Sagen und Tun („Walk your Talk") definiert.

Zur Umsetzung von Mit-Unternehmertum sollte deshalb *die interaktive Führung delegativ-rationales Management mit transformational-emotionaler Leadership* verbinden.

These 6: Fördere individuell sowie zielgruppen- und teamorientiert

Neben der zuvor angesprochenen individuellen Führung sollte das Management kompetenzorientierte Zielgruppen nach dem Mitunternehmerkonzept differenzieren. Denn es ist strukturell für eine größere Anzahl von Mitarbeitenden verantwortlich. Empirische Befragungen zur Zielgruppendifferenzierung (vgl. Wunderer 2006) ergaben eine Verteilungsstruktur nach vier Qualifikations- und Motivationsstrukturen. Die Verteilung zeigt, dass nur ein Bruchteil der Belegschaft als „Mit-Unternehmer" eingeschätzt wird. Dies sollte jede Gestaltungsempfehlung beachten und Utopien vermeiden helfen.

Mitunternehmer sollten also anders gefördert werden als Routinearbeiter. Abbildung 4 zeigt dazu einen idealtypischen Vorschlag. Aus der zielgruppenorientierten Differenzierung ist jedoch nicht abzuleiten, dass z.B. Routinemitarbeiter freizusetzen sind. Denn jedes Team braucht unterschiedliche Qualifikationen und Rollen. Kreative Erfinder genügen ebenso wenig wie operative Umsetzer. Die optimale Teamentwicklung ergibt sich – das zeigen alle Teamsportarten – aus sich ergänzenden Kompetenzen und Rollen.

Erst zielgruppendifferenzierte und teamorientierte Förderung von Mitunternehmertum sichert also die Entwicklung mitunternehmerischer Qualifikation und Motivation.

Abbildung 4: *Zielgruppenorientierte Förderung*

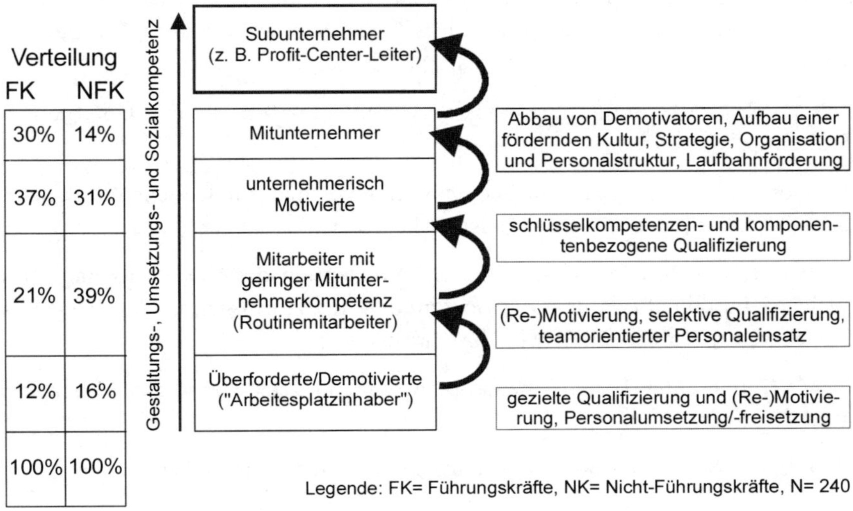

These 7: Setze auf reife Umsetzung

Die Verteilung der drei für Mitunternehmertum zentralen Schlüsselqualifikationen und die damit verbundenen Motivationen zeigte, dass die Umsetzungskompetenz als Hauptproblem der Realisierung internen Unternehmertums (vgl. Wunderer/Bruch 2000). Erfolgreiche Unternehmen gewinnen und halten erstens überdurchschnittliche Human-Potentiale und setzen ihre Ideen mitunternehmerisch um. Andere verharren bei den sog. "Visionen" – hier dann „Träume ohne Verfallsdatum". Umsetzungsorientierung darf aber auch nicht mit Aktionismus gleichgesetzt werden – ganz nach dem Satz von Mark Twain: „Und als sie das Ziel aus den Augen verloren, verdoppelten sie ihre Anstrengungen." Vielmehr geht es hier um eine situativ abgestimmte *Kombination von Aktion und Reflexion*, um eine ziel-/ergebnisorientierte und realistische sowie verantwortungsbewusste Umsetzung durch Mitwissen, Mitdenken, Mitfühlen, Mitentscheiden, Mitverantworten und Mitbeteiligen möglichst vieler zu sichern.

Literatur

Bass, B. M./Steyrer, J. (1995): Transaktionale und transformationale Führung; in: Kieser, A./Reber, G./Wunderer, R. (Hrsg.), Handwörterbuch der Führung, 2., neu gestaltete und ergänzte Aufl., Stuttgart, Sp. 2053-2062

Bitzer, M. R. (1991): Intrapreneurship – Unternehmertum in der Unternehmung, Stuttgart

Dahrendorf, R. (1977): Homo Sociologicus: Ein Versuch zur Geschichte, Bedeutung und Kritik der Kategorie der sozialen Rolle, 15. Aufl., Opladen

Hartmann, R. (1990): Die anthropologische Konzeption des Genossenschaftswesens: Welche Chance hat der „homo cooperativus"? in: Laurinkari, J. (Hrsg.), Genossenschaftswesen: Hand- und Lehrbuch, München u. a.

Hilb, M. (2009): Integriertes Personal-Management: Ziele, Strategien, Instrumente, 19. Aufl., Köln

Pinchot, G. (1988): Intrapreneuring: Mitarbeiter als Unternehmer, Wiesbaden

Mohn, R. (2000): Erfolg durch Partnerschaft, 4. Aufl., München

Schumpeter, J. A. (1912): Theorie der wirtschaftlichen Entwicklung, Leipzig

Steinle, C. (2005): Ganzheitliches Management: Eine mehrdimensionale Sichtweise integrierter Unternehmungsführung, Wiesbaden

Wunderer, R. (1967): Systembildende Betrachtungsweisen der allgemeinen Betriebswirtschaftslehre und ihr Einfluß auf die Darstellung des Unternehmers, Berlin

Wunderer, R. (1999) (Hrsg.): Mitarbeiter als Mitunternehmer: Grundlagen, Förderinstrumente, Praxisbeispiele, Neuwied

Wunderer, R. (2010): Führung in Management und Märchen – unternehmerische Kompetenzen und Leitsätze, München

Wunderer, R. (2011): Führung und Zusammenarbeit: Eine unternehmerische Führungslehre, 9. Aufl., Köln

Wunderer, R./Bruch, H. (2000): Umsetzungskompetenz: Diagnose und Förderung in Theorie und Unternehmenspraxis, München

Wunderer, R./Dick, P. (2002): Sozialkompetenz – eine mitunternehmerische Schlüsselkompetenz; in: Die Unternehmung, 56. Jg., H. 6, S. 269-299

Wunderer, R./Küpers, W. (2003): Demotivation – Remotivation: Wie Leistungspotenziale blockiert und reaktiviert werden, Neuwied/Kriftel

Christian Scholz

Darwiportunismus als Megatrend und Führungsherausforderung in Unternehmen

1 Vorbemerkung: Realismus oder Populismus

Ein Vortrag zu aktuellen Herausforderungen für die Personalarbeit soll mit dem Titel „Neue Personalarbeit für Spieler ohne Stammplatzgarantie" angekündigt werden. Doch dann will der Veranstalter den Zusatz „Spieler ohne Stammplatzgarantie" streichen. Warum? Die Antwort ist nachvollziehbar: Der Titel eines Vortrages soll anlocken und nicht durch unbequemen Realismus abschrecken. Ohne den gefährlichen Zusatz hofft man auf ein Publikum, das einen Vortrag aus den 90er Jahren erwartet, in dem es um Vertrauen, Verlässlichkeit, Stabilität, Sicherheit und „gute" Unternehmenskultur geht. Das ist die gute alte Zeit, nach der sich alle sehnen. Überall Partnerschaft, überall Fairness, überall Fürsorge, überall Gerechtigkeit. Das ist die Welt, die alle wollen. Reformen in der Gesellschaft und Veränderungen in Unternehmen? Ja, aber nur wenn sich für Betroffene nichts ändert. Trendforscher tun gut daran, zwischen Trend und Wunsch zu unterscheiden. Dies gilt vor allem dann, wenn es die Frage zu beantworten gilt, wie sich Unternehmen auf diesen Trend einstellen müssen. Denn erfolgreiches, unternehmerisches Handeln sowie erfolgreiches Leadership haben etwas mit Realismus zu tun und allenfalls kurzfristig etwas mit Populismus.

2 Megatrend: Darwiportunismus

Darwinismus

In der aktuellen Arbeitswelt lassen sich mit Darwinismus und Opportunismus zwei dominante Trends lokalisieren, die gemeinsam „Darwiportunismus" (vgl. Scholz 2003) als Megatrend ergeben.

Egal, ob man über ausländische Konkurrenz, über Arbeitslosenzahlen, über Insolvenzen, über Kostensenkungsprogramme, über steigende Energiepreise oder aber über Konzentrationstendenzen spricht, es steckt immer die Feststellung eines erhöhten Wettbewerbes dahinter. Hier spielt es keine Rolle, ob man die aktive Form im Sinne von „ich praktiziere Neo-Liberalismus" oder die passive Form „ich bin von der Globalisierung betroffen" wählt, das Grundprinzip von Gewinnen und Verlieren ist immer das Gleiche. Der erste Trend ist damit der kollektive Darwinismus. Nach dem „Survival of the fittest" von Charles Darwin gibt es Anforderungen der Umwelt mit mehr oder weniger sichtbaren Leistungskriterien und eine höhere Überlebungschance für diejenigen, die diese Kriterien erfüllen. Es überleben also diejenigen, die den an sie gestellten Anforderungen am ehesten gerecht werden.

„Darwinismus" bedeutet in unserer Arbeitswelt nicht Tod oder Leben. Es bedeutet aber im Ergebnis reich oder arm, arbeitslos oder nicht-arbeitslos, Abstellgleis oder Karriere, Vorstand mit Monatsbezügen in Millionenhöhe oder unterbezahlter Akademiker in der Reisekostenabrechnungsstelle, Golfplatz oder Stehtribüne im Fußballstadion. Wenn überall auf der Welt die Kluft zwischen arm und reich immer größer wird, so ist dies ebenso ein Zeichen von Darwinismus wie der immer stärkere Fokus auf den ökonomischen Gewinn von Unternehmen. Die Märkte entscheiden, welche Unternehmen überleben und innerbetriebliche und zwischenbetriebliche Auswahlprozesse bestimmen, welche Mitarbeiter im Unternehmen bleiben und Karriere machen dürfen.

Jeder Trend hat Ursachen – so auch der Darwinismus. Er ist nicht etwa das Ergebnis einiger Unternehmensberater, die sich menschenfeindlich eine neue Arbeitswelt ausdenken. Er ist vielmehr Ergebnis einer Gesellschaft, die durch zu geringe Produktivität in vielerlei Hinsicht über ihre Verhältnisse gelebt hat und die jetzt an vielen Ecken an die Grenzen des Wachstums stößt. Hier hilft Darwinismus. Denn er fördert Effizienz und Effektivität: Im Wettbewerb zählt die Leistung und diese Leistung muss (auch im eigenen Interesse) erbracht werden. Dieser Darwinismus kann nicht durch Regierungserklärungen abgeschafft werden. Es gilt, ihn unternehmerisch und sozial angemessenen zu gestalten. Damit stellt sich – unabhängig von den nachher noch näher vorzunehmenden Konkretisierungen – eine erste klare Herausforderung für Leadership:

Leadership bedeutet
Vorbereitung auf und Durchführung von Darwinismus – in einer betriebswirtschaftlich vernünftigen und sozial verantwortlichen Form!

Darwinismus muss – sofern richtig gestaltet – nichts mit „Kälte" zu tun haben und genau hier zeigt sich die Weiterführung zwischen Trendforschung und Gestaltungsempfehlung: Darwinismus ist ein klarer Trend, der auch nicht veränderbar ist. Auf ihn kann richtig oder falsch reagiert werden. Und genau dies ist der Gestaltungsspielraum für Leadership.

Opportunismus

Der zweite Trend ist der individuelle Opportunismus. Er steht in enger Beziehung zum Darwinismus, wenngleich nicht als zwingend-kausales Ergebnis. Die realistische Sichtweise führt hier zu dem Schluss, dass es in der heutigen Arbeitswelt opportunistische Mitarbeiter gibt, die ihre persönliche Chance suchen und gegebenenfalls ohne Loyalität das Unternehmen wechseln, sobald sie einen Arbeitgeber finden, der ihre individuellen Präferenzen besser zu befriedigen scheint. Sie nehmen für kleine persönliche Chancen durchaus größere Nachteile für ihr Unternehmen in Kauf.

Opportunismus bedeutet für Unternehmen nicht, dass alle Mitarbeiter machen können, was sie wollen – aber die Unternehmen müssen damit rechnen, dass die Mitarbeiter ihre Optimierungsspielräume ausnutzen und ausdehnen wollen. Der Mythos des Mitarbeiters, der loyal zu seinem Unternehmen steht, ist empirisch gesehen überholt. Denn Mitarbeiter haben in den letzten Jahren opportunistisches Verhalten erlernt. Jahrelang wurde von allen Seiten her Individualisierung propagiert – nun fordern Mitarbeiter diese ein und konnten sie zum ersten Mal in der New Economy ausleben, weil genügend Gewinne zum Verteilen erwirtschaftet wurden. Die große Ernüchterung kam dann mit dem Ende des Wirtschaftsbooms ab Mitte 2000: Statt mit dicken Prämien sahen sich die Mitarbeiter mit Leistungsdruck, beschränkt verfügbaren Ressourcen und radikaler Rationalisierung konfrontiert. Der Glaube an die interne Kommunikation löst sich ebenfalls immer weiter auf. Warum soll sich der „normale" Mitarbeiter für das Unternehmen aufopfern, wenn – überspitzt formuliert – das Tagesgehalt eines Vorstandes dem Jahresgehalt eines Mitarbeiters entspricht? Mitarbeiter beschließen immer mehr, in Zukunft im Zweifel zuerst an sich und dann erst an das Unternehmen zu denken! Opportunismus lässt sich nicht wegdefinieren. Es gilt, ihn unternehmerisch zu gestalten, ohne die „fair spielenden" Mitarbeiter zu verprellen. Damit stellt sich eine zweite klare Herausforderung für Leadership:

**Leadership bedeutet
Antizipieren von Opportunismus – in einer
Mitarbeiter motivierenden und bindenden Form!**

Auch wenn man den Opportunismus-Trend bedauert: Genauso wenig, wie man dauerhaft den treuen Kunden findet, kann man vom dauerhaft treuen und uneigennützigen Mitarbeiter ausgehen. Dennoch sind auch hier sinnvolle Gestaltungsoptionen für Unternehmen vorhanden.

Die Darwiportunismus- Matrix

Nicht immer sind Darwinismus und Opportunismus gleich stark ausgeprägt. Es gibt also durchaus Arbeitssituationen oder Umfeldkonstellationen, in denen beispielsweise ein niedriger Opportunismus auf einen hohen Darwinismus trifft. Unterstellt man vereinfacht eine niedrig-hoch-Differenzierung, so führt dies zu vier unterschiedlichen Führungssituationen (vgl. Abb. 1):

- In der „Guten alten Zeit" findet sich die traditionelle Arbeitswelt mit Loyalität und Sicherheit wieder. Unternehmen und Mitarbeiter verlassen sich aufeinander und arbeiten produktiv weitgehend ohne Wettbewerbsdruck.
- Den „Kindergarten" kennt man aus der New Economy, wo die Interessen der Mitarbeiter und die Erfüllung ihrer individuellen Wünsche durch das Unternehmen eindeutig im Vordergrund aller Bemühungen standen.
- Der „Feudalismus" bedeutet klare Strukturen und klare Lenkungsmechanismen, bei denen vorrangig darwinistische Tendenzen des Unternehmens umgesetzt und die Mitarbeiter nicht in die Lage versetzt werden, ihrem eigenen Opportunismus – sofern vorhanden – nachzugehen.
- Der „Darwiportunismus pur" ist das Zusammenspiel aus extremen Darwinismus und extremen Opportunismus. Hier gibt es weder eine Loyalität von Mitarbeitern dem Unternehmen gegenüber noch vom Unternehmen dem Mitarbeiter gegenüber. Dennoch ist die Zusammenarbeit möglich, wobei man sich Verabredungen mit zeitlich begrenzter Reichweite bedient, die auf einem Kompromiss der offen diskutierten wechselseitigen Ansprüche basieren.

Grundsätzlich gilt: Keine der vier Situationen ist gut oder schlecht. Kindergarten ist also nicht a priori besser als Feudalismus und auch die Gute alte Zeit ist nicht von vornherein „gut". Es geht zunächst lediglich um eine reine Beschreibung von vier Möglichkeiten, wie Darwinismus und Opportunismus in der Realität kombiniert werden können.

Abbildung 1: *Die Darwiportunismus-Matrix*

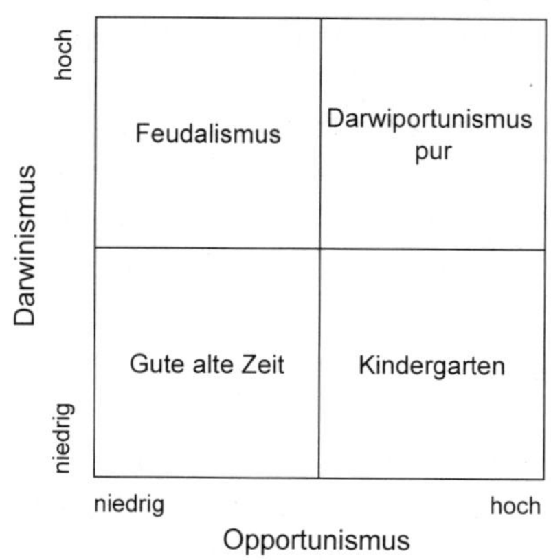

Erfolgreiches Leadership setzt klares Erkennen des Darwinismusgrades von Unternehmen und Umwelt ebenso voraus wie ungeschminktes Diagnostizieren des Opportunismusgrades der eigenen Mitarbeiter – völlig wertfrei und möglichst realistisch.

Leadership bedeutet Erkennen der Führungssituation als Wechselspiel von Darwinismus und Opportunismus!

Man kann aber – und dies ist jetzt wieder der Übergang von der Deskription zur Präskription – in jeder dieser Situationen richtig oder falsch führen. So kann Feudalismus auf der einen Seite eine fürsorgliche patriarchalische Grundstruktur implizieren, auf der anderen Seite aber unfaire Ausbeutung.

3 Führung: Neo-situativ

Die Grundidee

An dieser Stelle drängt sich eine Parallele zum Grundmodell einer situativen Führung nach der Ohio-State-Forschung auf, wonach sich erfolgreiche Führung aus spezifischen und auf die Situation abgestimmten Kombinationen aus Aufgabenorientierung und Mitarbeiterorientierung ergibt (vgl. Scholz 2000). Diese Überlegung wird nun inhaltlich und konzeptionell durch den Darwiportunismus erweitert und erklärt dann, warum manche Führungskräfte beispielsweise im Feudalismus scheitern, andere aber diese Situation in einer für alle Beteiligten sinnvollen Form bewältigen.

Abbildung 2: *Darwiportunismus und seine Erfordernisse*

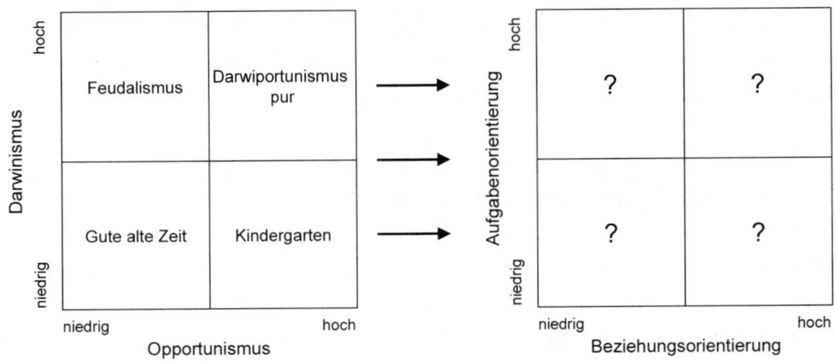

Vier Führungsstile

Beginnt man mit der Führung in der Guten alten Zeit, verlangt diese weitgehend ein Heraushalten. Die Führungskraft braucht deshalb weniger Beziehungs- und weniger Mitarbeiterorientierung. Sie braucht wenig Kontrolle, denn die Mitarbeiter praktizieren allenfalls geringen Opportunismus. Worte wie „wechselseitige Loyalität" und „Gemeinschaft" werden zu Recht groß geschrieben und umgesetzt. Gleichzeitig ist es aber die Aufgabe der Führungskraft, eine Ordnung zu schaffen und diese Ordnung aufrechtzuerhalten, die allen Organisationsmitgliedern das erwünschte Maß an Sicherheit liefert. Führungskräfte agieren also im Sinne einer zurückgezogenen Autorität, die den Mitarbeitern hohe Selbstverantwortung gibt. Ansonsten werden ihnen aber viele Entscheidungen abgenommen, wogegen die Mitarbeiter auch nichts haben.

Leadership in der „Guten alten Zeit" bedeutet weitgehendes Heraushalten und zielt letztlich auf Stabilität!

Ganz anders die Führung im Kindergarten: Hier braucht es Freiraum zur Selbstverwirklichung der Mitarbeiter, da nur so Kindergarten im positiven Sinne umgesetzt und die gewünschte Kreativität freigesetzt wird. In der Situation Kindergarten führen Führungskräfte mit starker sozio-emotionaler Fokussierung und versuchen, Probleme beziehungsorientiert zu lösen. Die Mitarbeiter werden über Angebote des Unternehmens informiert und erhalten diverse Annehmlichkeiten. Die Prozesse sollen in ihrem Interesse reibungslos ablaufen und vor allen Dingen soll es den Mitarbeitern Spaß machen, ihre Autonomie auszuleben. Wichtig: Darwinistischer Druck wird nicht ausgeübt.

Leadership im „Kindergarten" bedeutet Schaffen von Freiraum und zielt letztlich auf Kreativität!

Im Leadership des Feudalismus sieht sich die Führungskraft als lenkende Autorität mit starker Fokussierung auf die Aufgaben und den hierarchischen Status. Bei unternehmerischen Entscheidungen stehen Kostenaspekte im Vordergrund. Durch Verlagerung von möglichst vielen Aktivitäten auf die Mitarbeiter soll Geld eingespart und dadurch das Unternehmen wettbewerbsfähiger werden. Zudem werden häufig Kontrollsysteme zur Leistungsüberwachung installiert.

Leadership im „Feudalismus" bedeutet Leistungskontrolle und zielt letztlich auf Effizienz!

Im Darwiportunismus pur basiert die Personalarbeit auf den Regeln eines offenen-konstruktiven Verhandlungsprozesses. Das Führungssystem will hier gleichzeitig den Informations- und Gestaltungsinteressen des Unternehmens und der Mitarbeiter gerecht werden. Dies verlangt primär nach dem Installieren eines Marktes, der zu beiden

Seiten hin für Interaktionen offen ist. Der Mitarbeiter ist den Chancen, die sich ihm bieten, und den darwinistischen Kräften, die gegebenenfalls auf ihn wirken, ausgesetzt. Den darwinistischen Druck, als Unternehmen im Wettbewerb ganz vorne mitzuspielen, gibt es zwar, aber das Unternehmen registriert auch die opportunistisch-autonomen Spielräume der Mitarbeiter. Es versucht bewusst, diese Spielräume durch eine positiv belegte Vision in Richtung der Unternehmensinteressen zu lenken. Zielsetzung ist weniger die Wirtschaftlichkeit als vielmehr die Erreichung der strategischen Unternehmensziele im Sinne von Effektivität.

Leadership im „Darwiportunismus pur" bedeutet Visionsvorgabe und zielt letztlich auf Effektivität und das Ziel, „Nummer 1" zu sein!

Abb. 3 fasst diese Überlegungen zusammen und zeigt, dass die vier Führungsstile der Darwiportunismus-Matrix eng mit den Führungsstilen der Ohio-State-Forschung zusammenhängen.

Abbildung 3: *Situatives Leadership im Darwiportunismus*

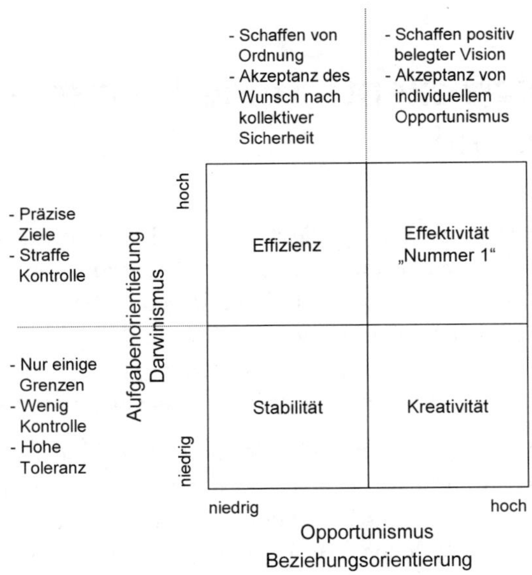

Der Unterschied zwischen der „neo-situativen" Führung in der Darwiportunismus-Matrix und der traditionellen Ohio-State-Forschung besteht darin, dass bei der Ohio-State-Forschung die Führungseffektivität noch weitgehend unspezifiziert ist, wohingegen die Darwiportunismus-Führungsstile klar trennbare Führungsziele verfolgen, die sich unmittelbar aus der Situation ergeben. Hierdurch lässt sich eine Passung an Führungssituationen herstellen: Erfordert eine Aufgabe Kreativität, so ist das Leadership anders auszurichten als bei Aufgaben, die reine Effizienz fordern.

Allerdings – und dies ist eine in ihren Konsequenzen noch schwer abschätzbare Feststellung – erfordern die vier verschiedenen Situationen vollkommen anderes Führungsverhalten, das in seiner Unterschiedlichkeit weit über die Unterschiede in der üblichen situativen Führung hinausgeht. Denn hier sind jeweils vollkommen andere Verhaltensweisen mit vollkommen anderen Denkmustern gefragt.

Leadership in einer darwiportunistischen Welt stellt Anforderungen an Führungskräfte, die weit über die bisherigen Herausforderungen hinausgehen!

Dies erklärt, warum beispielsweise Carly Fiorina von Hewlett Packard mit ihrem auf „verordneten Unternehmens-Darwinismus ohne tolerierten Mitarbeiter-Opportunismus" ausgerichteten Verhalten in der Kategorie Feudalismus glänzte, aber scheiterte als das Unternehmen sich auf die Reise in den Darwiportunismus pur machte.

4 Erfolgsrezept: Keine Stammplatzgarantie!

Eine besondere Herausforderung ist die Kategorie „Darwiportunismus pur". Gerade für diese Kategorie steht schon empirisch fest: Das Paradigma der Stammplatzgarantie hat ausgedient! Es ist mehr als zweifelhaft, ob gegenwärtig überhaupt noch irgendwelche Unternehmen ihren Mitarbeitern eine Stammplatzgarantie geben wollen beziehungsweise geben können. Umgekehrt ist ebenso zweifelhaft, ob Mitarbeiter den Unternehmen rational oder emotional einen Stammplatz im Sinne von Loyalität geben.

Im Prinzip will natürlich jeder Mitarbeiter loyale Unternehmen und umgekehrt jedes Unternehmen loyale Mitarbeiter. Gibt es aber gegenwärtig loyale Mitarbeiter und loyale Unternehmen? Sucht man nach einer ehrlichen Antwort, so lautet diese eindeutig nein! Natürlich ist man immer loyal, wenn es entweder keine Alternativen gibt oder aber diese „Loyalität" nichts kostet. Was aber ist wirkliche Loyalität? Aus Sicht des Unternehmens würde dies bedeuten, einen Mitarbeiter weiter zu beschäftigen, nur weil er in der Vergangenheit eine gute Leistung erbrachte und diese Weiterbeschäftigung beizubehalten, auch wenn in der Zukunft absolute Minderleistungen zu erwarten sind. Loyalität von Seiten des Mitarbeiters würde bedeuten, dass dieser aufgrund der vergangenen Erfahrungen bei einem Unternehmen bleibt, auch wenn ihm die

Zukunft bei diesem Unternehmen eindeutig soziale und wirtschaftliche Nachteile bringt. Betrachtet man Loyalität also im Hinblick auf die tatsächlichen Vor- und Nachteile des praktizierten Verhaltens, so wird auch der Grund für ihr Fehlen offenkundig. Daher ist es sinnlos, diese Verhaltensmuster hochzustilisieren und ihr Fehlen emotional zu kritisieren.

Das Erfolgsrezept im Darwiportunismus pur ist der konsequente Verzicht auf eine Stammplatzgarantie. Der erfolgreichste deutsche Fußballverein Bayern München macht dies vor: Nur wer Leistung bringt, kommt zum Einsatz. „(Fast) jeder muss um seinen Stammplatz kämpfen!" Die Spieler stehen im ständigen Wettstreit zu den übrigen Mannschaftskollegen und handeln dadurch in ihrem darwinistischen Spiel zwangsläufig opportunistisch. Denn mit etwas Pech und etwas schlechter Leistung gehören sie über einen längeren Zeitraum nicht zur ersten Mannschaft. Dieses System führt aber nur deshalb zum Erfolg, weil alle im Verein diese interne Spielregel kennen und sie akzeptieren.

Diese Logik lässt sich auch auf die Arbeitswelt übertragen. Betrachtet man Führungskräfte in Unternehmen: Es zählen nicht mehr die Erfolge aus der Vergangenheit, sondern aktuelle Leistung und individuelle Perspektive. Und Länder mit geringer ausgeprägtem Kündigungsschutz haben zudem eindeutig geringere Arbeitslosenquoten und – sofern auch noch geringere Tariflöhne hinzukommen – eine wesentlich geringere Zahl an Langzeitarbeitslosen. Es gilt also, zum einen die „Leistungskultur ohne Stammplatzgarantie" zu forcieren, allerdings in wohl strukturiertem Rahmen verbunden mit einer tragfähigen Unternehmenskultur.

Doch auch bei Bayern München spielen die Fußballer zwar (etwas) gegeneinander, trotzdem aber (primär) miteinander! Anstatt einer dominierenden Ellbogenmentalität ist eine Teamstruktur gefragt, wo Mitarbeiter – nicht nur bedingt durch Sympathie und Loyalität, sondern primär getrieben durch den eigenen Wunsch nach Erfolg – mit den Kollegen zusammenarbeiten und so eine vernünftige Struktur schaffen. Deshalb ist es zum anderen wichtig, den mit Darwiportunismus pur skizzierten Zustand positiv zu belegen und darauf hinzuweisen, dass hier ein potenzieller Schlüssel zum wirtschaftlichen Erfolg liegt.

Leadership im „Darwiportunismus pur" bedeutet Spielen ohne Stammplatzgarantie und durch die dadurch mobilisierten Kräfte Verbesserung des Unternehmenserfolges und damit Verbesserung der Arbeitsplatzsicherheit!

Fehlende Stammplatzgarantie bedeutet nicht, Mitarbeiter bei jeder Kleinigkeit zu entlassen. Vielmehr bedeutet es den Abschied von fest gefügten und in der Zukunft fest zementierten Positionen und Gehältern. Es bedeutet zudem konsequentes Nutzen von Marktkräften verbunden mit einer gewissen sozialen Absicherung, ermöglicht durch erfolgreicheres unternehmerisches Handeln.

Darwiportunismus pur kann zu einem positiven Leadership-Szenario werden, wenn auf die wechselseitige Abstimmung und den wechselseitigen Ausgleich zwischen der Gruppe und dem Einzelnen abgestellt wird. Es ermöglicht den Akteuren, ihre eigenen Interessen offen in die Gestaltung der gemeinsamen Arbeit mit einzubringen und im Vorfeld Grenzen der Zumutung abzustecken. Hierdurch steigt die Chance, einvernehmlich die Basis für eine langfristige Kooperation zu legen, in der nicht erste Konflikte bereits aufgrund verschwiegener Interessen vorprogrammiert sind. Unternehmen und Mitarbeiter haben es in der Hand, auf der gesamten Bandbreite den neuen psychologischen Kontrakt miteinander abzuschließen.

Es gilt, das Unternehmen mit einer für die Mitarbeiter akzeptablen Identität auszustatten, die Sinn stiftet und die das Gefühl für ein positives Umfeld aufkommen lässt: Mitarbeiter haben heute wie gestern den Wunsch nach emotionaler Bindung – vielleicht kurzfristiger, vielleicht mit anderer Identität, vielleicht in anderer Form. Dies erfordert Dialog und Dialogbereitschaft bei allen Akteuren. Nur wer sich hier der Realität stellt, kann auch sinnvoll mitwirken und nur wer das System versteht, kann es auch gestalten!

5 Weiterführung: Das 5-Sekunden-Modell

Bereits die Führung eines einzelnen Mitarbeiters ist eine komplexe Aufgabe, die nur selten funktioniert, gerade weil nicht immer in ausreichender Form auf die darwiportunistische Führungssituation Rücksicht genommen wurde – und zwar weder im Führungsalltag, noch im Führungstraining. Dementsprechend wird es noch schwieriger, wenn es um die Führung von Teams und hier vor allem um Hochleistungsteams geht. Interessant vor diesem Hintergrund ist die „reale Anwendung" der Darwiportunismus-Logik auf die Deutsche Kammerphilharmonie Bremen (vgl. Scholz/Schmitt 2011):

Die Deutsche Kammerphilharmonie Bremen zählt zu den führenden Orchestern der Welt mit regelmäßigen Auftritten in London, Salzburg und New York, Tokio, Paris oder Madrid. Gegründet von Musikstudenten im Jahre 1980, arbeitet dieser ungewöhnliche Klangkörper mit Dirigenten wie Daniel Harding und Paavo Järvi, aber auch mit Solisten wie Heinrich Schiff, Christian Tetzlaff, Hélène Grimaud und Lisa Batiashvili.

Das Orchester selbst gehört quasi auch den Musikern, die dementsprechend als Unternehmer agieren. Sie sehen sich als Hochleistungsteam, das einen entsprechenden Erfolg erwarten und sich – auch im „Miteinander" – weiterentwickeln will. 2003 entstand daher das Projekt „Organisationsentwicklung" mit einer absolut interessanten Ausgangssituation: Das Orchester, das sich selbst zum Gegenstand der Organisationsentwicklung erklärte, war bereits zu diesem Zeitpunkt eines der besten in seinem Feld, wollte aber seine Qualität verbessern und entsprechend auch im internen Miteinander thematisieren. Deshalb sollten die Veränderungen auch möglichst gering ausfallen – um nicht vielleicht das geheime und auch für die Akteure nicht bekannte Gewürz für den Erfolg zu vernichten. Trotzdem sollte und wollten das Orchester im Ergebnis einen Quantensprung realisieren, um auf einem noch höheren Niveau zu agieren. Es ging also um, nicht mehr und nicht weniger, die Suche nach der offenbar überaus wirksamen DNA der Deutschen Kammerphilharmonie Bremen.

An dieser Stelle interessieren weder Prozess noch Details, sondern nur die Ergebnisse, die aus fünf Wortpaaren bestanden: Der Erfolg im Sinne der wirksamen DNA der Deutschen Kammerphilharmonie Bremen ist zurückzuführen auf fünf Merkmalspaare, nämlich

- Notwendigkeit vs. Sinn,
- Hierarchie vs. Demokratie,
- Perfektion vs. Abenteuer,
- Energie vs. Konzentration und
- Erfolg vs. Spaß.

Diese Wortpaare wurden wegen ihrer Widersprüchlichkeit „Sekunden" genannt, ist doch in der Musik eine Sekunde der kleinste mögliche Abstand zwischen zwei Tönen. Wenn die beiden im Sekundenabstand befindlichen Töne nacheinander gespielt werden, entsteht der Eindruck eines Schrittes. Wenn die beiden Töne gleichzeitig gespielt werden, entsteht eine extrem starke Reibung, eine Dissonanz, ein schräger Klang, der das Ohr reizt und der dringend einen weiteren Schritt zu fordern scheint, um die als unangenehm empfundene Spannung aufzulösen. Die Sekunde ist also auch der größtmögliche Spannungszustand in der Musik. Ohne Dissonanzen wäre Musik nach kürzester Zeit langweilig und schal, sozusagen in Harmonie ertrunken.

Beide Eigenschaften lassen die Sekunde ideal erscheinen zur Beschreibung der fünf Begriffspaare, an denen sich das Hochleistungsteam Die Deutsche Kammerphilharmonie Bremen orientiert. Alle fünf Paare stehen wie die Sekunde in großer Gegensatzspannung und scheinen nach Auflösung zu streben. So wie die Sekunde die Musik lebendig erhält, halten die Begriffspaare den Hochleistungsteamgeist lebendig, motivieren, ständig neu zu balancieren, um voranzuschreiten.

Der Darwiportunismus war dabei zwar Auslöser für das Projekt „Organisationsentwicklung", er spielte bei der Extraktion der Erfolgsfaktoren keine bewusste Rolle mehr. Als Zusammenspiel aus kollektiven Wettbewerbsstrukturen und individuellen Nützlichkeitserwägungen schlug er sich aber ohne Zutun im 5-Sekunden-Modell nieder:

- Auf der einen Seite (die sich jeweils im erstgenannten Merkmal manifestiert) stehen Konzepte aus der kollektiven Darwinismus-Logik. So ist *Notwendigkeit* ebenso wie *Hierarchie* ein klares Steuerungskonzept aus dem Darwinismus. *Perfektion* stammt unmittelbar erkennbar aus dem Instrumentenkasten von Charles Darwin, denn schließlich zielt die gesamte Evolution auf kontinuierliche Verbesserung. *Energie* verbindet man in der Systemtheorie mit dem 2. thermodynamischen Gesetz. Schließlich ist *Erfolg* zentraler Indikator dafür, ob „Fitness" gegeben ist.
- Auf der anderen Seite stehen die Konzepte, die sich immer an einer einzigen Person und somit auch am Opportunismus festmachen lassen. Die *Sinnstiftung* erfolgt für eine konkrete Person. *Demokratie* gibt dem Einzelnen die Chance, sich einzubringen. Ein *Abenteuer* geht immer eine konkrete Person ein. *Konzentration* ist eine Leistung, die wir üblicherweise einem einzelnen Menschen zuschreiben, und schließlich hat auch dieser erstmal *Spaß*. Hier geht als um individuellen Opportunismus in seinen verschiedenen Facetten.

Alle darwinistischen Aspekte (also jeweils das erste Wort) laufen auf die Entwicklung von Systemen und Organisationen hinaus. Alle opportunistischen Aspekte (also jeweils das zweite Wort) beziehen sich auf unmittelbare Personen und nehmen sie in die Pflicht.

Diese Befunde sind damit nicht nur ein Beleg für die These, dass sich erfolgreiche Organisationen (durchaus unbewusst) an der Darwiportunismus-Logik orientieren, der Darwiportunismus also Teil des Erfolgs-Gens von erfolgreichen Unternehmen ist. Sie führen auch zu einer wichtigen Konkretisierung des Führungsaspektes im Darwiportunismus-Modell: Denn mehr noch als theoretisch-abstrakte Konstrukte sind diese fünf Wortpaare perfekte Illustrationen für darwiportunistische Führung – nicht nur in Orchestern, sondern in Banken, bei Energieversorgern, bei Logistik-Dienstleistern, in Brauerein und vielen anderen Unternehmen, die alle entsprechende 5-Sekunden-Workshops mit der Deutschen Kammerphilharmonie Bremen durchgeführt haben.

Altbekannte Analogien nach dem Muster „wie können Musiker zusammenspielen, damit ein gemeinsamer Klang entsteht", ist dabei kein Ziel – denn weder Darwiportunismus im Allgemeinen noch das 5-Sekunden-Modell im Speziellen implizieren Harmonie. Hochleistung entsteht anders. Hochleistung braucht Dissonanz. Deshalb helfen auch Analogien wie „von Solisten zum Orchester" nur begrenzt weiter, weil zum einen kein Spitzenorchester auf der Welt ausschließlich aus Solisten besteht und zum anderen der in dieser Aussage implizite Verschmelzungsprozess ohne Relevanz für wirkliche Hochleistungsteams ist.

Es interessiert das Miteinander der Musiker mit seinen unterschiedlichen Führungsaspekten, wozu auch das bewusst realisierte und erlebte Umschalten zwischen hierarchischen und demokratischen Phasen gehört. Auf der rein emotionalen Ebene geht es also um das hautnahe Erleben eines Hochleistungsteams und um den unmittelbaren Kontakt zu seinen Mitgliedern. Auf der eher intellektuellen Ebene geht es um das

Verstehen, dass eigenverantwortliche Hochleistung Umgang mit Widersprüchlichkeit bedeutet – eine darwiportunistische Logik, die sich in den oben beschrieben fünf Sekunden manifestiert.

Literatur

Scholz, C (2000): Personalmanagement: informationsorientierte und verhaltenstheoretische Grundlagen, 5., neubearbeitete und erweiterte Aufl., München

Scholz, C. (2003): Spieler ohne Stammplatzgarantie: Darwiportunismus in der neuen Arbeitswelt, Weinheim

Fredmund Malik

Leadership im Unternehmen – Trends und Perspektiven

1 Zum Diskussionsstand von Leadership

In Zusammenhang mit Unternehmensführung kommt man kaum um die Themen „Führerschaft", „Führung" und „Führer" herum. Sollen in den Schlüsselpositionen einer Organisation Manager sein oder Führer? Gibt es zwischen ihnen Unterschiede – wenn ja, welche? Immer mehr Leuten scheint Management nicht genug zu sein, vorwiegend deshalb, wie mir scheint, weil sie keine Unterscheidung von schlechtem und gutem Management vornehmen. Sie fordern stattdessen Leadership. Mit bemerkenswerter Nonchalance wird über ein Thema gesprochen, das geschichtlich höchst vorbelastet ist. Geschichte spielt in der aktuellen Diskussion aber so gut wie keine Rolle.

Der größte Teil der neueren Literatur – dieser Band ist eine Ausnahme – ist auch auffallend eindimensional. Es wird über Leadership in der Wirtschaft geredet, so als ob es nicht andere Bereiche gäbe, in denen Führer und Führung wichtig sind etwa die Kirchen und Ordensgemeinschaften, die militärischen Organisationen oder die Politik – und ganz allgemein der Non-Profit-Sektor. Die Diskussion ist in diesen Bereichen weiter fortgeschritten und auf einem höheren Niveau als sie es in der Wirtschaft bisher war. Damit will ich nicht andeuten, dass man Führungstheorien von dort ohne weiteres in die Wirtschaft übertragen soll. Ohne eine Auseinandersetzung mit den Wissens- und Erfahrungsbeständen dieser Gebiete wird es aber kaum gehen. Das Thema gehört zu den schwierigsten; es ist ein Minenfeld. Ich meine, dass die Bedeutung von Leadership für jede Organisation und für die Gesellschaft als Ganzes eine gründliche Befassung erfordert und keinen Dilettantismus verträgt.

2 Leadership – ein gefährliches Wort

„Leadership" und „Leader" sind gefährliche Wörter, weil damit zwar die besten Leistungen der Geschichte, aber auch die schlechtesten verbunden sind. Sie können zu leicht missbraucht werden. Würde man sie in Deutsch verwenden, wäre das sofort zu sehen. Es sind Wörter, die das 20. Jahrhundert zum blutigsten der Geschichte machten. Fünfzig Jahre Abstand zum größten Missbrauch der Begriffe „Führer“ und „Führerschaft“ können nicht ausreichen, um sie wieder kritiklos in die Diskussion zu bringen. Die Gefährlichkeit des Wortes „Leadership“ zeigt sich in zwei Fällen, die sich zu häufen begonnen haben. Erstens, wenn es in einem bestimmten Vergleichskontext mit Management verwendet wird und zweitens, wenn damit der Ruf nach einem speziellen Persönlichkeitstypus verbunden ist.

3 Falsche Übersetzungen

In einigen Zusammenhängen ist das Wort „Leadership“ unbedenklich und kann kaum missverstanden werden: z.B. Market- oder Quality-Leadership und Cost-Leadership sind auf Englisch und Deutsch problemlos. Auch in Verbindung mit dem Sport, wie bei Tour-Leader oder Cheer-Leader, wird es kaum zu Problemen kommen können.

Der Verwendung des Begriffes „Leadership“ in der Wirtschaft liegt eine falsche Übersetzung zugrunde. Nicht, wie meistens üblich, vom Englischen ins Deutsche, sondern umgekehrt. Das deutsche Wort „Führung“ wird mit Leadership ins Englische übersetzt. Management heißt auf Deutsch „Führung“; das deutsche Wort „Führung“ ist demzufolge in fast allen Fällen mit „Management“ ins Englische zurückzuübersetzen, gelegentlich mag auch „Administration“ passen, wie etwa in "Business Administration". Es gibt aber kaum einen Fall, wo wir den deutschen Ausdruck für Manager, nämlich Führungskraft, zurück ins Englische mit „Leader“ übersetzen dürften. Fast durchwegs ist für Personen, die man im Deutschen als Führungskräfte bezeichnet, im Englischen der Begriff „Manager“ zu verwenden. Bei höheren Führungskräften würde man von „Officers“ oder „Directors“ sprechen. Für den Chef einer Abteilung sagt man nicht „Leader of“, sondern „Head of“ und der Generalbegriff für höhere Führungskräfte wäre „Executives“. Der "CEO" ist der Chief Executive Officer und nicht der Chief Executive Leader. Nur in ganz seltenen Ausnahmefällen dürfte man das Wort „Leader“ verwenden.

Klarerweise sagt man nicht Mountain Leader für einen Bergführer, sondern Mountain Guide. Auch ein Fremdenführer ist kein Leader, sondern ein Guide.

4 Falsche Vergleiche

In der aktuellen Literatur ist bei vielen Autoren, die sich mit Leadership befassen, die ausgeprägte Tendenz zu beobachten, Management und Leadership in einen krassen, aber gänzlich falschen Gegensatz zu stellen. Um die Bedeutung von Leadership möglichst groß zu machen, machen sie jene von Management möglichst klein. Demnach wären Manager dann bloße Administratoren, Operateure und Exekutoren, die an den gegebenen Zuständen kleben, gegenwartsorientiert sind, mit Regeln und Kontrollen arbeiten – im Kern also Techno- und Bürokraten sind, während die Leader als Innovatoren, begeisternde Visionäre und Pioniere gesehen werden.

So meint, stellvertretend für viele, der Ausbildungsleiter einer der größten Schweizer Banken: „Leadership schafft den eigentlichen Wandel, während das Management nur kleine Veränderungen initiiert." Und ein Consultant unterscheidet den „transformierenden Leader" vom Manager unter anderem durch folgende Zuschreibungen:

Tabelle 1: *Leader oder Manager*

Leader	Manager
weit	eng
tief	oberflächlich
experminentell	mechanisch
aktiv	reagierend
langfristig	kurzfristig
flexibel	starr
offen	geschlossen

Abgesehen davon, dass es der Tabelle an Logik fehlt, steht es jedem frei die Dinge so zu sehen. Die Frage ist, was damit gewonnen wird. Dass es Leute in Führungspositionen gibt, auf die die Begriffe der rechten Seite der Liste zutreffen, sagt nichts über Management aus. Es beweist nur, dass es auch schlechte Manager gibt, was kaum je bestritten wurde. Ich mache einen anderen Vorschlag: Wenn wir hoffen wollen, das Wesentliche an Leadership zu erkennen, dann muss man von einem möglichst positiv verstandenen Bild von Management ausgehen und von dort aus dann fragen, was Leadership darüber hinaus noch zusätzlich bedeutet. Tut man das nicht, dann wird einfach alles Schlechte als Management bezeichnet und alles Gute als Leadership. Es wird schlechtes Management mit guter Leadership verglichen – ein grober Fehler.

Damit hat man weder über Management noch über Leadership etwas gelernt, sondern nur Etiketten ausgetauscht und Wörter herumgeschoben.

Zuerst muss also zwischen schlechten und guten Managern unterschieden werden, was keine besonderen Probleme stellt (vgl. auch Malik 2000, 2005). Dann erst kann sinnvoll gefragt werden, was allenfalls den Leader vom guten Manager unterscheidet und wo der Leader noch über den guten Manager hinausgeht. Von dort aus muss noch die möglicherweise schwierigere Arbeit geleistet werden, die Leader von den Misleadern zu trennen. Auf der Basis des gegenwärtig aus dem Großteil der Literatur erkennbaren Verständnisses wird man diese Fragen nicht lösen können.

5 Falsches Absolutum

Ein weiterer Fehler ist, dass im überwiegenden Teil der Literatur Leadership verabsolutiert wird. Es wird nach einem „Ultimativum" der Führung gesucht, in der Regel nach bestimmten Persönlichkeitseigenschaften. Die Geschichte zeigt aber, dass es keine verallgemeinerungsfähigen Führereigenschaften gibt.

Führerschaft ist etwas Relatives; sie ist nicht absolut, sondern abhängig von der Situation und nur aus einer solchen heraus verständlich und erklärbar. Ein und dieselbe Person kann sich in der einen Situation als herausragender Führer erweisen und in einer anderen wenig bis gar nichts von Führerschaft zeigen. Führerschaft liegt nicht in der Person allein. Es bedurfte der speziellen Situation des Zweiten Weltkrieges, um aus Winston Churchill und Franklin Roosevelt Führer zu machen, die sie nach Ansicht der meisten Fachleute waren. Die Situation und das spezifische Handeln in dieser Situation sind es, die Leadership ausmachen. Ohne die Situation wäre das Handeln weder nötig noch möglich noch würde es Sinn haben. Es ist die Situation, meistens die Krise, die Show von Substanz trennt. Wenn man Leadership auf die Spur kommen will, so muss demnach gefragt werden: Was war es an oder in der speziellen Situation, in die die Person gestellt war, das sie zum Leader machte oder, besser, werden ließ?

6 Falsche Persönlichkeitsmerkmale

Vollends gefährlich wird die Verwendung des Wortes „Leadership" dann, wenn sie, was regelmäßig der Fall ist, mit der Forderung nach einem bestimmten Persönlichkeitstyp verbunden ist, der herausragenden, außergewöhnlichen, elitären, berufenen, visionären, charismatischen, missionarischen Anführerfigur, eben dem Führer. Es gibt in der Geschichte nicht viele Fälle, in denen solche Personen nicht Katastrophen bewirkt hätten. Allein das 20. Jahrhundert bietet reichliche Beispiele. Sämtliche Kriterien der heute in Mode stehenden Leadership-Theorien gelten auch für Adolf Hitler, Mao Tse Tung und Josef Stalin. Sie waren in höchstem Maße „herausragend, außergewöhnlich, elitär, berufen, visionär, charismatisch und missionarisch", nur in welchem Sinne? Dass solche Konsequenz nicht die Absicht der Autoren dieser Leadership-Theorien war, will ich gerne glauben. Aber was soll man von Theorien halten, die zwischen Hitler und Churchill oder Stalin und Roosevelt nicht zu unterscheiden vermögen? Sie sind nicht nur ungeeignet, sondern gefährlich.

In Wahrheit gibt es keine Gemeinsamkeiten in den Eigenschaften von Menschen, die man typischerweise als Leader ansieht. Manche sind außerordentlich intelligent, andere sind geistig eher mittelmäßig. Manche sind „nette Burschen", umgänglich und locker; andere sind unnahbar, zurückhaltend und spröde, von strenger Disziplin, vielleicht von Askese geprägt. Manche sind Draufgängertypen und „Machos"; andere sind kultivierte Menschen, leise und vornehm. Manche lieben Luxus und Show; andere können das nicht ausstehen. Es gibt solche, die eher impulsiv und spontan sind, während andere alles gründlich studieren und lange Perioden grübelnden Nachdenkens und bohrender Zweifel hinter sich bringen müssen, bis sie zu einer Entscheidung kommen. Manche suchen den Kontakt mit Menschen, haben immer ein offenes Haus oder Büro, während andere sich unter Menschen überhaupt nicht wohl fühlen und eher zu Einsamkeit und Zurückgezogenheit tendieren.

7 Falsche Logik

Es sind, wie gesagt, ganz bestimmte Verhaltensweisen in ganz bestimmten Situationen – nicht persönliche Eigenschaften – die die Führerschaft einer Person erklären und begründen und die vor allem eines bewirken: Gefolgschaft, Glaubwürdigkeit und Vertrauen – und nicht nur Kumpanei. Eigenschaften sind nicht kausal für Führerschaft. Wenn man dem nachgeht, zeigt sich praktisch immer, dass ein logischer Fehler ganz besonderer Art vorliegt: Es ist der Fehlschluss vom Späteren auf das Frühere.

Sobald sich Führerschaft herauskristallisiert und sich daher so etwas wie Gefolgschaft entwickelt, steht die betreffende Person naturgemäß im Mittelpunkt des Interesses und der Aufmerksamkeit ihrer unmittelbaren Umgebung und, seit es Massenmedien gibt, im Zentrum des Medieninteresses. Dann – und meistens nicht vorher – fallen den Leuten alle möglichen Eigenschaften auf, die der Führer tatsächlich oder vermeintlich hat (häufig sind es Projektionen und PR-Wirkung), die vorher aber im Grunde niemand für beachtenswert gehalten hat. Dann wird der Schluss gezogen, der Führer habe wegen dieser Eigenschaften Führerschaft erlangt. In aller Regel ist es aber genau umgekehrt: Diese Eigenschaften gelten als bemerkenswert, weil er Führerschaft erlangte. Zuerst war die Führerschaft da und dann erst – und deswegen – werden Eigenschaften überhaupt bemerkt.

Es ist ein klassischer Fehlschluss – post hoc ergo propter hoc – der in Zusammenhang mit dem Kausalitätsdenken und dem Kausalitätsprinzip in den Wissenschaften immer wieder vorkommt, wissenschaftsphilosophisch gut erforscht ist und daher von guten Wissenschaftlern auch peinlich vermieden wird. Zu beachten ist auch, dass die Informationslage über die behaupteten Leader schlecht ist. Nur auf wenigen Gebieten gibt es ausreichende Dokumente, um eine Person überhaupt beurteilen zu können. Vorbildlich wurde zum Beispiel das Handeln der hohen amerikanischen Militärs im Zweiten Weltkrieg dokumentiert. Es ist eine Ausnahme.

8 Falsche Theorien

Falsche Leadership-Theorien wirken sich in der Politik zwar mörderischer aus als in der Wirtschaft, aber auch hier sind die Schäden enorm. In der Unternehmensführung sind die Folgen solcher Theorien Größenwahn, falsche Strategien, gescheiterte Imperien, Bilanzfälschung, Bereicherung, Großbankrotte und Wirtschaftskriminalität. Die Wirtschaftskrisen, die es seit rund 2000 in den meisten entwickelten Ländern in unterschiedlichem Ausmaß gibt, haben ihre Ursache in erheblichem Umfang in falschem Führungsverständnis.

Das wiegt umso schwerer, als Leadership im propagierten Sinne weder für politischen noch für wirtschaftlichen Erfolg nötig ist. Um das zu sehen, bedarf es der Unterscheidung zwischen den so genannten großen und den echten Führern sowie zwischen schlechten und guten Managern. Schon Jakob Burckhardt konnte der „Größe" der „großen" Führer wenig abgewinnen, wie er im fünften Kapitel seiner weltgeschichtlichen Betrachtungen zweifelsfrei festhält (vgl. Burckhardt 1978). Die echten Führer und die wirklich guten Manager würden keinen einzigen der heute in Mode stehenden Leadership-Tests bestehen. Weder Präsident Harry Truman noch General George Marshall, weder Ferdinand Piëch, Wendelin Wiedeking noch Helmut Maucher erfüllen die Kriterien der Leadership-Theorien; dasselbe gilt für Männer, wie Konrad Adenauer, Helmut Schmidt und Henry Dunant, und für Frauen, wie Florence Nightingale und Mutter Theresa. Alle haben Hervorragendes geleistet, nicht aufgrund ihres Seins, sondern durch ihr Tun, nicht mit bombastischen Slogans, sondern durch Beispiel, nicht durch Charisma, sondern durch Expertise, Erfahrung und Verantwortung.

Offenkundig sind die Theorien falsch. Eine Leadership-Theorie, die der Befassung wert ist, muss auf jeden Fall und mindestens eines leisten: Sie muss sich dem Problem der Unterscheidung zwischen Führern und ihrem Gegenteil stellen. Das Gegenteil sind aber nicht die Nicht-Führer, sondern es sind die „Ver-Führer". Die Nicht-Führer sind kein Problem. Das Problem sind jene Menschen, die durchaus fähig sind Kräfte zu mobilisieren, Gefolgschaft anzuziehen und Menschen zu bewegen, diese Fähigkeiten aber missbrauchen. Eine gute Leadership-Theorie muss eine klare Unterscheidung möglich machen, ja erzwingen. Sie muss brauchbare Kriterien dafür liefern, wie wir die Verführer identifizieren und ausscheiden können, und zwar im Voraus, nicht erst im Nachhinein.

Viele Autoren scheinen das Problem nicht zu sehen, ganz zu schweigen, dass sie Lösungsansätze hätten. Sie fabulieren über Qualitäten und Eigenschaften, die Menschen ihrer Meinung nach haben müssen, um Leader zu sein. Sie phantasieren von Begeisterung, Inspiration, großen Visionen und Siegergestalten. Ich halte das im günstigen Fall für romantische Selbsttäuschung. Es ist eine historisch kurzsichtige Denkweise, die das Elementarste nicht zu leisten vermag, was von einer Leadership-Theorie zu verlangen wäre, nämlich Führer von Ver-Führern zu unterscheiden, die echten Führer von den Egomanen, Bluffern, Autokraten und Verbrechern.

9 Echte Führerschaft

Grundlage guten Managements sind handwerkliches, das heißt lehr- und lernbares Wissen und Können. Auch Leader kommen nicht ohne die handwerkliche Basis guten Managements aus und keine Organisation wird ohne diese funktionieren können. Echte Leader bleiben dabei aber nicht stehen; sie gehen einige kleine, aber wichtige Schritte darüber hinaus. Sie beherrschen ein paar Dinge besonders gut, nicht weil sie ihnen angeboren wären (obwohl dies gelegentlich der Fall sein mag und ihnen damit vieles leichter von der Hand geht als anderen Menschen), sondern weil sie wissen oder spüren, dass sie als letztlich gewöhnliche Sterbliche nur wenig Mittel haben, um menschliche Kräfte zu mobilisieren und daher konzentrieren sie sich auf die wesentlichen Dinge systematisch und arbeiten konsequent an den entscheidenden Elementen wirklicher Führung. Wer am Schluss dieses Abschnittes meint, diese seien auch "nur" gutes Management, hat meine bereitwillige Zustimmung. Ich würde dann vorschlagen von sehr gutem Management zu sprechen.

Echte Leader sind auf die Aufgabe konzentriert

Echte Leader sind nicht an ihren persönlichen Bedürfnissen orientiert. Ihre Schlüsselfrage lautet nicht: Was will ich? Was passt mir? Sondern ihre Frage lautet: Was muss – objektiv – in dieser Situation getan werden? Der unmittelbare „Return" ist ihnen meistens unwichtig. Sie orientieren sich nicht an der Belohnung, schon gar nicht an geldmäßiger. Sie empfinden die Verpflichtung zu tun, was zu tun ist.

Diese Verpflichtung kann bis zur Besessenheit und zur Verdrängung aller anderen Dinge gehen. Die treibende Kraft ist aber die Aufgabe und nicht persönliche Bedürfnisse. Nicht selten stellen sie im Dienst an der Aufgabe ihre Bedürfnisse völlig zurück und nehmen erhebliche Opfer und Verzichtsleistungen auf sich – was häufig in ihrer Umgebung auf Verständnislosigkeit stößt.

Sie sind an den üblichen Motivationen nicht interessiert, schon gar nicht am ständigen Gerede über Motivation. Ihre Motivation und ihre Kraft resultiert aus der Aufgabe und den damit zusammenhängenden Erfolgen. Eine gut gelöste Aufgabe ist ihnen Befriedigung genug.

Echte Leader zwingen sich zuzuhören

Die Betonung liegt auf „zwingen", denn kaum einem fällt das leicht. Die meisten Führer sind ungeduldig und zutiefst davon überzeugt aus sich heraus richtig zu handeln.

Sie wissen aber, wie wichtig gerade deshalb jene Informationen sind, die sie nur von anderen bekommen können und zwar vor allem von der Basis ihrer Organisation. Sie bringen immer wieder Willen und Selbstdisziplin auf scheinbar geduldig zuzuhören – nicht zuletzt deshalb, weil sie wissen, dass sie ansonsten das Vertrauen ihrer Organisation verlieren. Das braucht nicht zu bedeuten, dass sie lange zuhören. Meistens haben sie wenig Zeit. Aber auch wenn sie sich nur zehn Minuten Zeit nehmen, in diesen hören sie für den anderen erkennbar aufmerksam zu.

Echte Leader arbeiten unermüdlich daran sich verständlich zu machen

Sie sind sich dessen bewusst, dass das, was ihnen klar ist, ihre Sicht, ihre eigene Vorstellungswelt, den anderen überhaupt nicht klar ist. Aus diesem Grund wiederholen sie die ihnen wichtig erscheinenden Botschaften immer wieder aufs Neue mit größter Geduld und Beharrlichkeit, möglicherweise mit Sturheit.

Im Bemühen sich verständlich zu machen, vereinfachen sie und befleißigen sich der Sprache des anderen und besonders häufig verwenden sie die bildhafte Analogie. Gelegentlich übersimplifizieren sie, weil sie wissen, dass komplizierte Dinge nicht verstanden werden und daher auch nicht wirksam werden können.

Um verstanden zu werden, greifen sie, wo immer möglich, zum besten Mittel der Kommunikation: Sie verhalten sich selbst so, wie sie es von anderen verlangen. Leader müssen die Regeln, die sie durchgesetzt haben wollen, selbst besonders peinlich befolgen. Sie können sich auf anderen Gebieten durchaus Privilegien herausnehmen, aber sie müssen die Grundregeln selbst strikt einhalten, weil sie sonst die Glaubwürdigkeit in ihrer Organisation verlieren. Verstoßen sie gegen dieses Prinzip, beginnt die Erosion ihrer Führungsposition.

Echte Leader verzichten auf Alibis und Ausreden

Sie sind an Resultaten interessiert und wo sich diese nicht einstellen, flüchten sie nicht in faule Begründungen und Ausreden. Gerade in Zusammenhang mit diesem Aspekt kann man gut jenen Punkt feststellen, an dem historische Personen gescheitert sind. Ihre Führungsposition hat in dem Augenblick zu erodieren begonnen, wo sie mit Alibis und Ausreden zu operieren begannen oder mit dem Errichten von Sündenböcken und Verschwörungstheorien.

Eine Zeitlang kann das funktionieren, aber der Keim des Scheiterns, des Verlustes der Glaubwürdigkeit und Überzeugungskraft ist bereits gelegt. Es mag in bestimmten Situationen noch lange gedauert haben, bis das Scheitern in voller Tragweite offenkundig wurde, dennoch beginnt es in der Regel damit, dass der Führer nicht mehr authentisch und nicht mehr ehrlich in diesem Punkt ist. Jede andere Art des Taktierens mag toleriert oder als ein Zeichen besonderer Intelligenz und Schlauheit gewertet werden – nicht jedoch Taktieren bezüglich dieses Aspektes.

Echte Leader akzeptieren ihre eigene Bedeutungslosigkeit relativ zur Aufgabe

Ich betone: relativ zur Aufgabe und nicht etwa relativ zu anderen Personen. Das ist häufig eine Quelle von Missverständnissen. Führer wissen sehr wohl, dass sie wichtig sind und sie lassen das die anderen auch durchaus spüren.

So sehr in der einen oder anderen Weise Personenkult mit Führern verbunden sein mag und dieser manchmal auch gegen ihren Willen von ihrer Umgebung verlangt und aufgebaut wird, sie selbst stellen sich unter die Aufgabe, die immer größer und bedeutsamer ist, als sie selbst. Dies ist der einzige Weg, trotz und gerade in der Einmaligkeit einer Leadership-Situation noch genügend Objektivität zu bewahren, um sich ein klares Bild über die Lage verschaffen zu können.

Sie akzeptieren die Aufgabe in ihrer vollen Bedeutung, aber sie identifizieren sich nicht mit ihr. Die Aufgabe bleibt immer etwas anderes als sie selbst, sie ist immer von ihrer Person verschieden. Das ist ein Punkt, an dem viele historische Führer gescheitert sind. Sobald die „L' état c'est moi"-Haltung im Vordergrund stand, mag zwar eine besonders glanzvolle Periode für die Person begonnen haben, aber in der Regel hat damit auch der Anfang vom Ende der Führung begonnen.

Es kommt noch etwas dazu, was wichtiger ist: Die Akzeptanz der Bedeutungslosigkeit der eigenen Person relativ zur Aufgabe ermöglicht es echten Führern, im entscheidenden Augenblick Mut und Zivilcourage aufzubringen: Im Zweifel opfern sie ihre Karriere um der Sache willen. Genau das ist es, was ihnen den Respekt der anderen verschafft und zu einem wesentlichen Teil liegt darin die Quelle ihrer Überzeugungskraft. Mehr kann ein Mensch kaum in die Waagschale werfen; wenn er das tut, ist das für andere ein nicht zu übersehendes Signal, dass er meint, was er sagt. Es beweist charakterliche Integrität.

Echte Leader stehlen ihren Leuten nicht den Erfolg

Bei allen Erfolgen, die sie selbst haben mögen, und bei aller Überzeugtheit, vieles besser machen zu können als andere, schmücken sie sich nicht mit fremden Federn. Sie denken „wir" statt „ich". Sie wissen, was ihre Mitarbeiter und die Organisation leisten und sie erkennen das an. Der Erfolg in der Sache ist ihnen wichtig, nicht ihr Erfolg als Person.

Echte Leader haben keine Angst vor starken Leuten

Das gilt in beide Richtungen, gegenüber Unterstellten und gegenüber Vorgesetzten. Sie wissen, dass nur die besten Kräfte genügen werden, um die großen Aufgaben der Organisation zu erfüllen, und sie tun alles, um beste Kräfte anzuziehen, sie zu fördern und sie zum Einsatz zu bringen. Sie werden möglicherweise hart, gelegentlich auch brutal gegen Versuche vorgehen, ihre Autorität in Frage zu stellen, aber sie eliminieren nicht die starken Leute aus Angst um ihre eigene Stellung.

Das Versammeln von Schwächlingen, Günstlingen und Ja-Sagern ist ein sicheres Anzeichen für schwache Führung, das sich meistens früh zeigt. Echte und starke Führer sind fast allergisch gegen Ja-Sager. Sie wollen die ehrlichen und kontroversen Meinungen, wobei es durchaus sein kann, dass sie sie mit Unmut und Barschheit entgegennehmen.

Man muss bei der Beobachtung aufpassen: Es ist nicht so, dass Führer Kritik etwa gerne hören. Das Gegenteil ist der Normalfall wie bei den meisten Menschen. Es ist daher wahrscheinlich, dass ein Führer unwirsch auf Kritik reagiert. Dennoch – das ist das Wesentliche – ein unechter Führer ignoriert sie, meistens unterdrückt er sie, indem er den Kritiker mundtot macht. Der echte Führer – unabhängig von seiner emotionalen Reaktion – sorgt dafür, dass die Kritik geäußert werden kann und nimmt sie zur Kenntnis, was nicht bedeutet, dass er sie immer akzeptiert.

Echte Leader müssen keine begeisternden Menschen sein

Durchweg wird in der Literatur und in Diskussionen gefordert, Leader müssten begeisternde Menschen sein, solche die bei anderen Enthusiasmus wecken können. Das halte ich für einen Trugschluss, denn Begeisterung ist in den wirklich kritischen Führungssituationen ein entscheidendes Hindernis.

Wer Begeisterungsfähigkeit bei Führern fordert, hat offenbar nur die positiven und die leichten Führungssituationen vor Augen. Wirkliche Führung ist erst dann notwendig und gefordert, wenn es um die schwierigen Situationen geht, wenn die unpopulären, harten, Opfer verlangenden – aber eben richtigen – Entscheidungen getroffen werden müssen. So lange es um etwas geht, wofür man Menschen prinzipiell überhaupt begeistern kann, ist nicht wirkliche Führerschaft erforderlich, meistens genügen dann schon Rhetorik und Showmanship.

Ein Führer muss unter Umständen außergewöhnlich harte Entscheidungen treffen und von den Menschen vielleicht übermenschliche Leistungen verlangen. In solchen Situationen muss er zwar überzeugen, aber Begeisterung wäre fast immer kontraproduktiv.

Ein Beispiel ist die Notwendigkeit, Zehntausende von Menschen entlassen zu müssen. Niemand kann eine solche Entscheidung mit Begeisterung treffen und würde er es tun, hätte er augenblicklich Vertrauen und Gefolgschaft verloren. Die Menschen würden sich seiner faktischen Macht beugen, aber nicht seiner Führerschaft folgen.

Echte Leader sind keine Utopisten

Sie mögen eine Vision – besser – eine Mission haben, aber sie wollen nicht den Himmel auf Erden schaffen, sondern sie konzentrieren sich darauf die Hölle zu vermeiden. Echte Führer sind Realisten mit Bezug auf die menschliche Natur und sie bemühen sich, aus der Geschichte zu lernen.

Sie wissen, dass man trotz aller faszinierenden, utopischen Philosophien keinen neuen Menschen schaffen, sondern lediglich das Elend der Welt Schritt für Schritt und sehr bescheiden verbessern kann. Möglicherweise operieren sie in ihrer Öffentlichkeitsarbeit mit einem Hauch von Utopie, weil sie um die Faszination solcher Entwürfe für die Menschen wissen. In ihrem Handeln lassen sie sich aber vom Wissen um die Risiken jedes Eingriffes in ein komplexes soziales Gebilde leiten und um die unbeabsichtigten Nebenwirkungen auch noch so gut gemeinter Veränderungen. Sie wissen, dass es letztlich unmöglich, ist Utopien zu realisieren.

Echte Leader sind weder geboren noch sind sie gemacht

Es sind vier Elemente, die wichtig sind: Ausgangsbasis ist erstens die Situation, in die eine Person gestellt ist. Dies mag eine historisch bedeutsame Situation sein, mit der sich später die Geschichtsschreibung befasst, oder es mag eine Alltagssituation sein, die keine Erwähnung seitens der Historiker erfahren wird. Das ist eine Zufallskomponente, denn kaum jemand kann sich die Situationen aussuchen, die die Chance oder auch die Bürde mit sich bringen, echte Führerschaft zu beweisen.

In dieser Situation erkennen sie, zweitens, die entscheidende, für die Veränderung der Situation wesentliche Aufgabe. Es kann die Bewältigung einer Krise sein oder die Nutzung einer Chance. Darin mag die oft beschworene Vision gesehen werden. Meistens ist es aber keineswegs ein transzendentaler oder kreativer Funke, der die „Vision zum Blühen bringt", sondern schlichtes, aber sorgfältiges und gewissenhaftes Durchdenken der Alternativen und Prioritäten.

Und drittens, sie stellen sich kompromisslos dieser Aufgabe. Situation und Aufgabe mögen entweder historisch bedeutsam sein oder sie mögen ganz alltäglicher Natur sein. In beiden Fällen haben wir alle Elemente echter Führerschaft. Die Wertung durch die Historiker mag ganz verschieden sein. Die Wertung durch die Menschen ist immer dieselbe.

Viertens, sie übernehmen für diese entscheidende Aufgabe die Verantwortung.

10 Die Gefahr des Charismas

Das Wort Charisma ist zum Allerweltsbegriff geworden. Was bedeutet es wirklich? In den Lexika finden wir: (soziol.) „(...) wesenhafte Begabung zu einem best. Dienst, v. a. zur Übernahme eine Führerrolle u. einer damit verbundenen irrationalen Herrschaft." (Meyers Handlexikon, meine Hervorh.), oder „Charismatische Herrschaft, die auf dem Glauben an die außeralltäglichen Qualitäten einer Persönlichkeit beruht (Typ ‚Führer und Gefolgschaft')"; sowie (griech.) „Gnadengabe, eine als nicht alltäglich, übernatürlich geltende Eigenschaft eines Menschen, um derentwillen er als übermenschlich, gottgesandt, vorbildlich und deshalb als Autorität oder Führerpersönlichkeit angesehen wird." (Brockhaus, multimedial 2005). Kommentar ist nicht erforderlich.

Feldmarschall Montgomery, einer der herausragendsten und charismatischsten militärischen Führer des Zweiten Weltkrieges war ein Draufgänger, ein Held, der mit „gezogenem Säbel" der Truppe voranstürmte. Das hat Wirkung auf die Leute, das interessiert sie und sie stürmen nach. Aber sie tun es aus Neugier und nicht aus Vertrauen. Solche Führer haben Gefolgschaft, weil „da etwas los ist". Die wirklichen Führer haben Gefolgschaft, weil die Menschen ihnen vertrauen. Die echten Führer haben kein Charisma. Sie führen durch Selbstdisziplin und durch Beispiel, nicht durch Slogans und Hurrageschrei. Nicht Charisma ist ihr Kapital, sondern Vertrauen. Charisma ist weder nötig noch wünschenswert. Es kann sein, dass charismatische Persönlichkeiten gelegentlich auch gute Führer sein können; aber sie sind – wegen ihrer Wirkung – immer großen Gefahren und Versuchungen ausgesetzt. Sie sind ein Risiko. Fast immer haben charismatische Führer letztlich Katastrophen bewirkt.

Die Wirkung von Charisma auf Menschen bestreite ich nicht. Gerade deshalb ist nicht entscheidend, ob wir geführt werden, sondern wohin. Nicht Aufbruch, sondern Ankunft ist entscheidend; nicht Absicht, sondern Ergebnis. Charismatische Führer sind gefährlich, weil sie sich nicht an Spielregeln halten; sie sind unberechenbar. Sie verfolgen Utopien, an die sie selbst glauben. Sie werden rigide und sind bald auf der falschen Spur. Sie sind keine Führer, sondern Verführer.

Literatur

Burckhardt, J. (1978): Weltgeschichtliche Betrachtungen, Stuttgart

Malik, F. (2000): Führen – Leisten – Leben: Wirksames Management für eine neue Zeit, Stuttgart

Malik, F. (2002): Die neue Corporate Governance, Frankfurt a. M.

Malik F. (2005): Management Das A und O des Handwerks, Band 1 der Buchreihe Malik Management Handwerk, Frankfurt a. M.

Zusammenfassung und Ausblick

Heike Bruch, Bernd Vogel, Stefan Krummaker

Leadership - Trends in Praxis und Forschung

1 Kernaspekte und Trends für die Leadership-Praxis

Die Beiträge der Führungskräfte und Führungsforscher in diesem Buch zeigen zentrale Aspekte von Leadership in der derzeitigen Praxis und Forschung, unterstreichen sich abzeichnende Trends und deuten auf wichtige Fragestellungen und Handlungsfelder für eine erfolgreiche Führung in Unternehmen hin. Nachfolgend werden die wichtigsten Aspekte und Trends für die Unternehmenspraxis aufgezeigt und anschließend zentrale Entwicklungen und Kernfragen der zukünftigen Leadership-Forschung herausgestellt.

Praxistrend 1: Leadership auf allen Ebenen in Unternehmen

Die Beiträge verdeutlichen, dass sich Leadership nicht nur, wie in vielen Veröffentlichungen immer wieder implizit unterstellt, auf das Top Management beschränkt, sondern auf allen Managementebenen im Unternehmen stattfindet. Das Spektrum reicht von der Selbstführung der Führungskraft, über die direkte Interaktion zwischen Führungskraft und Mitarbeiter, die Führung von Teams, Abteilungen und Bereichen bis hin zum Leadership von ganzen Unternehmen. Leadership wird sich noch konsequenter nicht mehr auf einige wenige herausragende Führungskräfte im Unternehmen beschränken, sondern, wie das Beispiel ABB (Gary Steel/Paul Lewis/Erika Brügger) verdeutlicht, bedarf es starker, gut ausgebildeter Führungskräfte auf allen Hierarchieebenen. Der Beitrag Timm Eichenberg/Priya Abraham/Ian Hayward zeigt, wie bei E.ON IS gezielt ein gemeinsames, länderübergreifendes Führungsverständnis bei allen Führungskräften und Projektleitern entwickelt wurde. Die Managemententwicklung steht somit vor der Herausforderung, Leadership-Kompetenzen breit im Unternehmen zu entwickeln und von der immer noch vielfach verbreiteten Vorstellung abzurücken, dass Leadership eine angeborene Fähigkeit darstellt, die sich nur sehr bedingt fördern lässt. Gerade auf unteren Führungsebenen wird in Unternehmen neben die dort häufig noch dominante Managerrolle die ausdrückliche Verantwortung für die Leadership-Rolle treten.

Praxistrend 2: Leadership in globalen Unternehmen

Viele Autoren betonen, dass Unternehmen zukünftig noch stärker international ausgerichtet sein werden. Von zentraler Bedeutung ist in diesem Zusammenhang die Schaffung einer verbindenden Vertrauensbasis (Reinhard K. Sprenger), die Entwicklung einer Identität, welche Zusammenhalt und Stolz gegenüber dem Unternehmen (Walter Gränicher; Gary Steel/Paul Lewis/Erika Brügger) über die einzelnen Standorte hinweg liefert, und die Breitschaft, gezielt in die Fähigkeit von Führungskräften für internationales Arbeiten zu investieren (Timm Eichenberg/Priya Abraham/Ian Hayward). Hierbei stehen Führungskräfte z.B. vor der höchst anspruchsvollen Herausforderung, eine kulturelle Basis zu schaffen, die sowohl eine gemeinsame Identität fördert, gleichzeitig aber Freiräume für die Existenz unterschiedlicher lokaler und bereichsspezifischer Kulturelemente bereitstellt (Josef Ackermann).

Praxistrend 3: Förderung von Leadership durch Rahmensetzungen

Leadership lässt sich nicht anordnen. Durch die Schaffung spezieller Rahmenbedingungen der Führung sollte erstens ein Nährboden zur Entwicklung von Leadership bereitgestellt werden. Zweitens sollte aber auch der klare Anspruch an Führungskräfte formuliert werden, sich als Leader zu verhalten. Möglich ist dies z.B. durch den Aufbau einer gemeinsamen Identität (Walter Gränicher) und einem gemeinsamen Wertekanon (Josef Ackermann; Liz Mohn), die festlegen, wie die Ausrichtung und die Ambitionen des Unternehmens sind und worauf sich das Commitment und Engagement gegenüber dem Unternehmen und seinen Zielen richtet. Die Führungskraft kann zudem auch selbst den Rahmen der Interaktion mit Mitarbeitern spezifisch gestalten, durch Prinzipien wie „sich führen lassen, Schlüsselmitarbeiter als Partner sehen oder Talente loszulassen" (Christian Rach/Stefan Krummaker/Bernd Vogel). Dieses bildet, zusammen mit weiteren förderlichen Rahmenbedingungen, z.B. Wissensmanagementsystemen (Utz Claassen) oder firmenspezifische Führungsphilosophien (Gary Steel/Paul Lewis/Erika Brügger), somit die Grundlage der Führung von Mitarbeitern, Teams und des Gesamtunternehmens hin zu Spitzenleistungen. Es fällt auf, dass sich Leadership als Fähigkeit zum professionellen Umgang mit weichen Faktoren ebenfalls am besten über weiche Rahmenfaktoren fördern lässt. Diese auszugestalten, ist wiederum Leadership-Aufgabe des Top Managements, während alle Führungskräfte und Mitarbeiter den Rahmen mit Leben erfüllen sollten.

Praxistrend 4: Change-Leadership als Dauerphänomen

Führung von Change war, ist und wird Dauerthema in Unternehmen bleiben. Veränderungen sind zum Alltagsphänomen geworden. Und auch jede Transformation selbst bedarf einer nicht zu unterschätzenden Zeit, damit sie tatsächlich wirksam wird (Walter Gränicher). Dem stehen zugleich Anforderungen nach Orientierung, Routine und

Stabilität gegenüber. Leadership bedeutet dann für die Führungskraft, bei sich selbst und im Unternehmen die Bereitschaft für Veränderungen zu erhalten, diese umzusetzen und bewusst zu entscheiden, wie viele Veränderungen ein Unternehmen verträgt bzw. vertragen muss. Christian Rach/Stefan Krummaker/Bernd Vogel zeigen in ihrem Beitrag Veränderungsinterventionen die Führungskräfte, die die Bereitschaft zu Selbstreflexion und Veränderungen verloren oder nie entwickelt haben, wieder in Führung bringen. Unternehmen brauchen somit ein verändertes Führungsverständnis, welches die Basis für ein proaktives und offenes Zugehen auf Veränderungen bereitet und gleichzeitig mit Mitarbeitern und anderen Führungskräften festlegt, was stabil bleibt. Führungskräfte sollten diese Entscheidung bewusst treffen, regelmäßig überprüfen und damit kein unbewusstes Festhalten an und Verfolgen von alten Verhaltensmustern zulassen.

Praxistrend 5: Energie und Emotionen auf allen Ebenen als Kernbereiche von Leadership

In der Unternehmenspraxis steigt das Bewusstsein für den Stellenwert von Energie und Emotionen in der Führung. Nicht nur die eigene Energie von Führungskräften (Heike Bruch) und ihr Charisma (Lutz von Rosenstiel) erhalten verstärkt Aufmerksamkeit. Vielmehr wird auch zunehmend anerkannt, dass Führungskräfte Unternehmen, Teams und Mitarbeiter durch die Nutzbarmachung und Bündelung von Energie (Heike Bruch/Bernd Vogel), durch einen „Winning Team"-Geist (Josef Ackermann) oder mittels Teamemotionen (Bernd Vogel) zielgerichtet beeinflussen können.

2 Trends in der Leadership-Forschung und zentrale Forschungsfragen

Die Trends in der Führungsforschung und die daraus abgeleiteten Forschungsfragen greifen zum Teil direkt Kernaspekte von Leadership in der Unternehmenspraxis auf und erweitern die Diskussion um zusätzliche Perspektiven.

Forschungstrend 1: Entwicklung eines durchgängigen Führungsverständnisses

Die Feststellung, dass Leadership auf allen Ebenen im Unternehmen stattfindet, führt zwangläufig zu der Frage, wie sich in einem Unternehmen ein durchgängiges Führungsverständnis entwickeln und erfolgreich umsetzen lässt. Erste Impulse liefern die Beispiele von ABB und E-ON IS in diesem Buch. Weiterhin stellt sich z.B. die Frage, wie die Inhalte eines gemeinsamen Führungsverständnisses konsequent und spezifisch für ein Unternehmen zu bestimmen sind. Wie müssen die Inhalte beschaffen sein, damit sie ein einheitliches Leadership-Verständnis über alle Ebenen ermöglichen, aber doch nicht beliebig sind und so den spezifischen Verantwortlichkeiten und Einschränkungen auf den einzelnen Führungsebenen gerecht werden? Wie kann sichergestellt werden, dass dieses gemeinsame Führungsverständnis verstanden und gelebt wird?

Forschungstrend 2: Integration von starken Führungspersönlichkeiten - ohne Verlust ihrer Stärke

Der zweite Forschungstrend knüpft direkt an den ersten an und betrachtet die Frage der Integration von starken Führungspersönlichkeiten in ein ebenenübergreifendes Leadership-Konzept. Die Praxis zeigt immer wieder, dass viele Führungskräfte hervorragende Einzelspieler sind (Oliver Kahn). Es stellt sich die Kernfrage, wie aus starken Führungspersönlichkeiten Teamplayer bzw. Unternehmensplayer werden, ohne dass sie ihre eigentlichen Stärken – Inspiration und Visionsfähigkeit, Durchsetzungskraft, Willen und Konsequenz – einbüßen, sondern sie für das Unternehmen einsetzen. Dieser Aspekt gewinnt insbesondere vor dem Hintergrund einer zunehmenden Verteilung von Führungsverantwortung im Sinne von geteilter Führung (Hans-Gerd Ridder/Christina Hoon) an Bedeutung. Es schließen sich z.B. Fragen an, wie mit starken, aber schwer zu integrierenden Führungskräften umgegangen werden kann oder wie viel Individualismus in der Führung möglich und notwendig ist.

Forschungstrend 3: Kollektive und ebenenübergreifende weiche Phänomene

Die Beispiele der Führungsaufgaben im Umgang mit Organisationaler Energie (Heike Bruch/Bernd Vogel), Teams (Hans-Gerd Ridder/Christina Hoon) und Emotionen von Teams (Bernd Vogel) haben die große Bedeutung von kollektiven Phänomenen für Leadership herausgestellt. Während auf individueller Ebene theoretisch und empirisch fundierte Erkenntnisse zu Phänomenen wie Emotionen, Empowerment, Commitment, proaktivem Verhalten oder Handeln von Führungskräften (Heike Bruch) entwickelt wurden, steht die Forschung zu kollektiven Phänomenen der Führung noch am Anfang. Relevante Fragen sind beispielsweise, wie Führungskräfte Team-Commitment, kollektive Identität oder Empowerment von Teams fördern können. Sicherlich lassen sich hier Modelle und empirische Ergebnisse aus der Forschung auf individueller Ebene nutzbar machen. Die Gruppenforschung zeigt allerdings, dass sich diese Erkenntnisse nicht einfach auf die Team- oder Unternehmensebene übertragen lassen. Da Leadership als inhärent emotionaler Prozess angesehen wird, kann Emotion für die Führungsforschung als Blaupause zur Erforschung anderer kollektiver weicher Phänomene dienen, aber auch als eigenständiges Feld der Führungsforschung noch stärker eine zentrale Rolle einnehmen. Die Beiträge zeigen die erhebliche Bedeutung von Emotionen bei der Selbstführung (Oliver Kahn), Teamführung (Bernd Vogel), transformationaler Führung (Lutz von Rosenstiel, Rolf Wunderer) oder der

Beeinflussung von Organisationaler Energie (Heike Bruch/Bernd Vogel). Insbesondere bei den Führungswirkungen bezogen auf diese weichen und wenig greifbaren Phänomene besteht noch erheblicher Forschungsbedarf.

Forschungstrend 4: Leadership-Kompetenzen

Erfolgreiche Führung beruht auf bestimmten Kompetenzen von Führungskräften. Führungskräfte benötigen spezifische Changekompetenzen (Stefan Krummaker), zielorientiertes Handeln, mitunternehmerisches Denken und Handeln (Rolf Wunderer) oder die Fähigkeit, Orientierung zu vermitteln (Lutz von Rosenstiel). Zugleich zeigen sich in der Praxis auch immer wieder klare Defizite von Führungskompetenzen (Christian Rach/Stefan Krummaker/Bernd Vogel). Dies spiegelt zugleich auch die breite und allgemeine Debatte in der Literatur um die Inhalte, Förderung und Messung von Kompetenzen wider. Auch in der Forschung zu Leadership-Kompetenzen zeigen sich noch erhebliche Defizite. Es dominieren empirisch kaum fundierte Empfehlungen, die oftmals unreflektiert aus dem allgemeinen Aufgabenspektrum von Leadern abgeleitet werden (z.B. wer visionär handeln soll, benötigt die Kompetenz des visionären Handelns). Es besteht u.a. noch ein erheblicher Forschungsbedarf zu folgenden Fragen: Wie können Führungskompetenzen spezifisch für Unternehmen definiert werden? Wie kann eine gezielte Förderung von Führungskompetenzen aussehen?

Forschungstrend 5: Aufgaben und Spezifika von Top versus mittleres Management

Studien der Führungsforschung unterscheiden häufig explizit nur wenig zwischen Hierarchieebenen. Vielmehr werden Ergebnisse über alle Ebenen hinweg generalisiert bzw. die Frage der Spezifika oder Gemeinsamkeiten völlig ausgeblendet. Es ist jedoch anzunehmen, dass es trotz Überschneidungen in den Aufgaben unterschiedliche Schwerpunkte bzgl. der Anforderungen, Wirksamkeit von Führungsstilen und Präferenzen von Geführten und Führungskräften gibt. Auch wenn spezifische Forschung zu Top Manager Aufgaben und Verhalten von Top Management Teams eine gewisse Bedeutung erlangt hat, sind Erkenntnisse zu Unterschieden zwischen Top und mittlerem Management sehr begrenzt. Da Ebenenunterschiede in der Unternehmenspraxis von erheblicher Relevanz sind, kann eine Frage zukünftiger Führungsforschung darauf gerichtet sein, die gemeinsamen und insbesondere die unterschiedlichen Aufgaben, Merkmale und Kompetenzen von Top und mittlerem Management herauszuarbeiten.

Forschungstrend 6: Erweitertes Spektrum an Führungsformen und deren Entstehung - transformationale und problemorientierte Führung

Transformationale und transaktionale Führung sowie deren Spielarten haben sich in den letzten Jahren in der Forschung als dominante Führungsformen durchgesetzt.

Zahlreiche Studien haben gezeigt, dass sich transformationales und transaktionales Führungsverhalten auf unterschiedliche Facetten der Leistung positiv auswirkt. Gleichzeitig bleibt das Verhaltensspektrum transformationaler und transaktionaler Führung beschränkt. So reicht es in bestimmten Situationen nicht, über Visionen und Ziele zu führen, wenn beispielsweise Krisen, Markteinbrüche, Schließungen oder andere akute Probleme dominieren und massiver Handlungsdruck besteht. Erste Forschungsergebnisse weisen darauf hin, dass hier eine problemorientierte Führung besonders wirksam ist (Heike Bruch/Bernd Vogel). Dies ist allerdings zunächst ein erster Schritt und die Führungsforschung sollte weitere Führungsformen neben transformationaler Führung identifizieren, um mit einem breiten Spektrum an Führungsverhalten den unterschiedlichen Mitarbeitern und Ausgangslagen gerecht zu werden.

Darüber hinaus hat sich die Forschung großteils nur mit den Auswirkungen unterschiedlicher Führungsformen auseinandergesetzt. Weit weniger wurde dagegen betrachtet, wie die einzelnen Führungsformen entstehen. Eine zentrale Frage weiterer Forschung sollte daher sein, welche Faktoren z.B. für die Entstehung von transformationaler und problemorientierter Führung verantwortlich sind. Erkenntnisse zu diesen Faktoren wären für die Führungspraxis ein wichtiger Schritt, da sie Auswahl und Entwicklung von Führungskräften entscheidend verbessern könnten.

Forschungstrend 7: Überwinden des Spannungsfelds zwischen grundlegenden Forschungsergebnissen und praktischen Vorgehensweisen

Die Führungsforschung hat viele Erkenntnisse hervorgebracht. Vieles hat in Unternehmen Eingang und große Resonanz gefunden. Allerdings ist das Feld „Leadership" noch durch viele offene Fragen gekennzeichnet. Um in diesen zum Teil grundlegenden Fragen noch stärker als fundierter Impulsgeber für die Praxis zu fungieren, wird es für die Führungsforschung darauf ankommen, das Spannungsfeld zwischen Grundlagenforschung und Anwendungsorientierung bzw. praktischem Vorgehen konstruktiv zu handhaben.

Wie können Forscher Erkenntnisse der Grundlagenforschung pragmatisch – im Sinne der Kunst des Möglichen (Torsten Schmid/Günter Müller-Stewens) – für Unternehmen aufbauen, so dass sie einen Beitrag zur Lösung realer Probleme leisten und Konzepte entwickeln, die überzeugen und zur Umsetzung verleiten? Wie können Führungskräfte umgekehrt einen reflektierten Anspruch entwickeln und ihr Führungsverhalten nicht ausschließlich durch zu simple Modelle leiten lassen, welche die Führungskomplexität nicht angemessen wiedergeben? Die Führungsforschung kann dabei fundiertpragmatisch unterstützen.

3 Zukunftsperspektive für die Leadership-Praxis und -Forschung: Mehrebenenorientierte Führungskonzepte

Lange Zeit hat sich die Führungsforschung vor allem mit isolierten Führungsaspekten befasst wie z.B. den Eigenschaften von Führungskräften, Führungsstilen oder situativen Faktoren geeigneter Führungsformen. Was Claus Steinle bereits in den 80er Jahren einführte, ist inzwischen zu einem massiven Trend der Managementforschung im Allgemeinen und der Führungsforschung im Besonderen geworden: die mehrebenenorientierte Betrachtung von Führungsphänomenen. Bei dieser Forschungsperspektive geht es darum, Führungsphänomene verschiedener Ebenen nicht getrennt zu betrachten, sondern auch ihr Zusammenspiel zu untersuchen.

Der Trend der Führungsforschung spiegelt sich in drei wesentlichen Entwicklungen wider. Erstens lässt sich beobachten, dass statistische Methoden der Sozialforschung inzwischen mehrebenenbezogene Analysen ermöglichen und auf diese Weise auch empirische Arbeiten eine Analyse des Zusammenspiels von Phänomenen verschiedener Ebenen eröffnen. So ist es inzwischen möglich, empirisch den Einfluss von Führungsstilen auf Change, die Kultur oder die Energie von Unternehmen zu untersuchen, was bis vor wenigen Jahren methodisch noch nicht machbar war.

Zweitens spiegelt sich der Trend zu einer mehrebenenorientierten Betrachtung in einer verstärkten interdisziplinären Arbeit wider. Während die Führungsforschung lange Zeit auf den Umgang mit weichen Faktoren wie Motivation, Inspiration und Visionen beschränkt und von anderen Funktionen des Managements weitgehend abgekoppelt war, lässt sich unter dem Stichwort Strategic Leadership beobachten, dass zunehmend die Wechselwirkungen von Führung und anderen Managementbereichen wie Strategie und Zielbildung, Organisation und Prozessmanagement sowie Controlling und Unternehmenswandel erforscht wird.

Diese Entwicklung geht Hand in Hand mit einem Trend hin zur Untersuchung komplexerer Fragestellungen, wo Führung beispielsweise als wesentlicher Bestandteil weit reichender Prozesse wie die Umsetzung strategischer Initiativen, Globalisierung und Wachstum betrachtet wird. Hierbei spielen strategische, unternehmensumfassende Fragen genauso eine Rolle wie beispielsweise die Unternehmenskultur und -energie, Gruppendynamik sowie Commitment, Begeisterung und Durchhaltevermögen von einzelnen Führungskräften und Mitarbeitern, aber auch wie Geführte im Sinne von Followership Einfluss auf ihre Vorgesetzten ausüben. Die verstärkte Auseinandersetzung mit komplexen Fragestellungen lässt sich nicht als Reaktion auf eine Sackgasse der traditionellen Führungsforschung erklären, sondern vor allem auch als eine Antwort auf die Fragen der Praxis interpretieren. Die Managementpraxis verlangt Lösungen, die Führung mit einbeziehen. Hier ist das Bewusstsein inzwischen weit fortgeschritten, dass Führung als Umgang mit weichen Faktoren wettbewerbsentscheidend ist. Trotz des gestiegenen Bewusstseins hat die Umsetzung dieser Erkenntnisse erst begonnen – Forschung und Praxis haben noch einen langen und höchst Erfolg versprechenden Weg zu einer starken Führung – eben Leadership – vor sich.

Die Autorinnen und Autoren

Priya Abraham

Dr., ist Client Director und Member of Academic Board an der Ashridge Business School in England, wo sie auf Organisations- und Managemententwicklung mit Schwerpunkt Strategic Implementation und Cultural Integration spezialisiert ist. Sie ist Gastprofessorin an der IEDC Bled, Slowenien für Intercultural Management sowie Global Programme Director für SESI, Swedish Employeeship Institute, Stockholm, Schweden. Für das im Beitrag beschriebene International Leadership Program war sie als Client Director gemeinsam mit Dr. Hayward verantwortlich. Sie hat an der Universität Wien, Österreich in Business Anthropology promoviert und ihren MBA an der Open University Business School, England absolviert. Vor ihrer Ashridge-Laufbahn hat sie ein Start-up gegründet und war 10 Jahre im IT-Technologiebereich tätig.

Josef Ackermann

Dr., geboren am 7. Februar 1948 im Schweizer Kanton St. Gallen, ist Vorsitzender des Vorstands und des Group Executive Committee der Deutschen Bank. Er studierte Volkswirtschaft und Sozialwissenschaften an der Universität St. Gallen und trat nach Abschluss seiner Promotion im Jahr 1977 in die Schweizerische Kreditanstalt SKA (die heutige Credit Suisse) ein. 1990 wurde Ackermann in das Executive Board der SKA berufen und wurde 1993 zu deren Präsident ernannt. 1996 wechselte Ackermann in den Vorstand der Deutschen Bank, wo er für den Investmentbanking-Bereich zuständig war. 2002 wurde er Sprecher des Vorstands und Vorsitzender des Group Executive Committee. Am 1. Februar 2006 wurde Ackermann zum Vorsitzenden des Vorstands ernannt. Ackermann ist Mitglied im Aufsichtsrat der Siemens AG (2. stellvertretender Vorsitzender), non-Executive Member des Board of Directors der Royal Dutch Shell plc und Mitglied im Verwaltungsrat der Zurich Financial Services Ltd (Vizepräsident). Zudem engagiert er sich u.a. maßgeblich beim Institute of International Finance (Chairman of the Board of Directors), dem World Economic Forum (Co-Chairman des Foundation Board), der St. Galler Stiftung für Internationale Studien (Präsident) und im Beirat-Wirtschaft des Goethe Instituts (Vorsitzender). Seit 2007 lehrt Ackermann als Gastprofessor im Fachbereich Finance an der London School of Economics. Im Juli 2008 wurde er zum Honorarprofessor der Johann Wolfgang Goethe-Universität Frankfurt am Main ernannt. Daneben ist Ackermann Honorary Fellow der London Business School und trägt den Ehrendoktortitel der griechischen Demokrit-Universität Thrakien.

Heike Bruch

Prof. Dr., ist seit 2001 Professorin und Direktorin am Institut für Führung und Personalmanagement der Universität St. Gallen. Außerdem ist sie Academic Director des International Study Program (ISP) an der Universität St. Gallen, Mitglied des McKinsey Academic Sounding Board und Mitglied des Vorstandes der Deutschen Gesellschaft für Personalführung (DGFP). Heike Bruch arbeitete zwischen 1999-2001 an der London Business School als Visiting Scholar und als Senior Research Fellow. Vorher war sie wissenschaftliche Mitarbeiterin an der Universität St. Gallen (Habilitation 2001) sowie an der Universität Hannover (Promotion 1996). Ihre Forschungsinteressen beinhalten Managerhandeln, Leadership sowie Organisationale Energie und Arbeitgeberexzellenz. Sie hat zahlreiche wissenschaftliche Preise gewonnen, sechs Bücher geschrieben und weitere sechs herausgegeben sowie mehr als 110 Zeitschriften- und Buchbeiträge veröffentlicht.

Erika Brügger

ist Betriebs- und Organisationspsychologin mit Weiterbildungen im Bereich Personalmanagement sowie Personal-, Organisation- und Unternehmensentwicklung. Von 2001 bis 2006 war Erika Brügger für die ABB tätig, zuerst in der Schweizer Länderorganisation als Leiterin Management Development und Diagnostik. Nach ihrem Wechsel in den Konzerhauptsitz der ABB war sie im Range eines Assistant Vice President im Management & Leadership Development Team tätig, wo sie unter anderem in den Bereichen Leadership Development, Diversity & Inclusion Management sowie als Koordinatorin für das Projekt Organizational Energy in Zusammenarbeit mit der Universität St. Gallen tätig war. Bevor sie zu ABB stieß, war sie als Bereichspersonalleiterin bei der Zürich Versicherungsgesellschaft und als Beraterin tätig, nach ihrem Weggang von ABB leitete Erika Brügger die Personal- und Organisationsentwicklung der Sunrise Communication AG.

Utz Claassen

Prof. Dr., geboren am 07. Mai 1963 in Hannover, Manager, Unternehmer, Unternehmensberater, Wissenschaftler, Autor und Publizist. Diverse Aufsichtsrats- und Beiratsmandate. Nach seinem Studium der Wirtschaftswissenschaften an der Universität Hannover und einer zweijährigen Forschungstätigkeit an der Universität of Oxford sowie einer ebenfalls zweijährigen Tätigkeit bei McKinsey promovierte sich Herr Claassen 1989 an der Universität Hannover. Es schlossen sich verschiedene leitende Positionen bei Ford Europa und der Volkswagen AG an. Von 1994 bis 1997 war Herr Claassen Finanzvorstand der Seat S.A. in Barcelona. 1997 übernahm er den Vorstandsvorsitz der Sartorius AG. Von 2003 bis 2007 war er Vorsitzender des Vorstandes der EnBW Energie Baden-Württemberg AG. Im November 2001 wurde Herr Claassen zum Honorarprofessor der Universität Hannover ernannt, später auch zum Botschafter der Leibniz Universität. Zudem ist Herr Claassen Professor für Innovative Unternehmensführung und Wissensmanagement an der GISMA Business School sowie Mitglied des Stiftungsrates der Georg-August-Universität Göttingen.

Timm Eichenberg

Prof. Dr., geboren 1977, ist seit 2008 Personalentwickler bei der E.ON IT GmbH in Hannover sowie zusätzlich seit 2011 Professor an der Hochschule Weserbergland, an der er 2003-2010 als freiberuflicher Dozent tätig war. Zudem ist er seit 2007 an der FHDW Hannover freiberuflicher Dozent. Für das im Beitrag beschriebene International Leadership Program war er der verantwortliche Projektleiter. Von 2003-2008 war er wissenschaftlicher Mitarbeiter am Institut für Unternehmensführung und Organisation der Wirtschaftswissenschaftlichen Fakultät der Leibniz Universität Hannover und promovierte dort im Bereich Leadership. Zuvor studierte er von 1997 bis 2002 Wirtschaftswissenschaften an der Leibniz Universität Hannover und der University of Oregon.

Peter Gerber

Geboren am 01.03.1964, studierte Rechts- und Wirtschaftswissenschaften in Gießen und Hagen. Nach und neben Stationen in Journalismus und Anwaltschaft begann er 1992 seine Karriere bei der Deutschen Lufthansa AG. Hier verantwortete er unter anderem das Flughafengeschäft, die Konzernstrategie und die Tarifpolitik. 2009 wurde er in den Vorstand der Lufthansa Cargo AG berufen. Dort ist er zuständig für Finanzen, Personal und IT. Gerber ist verheiratet und hat zwei Kinder.

Walter Gränicher

geboren am 30. April 1951 in der Schweiz, diplomierte 1976 an der Eidgenössischen Technischen Hochschule (ETH) in Zürich/ Schweiz zum Maschinen-Ingenieur. Von 1980 bis 1982 absolvierte er an der Technischen Universität (TU) in München/ Deutschland ein Zusatzdiplomstudium in Elektrotechnik. Er begann seine berufliche Laufbahn 1976 bei BBC. Nach verschiedenen Aufgaben im mittleren Management im Bereich der Großen Dampfturbinen und Turbogeneratoren führte er von 1991 bis 1996 als Executive Vice President die Dampfkraftwerke der ABB Kraftwerke AG in Baden/Schweiz. 1996 wurde Walter Gränicher Geschäftsführer der ABB Enertech AG in Winterthur/Schweiz. Mit Gründung der ABB ALSTOM Power wurde er im Juli 1999 Managing Director des Customer Service Segments mit einer weltweiten Verantwortung für das Kraftwerks-

Servicegeschäft. Im März 2003 wurde Walter Gränicher zum President ALSTOM Power Service Sector und Mitglied des Executive Committee der ALSTOM Gruppe berufen und zum Präsidenten von ALSTOM (Schweiz) AG ernannt. Seit November 2009 ist er bei Consenec AG als Senior Consultant mit verschiedenen Mandaten und in strategischer Verantwortung als Verwaltungsratspräsident oder Verwaltungsrat in mehreren Firmen tätig.

Ian Hayward

Dr., ist Client Director und Member der Leading Strategy and Change Faculty der Ashridge Business School in England, wo er auf Leadership, Unternehmenskultur, Change Management und strategisches Human Resources Management spezialisiert ist. Zu diesen Themen führt er Management und Leadership Programme für eine Vielzahl internationaler Kunden durch. Für das im Beitrag beschriebene International Leadership Program war er als Client Director gemeinsam mit Dr. Abraham verantwortlich. 2009 hat er an der University of Bradford School of Management zu Leadership Development Programmen promoviert. Er ist ebenfalls Fellow am Chartered Institute of Personnel and Development. Zuvor war er in leitenden Funktionen in der Personalentwicklung von British Airways und der BBC tätig.

Martin Hilb

Prof. Dr., Ordinarius für Betriebswirtschaft und Geschäftsführender Direktor des Instituts für Führung und Personalmanagement an der Universität St. Gallen, leitet das IFPM-HSG Center for Corporate Governance. Er forschte an der VBC in Vancouver und an der MGSM in Sydney und lehrte an der University of Dallas/Texas, an der Singapore Management University und am EIASM in Brüssel. Er verfügt über Praxiserfahrung bei Nestlé SA, Vevey, Martin & Co., Berlin, Schering-Plough Corporation USA, zuletzt als Direktor der Essex Chemie AG sowie über Beratungserfahrung im Bereich des Board- und HR-Managements in mehr als 50 Ländern. Seine Buchpublikationen befassen sich vor allem mit Unternehmensbewertung, Internationalem HR-Management und Corporate Governance und wurden zum Teil in mehrere Sprachen übersetzt.

Hans H. Hinterhuber

Prof. Dr. rer. oec. (Universität Cà Foscari, Venedig), Dipl.-Ing. (Montanuniversität Leoben), war von 1963 bis 1970 in leitenden Positionen in der italienischen Industrie tätig. Von 1970 bis 1974 o. Univ.-Prof. und Vorstand des Instituts für Industriebetriebslehre der TU Graz, von 1974 bis 2006 Vorstand des Instituts für Unternehmensführung, Tourismus und Dienstleistungswirtschaft der Universität Innsbruck. Seit 2006 ist er Chairman von Hinterhuber & Partners, Strategy/Pricing/Leadership Consultants, einer international tätigen Unternehmensberatung. Er hat zahlreiche Publikationen auf den Gebieten der strategischen Unternehmensführung und des Führungsverhaltens verfasst.

Christina Hoon

Dr. rer. pol., geboren 1972. Nach Abschluss der Ausbildung zur Industriekauffrau studierte Frau Hoon Wirtschaftswissenschaften an der Universität Hannover. 2003 promovierte Frau Hoon am Institut für Personal und Arbeit der wirtschaftswissenschaftlichen Fakultät im Bereich des Non Profit und Public Management. Hier forschte sie insbesondere an Fragestellungen zur strategischen Personalentwicklung und der Reformen öffentlicher Verwaltungen. Seit 2003 ist Frau Hoon als wissenschaftliche Assistentin tätig. Ihre Forschungsschwerpunkte liegen im Bereich der Strategieprozessforschung, Strategischen Kapazität und Innovationskompetenz. Christina Hoon führt Lehrveranstaltungen an der Universität Hannover in den Bereichen Human Resource Management und Führung durch. Darüber hinaus ist sie als freie Dozentin für unterschiedliche öffentliche und private Weiterbildungsträger in den Bereichen Führungskräfteschulungen und Seminare zum Human Resource Management tätig.

Oliver Kahn

geboren 1969, spielte zunächst für den Karlsruher SC, bevor er 1994 zu Bayern München wechselte. Mit dem deutschen Rekordmeister wurde er sechsmal Deutscher Meister und holte viermal den DFB-Pokal; er gewann den UEFA-Cup, die Champions League und den Weltpokal. Dreimal wurde er zum besten Torwart der Welt gewählt. Als erster Torwart überhaupt wurde er als bester Spieler der WM 2002 in Japan ausgezeichnet.

Stefan Klingelhöfer

Dr., hat Wirtschaftswissenschaften an der Universität Gießen sowie Politikwissenschaften, Medienwissenschaften und Soziologie an der Phillips-Universität Marburg studiert. Derzeit arbeitet er bei der Deutschen Lufthansa AG als Leiter Infrastrukturkosten- und Slotmanagement.

Wilfried Krüger

Prof. em. Dr., war von 1985-2009 Inhaber des Lehrstuhls für Unternehmungsführung und Organisation an der Justus-Liebig-Universität Gießen. Nach Promotion und Habilitation an der Universität Freiburg i. Br. hatte er von 1978 bis 1985 einen Lehrstuhl an der Universität Dortmund inne, bevor er 1985 den Ruf nach Gießen annahm. Neben seiner Tätigkeit in Forschung und Lehre ist Prof. Krüger als Gesellschafter der Unternehmungsberatung eic-partner tätig. Seine Arbeitsschwerpunkte liegen im Bereich des Strategischen Managements, des Management des Unternehmungswandels und des Kernkompetenz-Management.

Stefan Krummaker

Dr., ist Senior Lecturer (Associate Professor) für Organisational Behaviour an der Londoner Business School der University of East Anglia. Zudem ist er Lehrbeauftragter der Leibniz Universität Hannover und Adjunct Researcher am Institut für Führung und Personalmanagement der Universität St. Gallen. Stefan Krummaker arbeitete von 2001 bis 2011 am Institut für Unternehmensführung und Organisation der Leibniz Universität Hannover. Zunächst als wissenschaftlicher Mitarbeiter und nach der Promotion im Jahr 2007 als wissenschaftlicher Assistent. Vor und während seines Studiums der Wirtschaftswissenschaften in Hannover, war er viele Jahre für einen Touristikkonzern tätig. Stefan Krummakers Forschung konzentriert sich auf das Forschungsfeld „Followership" und Interaktionsbeziehungen zwischen Führungskräften und Geführten sowie Möglichkeiten der Zusammenarbeit von Wissenschaftlern und Praktikern in Forschungsprojekten. Er stellt seine Forschungsergebnisse auf internationalen Konferenzen vor, publiziert in renommierten internationalen Zeitschriften und ist u.a. Mit-Herausgeber des Buches „Leadership: Best Practices und Trends". Seine Lehrschwerpunkte sind Leadership, International Management und Forschungsmethoden. Stefan Krummaker unterrichtet in Diplom-, Bachelor- und Masterstudiengängen sowie in Doktorandenprogrammen. Zudem arbeitet er seit vielen Jahren international als Führungskräftetrainer, Coach und Berater.

Paul Lewis

Paul Lewis ist Group Senior Vice President und verantwortlich für die Group Function Human Resources Development am Hauptsitz des ABB-Konzerns in Zürich. Er ist weltweit verantwortlich für alle Aktivitäten im Bereich Leadership Development und Talent-Management sowie für die allgemeine HR-Infrastruktur am Schweizer Hauptsitz. Bevor er 2003 zu ABB stieß, arbeitete er für den Mineralölkonzern Shell, zuerst in seinem Heimatland Australien, und ab 1999 in Den Haag, wo er Teil des Leadership Teams einer internen Beratungs- und Change-Management-Gruppe war (LEAP). 2002 war er Leiter des Teams, das die neu geschaffene Shell Learning Organisation umsetzte. Zu seinen Hobbys gehören Ski und Rad fahren.

Fredmund Malik

Prof. Dr. oec. habil., ist Verwaltungsratspräsident und Leiter des international tätigen Managementberatungs- und Ausbildungsunternehmens Malik Management Zentrum St. Gallen mit über 170 Mitarbeitern in St. Gallen, Zürich, London und Wien. Als Berater und Management-Lehrer arbeitet Malik seit 30 Jahren mit Führungskräften aller Stufen und Branchen. Er ist Autor zahlreicher Publikationen – darunter die Bestseller „Führen Leisten Leben" und „Die Neue Corporate Governance: Richtiges Top-Management" sowie „Gefährliche Wörter im Management". Sein neuestes Buch heißt „Management" und ist Auftakt einer „Management-Reihe" im FAZ-Verlag, 2005. Fredmund Malik gilt als einer der führenden Beobachter wirtschaftlicher und gesellschaftlicher Entwicklungen und als konstruktiver Kritiker von Managementlehre und -praxis.

Liz Mohn

Nach dem Tode ihres Mannes Reinhard Mohn repräsentiert Liz Mohn die fünfte Generation der Eigentümerfamilien Bertelsmann/Mohn. Sie ist stellvertretende Vorsitzende des Vorstandes und des Kuratoriums der Bertelsmann Stiftung. Darüber hinaus ist Liz Mohn seit Oktober 2005 Präsidentin der Fundación Bertelsmann mit Sitz in Spanien. In der Bertelsmann AG ist Liz Mohn Mitglied des Aufsichtsrates und repräsentiert hier insbesondere die Tradition der Familien Mohn/Bertelsmann. 1999 wird sie in die Bertelsmann Verwaltungsgesellschaft berufen, die die Stimmrechte in der Hauptversammlung der Bertelsmann AG ausübt. Im Sommer 2002 übernimmt sie den Vorsitz dieses Gremiums. In der von ihr gegründeten Stiftung Deutsche Schlaganfall-Hilfe engagiert sie sich als deren Präsidentin für Aufklärung, Forschung, Prävention und den Aufbau eines nationalen und internationalen Netzwerkes. Mit der Liz Mohn Kultur- und Musikstiftung verstärkt die Stifterin ihr bisheriges kulturelles Engagement. Mit der Stiftung, die sie im November 2005 gegründet hat, möchte sie der Bedeutung von Kultur und Musik für den Menschen und für unsere Gesellschaft gerecht werden.

Matthias Mölleney

begann seine Karriere im Bereich des Personalmanagements bei Lufthansa, wo er innerhalb von 19 Jahren verschiedene Führungspositionen innehatte. Danach war er während vier Jahren Mitglied der Geschäftsleitung der Swissair und zuletzt auch Konzernpersonalchef der Swissair Group. Nach dem Ende der Swissair wechselte er in die High-Tech Branche und war von 2002 bis 2003 bei Centerpulse Ltd. und von 2003 bis 2005 bei Unaxis jeweils als Konzernpersonalchef und Mitglied der Konzernleitung tätig. Er gründete 2006 seine eigene Unternehmensberatung peopleXpert GmbHnund leitet das Center für Personalmanagement und Führung an der Hochschule für Wirtschaft Zürich HWZ. Seit 2011 ist er außerdem Präsident der Zürcher Gesellschaft für Personal-Management (ZGP). Matthias Mölleney ist verheiratet und Vater zweier Kinder.

Renato C. Müller

Dr. rer. oec., Jahrgang 1976, ist Dozent an der Universität Bern und lehrt dort im Bereich Personalführung. In seinem Dissertationsprojekt hat er sich mit Neuen Medien in der Personalführung (E-Leadership) befasst. Neben seiner Tätigkeit an der Universität Bern ist er Lehrer für Wirtschaft und Recht am Gymnasium. Im Familienunternehmen, der Eduard Müller AG, ist er Mitglied der Geschäftsleitung und des VR. Das Unternehmen befasst sich mit Unternehmens-, Verkaufs- und Verpackungsberatung sowie mit dem weltweiten Handel von flexiblen Verpackungen. Seit 2009 ist er als Dozent für Personalführung und Betriebswirtschaftslehre in verschiedenen Kaderkursen engagiert und bildet angehende Gymnasiallehrpersonen an der Pädagogischen Hochschule Thurgau in Fachdidaktik für das Fach Wirtschaft und Recht aus.

Günter Müller-Stewens

Prof. Dr., ist seit 1991 Professor an der Universität St. Gallen (HSG) und Direktor des Instituts für Betriebswirtschaft. Aktuell beschäftigt er sich primär mit Fragen zum Corporate Management. Zu den beiden Themenbereichen hat er zahlreiche Publikationen verfasst, u.a. ist er Ko-Autor der Lehrbücher „Strategisches Management" und „Corporate Strategy & Governace". Er absolvierte Forschungsaufenthalte an den Business Schools in Harvard und Stanford sowie an der University of Michigan (Ann Arbor) und der University of California Irvine. Er ist Gründer und Herausgeber der Fachzeitschrift M&A Review sowie Gründer der M&A Database und des M&A Gesprächskreises. Zudem ist er in verschiedenen Arbeitskreisen, Verbänden und Jurys sowie als Beirat, Trainer und Berater internationaler Unternehmen tätig.

Christian Rach

Während seines Studiums der Mathematik und Philosophie von 1978 bis 1983 entdeckt er seine Liebe zum Kochen und schaffte es, ohne eine herkömmliche Ausbildung zu einem der Spitzenköche Deutschlands aufzusteigen. Im Jahre 2005 begann Rachs Fernsehkarriere: Zunächst moderierte er die Promi-Kochsendung „Teufelsküche" und drehte die Pilotsendung zu „Rach der Restauranttester". In seiner aktuellen Sendungen „Rach der Restauranttester" hilft er maroden Restaurants und in „Rachs Restaurantschule" gibt er jungen Leuten ohne Ausbildung die Chance, einen Job in seinem Restaurant zu ergattern. Christian Rach wurde mit verschieden Preisen ausgezeichnet, unter anderem mit der Goldene Kamera, dem Deutsche Fernsehpreis, den Medienpreis des Deutschen Mittelstandes, dem Blauen Panther und zahlreiche mehr. Er ist einem Millionenpublikum bekannt.

Margit Raich

Dr., ist Ass. Professorin am Institut für Management und Ökonomie im Gesundheitswesen der Privaten Universität für Gesundheitswissenschaften, Medizinische Informatik und Technik in Hall in Tirol. Sie beschäftigt sich im Rahmen ihrer Lehr- und Forschungstätigkeit mit Strategischer Unternehmensführung, Leadership und Dienstleistungsmanagement. Ihre Forschungsschwerpunkte finden vor allem auf Gesundheitsbetriebe sowie Nonprofit Organisationen Anwendung. Im Rahmen Ihrer Studien gilt ihr besonderes Interesse dem Einsatz von qualitativen Forschungsmethoden, insbesondere der qualitativen Textanalyse GABEK (Ganzheitliche BEwältigung von Komplexität).

Hans-Gerd Ridder

Prof. Dr., geb. 24.06.1951 in Wuppertal, ist Universitätsprofessor an der Universität Hannover und Leiter des Instituts für Personal und Arbeit an der Wirtschaftswissenschaftlichen Fakultät. Seine Arbeitsschwerpunkte umfassen das strategische Human Resource Management, Organisations- und Personalentwicklung, Motivation und Führung. Herr Ridder hat Forschungsaufenthalte an der Business School der University of Michigan, Ann Arbor, USA und der University of British Columbia, Vancouver, Canada durchgeführt und sich in jüngeren Veröffentlichungen mit Kompetenzentwicklung in Innovationsprozessen beschäftigt.

Lutz von Rosenstiel

Prof. Dr. Dr. h. c., geboren 1938 in Danzig, studierte Betriebswirtschaftslehre, Psychologie und Philosophie in Freiburg/Breisgau und München. Er promovierte sich 1968 an der Universität München zum Dr. phil. 1968 und schloss 1974 seine Habilitation an der Wirtschafts- und sozialwissenschaftlichen Fakultät der Universität Augsburg ab. Lutz von Rosenstiel war von 1963 bis 1974 als wissenschaftlicher Mitarbeiter an den Universitäten München und Augsburg tätig und arbeitete von 1974 bis 1977 als wissenschaftlicher Rat und Professor für Wirtschaftspsychologie an der Universität Augsburg. 1977-2006 war er Leiter des Institutsbereichs Organisations- und Wirtschaftspsychologie an der Universität München. Von 2006-2011 arbeitete er als Gastprofessor an der Wirtschaftsuniversität Wien. Seit 2010 vertritt er einen Lehrstuhl an der Universität Stuttgart-Hohenheim. Von 1992 bis 1999 war Lutz von Rosenstiel darüber hinaus Prorektor dieser Universität. Zudem ist er Mitglied verschiedener wissenschaftlicher Beiräte von Ministerien, forschungsfördernder Institutionen und Fachzeitschriften. Lutz von Rosenstiel ist (Mit-)Autor bzw. (Mit-) Herausgeber von 52 Fachbüchern, (Mit-)Autor von ca. 400 Beiträgen in Sammelwerken und Fachzeitschriften zu Themen der Organisations- und Marktpsychologie sowie der Psychologischen Diagnostik. Des Weiteren berät er eine größere Zahl von Unternehmen auf den Gebieten der Personal- und Organisationsentwicklung sowie des Aufbaus von Image- und Marketingkonzepten.

Torsten Schmid

Prof. Dr., ist Assistenzprofessor und Habilitand am Institut für Betriebswirtschaft (IfB) der Universität St. Gallen (HSG). Nach dem Studium der Europäischen Wirtschaft an den Universitäten Bamberg und Alcalá de Henares war er am IfB als wissenschaftlicher Assistent tätig und absolvierte die Promotion mit besonderer Auszeichnung. Seine Forschung hat er in zahlreichen internationalen und deutschsprachigen Fachbeiträgen publiziert. Er ist als Dozent in der universitären Lehre und Managementweiterbildung tätig. Aktuelle Schwerpunkte seiner Forschung sind strategische Prozesse in diversifizierten Unternehmen mit besonderem Fokus auf die strategische Rolle der mittleren und oberen Führungsebene, die Luftfahrtindustrie sowie Methoden der qualitativen Forschung.

Christian Scholz

Univ.-Prof. Dr., Inhaber des Lehrstuhls für Betriebswirtschaftslehre, insb. Organisation, Personal- und Informationsmanagement an der Universität des Saarlandes in Saarbrücken (scholz@orga.uni-sb.de). Gründungsdirektor des Saarbrücker MBA-Programms (Europa-Institut) sowie des Instituts für Managementkompetenz (*imk*) an der Universität des Saarlandes. Seine Forschungsschwerpunkte umfassen Strategisches Personalmanagement, Internationale empirische Organisationsforschung sowie Medien- und Kommunikationsmanagement. Große Aktualität haben derzeit seine Konzepte Darwiportunismus („Arbeitswelt ohne Stammplatzgarantie"), Hochleistungsteams („5-Sekunden-Modell"), Weiterentwicklung der Bologna-Reform („Bologna 2.0") sowie des Human Capital Managements („Saarbrücker Formel") erlangt.

Reinhard K. Sprenger

Dr., geboren 1953, lebt in Essen und Santa Fe, New Mexico. Er studierte Philosophie, Psychologie, Betriebswirtschaft, Geschichte und Sport an der Ruhr-Universität Bochum und an der Freien Universität Berlin und hat das Zweite Philologische Staatsexamen abgeschlossen. 1985 promovierte er zum Doktor der Philosophie und wurde mit dem Carl-Diem-Preis für die Dissertation „Nationale Identität und Modernisierung" ausgezeichnet. Reinhard K. Sprenger war Lehrbeauftragter an den Universitäten Berlin, Bochum, Essen und Köln, wissenschaftlicher Referent beim Kultusminister des Landes Nordrhein-Westfalen sowie Leiter „Personalentwicklung und Training" bei der 3M in Deutschland. Er ist als freier Vortragsredner, Trainer und Berater für Personalentwicklung bekannt. Zu seinen Kunden zählen nahezu alle großen DAX-Unternehmen. Reinhard K. Sprenger ist Autor mehrerer Bücher und zahlreicher Zeitschriften-Aufsätze.

Gary Steel

Executive Vice President, Mitglied der Konzernleitung und Leiter Human Resources von ABB Ltd. Gary Steel, geboren und aufgewachsen in Westen Schottlands, studierte von 1971 bis 1976 an der Universität von Edinburgh. 1976-1978 arbeitete er für Shell Chemicals in Carrington. Anschließend zog er nach Monte Carlo, um für eine private Schifffahrtsgesellschaft zu arbeiten. 1981 kam er zurück zu Shell und hatte danach verschiedene Positionen in Großbritannien und Gabun, Zentralafrika, inne, bevor er im Mai 1992 an den Hauptsitz von Shell International in Den Haag wechselte. Dort bekleidete erzwischen 1992 und 2002 verschiedene Führungspositionen, zuletzt den des Leiter Human Resources für Global Finance. Am 1. Januar 2003 wurde Gary Steel vom Schweizer Technolgiekonzern ABB zum Executive Vice President und Leiter Human Resources berufen. Zusätzlich wurde Steel Mitglied der Konzernleitung von ABB.

Norbert Thom

Prof. Dr. Prof. h. c. Dr. h. c. mult., Jahrgang 1946, übernahm als habilitierter Betriebswirt vollamtliche Positionen an den Universitäten Köln, Gießen, Fribourg und Bern. 1991 gründet er als Ordinarius für Betriebswirtschaftslehre an der Universität Bern das Institut für Organisation und Personal (IOP). Beim Kompetenzzentrum für Public Management (KPM) der Universität Bern war er einer der drei Gründer und begleitet diese Einrichtung heute als Vorsitzender des Aufsichtsgremiums. Die Schwerpunkte der Forschung und Lehre liegen im Innovations-, Organisations- und Personalmanagement. Prof. Thom ist Ehrendoktor der Mykolas Romeris Universität in Vilnius (Litauen), der Johannes Kepler Universität Linz (Österreich) und der Martin-Luther-Universität Halle Wittenberg (Deutschland). In der Babeş-Bolyai-Universität in Rumänien (Klausenburg) ist er Ehrenprofessor. Er hält in vielfältigen Formen den Kontakt zur Wirtschaftspraxis, u. a. als Verwaltungsrat eines innovativen Unternehmens der Medizinaltechnik (YPSOMED Holding AG).

Bernd Vogel

Dr., geboren 1970, ist Associate Professor für Leadership and Organizational Behavior an der Henley Business School, University of Reading. Er war bis 2009 wissenschaftlicher Assistent am Institut für Führung und Personalmanagement (IFPM) der Universität St.Gallen. Er studierte Wirtschaftswissenschaften an der Leibniz Universität Hannover und promovierte ebenfalls dort. Die Forschung von Bernd Vogel konzentriert sich auf die Themen Mobilisieren und Erhalt von Organisationaler Energie, Leadership, Followership, Organizational Change und Emotionen in Organisationen. Er ist Co-Autor der Bücher „Fully Charged: How Great Leaders Boost Their Organization's Energy and Ignite High Performance" und „Organisationale Energie" sowie Mit-Herausgeber des Buches „Leadership – Best Practices und Trends". Bernd Vogel hat in international renommierten Zeitschriften veröffentlicht. Bernd Vogel unterrichtet und berät international in verschiedenen Unternehmen und Institutionen zu seiner Expertise in den Bereichen Mobilisierung und Erhalt von Energie in Unternehmen, Leadership, Change Management und Emotionsmanagement.

Rolf Wunderer

Prof. Dr., Rolf Wunderer war nach dem Studium der Wirtschaftswissenschaften und Psychologie an der Universität München dort und an der Universität der Bundeswehr als Lehrbeauftragter tätig. Von 1974 bis 1983 wirkte er als Ordinarius für Betriebswirtschaftslehre, insbes. Personalwesen und Unternehmensführung an der Universität Essen und anschließend an der Universität St. Gallen bis 2001 als ord. Professor für BWL, insbes. Führung und Personalmanagement. Daneben Gastprofessuren und -semester an den Universitäten München, Berkeley und Los Angeles sowie Tokio. Er gründete und leitete das Institut für Führung und Personalmanagement bis 2001, seitdem ist er als Partner assoziiert. Er publizierte über 40 Bücher sowie über 200 Beiträge in Zeitschriften und Sammelwerken (oft mit CoautorInnen und Herausgebern). Seine Beratungs- und Weiterbildungsschwerpunkte sind Internes Unternehmertum, Führung und Zusammenarbeit zwischen Organisationseinheiten, Personalcontrolling, Personal-/Organisationsentwicklung sowie Management und Märchen.